Leitfäden und Monographien
der Informatik

Michael M. Richter
Prinzipien der
Künstlichen Intelligenz

Leitfäden und Monographien der Informatik

Herausgegeben von

Prof. Dr. Hans-Jürgen Appelrath, Oldenburg
Prof. Dr. Volker Claus, Oldenburg
Prof. Dr. Günter Hotz, Saarbrücken
Prof. Dr. Klaus Waldschmidt, Frankfurt

Die Leitfäden und Monographien behandeln Themen aus der Theoretischen, Praktischen und Technischen Informatik entsprechend dem aktuellen Stand der Wissenschaft. Besonderer Wert wird auf eine systematische und fundierte Darstellung des jeweiligen Gebietes gelegt. Die Bücher dieser Reihe sind einerseits als Grundlage und Ergänzung zu Vorlesungen der Informatik und andererseits als Standardwerke für die selbständige Einarbeitung in umfassende Themenbereiche der Informatik konzipiert. Sie sprechen vorwiegend Studierende und Lehrende in Informatik-Studiengängen an Hochschulen an, dienen aber auch in Wirtschaft, Industrie und Verwaltung tätigen Informatikern zur Fortbildung im Zuge der fortschreitenden Wissenschaft.

Prinzipien der Künstlichen Intelligenz

Wissensrepräsentation, Inferenz und Expertensysteme

Von Prof. Dr. rer. nat. Michael M. Richter
Universität Kaiserslautern

2., überarbeitete und erweiterte Auflage
Mit zahlreichen Aufgaben

B. G. Teubner Stuttgart 1992

Prof. Dr. Michael M. Richter

Geboren 1938 in Berlin. Studium der Mathematik und Physik in Münster und Freiburg. Promotion in Mathematik 1968 (Freiburg), Habilitation in Mathematik 1973 (Tübingen). 1975 Professor an der Technischen Hochschule Aachen, seit 1986 Professor für Informatik an der Universität Kaiserslautern. Zwischenzeitlich mehrfach Professor und Gastprofessor an der University of Texas at Austin. Seit 1989 Wissenschaftlicher Direktor am Deutschen Forschungszentrum für Künstliche Intelligenz (DFKI) in Kaiserslautern.

ISBN-13: 978-3-519-12269-2   e-ISBN-13: 978-3-322-84870-3
DOI: 10.1007/978-3-322-84870-3

Die Deutsche Bibliothek – CIP-Einheitsaufnahme

Richter, Michael M.:
Prinzipien der künstlichen Intelligenz : Wissensrepräsentation,
Inferenz und Expertensysteme ; mit zahlreichen Aufgaben / von
Michael M. Richter. – 2., überarb. und erw. Aufl. – Stuttgart :
Teubner, 1992
    (Leitfäden und Monographien der Informatik)

Gesamtherstellung: Zechnersche Buchdruckerei GmbH, Speyer
Umschlaggestaltung: M. Koch, Reutlingen

Vorwort

Dieses Buch entstand aus Vorlesungen, die ich in den letzten Jahren an der Universität Kaiserslautern gehalten habe. Es bietet Stoff für etwa zwei vierstündige Vorlesungen. In der ersten Hälfte werden, neben allgemeinen Grundlagen der Künstlichen Intelligenz, deduktive Methoden abgehandelt. Die zweite Hälfte stellt Techniken zur Verfügung, die für Anwendungen in Expertensystemen von Wichtigkeit sind; gleichzeitig wird dabei in den Bereich der Expertensysteme selbst eingeführt. Die meisten der behandelten Methoden und Begriffe sind jedoch auch für die übrigen Teile der Künstlichen Intelligenz von grundlegendem Interesse; sie sollen eine gemeinsame konzeptionelle Basis für die vielfältigen Ausprägungen und Anwendungsfelder der Künstlichen Intelligenz bilden. Als Einführung sollte das Buch vordringlich die wichtigsten Aspekte des Stoffes wenigstens einmal vorstellen; deshalb war es nur an wenigen Punkten möglich, etwas mehr in die Tiefe zu gehen.

Es wird unbedingt empfohlen, eine Vorlesung über diesen Stoff mit praktischen Übungen anzureichern; dazu sind den einzelnen Paragraphen am Ende Übungsaufgaben beigegeben. Zweckmäßig wäre es, wenn an Programmiersprachen PROLOG, OPS 5 und LISP zur Verfügung stünden. Es ist aber nicht intendiert, daß man eine dieser Sprachen aus dem vorliegenden Buch lernt; das sollte unabhängig in einer praktischen Unterweisung erfolgen. Die Regelsprachen PROLOG und OPS 5 werden allerdings etwas ausführlicher diskutiert, weil sich dies organisch aus dem behandelten Stoff ergibt. In LISP wird hingegen überhaupt nicht eingeführt, sondern es wird darauf nur in gelegentlichen Bemerkungen Bezug genommen.

Die Aufnahme der deduktiven Methoden in dieses Buch bedingte eine etwas ausführlichere Behandlung der prädikatenlogischen Grundlagen, als es für die Wissensrepräsentation und die Expertensysteme unbedingt notwendig wäre. Der an deduktiven Methoden weniger interessierte Leser kann deshalb auf große Teile der ersten drei Paragraphen verzichten und sich die benötigten Begriffsbildungen eventuell von Fall zu Fall aneignen. Wer das Hauptinteresse auf Expertensysteme legt, kann durchaus mit der Lektüre von §20 beginnen, wo konkrete Beispielsysteme vorgestellt werden. Es müßten dann aber die grundlegenden Abschnitte nachgeholt werden.

Die Sätze und Definitionen eines jeden Paragraphen sind der Reihe nach durchnumeriert. Die Hintergrundbemerkungen am Ende der einzelnen Abschnitte verweisen auf benutzte oder weiterführende Literatur, geben historische Anmerkungen und zeigen Querverbindungen zu hier nicht behandelten Aspekten auf. Während die Inhalte normalerweise aufeinander aufbauen, ist dies bei den Hintergrundbemerkungen im allgemeinen nicht mehr gegeben; manche der Hinweise sind nur für speziell Interessierte gedacht. Des weiteren wird die Kenntnis etwaiger anderer angesprochener Teile der Informatik (wie z.B. Komplexitätstheorie oder Programmiersprachen) vorausgesetzt; wir verwenden dabei aber stets eine Standardterminologie.

Dies Buch wäre nicht entstanden ohne die Atmosphäre unserer Arbeitsgruppe in Kaiserslautern in den Jahren 1986-88. Dafür möchte ich ihr vor allem danken. Mit Ratschlägen, Verbesserungen, konstruktiver Kritik und dem Lesen von Korrekturen von großen Teilen des Manuskriptes halfen mir Klaus-Dieter Althoff, Harold Boley, Norbert Eisinger, Joachim Höfener, Josef Ingenerf, Sabine Kockskämper, Norbert Kratz, Klaus Nökel, Hans-Joachim Ohlbach, Peter Spieker und Hans Voß. Für §14 erhielt ich nützliche Hinweise von Helmut Becker. Ein größerer Teil der Übungsaufgaben stammt von Norbert Eisinger, Klaus Nökel, Robert Rehbold und Peter Spieker. Einige der Diagramme von §8b und §20a fertigte Bernhard Humm an. Die Anfertigung des Manuskriptes erledigte Scarlet Nökel mit Akribie und unermüdlichem Engagement. Ihnen allen danke ich sehr herzlich.

Kaiserslautern, im Oktober 1988   Michael M. Richter

Vorwort zur 2. Auflage

In der 2.Auflage wurden neben der Korrektur von Druckfehlern und Irrtümern eine Reihe von Aktualisierungen vorgenommen; diese betreffen vor allem die zweite Hälfte des Buches. Im übrigen ist die Grundstruktur unverändert gelassen worden. Ich möchte mich für hilfreiche Hinweise bei vielen Lesern sehr herzlich bedanken. Hier möchte ich besonders Frau Bella Schnurr und die Herren Olav Jans, Michael Kolb und Ralph Scheubrein erwähnen. Bei der technischen Vorbereitung dieser Auflage half mir Frau Chr. Wieczorek, der ich ebenfalls sehr danken möchte.

Kaiserslautern, im Oktober 1991   Michael M. Richter

Inhalt und Übersicht

0 Vorbemerkungen

Wir werden es in diesem Buche mit der Repräsentation und Verarbeitung von Wissen zu tun haben. Dies sind Fähigkeiten und Tätigkeiten, die bei Erfolg mit dem Prädikat "intelligent" belegt werden können. Wir fragen uns hier, ob und vor allem in wie weit ein Computer uns hier helfen kann. Dazu müßte er allerdings das für seine jeweilige Aufgabe benötigte Wissen auch zur Verfügung haben, wir müssen es ihm also "eintrichtern", was mit dem Fachausdruck "repräsentieren" belegt wird. Es gibt nun traditionell viele Wege, Wissen zu repräsentieren. Dazu gehören Lexika, Tabellen und Datenbanken. Jedes dieser Medien hat seine eigene Formulierungssprache. Bei manchen Ausdrucksweisen hat man das Gefühl, daß sie das Problem verfremden und bei anderen, daß sie dem Problem angepaßt sind. Diese Ausdrucksweisen wollen wir etwas genauer analysieren. Von einer solchen Analyse und den daraus zu ziehenden Konsequenzen hängt der Erfolg der Methoden der Künstlichen Intelligenz ganz wesentlich ab.
Eine adäquate Wissensrepräsentation sollte, unabhängig von der verwendeten Sprache, vier allgemeinen Kriterien genügen, die wir vorstellen und diskutieren wollen. Im weiteren Verlaufe des Buches werden die auftretenden Ausdrücke näher diskutiert werden.

A) *Hinreichende Ausdrucksstärke*
Algorithmen enthalten häufig kodierte Informationen, die in der benutzten Sprache nicht explizit ausgedrückt werden können. Nehmen wir etwa ein Datenbanksystem, welches Informationen über Patienten enthält; dazu könnte etwa das Geburtsdatum der Patienten gehören. Wenn nun in der Tat die Angabe des Geburtsdatums vorgeschrieben ist, so kann dies auf zwei verschiedene Weisen erzwungen werden. Eine implizite, unsichtbare Realisierung dieser Vorschrift wäre eine Integritätsbestimmung, die bei Nichtbeachtung eine Fehlermeldung gibt. Eine explizite Repräsentation der Vorschrift ist jedoch von anderem Charakter. Diese könnte etwa in der Angabe des Satzes

"Für alle Patienten x gibt es das Geburtsdatum y von x"

bestehen. Die Wahrheit dieses Satzes würde dann das Einhalten der Vorschrift garantieren. Die sprachlichen Möglichkeiten müßten nun stark genug sein, um einen solchen Satz ausdrücken zu können; dies werden wir noch in vielfältiger Weise erörtern. Neben dem Fall, daß ein Aspekt nicht explizit ausgedrückt werden kann, passiert es sehr oft, daß er nicht einmal indirekt ausgedrückt werden kann. Nehmen wir etwa ein einfaches, entscheidungsunterstützendes System, welches uns beim Kauf eines Bootes berät. Dieser mag etwa folgende Informationen vom Benutzer erfragen und verarbeiten:

1. Maximale Grenze des zu zahlenden Preises
2. Fassungsvermögen
3. Prozentualer Einfluß dieser beiden Größen in die Kaufentscheidung; also zum Beispiel "30% Preis " und "70% Fassungsvermögen".

Dieser Rahmen erlaubt dann nicht die Formulierung von Anforderungen wie "Die Bedeutung des Preises wird umso größer, je mehr wir uns der Maximalgrenze annähern; genaue Zahlenangaben möchten wir hier jedoch nicht machen."

Die Ausdruckskraft eines Systems ist eine Funktion der unterliegenden Sprache, welche das System benutzt. In den herkömmlichen entscheidungsunterstützenden Systemen ist die Ausdruckskraft in etwa der Aussagenlogik gleichwertig. Man kann Disjunktionen, Konjunktionen und Negationen ausdrücken; alle weiteren Ausdrucksweisen müssen dann in so ein System hineinkodiert werden.

B) *Das Uniformitätskriterium*

Das Kriterium der uniformen Repräsentation von Wissen besagt, daß gleiches oder analoges Wissen auch in gleicher oder analoger Form repräsentiert wird. Diese Forderung bezieht sich nicht nur auf einen einzigen Sachverhalt oder auf ein einziges Programm, sondern auf die gesamte Wissensrepräsentationssprache. Bei einem Programm, welches in einer klassischen prozeduralen Programmiersprache geschrieben ist, trifft dies nur auf diejenigen Teile zu, welche von der Semantik der Kontroll- und Datenstrukturen der Sprache abgedeckt sind. Darüber hinaus enthalten aber die Daten selbst vielfältige Informationen. Wenn zum Beispiel das Register 7 eine 0 enthält, so kann das bedeuten:

1) In einem ersten Programm: es existiert ein gewisses Objekt x mit einer bestimmten Eigenschaft P,
2) in einem zweiten Programm: wir haben jetzt bewiesen, daß alle Objekte x eine gewisse Eigenschaft haben,
3) in einem dritten Programm: wir haben nun einen bestimmten Befehl auszuführen.

Man müßte also stets spezielle Verabredungen treffen, um solche Inhalte verstehen zu können. Der Sinn des Uniformitätskriteriums ist, daß es eine uniforme Lesbarkeit ermöglicht. Das bedeutet, daß wir unabhängig von der speziellen Situation feststellen können müssen, um welche Art der Aussage es sich handelt; ob wir ein allgemeines Gesetz, eine Frage, einen Befehl oder eine Ablaufbeschreibung vor uns haben. Der Sinn des Uniformitätskriteriums ergibt sich nicht zuletzt daraus, daß man das System in die Lage versetzen will, dynamisch auf neue Situationen angemessen zu reagieren. Dies wird dann interessant, wenn man als Programmierer nicht mehr in der Lage ist, mögliche Situationen in voraus zu erfassen, daher das System in die Möglichkeit versetzen will, selbständig zu reagieren. Weitere Motivationen ergeben sich aus Anforderungen an das Problemlöseverhalten des Systems. Die wichtigste dieser Forderungen ist, daß ähnliche Probleme auch mit ähnlichen Lösungsversuchen angegangen werden sollen. Das bedeutet nicht, daß ähnlich klingende Probleme auch ähnliche Lösungen haben müssen; es heißt nur, daß man bei einer leichten Variation der Problemstellung als erstes einmal versucht, die Lösungsmöglichkeit auch entsprechend zu variieren. Eine Konsequenz hiervon ist, daß man einfache Aufgaben auch einfach zu lösen versucht.

C) *Die Erhaltung von Strukturen*

Gewöhnlich gibt es viele Beziehungen und Relationen zwischen verschiedenen Wissensinhalten, und die Repräsentation sollte so viele von ihnen als möglich erhalten. Der Grund ist, daß gerade diese Beziehungen (die ja auch wieder Wissen darstellen) den Problemlöseprozess unterstützen. Wichtig sind hier vor allem "horizontale" und "vertikale" Relationen. Horizontale Relationen gruppieren solche Objekte in einzelne Pakete, die etwas miteinander zu tun haben. In der Softwaretechnologie ist dies in dem Modulkonzept verwirklicht. Vertikale Relationen sind vor allem Abstraktionsvorgänge, die entweder typentheoretische oder taxonomische Hierarchien widerspiegeln.

D) *Das Effizienzkriterium*

Es reicht nicht aus, nur Kriterien an die Art und Stärke der Ausdrucksfähigkeit des Repräsentationssystems zu stellen. Damit alleine ist nämlich noch kein sinnvolles und effizientes Problemlöseverhalten festgelegt. Es muß vielmehr dafür gesorgt werden, daß die ausgedrückten Aspekte auch in der intendierten Weise in Wissensverarbeitung umgesetzt werden können. So würde etwa die Möglichkeit zur Formulierung der

Einsicht, daß in bestimmten Situationen eine gewisse Strategie vorzuziehen sei, überhaupt nichts nützen, wenn es nicht die Konsequenz hätte, daß in solchen Situationen diese Strategie auch tatsächlich angewandt wird und daß der Aufwand sowohl zu dieser Überlegung als auch zur Realisierung der Strategie den Effizienzgewinn nicht wieder hinfällig macht.

Es stellt sich nun heraus, daß die oben zitierten Anforderungen an eine Wissensrepräsentation beim gegenwärtigen Stand der Wissenschaft ziemlich orthogonal zum Effizienskriterium sind. Anders als beim Menschen, wo mehr und bequemer dargestelltes Wissen zu schnelleren Antworten führt, ist es heute bei Programmsystemen genau umgekehrt: Je mehr sie wissen, desto langsamer reagieren sie. Eine der Hauptaufgaben ist es also, Wissen so zu repräsentieren, daß man es auch schnell verwenden kann. Dazu ist aber eine gründliche Erforschung sowohl der Repräsentationsformalismen als auch ihrer Verwendung (der "Inferenz") vonnöten. Dies Buch soll eine Einführung in den gegenwärtigen Stand dieses Gebietes vermitteln und einige Anwendungsmöglichkeiten im Expertensystembereich aufzeigen.

Bei der Diskussion von "Wissen" sollte man so genau wie möglich zwischen drei Ebenen unterscheiden:

1)   Die kognitive Ebene
2)   Die Repräsentationsebene
3)   Die Implementierungsebene

Auf der obersten, der kognitiven Ebene, organisieren Menschen ihre Gedanken in rationaler Weise und formulieren sie umgangssprachlich; hier werden die Probleme modelliert, aber sie werden noch nicht formalisiert. Auf der Repräsentationsebene werden diese Gedanken dann in formalisierter Form dargestellt, z. B. in einer Sprache der Logik. Auf der Implementierungsebene ist schließlich die Formalisierung so weit fortgeschritten, daß sie auf einem (heutigem) Rechner behandelt werden kann. Dies kann dann etwa in PROLOG, in LISP oder auch in FORTRAN geschehen. Die Implementierungsebene orientiert sich also an den Möglichkeiten vorhandener Computer, während die Repräsentationsebene sich eher an der kognitiven Ebene ausrichtet. Das Ebenenbild ist noch recht grob und kann in verschiedener Weise verfeinert werden.

Zwischen den Ebenen müssen nun Übersetzungsprozesse stattfinden, und aus dem eben

Gesagten geht hervor, daß gerade die Übersetzung zwischen der Repräsentations- und der Implementationsebene nicht einfach sein kann. Den Abstand zwischen diesen beiden Ebenen möchten wir auch die KI-Lücke nennen. Sie besteht insbesondere zwischen den Schichten, die ausgeklügelte Algorithmen verwenden (und diese auf gegenwärtigen Rechnern auch benötigen) und denjenigen, welchen sich an der menschlichen Wissensverarbeitung orientieren.

Wir haben bereits mehrfach den Begriff "Inferenz" benutzt, als ungefähre Synonyme hat man auch "Herleitung" oder "Beweis" (Inferenz ist mehr der Prozeß und der Beweis deren Resultat). Spezielle Inferenzen sind mathematische Deduktionen. Hierzu wollen wir einige generelle Bemerkungen machen.

Zunächst ist der Begriff des Beweises von einer vormathematischen Natur, und er kommt in vielen Bereichen des Lebens vor. Ein Beweis ist eine Argumentationskette, die jemand vorlegt, um seine Zuhörer von dem Zutreffen eines gewissen Sachverhaltes zu überzeugen. Ein solcher Beweis gilt als geglückt, wenn die Zuhörer von der Argumentation überzeugt sind. Dabei ist das "Überzeugtsein" eine eher relative Angelegenheit und bedeutet im allgemeinen keineswegs, daß man das Resultat unter allen nur denkbaren Umständen akzeptieren würde. Wenn letzteres der Fall ist, spricht man von einem "streng logischen" oder auch "streng mathematischen" Beweis.

Obwohl solche Beweise der Erfahrung nach von allen denjenigen, die überhaupt in der Lage sind, dieser Argumentation zu folgen, anerkannt werden, liegt relativ wenig Evidenz dafür vor, daß der Vorgang des Akzeptierens eines Beweises bei allen Leuten der gleiche biologische oder kognitive Vorgang ist. Vermutlich ist noch nicht einmal die begriffliche Abfolge bei verschiedenen Zuhörern die gleiche, weil sich der eine an diese ihm bekannte und der andere an jene ihm geläufige Tatsache erinnert; der eine mag geometrisch denken oder der andere mehr arithmetisch usw.

Um so erstaunlicher war es, daß man, und dies bereits in der Antike, in der Lage war, Beweise zu formalisieren und zu kalkülisieren, wenn auch nicht alle, so doch jedenfalls bestimmte Klassen. Nun ist die begriffliche Abfolge eines kalkülmäßigen Vorganges oder Algorithmus ganz gewiß nicht dasselbe wie der komplexe geistig-biologische Vorgang, der sich beim Argumentieren zwischen Sprecher und Zuhörer abspielt. Bemerkenswert ist aber, daß beide Vorgänge auf einem gewissen Abstraktionsniveau durchaus vergleichbar sind. Im Gegensatz zu einem informellen Beweis verzichtet man bei einem formalen Beweis auf die Ausnutzung zufälliger Kontexte und privater Beziehungen. Man hat sich vorher und in einem gewissen Sinne ein für allemal auf spezielle (und einige wenige) Arten von Argumentationen geeinigt, die von allen Beteiligten als verbindlich akzeptiert wurden. Das ist nur auf einem Abstraktionsniveau möglich und setzt eben deshalb die Fähigkeit zu solchen Abstraktionen voraus.

Die durch Abstraktionsvorgänge erhaltene Erhöhung (oder auch Degradierung?) intuitiver Argumentationen erlaubt es, Beweisschritte durch Symbolmanipulationen auszudrücken, und diese Möglichkeit ist der Ansatzpunkt für den Einsatz von Methoden der Künstlichen Intelligenz.
Die verschiedenen Arten von Inferenz verlangen nun zu ihrer Behandlung auch verschiedene Inferenzmechanismen und dazu muß man sie zunächst einmal auseinanderhalten, darüber werden wir uns noch zu unterhalten haben.

Der Beweisbegriff ist nun keineswegs der einige Begriff aus dem Bereiche des menschlichen Denkens, der Formalisierungsversuchen zugänglich ist. Es ist in der Tat das Anliegen der Künstlichen Intelligenz, solche Ansätze möglichst umfassend zu konzipieren. Wir werden uns daher u.a. mit Vermutungen, Lernvorgängen und Erklärungen auseinandersetzen. Eine Schwierigkeit ist dabei, daß diese Begriffe im Gegensatz zum Beweisbegriff in der "Vorcomputerzeit" weniger genau vom formalen Standpunkt aus analysiert wurden. Auch sind diese Dinge weniger scharf abgegrenzt und beinhalten schon in sich eine größere Vielfalt von Ausprägungen. Deshalb bedarf es hier einer Unterstützung von der Seite der kognitiven Wissenschaften; dieses Thema nehmen wir hier aber nicht auf.

Unsere Hauptaufmerksamkeit widmen wir den beiden unteren Ebenen: Mit welchen Techniken modelliert man welche Sachverhalte und wie transformiert man das dann in eine heutigen Rechnern wenigstens prinzipiell zugängliche Form ?

Teil I beschäftigt sich mit Deduktionsmethoden logischem Programmieren und Regelsprachen; er enthält ferner eine Einführung in die Prädikatenlogik. Wer mehr an Expertensystemen interessiert ist, kann hier vieles Überschlagen und sich von Fall zu Fall informieren. In Teil II werden über die Prädikatenlogik hinausgehende Formalismen vorgestellt; sie sind für Fragen der Wissensrepräsentation meist viel angepaßter als die mehr als Grundlage dienende Prädikatenlogik. Teil III ist den Expertensystemen gewidmet. Wir behandeln allgemeine Darstellungsfragen, aber auch zpezielle Beispiele. Die Ergänzungen in Teil IV sollen einige wichtige Probleme mehr anreißen als ausführen.

TEIL I

Wissensrepräsentation und Inferenz in der Prädikatenlogik erster Stufe

1 Syntax und Semantik der Prädikatenlogik

Die klassische Prädikatenlogik ist die bekannteste, am meisten studierte und genutzte Logik. Durch die Tatsache, daß sie am Anfang dieses Buches behandelt wird soll man sich nicht zu der Annahme verleiten lassen, die Künstliche Intelligenz sei ein Teilgebiet der Logik. Vielmehr wird hier ein begrifflicher und methodischer Rahmen erstellt, auf dem sich viele der eigentlich interessanten Probleme erst formulieren lassen. Der an deduktiven Methoden weniger interessierte Leser kann die fortgeschritteneren Teile dieses Paragraphen vorerst überspringen und dann von Fall zu Fall hier nachschlagen. Wegen der grundlegenden Bedeutung der Prädikatenlogik diskutieren wir ihre Begriffswelt recht genau und formal; bei einer etwaigen Implementierung muß man dies sowieso machen.

Die Sprache der Prädikatenlogik soll es ermöglichen, über (endlichen und unendlichen) Bereichen, auf denen eine bestimmte Anzahl von Funktionen und Relationen vorgegeben ist, entsprechende relationale und funktionale Eigenschaften bezüglich der Elemente dieser Bereiche auszudrücken. Die sprachlichen Symbole haben dabei für sich genommen noch keine Bedeutung, sie gewinnen sie erst durch die semantische Zuordnung zu den konkreten Relationen und Funktionen des betrachteten Bereiches.

Es erscheint meist recht einfach, vorgelegte Sachverhalte in der Prädikatenlogik zu repräsentieren. Dabei hat man jedoch stets zu überlegen, ob die formale Darstellung auch wirklich ein getreues Abbild der intendierten Situation ist. Dies ist eigentlich fast nur bei sehr einfachen, mathematischen oder hinreichend mathematisierten Sachverhalten so. Im allgemeinen ist die Bedeutung der Aussagen in sehr viel höherem Maße von Kontexten abhängig, als die Repräsentation widerspiegelt. Die Prädikatenlogik repräsentiert reale Sachverhalte also meist nur partiell; ihre Semantik ist gegenüber etwa einer natürlichsprachlichen Ausdrucksweise stark verarmt. Nun wird dieser Mangel aber wenigstens teilweise durch einen großen Zuwachs an Präzision aufgewogen und weiter sind die darstellbaren partiellen Aspekte meist noch sehr nützlich.

Die Grenzen der Prädikatenlogik und die Preise, die man für ihre Überschreitung zu zahlen hat, werden uns jedoch noch zu interessieren haben. Wie wir sehen werden, lassen sich sehr wichtige Begriffe nicht in der Sprache der Prädikatenlogik ausdrücken, sie wird sich im wesentlichen als die Logik der vollständigen und statischen Information erweisen. Eine ihre Stärken ist es aber, daß man selbst in solchen Situationen viele hinreichend interessante Fragmente und Aspekte solcher Konzepte formalisieren kann. Man kann in ihr in der Wissensrepräsentation sonst oft vage Begriffe präzise formulieren, und nicht zuletzt ist die Prädikatenlogik auch von hohem methodischen Wert. Sie bildet eine Art Zentrum, von dem aus sich viele andere logische Ansätze als Variationen und Erweiterungen verstehen lassen. Schließlich, und das ist von großem praktischen Interesse, ist bei ihr die Balance zwischen der Ausdruckskraft, der Semantik und dem formalen Beweisbegriff am größten.

Im Kern werden in der Prädikatenlogik drei Fragen gestellt :

(1) Was ist Wahrheit ?
(2) Was ist ein Beweis ?
(3) Wie findet man einen Beweis ?

Die beiden ersten Fragen sind klassisch, die dritte stellte man erst mit dem Aufkommen von Computern, sie ist auch durchaus noch nicht befriedigend beantwortet. Die Themenkreise der Künstlichen Intelligenz legen aber noch eine weitere, bis jetzt noch weniger beantwortete Frage nahe:

(4) Welche Dinge soll man beweisen und warum ?

Wir beginnen mit der Diskussion der ersten beiden Fragen. Dazu benötigen wir eine ganze Reihe von technischen, aber nützlichen Begriffen. Es wird nachdrücklich empfohlen, sich diese anhand von Aufgabe 2) zu veranschaulichen und die gesamte Terminologie dieses Abschnitts an diesem Beispiel zu exemplifizieren. Die formale Definition der zugelassenen sprachlichen Ausdrücke geschieht so, daß man diese aus bestimmten elementaren Ausdrücken mittels bestimmter Operationen erzeugt. Zu diesem Zwecke muß als erstes der Vorrat der verwendeten Elementarsymbole erklärt werden.

1. Def.: Es gibt vier Arten von Elementarsymbolen:
 (i) Die logischen Zeichen $\mathbb{L} = \{ \wedge, \vee, \neg, \rightarrow, \leftrightarrow, \exists, \forall \}$;
  sie tragen die üblichen Namen *und, oder, nicht, wenn-so, genau dann wenn,*
  Existenzquantor und *Allquantor*.

(ii) Die Funktionszeichen $\mathbb{F} = \{ f, g, h, ..., f_1, g_1, ..., f_2, ... \}$

(iii) Die Prädikatzeichen $\mathbb{P} = \{ P, Q, ..., P_1, Q_1, ..., P_2, ... \}$

(iv) Die Variablen $Var = \{ x, y, z, ..., x_1, y_1, ..., x_2, ... \}$

Von den Funktionszeichen und Prädikaten kann es beliebig viele geben, erstere müssen aber in unserer Sprache nicht unbedingt vorkommen. Weiter ist jedem Symbol aus $\mathbb{F}$ oder $\mathbb{P}$ eine natürliche Zahl $n \geq 0$ zugeordnet, welche die *Stellenzahl* des Symbols heißt und die Anzahl seiner Argumente kennzeichnet. Um die Formeln (die "Ausdrücke") unserer Sprache zu erklären ist es (um die eindeutige Lesbarkeit der Formeln zu garantieren) zweckmäßig, aber nicht absolut notwendig, noch die Klammern "(" und ")" als Hilfssymbole hinzuzunehmen. Wir erklären jetzt die sprachlichen Ausdrücke, nämlich die Terme und die Formeln, indem wir ihren induktiven Aufbau vorstellen.

2. Def.:

    (i) Alle Variablen sind Terme.

    (ii) Wenn $t_1, ..., t_n$ Terme sind und f ein n-stelliges Funktionszeichen ist, dann ist $f(t_1, ..., t_n)$ ein Term.

    (iii) Alle *Terme* entstehen aus (i) durch Iteration von (ii).

3. Def.:

    (i) Wenn P ein n-stelliges Prädikat ist und $t_1, ..., t_n$ Terme sind, dann ist $P(t_1, ..., t_n)$ eine Formel; solche Formeln heißen auch *Atomformeln* .

    (ii) Wenn Φ und Ψ Formeln sind, dann sind auch $\neg\Phi, \Phi \wedge \Psi, \Phi \vee \Psi, \Phi \rightarrow \Psi, \Phi \leftrightarrow \Psi$ sowie für jede Variable x $\forall x\Phi$ und $\exists x\Phi$ Formeln; in $\forall x\Phi$ und in $\exists x\Phi$ heißt die Variable x *gebunden* (durch den Quantor); Vorkommen von Variablen, die nicht gebunden sind, heißen *frei*.

    (iii) Alle *Formeln* entstehen aus (i) durch Iteration von (ii).

    (iv) *Grundterme* und *Grundformeln* sind solche, die keine Variablen enthalten.

Die so erklärte Sprache wollen wir **PL** nennen; ihre genaue Form hängt natürlich noch von der Anzahl und Stelligkeit der Funktionszeichen und Prädikate ab. Um die Schreibweise eindeutig zu machen, müssen wir häufig noch die erwähnten Klammern gebrauchen. Der besseren Lesbarkeit wegen läßt man sie aber meist weg, wenn dies nicht nötig ist. Im Falle $n = 0$ fehlen bei den Funktionszeichen und Prädikaten natürlich die Argumente; auf den hier intendierten Sinn werden wir noch zurückkommen. Dazu müssen wir uns vorher der Semantik von **PL** zuwenden.

4. Def.: Eine *Interpretation* von **PL** besteht aus einer Menge U zusammen mit einer Abbildung I, welche jedem n-stelligen Funktionszeichen eine n-stellige Funktion und jedem n-stelligen Prädikat eine n-stellige Relation über U zuweist. Man spricht hier auch von einer "Interpretation I in U".

Die Menge U heißt auch das Universum der Interpretation; die Struktur, die aus U und den betrachteten Relationen und Funktionen besteht, wird auch eine Modellwelt oder kurz Modell für **PL** genannt. Solche Modellwelten sind der Gegenstand des Interesses, die Eigenschaften der Modelle sollen beschrieben werden. Deshalb heißen die Symbole in $\mathbb{F}$ und $\mathbb{P}$ auch die Namen der Objekte, die ihnen unter I zugeordnet werden. Die Interpretationen versetzen uns in die Lage, den Wahrheitsbegriff formal einzuführen. Er ist in der klassischen Logik durch zwei Motive gekennzeichnet:

- Dichotomie: "wahr" und "falsch" sind die einzigen Wahrheitswerte
- Extensionalität: Der Wahrheitswert einer zusammengesetzten Aussage hängt nur von den Wahrheitswerten der Teilaussagen ab.

Man beachte aber, daß noch nicht alle sprachlichen Symbole interpretiert sind, es fehlen noch die Variablen. Es ist zweckmäßig, sie terminologisch gesondert zu behandeln:

5. Def.: Eine Variablenbelegung bezüglich einer Interpretation in U ist eine Abbildung:

$$u : \mathrm{Var} \to U$$

Man macht sich sofort klar, daß man eine Belegung u auf kanonische Weise auf die Terme erweitern kann, so wird etwa $f(x,y,z)$ durch $I(f)(u(x),u(y),u(z))$, also ein Element in U, belegt.

Bezüglich solcher Belegungen soll nun die Wahrheit von Formeln erklärt werden. Dabei steht die Sprechweise " eine Belegung u erfüllt eine Formel Φ " für " bei einer Belegung u wird Φ wahr ".

6. Def.: Es sei eine Interpretation I in U gegeben. Dann *erfüllt* eine Belegung u eine Formel Φ, falls

(i) Φ ist eine Atomformel $P(t_1,...,t_n)$ und $R(u(t_1),...,u(t_n))$ gilt, wobei $R = I(P)$ ist; die Schreibweise $R(a_1,...,a_n)$ steht dabei für "$a_1,...,a_n$ stehen in der Relation R".

(ii) Φ ist $\Phi_1 \wedge \Phi_2$ (bzw. $\neg\, \Phi_1$) und u erfüllt sowohl Φ_1 als auch Φ_2 (bzw. erfüllt Φ_1 nicht).

(iii) Φ ist $\forall x\, \Psi$ (bzw. $\exists x\, \Psi$) und alle Variationen von u am Argument x erfüllen Ψ (bzw. es gibt eine Variation, die Ψ erfüllt).

Rein formal weisen wir auf den Unterschied zwischen P und R hin. Trotzdem wird man hier häufig den selben Buchstaben benutzen. Wir verlassen uns weiter darauf, daß der Leser weiß, wie man die restlichen logischen Zeichen mittels der angegebenen behandelt. Auf der bisherigen Basis können wir jetzt die klassischen Definitionen der Logik einbringen.

7. Def.:

(i) Eine Formel ist *wahr* für eine Interpretation, wenn alle Belegungen sie erfüllen und *falsch*, wenn keine sie erfüllt; im ersteren Falle sagen wir auch, die Interpretation sei ein *Modell für die Formel*. (Dies ist nicht zu verwechseln mit dem Begriff der Modellwelten!)

(ii) *Tautologien* sind Formeln, die für alle Interpretationen wahr sind und solche, die unter keiner Interpretation unter keiner Belegung erfüllt sind heißen *Kontradiktionen* oder *Widersprüche*.

(iii) Eine Formel Φ heißt *semantische Folgerung* aus einer Formelmenge Σ, falls für jede Interpretation jede Belegung, die alle Formeln aus Σ erfüllt, auch Φ erfüllt. Dies wird durch $\Sigma \models \Phi$ notiert.

(iv) Zwei Formeln Φ und Ψ heißen *logisch äquivalent*, falls $\Phi \leftrightarrow \Psi$ eine Tautologie ist.

Kommentar: Freie Variable werden beim Wahrheitsbegriff so wie allquantifizierte Variable behandelt. Formeln, für die alle eventuell vorhandenen Variablen im Bereich eines Quantors stehen, sind für jede Interpretation entweder wahr oder falsch, unabhängig von der Belegung. Bei einer festen Interpretation kann sonst dreierlei passieren :

(1) Alle Belegungen erfüllen die Formel : Die Formel ist wahr (für die Interpretation).

(2) Keine Belegung erfüllt die Formel : Die Formel ist falsch (für die Interpretation).

(3) Manche Belegungen erfüllen die Formel und andere nicht (für die Interpretation).

Die Widersprüche sind offenbar genau die Negationen der Tautologien und weiter sind zwei Formeln genau dann logisch äquivalent, wenn sie gegenseitig semantische Folgerungen auseinander sind. Besonders wollen wir noch heraustellen:

(4) Ψ ist genau dann eine semantische Folgerung aus $\Phi_1 \wedge \ldots \wedge \Phi_n$, wenn $\Phi_1 \wedge \ldots \wedge \Phi_n \rightarrow \Psi$ eine Tautologie ist; es ist genau dann keine Folgerung, wenn $\Phi_1 \wedge \ldots \wedge \Phi_n \wedge \neg \Psi$ in einem Modell erfüllbar ist.

Damit ist das Studium der Folgerung auf das der Tautologien oder Widersprüche zurückgeführt. Eine andere Form der Folgerung ist von folgender Art:

(5) Wenn eine Belegung $\Phi_1 \wedge \ldots \wedge \Phi_n$ erfüllt, dann erfüllt sie auch Ψ.

Diese Folgerungen sind besonders dann interessant, wenn alle Elemente des Bereiches durch Konstante benannt werden; bei endlichen Bereichen ist dies stets zu erreichen. Faßt man die Formeln als einschränkende Bedingungen auf (engl. *Constraints*), so motiviert sich hier der Name *Constraintpropagation* für diese Form der Folgerung; in §8a wird dies genauer behandelt.

Wir stellen hier aber auch eine Verarmung der Ausdrucksweise fest. Es gibt in der Tat nur die beiden Wahrheitswerte 0 und 1. Alle anderen Aspekte einer Ausdrucksweise fallen unter den Tisch, besonders der Unterschied zwischen einer vernünftigen und einer ganz sinnlosen Aussage. Da ist zum Beispiel der Satz "Wenn Ostern und Pfingsten auf einen Tag fallen, dann ist alle Tage Weihnachten" (Formalisierungsübung!) ein (leider) wahrer Satz. Die Prädikatenlogik ist ausdrucksarm, aber scharf analysiert. Später (vornehmlich in Teil II) werden wir ihren Rahmen verlassen, aber wie oben gesagt, nicht ohne Preis.

Ganz allgemein ist klar, daß sich Wissen über eine Situation, welches sich schon in Termini von bestimmten Funktionen, Relationen und Elementen des Weltmodells ausdrücken läßt, auch in unserer Sprache **PL** formulieren läßt. Die einschneidendste Restriktion ist dabei, daß wir nicht "über" Relationen und Funktionen reden dürfen, jedenfalls nicht "direkt" ; insbesondere sind Ausdrucksweisen wie "für alle Relationen gilt..." verboten. Es sei hier schon angemerkt, daß es einerseits Sachverhalte gibt, die sich *prinzipiell* nicht in der Prädikatenlogik ausdrücken lassen und daß sich andererseits gewisse Dinge zwar formulieren lassen, aber nur auf sehr unnatürliche Weise. Darauf werden wir in §6 noch ausführlicher zurückkommen.

Wir kommen jetzt noch einmal auf die 0-stelligen Funktionen und Relationen zurück. Eine 0-stellige Funktion ist dabei einfach ein Element des Universums U, deshalb nennt man ein 0-stelliges Funktionszeichen auch Konstantenzeichen oder einfach eine Konstante. Es muß aber nicht jedes Elemente von U eine Konstante als Namen haben.

Eine 0-stellige Relation R gilt bei einer Interpretation ganz unabhängig von irgendwelchen Variablenbelegungen oder sie gilt nicht; das bedeutet, daß einem 0-stelligen Prädikat bereits durch die Interpretation ein Wahrheitswert zugeordnet wird. Von besonderer Bedeutung ist der Fall, daß alle Prädikate 0-stellig sind. Dann sind die Variablen, die Quantoren und Funktionszeichen überflüssig (denn Terme als Argumente der Prädikate können ja gar nicht vorkommen), wir haben es nur mit Wahrheitswertzuordnungen für die Prädikate zu tun. Dieser Fall vereinfacht natürlich vieles und man spricht hier traditionell von der *Aussagenlogik*. Aussagenlogische Formeln sind also etwa $(P \wedge Q)$ $\rightarrow R$ oder $P \rightarrow (Q \rightarrow P)$ und die Semantik reduziert sich zu einer Zuordnung von Wahrheitswerten zu P, Q und R. Irgendwelche inhaltliche "Bedeutungen" kann man sich zwar noch mit P, Q und R assoziiert denken, aber im Formalismus selbst steckt nur das, was mittels der logischen Zeichen ausgedrückt werden kann.

Ein Spezialfall ist die Prädikatenlogik mit Gleichheit. Sie ist dadurch gekennzeichnet, daß es ein spezielles binäres Prädikat " $\equiv$ " gibt, was stets durch die gewöhnliche Gleichheitsrelation interpretiert werden soll. Die Prädikatenlogik mit Gleichheit erlaubt es in gewisser Hinsicht, Funktionen auf Kosten von Relationen zu eliminieren. Für eine n - stellige Funktion f können wir nämlich ein neues (n+1) - stelliges Prädikat P durch die Bedingung

$$P(a_1, \ldots, a_n, a_{n+1}) \leftrightarrow (f(a_1, \ldots, a_n) \equiv a_{n+1})$$

einführen.

Dies ist ein Spezialfall einer *expliziten Definition*. Generell versteht man unter einer expliziten Definition eines Prädikates P (und analog einer Funktion F) eine Formel der Gestalt

$$P(x_1,\ldots,x_n) \leftrightarrow \Phi(x_1,\ldots,x_n)$$

wobei Φ eine beliebige Formel ist, in der P nicht vorkommt.

Dem gegenüber stehen *implizite Definitionen* : Dies sind Bedingungen, deren Gültigkeit in jedem Modell erzwingt, daß P eindeutig festgelegt ist (was die expliziten Definitionen direkt tun). Wir werden ihnen später noch begegnen.

Für inhaltliche Überlegungen kommt es nicht auf syntaktische Unterschiede zwischen logisch äquivalenten Formeln an. Syntaktische Kalküle können sich jedoch stark vereinfachen, wenn sie nur auf Formeln in bestimmten Normalformen zuzugreifen brauchen. Eine solche Normalform wollen wir jetzt vorstellen. Sie setzt sich aus zwei Teilaspekten zusammen : Der eine betrifft die aussagenlogische Struktur und der andere die Quantoren.

8. Def.:

    (i)   Ein *Literal* ist eine Atomformel oder eine negierte Atomformel.

    (ii) Eine quantorenfreie Formel ist in *konjunktiver Normalform*, wenn sie die Form $\Phi_1 \wedge \dots \wedge \Phi_n$ hat, wobei jedes Φ_k eine Disjunktion von Literalen ist.

    (iii) Eine Formel ist dual dazu in *disjunktiver Normalform*, wenn sie eine Disjunktion von Konjunktionen von Literalen ist.

    (iv) Eine Formel ist in *pränexer Normalform* , wenn sie die Gestalt $Q_1 x_1 \dots Q_n x_n \, \Phi$ hat, wobei die Q_k Quantoren sind und Φ quantorenfrei ist.

Jede Formel läßt sich effektiv in eine logisch äquivalente Formel überführen die eine der angegebenen Normalformen hat. Dabei sind die Transformationen in die konjunktive oder disjunktive Normalform bekannte Boole'sche Operationen; nur die wichtigsten Schritte der Umformung in pränexe Normalform wollen wir kurz vorführen. Dabei ist zu beachten, daß es bei Variablen die durch einen Quantor gebunden sind, nicht darauf ankommt, welches die einzelnen Variablen sind, sondern nur darauf, ob sie gleich oder verschieden sind. Man kann also gebundene Variable umbenennen. Dabei ist nur eine Vorsichtsmaßnahme zu beachten, die durch ein Beispiel klar wird:
Betrachten wir $\forall x \, \exists y \, \exists z$ [Vater (x,y) $\wedge$ Sohn (x,z)]; eine Umbenennung von z in y würde als Ergebnis die nicht gleichwertige Formel $\forall x \, \exists y$ [Vater (x,y) $\wedge$ Sohn (x,y)] ergeben. Umbenennungen gebundener Variablen dürfen also nur in neue Variablen erfolgen.

Für die Umformung betrachten wir nun die folgenden logischen Äquivalenzen:

(1) $\forall x \, \Phi \Leftrightarrow \neg \exists x \neg \Phi \, ; \; \exists x \, \Phi \Leftrightarrow \neg \forall x \neg \Phi \, ;$

(2) $\Phi \rightarrow \forall x \, \Psi \Leftrightarrow \forall y \, (\Phi \rightarrow \Psi') \, ; \; \Phi \rightarrow \exists x (\Psi) \Leftrightarrow \exists y (\Phi \rightarrow \Psi') \, ;$

(3) $\forall x \, \Phi \rightarrow \Psi \Leftrightarrow \exists y \, (\Phi' \rightarrow \Psi) \, ; \; \exists x \, \Phi \rightarrow \Psi \Leftrightarrow \forall y \, (\Phi' \rightarrow \Psi).$

Dabei sei y eine neue Variable und Φ' (bzw. Ψ') sollen aus Φ (bzw. Ψ) durch Umbenennung von x in y entstehen. Die anderen logischen Verknüpfungen behandelt man analog (sie lassen sich auch auf $\neg$ und $\rightarrow$ zurückführen). Dies ergibt dann ein Verfahren zur Transformation in pränexe Normalform. Zu beachten ist, daß "↔" ein Symbol der formalen Sprache ist, während es sich bei "⇔" um die informelle logische

Äquivalenz handelt. Ein weiterer Schritt ist die Elimination einer Sorte von Quantoren. Dabei können wir nicht mehr den Übergang zu einer äquivalenten Formel erwarten, aber es gibt dafür einen hinreichenden Ersatz. Wir stellen jetzt die Methode zur Entfernung der $\exists$ - Quantoren vor. Dazu betrachten wir eine Formel in pränexer Normalform :

$$\Psi : \quad \forall x_1 \, \forall x_2 \, ... \forall x_k \exists y \, \Phi(\, ..., y \, ,...) \, ,$$

die linkeste $\exists$ - Variable ist also y. Zum Ersatz von "$\exists y$" wählen wir ein neues Funktionszeichen f, dessen Stelligkeit die Anzahl der $\forall$ - Variablen links von y ist (hier also k) und führen folgende Operation aus:

(1)   Streiche $\exists y$ aus dem Präfix.

(2)   Ersetze in der verbleibenden Formel y an allen Stellen durch $f(x_1,...,x_k)$, d.h. f mit den Variablen links von y als Argumenten.

Wir erhalten so
$$\forall x_1 \, \forall x_2 \, ... \, \forall x_k \, \Phi(\, ...,f(x_1,...,x_k),...) \, .$$

Falls links von y keine Variablen stehen, wird eine Konstante eingeführt. Durch Iteration dieser Vorgehensweise werden sämtliche $\exists$ - Quantoren eliminiert und wir erhalten eine reine Universalformel.

9. Def.:   Die gerade eingeführte Transformation heißt Skolemisierung und das Resultat der Anwendung auf Ψ wird mit $Sk(\Psi)$ bezeichnet.

Der Zusammenhang zwischen Ψ und $Sk(\Psi)$ ist zwar keine Äquivalenz, aber immerhin gilt:
     Ψ ist genau dann eine Kontradiktion, wenn $Sk(\Psi)$ eine Kontradiktion ist.

Eine analoge Entfernung der $\forall$ - Quantoren ist natürlich auch möglich; man erhält dann dual eine Formel, die genau dann eine Tautologie ist, wenn die ursprüngliche dies war. Wenn wir nun nur noch $\forall$ - quantifizierte Variablen haben und alle Variablen auch quantifiziert sind (dieser Fall wird uns vor allem interessieren), können die Quantoren aber auch ganz weggelassen werden. Die übrig gebliebene Formel wird in konjunktive Normalform gebracht und dann weiter vereinfacht :

10. Def.:
     (i) Eine *Klause* (oft auch Klausel genannt) ist eine (endliche) Menge von

Literalen.

(ii) Das *Klausenbild* einer Disjunktion von Literalen ist die Menge der Literale
der Disjunktion.

(iii) Das *Klausenbild* einer Formel in konjunktiver Normalform ist die Menge
der Klausenbilder der Konjunktionsglieder (die ja Disjunktionen sind).

(iv) Variablenfreie Klausen heißen Grundklausen.

Wenn wir von der Erfüllbarkeit, Wahrheit usw. von Klausen sprechen, so meinen wir
dabei die entsprechenden Formeln. Es ist für das weitere Vorgehen zweckmäßig, die
leere Klause hinzuzunehmen. Ihre Semantik soll sein, daß sie immer falsch ist, in
Übereinstimmung mit der Forderung an eine Disjunktion, zu ihrer Wahrheit wenigstens
ein Glied als wahr vorzuweisen; die leere Klause hat aber nun einmal keine Glieder.
Bezeichnung:

Die leere Klause wird durch □ notiert.

Aus dem Klausenbild einer quantorenfreien Formel in konjunktiver Normalform läßt sich
die ursprüngliche Formel bis auf logische Äquivalenz wieder herstellen, denn es kommt
bei Konjunktionen und Disjunktionen auf Reihenfolge und Mehrfachvorkommen nicht
an. Betrachten wir zwei Beispiele:

(1) $(\forall x\, P(x)) \rightarrow (\forall x\, P(x))$ hat die pränexe Normalform $\forall y\, \exists x\, (P(x) \rightarrow P(y))$,
die Skolemisierung ergibt $\forall y\, (P(f(y)) \rightarrow P(y))$, woraus wir (wenn man (ii)
anwendet) das Klausenbild erhalten:

$$\{\neg P(f(y)), P(y)\}$$

Die freien Variablen sind $\forall$ - quantifiziert und diese Formel ist leicht in einem
geeigneten Modell wahr zu machen, mithin keine Kontradiktion. Das dürfte nach
unseren Überlegungen ja auch nicht sein, weil die Ausgangsformel sogar
eine Tautologie war. (Frage: Was passiert bei Anwendung von (iii)?)

(2) $\exists x\, \neg P(x) \wedge [\, \exists x\, P(x) \vee \exists x\, (P(x) \wedge Q(x))\,] \wedge \neg \exists x\, P(x)$
hat das Klausenbild

$$\{\, \{\,\neg P(a)\,\},\ \{\,P(b), P(c)\,\},\ \{\,P(b), Q(c)\,\},\ \{\neg\, P(d)\,\}\,\}.$$

Hierbei sind a,b,c und d die Skolemkonstanten.

(Auch hier soll man sich überlegen, daß man ein anderes Klausenbild erhalten
könnte.)

Bei der Skolemisierung haben wir eine Variable durch einen Term ersetzt. Solche

Ersetzungen lassen sich auch ganz allgemein beschreiben.

11. Def:

    (i)   Eine *Substitution* σ ist eine Abbildung von einer endlichen Menge X von Variablen in die Terme.

    (ii)   Eine *Grundsubstitution* bildet die Variablen in Grundterme ab.

Eine Darstellung von σ kann auch als Menge von Paaren erfolgen :

$$\sigma = \{(x, t) \mid x \in X,\ t = \sigma(x)\}$$

Eine Substitution läßt sich als auf ganz Var definiert betrachten, indem man sie außerhalb von X als die Identität $\sigma(x) = x$ festsetzt. Genau wie bei der Interpretation kann man nun die Substitutionen kanonisch zu Abbildungen auf allen Termen fortsetzen; so wird etwa

$$\sigma\,(f(\,x, y, z\,)) = f(\,\sigma(x), \sigma(y), \sigma(z)\,).$$

Man kann das Substitutionsergebnis $\sigma(t)$ eines Termes t auch als ein *Beispiel* von t auffassen: Der Term t ist dann das abstrakte Muster aller seiner Beispiele.
Substitutionen können als Abbildungen hintereinander geschaltet werden, was durch "∘" ausgedrückt wird, also ist etwa

$$\tau \circ \sigma\,(s) = \tau\,(\,\sigma(s)).$$

Eine Substitution, die eine Permutation der Variablen (und damit auch der Terme) ist, heißt auch *Variablenumbenennung* und eine Substitution, die einer bestimmten Menge T von Termen Grundterme zuordnet, heißt auch eine *Grundsubstitution* für T.

Variablenumbenennungen, die für zwei Formeln das Resultat haben, daß diese anschließend keine gemeinsamen Variablen mehr haben, *separieren* die Variablen der Formeln. Substitutionen können aber auch Terme identifizieren :

12. Def.:

    σ *unifiziert* zwei Terme s und t (oder : ist *Unifikator* von s und t), falls $\sigma(s) = \sigma(t)$.

Der Begriff des Unifikators wird unschwer auf den Fall von mehr als zwei Termen erweitert. Die Unifikatoren von zwei Termen s und t liefern die gemeinsamen Substitutionsergebnisse von s und t. Diese Beispielmenge ist (falls s und t Variable enthalten) unendlich, und man fragt sich, ob sich diese Menge vernünftig repräsentieren läßt. Dieses ist in der Prädikatenlogik der Fall.

13. Def.:

Eine Substitution σ heißt *allgemeinster Unifikator* von zwei Termen s und t, falls gilt:

(i) σ ist ein Unifikator von s und t

(ii)   für jeden Unifikator λ von s und t existiert eine Substitution τ mit $\lambda =$ $\tau \circ \sigma$, im Bild :

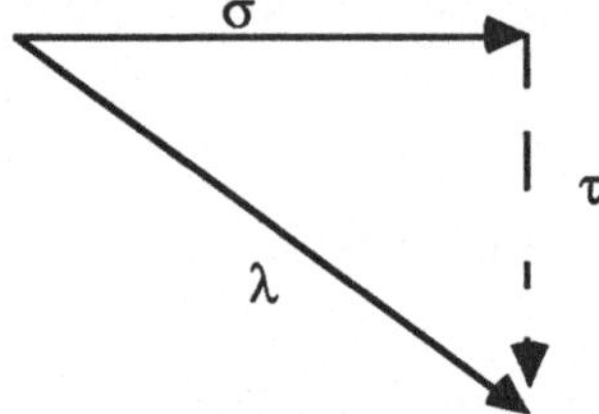

Einen allgemeinsten Unifikator von s und t notieren wir auch als m.g.u.(s,t) (als Abkürzung von "most general unifier"). Es ist wieder klar, wie man diese Begriffe auf den Fall von mehr als zwei Termen erweitert. Wenn nun solch ein allgemeinster Unifikator existiert, repräsentiert er die gemeinsame Beispielmenge auf natürliche Weise : Diese entsteht einfach durch Anwenden von Substitutionen auf das Ergebnis des m.g.u.(s,t). Unser Problem reduziert sich also auf die Berechnung des m.g.u.. Als positive Lösung erhalten wir :

14. Satz:

Es gibt einen Algorithmus, der für zwei Terme s und t entscheidet, ob sie unifizierbar sind. Im positiven Falle liefert der Algorithmus einen allgemeinsten Unifikator σ.

Zur Definition des Algorithmus vom allgemeinsten Unifikator benötigen wir noch den Begriff *Unterscheidungsterm.*

15. Def.:

Für zwei Terme s und t sind die *Unterscheidungsterme* wie folgt erklärt:

Lese s und t simultan von links nach rechts. Man nehme die erste Stelle, an der sich s und t unterscheiden und nenne $\hat{s}$ bzw. $\hat{t}$ die Teilterme von s bzw. t, die an dieser Stelle anfangen. $\hat{s}$, $\hat{t}$ sind die Unterscheidungsterme von s und t.

<u>Algorithmus vom allgemeinsten Unifikator :</u>

Setze $i := 0$ und $\sigma_i := $ id (identische Substitution) sowie

$\quad s_i := s$ und $t_i := t$

$\otimes$ Teste, ob s_i und t_i syntaktisch übereinstimmen.

$\quad$ Falls ja, setze $\sigma := \sigma_i$; σ ist allgemeinster Unifikator;

$\quad\quad$ **stop**

$\quad$ Falls nein, bilde die Unterscheidungsterme $\hat{s}_i$ und $\hat{t}_i$

$\quad\quad$ von s_i und t_i.

$\quad$ Teste, ob $\hat{s}_i$, $\hat{t}_i$ beides keine Variablen sind.

$\quad\quad$ Falls ja, so sind s und t nicht unifizierbar;

$\quad$ **stop**

$\quad$ Falls nein (sei etwa $\hat{s}_i$ eine Variable), so teste, ob $\hat{t}_i$ die Variable $\hat{s}_i$ enthält;

$\quad\quad$ Falls ja, so sind s und t nicht unifizierbar;

$\quad$ **stop**

$\quad\quad$ Falls nein, setze $\sigma' := \sigma_i \cup \{\sigma_i(\hat{s}_i, \hat{t}_i)\}$

$\quad\quad\quad$ sowie $s' := \sigma'(s_i)$, $t' := \sigma'(t_i)$,

$\quad\quad\quad$ $i := i + 1$ und $\sigma_i := \sigma'$, $s_i := s'$,

$\quad\quad\quad$ $t_i = t'$ und gehe nach $\otimes$.

In der Formulierung des Satzes und des Algorithmus wurden eine Reihe von Behauptungen aufgestellt, die zu rechtfertigen sind.

(1)$\quad$ Zunächst ist zu bemerken, daß der Algorithmus immer terminiert : Dies ist eine Folge der Tatsache, daß bei jedem Schritt eine Variable verschwindet.

(2)$\quad$ Der Algorithmus produziert laufend Substitutionsergebnisse von s und t und stoppt sicher höchstens dann, wenn eine Unifikation erreicht ist.

(3)$\quad$ Schließlich nehmen wir noch an, s und t seien in der Tat unifizierbar, etwa mittels λ. Parallel zur Konstruktion der σ_i erstellen wir uns dann Substitutionen τ_i mit der Eigenschaft $\lambda = \tau_i \circ \sigma_i$. Dazu initialisieren wir τ_0 mit λ und betrachten noch den Iterationsschritt.

Die Ausgangslage ist :

σ_i unifiziert die Unterscheidungsterme nicht, λ unifiziert sie aber wohl und deshalb muß τ_i dies auch tun. Daher muß nun aber einer der Unterscheidungsterme eine Variable sein (Terme, welche mit verschiedenen Funktionssymbolen anfangen, lassen sich nie unifizieren!), und diese Variable kann ebenfalls nicht im anderen Unterscheidungsterm vorkommen (kein Term ist mit einem echten Teilterm unifizierbar). Nun erhalten wir das gesuchte τ_{i+1}, indem wir aus τ_i gerade das Paar herausnehmen, das wir bei dem Algorithmus zu σ_i hinzugefügt haben.

Damit haben wir alle Behauptungen erledigt. Wir kommen aber nochmal auf die Stelle zurück, wo wir für die Unterscheidungsterme geprüft haben, ob eine Situation der Art x und t(...x...) vorliegt. Eine Substitution hätte das Problem nur reproduziert, wir erhielten t(...x...) und t(...t(...x...)...). Die erfolgte Nachprüfung heißt auch der "Occur - Check"; er ist aufwendig, meist überflüssig, bewahrt aber vor Fehlern. Später kommen wir zu einer praktisch relevanten Situation, wo er weggelassen wird. Schließlich sei noch erwähnt, daß ein allgemeinster Unifikator i.A. nur bis auf eine Variablenumbenennung eindeutig ist, wir sprechen aber trotzdem von *dem* m.g.u.(s,t). Beispielsweise sind für f(x,y) und f(z,z) sowohl {(x,z), (y,z)} als auch {(x,y), (z,y)} als auch {(y,x), (z,x)} allgemeinste Unifikatoren.

Das Unifikationsproblem läßt sich auch als ein Spezialfall eines allgemeineren Problems der Mustererkennung auffassen : Man prüft, ob zwei abstrakte Muster ein gemeinsames Beispiel haben. Als solches ist es ganz grundlegend für die meisten Konsistenzbetrachtungen.

<u>Einschub: Wissensrepräsentation in Normalform:</u>
Man fragt sich , wozu die Überführung in pränexe, konjunktive oder Skolemnormalform eigentlich gut sein soll, da man doch dabei häufig den intuitiven Sachverhalt gar nicht mehr so leicht wiedererkennt. Der Schlüssel hierfür ist die Feststellung, daß die Repräsentation von Wissen für die Lösung von Problemen irgendwelcher Art gedacht ist. Nun kann ein und derselbe Sachverhalt auf ganz verschiedene Weise repräsentiert werden; einige dieser Repräsentationen spiegeln den kognitiven Inhalt des Sachverhaltes auf natürliche Art wieder, während andere dazu geeignet sind, bestimmte Klassen von Problemen effizient zu lösen. Normalformen in der Wissensrepräsentation sind solche Darstellungen, welche gerade eben für solche effizienten Problemlösungen gedacht sind. Die Überführung in eine Normalform geschieht dabei auf algorithmische, mechanisierte

Weise und stellt häufig bereits einen wesentlichen Schritt auf dem Wege zur Lösung dar. Aus der Mathematik sind uns solche Normalformen hinreichend bekannt. Ein Beispiel ist etwa die Jordan'sche Normalform oder die Diagonalform für Matrizen, die die Berechnung von wichtigen Invarianten wie etwa Eigenwerte auf simple Weise gestattet. In sogenannten "eingekleideten Aufgaben" ist es häufig nicht auf den ersten Blick ersichtlich, daß das Problem zu einer Klasse gehört, die eine Überführung in eine Normalform erfordert. Kennt man solche Transformationen nicht, so erfordert die Problemlösung "Intelligenz"; kennt man sie aber, so findet man das Ganze trivial. Hier haben wir ein typisches Beispiel für elementare Fälle von *Künstlicher Intelligenz* vor uns: eine ursprünglich kreativ erscheinende Vorgehensweise wird durchschaut und mechanisiert. Die Überführung von logischen Formeln in Normalformen hat den Zweck, die Verarbeitung durch Inferenzmechanismen, die wir im Abschnitt über deduktive Systeme behandeln wollen, zu erleichtern, zu vereinfachen und zu beschleunigen. Solche Normalformenphänomene sind aber von allgemeinerer Natur und werden uns noch häufiger begegnen.

Einschub: Termmodelle:

Besondere Modelle sind die *Termmodelle* : Hier ist das Universum U der Interpretation I die Menge aller Terme. Wiederum spezielle Termmodelle sind die *Herbrandmodelle,* bei denen U die Menge aller Grundterme ist; U heißt dann auch daß *Herbranduniversum.* Solche Herbrandmodelle existieren natürlich nur dann, wenn es überhaupt Grundterme gibt. Wir treffen daher, falls nichts gegenteiliges gesagt wird, die Verabredung: Es gibt wenigstens eine Konstante in unserer Sprache.

Wenn wir dann auch noch ein n-stelliges Funktionszeichen mit $n \geq 1$ haben (und das ist jedenfalls nach der Skolemisierung stets dann garantiert, wenn ein $\forall$-Quantor links vor einem $\exists$-Quantor steht), so sind die Herbrandmodelle unendlich. Falls wir nur eine endliche Variablenmenge betrachten, dann sind für diese Modelle die Belegungen auch gleichzeitig Grundsubstitutionen. Es ist weiter zweckmäßig, für ein Herbrandmodell die Interpretation I als die Identität zu nehmen : Wir unterscheiden also nicht mehr zwischen dem Prädikatsnamen und seiner Interpretation. Die Signifikanz solcher Modelle liegt in ihrer relativen Einfachheit und in folgender Tatsache:

16. Satz:

Wenn eine Formelmenge überhaupt ein Modell hat, dann hat ihre skolemisierte Form auch ein Herbrandmodell.

Der Satz von Herbrand im nächsten Abschnitt wird hieran anknüpfen. Herbrandmodelle sind gewissermaßen kanonisch, man kann ihre Elemente explizit konstruieren. Für sie fallen dann wie gesagt auch die Begriffe "Variablenbelegung" und "Substitution" zusammen: Beides sind Abbildungen, welche Variablen Terme zuordnen.

Bei Programmiersprachen wie Pascal verwendet man Datentypen für den Umgang mit zu manipulierenden Objekten. Diese Rolle spielen in der Prädikatenlogik die *Sorten*.
Die Sorten, die zunächst nur in einer Menge von Symbolen zusammengefaßt sind, spielen sowohl in der Syntax als auch in der Semantik eine Rolle. Syntaktisch wird jedem Term eine Sorte oder ein Tupel von Sorten zugeordnet, und zwar rekursiv über den Termaufbau:

(1) Variable und Konstante haben eine Sorte S, die als Index mitgeführt wird, etwa x_S oder a_S fest zugeordnet.

(2) Jedem n-stelligen Funktionsymbol f ist ein $(n + 1)$-Tupel $(S_1, \ldots , S_n, S_{n+1})$ von Sorten zugeordnet. Es werden nur Terme der Gestalt $f(t_1, \ldots , t_n)$ zugelassen, bei denen die Sorte von t_i gerade S_i ist; die Sorte des Terms $f(t_1, \ldots , t_n)$ ist dann S_{n+1}.

(3) Jedem n-stelligen Prädikat P ist ein n-Tupel $(S_1, \ldots , S_n)$ von Sorten zugeordnet und es sind nur Atomformeln $P(t_1, \ldots , t_n)$ zugelassen, wo t_i die Sorte S_i hat.

Semantisch wird jeder Sorte S in jedem Modell eine Teilmenge $I(S) \subseteq U$ des Universums zugeordnet. Die Interpretationen $I(f)$ und $I(P)$ von Funktionen und Prädikaten müssen *sortengerecht* sein, d.h. die entsprechenden Argumente und Werte müssen von der syntaktisch vorgeschriebenen Sorte sein. Auch die Variablen müssen sortengerecht belegt sein, d.h. $u(x_S) \in I(S)$ muß für eine Belegung u gelten. Eine entsprechende Vorsichtsmaßnahme muß auch beim Begriff der Substitution getroffen werden, auch diese unterliegt der Bedingung, sortentreu zu sein.
In einer Erweiterung bilden die Sorten eine halbgeordnete Struktur $S = (S, \leq)$. Semantisch wird dann für $S_1 \leq S_2$ die Beziehung $I(S_1) \subseteq I(S_2)$ verlangt. Solche Typinklusionen sind auch bei Programmiersprachen von Interesse.

Von einem grundsätzlichen Standpunkt aus gesehen sind die Sorten überflüssig. Man kann nämlich für jede Sorte S ein einstelliges Prädikat P_S einführen und anstatt "x ist von der Sorte S" zu sagen auch "$P_S(x)$" notieren. Dann würde etwa

$$\forall x_S \, \phi \, (x) \quad \text{zu} \quad \forall x \, (P_S \, (x) \rightarrow \phi \, (x))$$

· und

$$\exists x_S \, \phi \, (x) \qquad zu \quad \exists x \, (P_S \, (x) \wedge \phi \, (x)).$$

Diesen Prozeß nennt man "Relativierung auf das Prädikat P_S", was man ja auch erreichen will. Prinzipiell könnte man also die Sorten eliminieren und jeder Formel der Sortenlogik eine äquivalente Formel ohne Sorten aber mit Relativierungsprädikaten zuordnen. Das besagt jedoch nicht, daß die Sorten nicht nützlich sind (vgl. etwa einige Fragen der Constraintpropagierung in §8a). Ihr Sinn ist, unsinnige (aber eventuell wahre) Formulierungen zu vermeiden, wie etwa Boole(7) $\to$ T, wo T eine wahre Aussage sein soll und Boole(x) über $\{0,1\}$ läuft (dann ist Boole(7) falsch, wie so manches Unsinnige, und die Implikation deshalb wahr). Führt man Boole als Sorte ein, so ist Boole(7) schon syntaktisch gar nicht zugelassen.

Bei einer Theorie oder Formelmenge erscheint es zuerst irrelevant, in welcher Form man sie aufschreibt. Bei näherem Hinsehen wird dies jedoch anders, wenn man folgende zwei Aspekte im Auge hat.

(1)　　Man betrachtet Folgerungen aus den Formeln (worauf in §2 näher eingegangen wird)

(2)　　Man betrachtet auch inkonsistente Theorien.

Nun erscheint auf den ersten Blick die Beschäftigung mit den inkonsistenten Theorien etwas absurd, jedenfalls wenn man dies freiwillig tut. Eine gewisse Art inkonsistenter Theorien spielt jedoch eine größere Rolle. Dabei handelt es sich nämlich um Familien von einzeln gesehen konsistenten Theorien T_i, bei der nur die Vereinigungsmenge aller dieser Theorien inkonsistent ist. So etwas ist dann von Interesse, wenn die einzelnen Theorien jeweils große gemeinsame Teile haben, und sie sich nur in gewissen sekundären Aspekten unterscheiden, die zwar widersprüchlich, aber doch von ähnlicher Art sind. Ein klassisches Beispiel einer solchen Theoriefamilie ist die Theorie der Gleitkommaarithmetik. Diese ist ganz klar widersprüchlich, denn manchmal gilt z.B. -(-x) = x und manchmal nicht. Das liegt eben daran, daß man es nicht mit einer Gleitkommaarithmetik, sondern mit einer ganzen Familie von ihnen zu tun hat. Die zweckmäßige Organisationsform für eine solche Theorie geschieht in der Form eines Baums.

17. Def.:

Eine *Baumtheorie* besteht aus einem Baum B, an dessen Knoten Formelmengen angeheftet sind, so daß gilt:

(i)　　Die Formeln längs eines jeden Pfades sind konsistent.

(ii) Die Formeln längs eines maximalen Pfades sind vollständig, d.h. für jede
Formel ϕ ist entweder ϕ oder $\neg\phi$ eine semantische Konsequenz davon.

In der Regel ist es sinnvoll, mit ansteigender Tiefe des Baumes eine einheitliche
Erweiterung der sprachlichen Ausdrucksmittel, d.h. der vorkommenden Prädikats-
symbole und Funktionszeichen, zu verlangen. Im Falle der Gleitkommaarithmetik würde
man etwa auf der obersten Ebene von einer elementaren Theorie der Gleichheit sprechen,
dann käme eine Verzweigung nach "normalisiert" oder "nicht normalisiert" und später
würde man dann etwa auf Unterscheidungen eingehen, die sich in Termini von Mantisse
und Exponent formulieren lassen. Auf diese Weise hätte man eine taxonomische
Hierarchie erfaßt, die uns später noch mehrfach begegnen wird (vgl. z.B. §8b).

Übungen :

Aufgabe 1
Wandeln Sie die folgende prädikatenlogische Formel in Klausenform um:

$$\forall x[(P(x) \to (Q(x) \leftrightarrow \exists y \forall z\, R(x,y,z))) \lor ((\neg\exists z(S(z,x)) \to \forall w\, T(x,w,z)))]$$

Aufgabe 2
Formulieren Sie die folgende Logelei, die als "Schuberts Steamroller" bekannt ist, in
Klausenform, und zwar einmal mit und einmal ohne Sorten:
"Wölfe, Füchse, Vögel, Tausendfüßler und Schnecken sind Tiere, und von jeder Art
existiert mindestens ein Exemplar. Außerdem gibt es Getreide, welches wiederum zu den
Pflanzen gehört. Jedes Tier frißt entweder alle Pflanzen oder alle Tiere, die kleiner sind als
es selbst und Pflanzen fressen. Tausendfüßler und Schnecken sind kleiner als Vögel,
diese sind kleiner als Füchse und diese sind kleiner als Wölfe. Wölfe fressen keine Füchse
und keine Pflanzen, wogegen Vögel zwar Tausendfüßler fressen, aber keine Schnecken.
Sowohl Tausendfüßler als auch Schnecken fressen Pflanzen. Man zeige, daß es ein Tier
gibt, das ein getreidefressendes Tier frißt."
(Hier soll das Problem nur formuliert werden. Seine Lösung ist kombinatorisch nicht ganz
einfach; die Konsequenzen aus den Voraussetzungen breiten sich, wie der Name andeutet,
"dampfwalzenartig" aus. Wir kommen in Aufgabe 6 von §2 hierauf zurück.)

Aufgabe 3

Portia wollte sich vermählen und unterzog jeden der zahlreichen Verehrer einer Prüfung. Sie nahm ein goldenes, ein silbernes und ein bronzenes Kästchen und legte in eines davon ein Porträt von sich. Die Kästchen trugen folgende Aufschriften:

    Gold: Das Porträt ist nicht im silbernen Kästchen.

    Silber: Hier ist das Porträt nicht drin.

    Bronze: Hier ist das Porträt drin.

Portia erklärte dem Bewerber noch, daß von den drei Aufschriften mindestens eine wahr und mindestens eine falsch war. Danach sollte er ein Kästchen öffnen, und wenn es das Porträt enthielt, kam er in die engere Auswahl.

(a)   Formulieren Sie das Problem in Prädikatenlogik erster Stufe

(b)   Welches Kästchen sollte der Bewerber öffnen ?

Aufgabe 4

Man finde eine Formel φ und 91 Formeln $\varphi_1,\ldots,\varphi_{91}$, so daß $\{\varphi_1,\ldots,\varphi_{91}\} \vDash \varphi$ gilt, aber φ nicht mehr folgt, wenn man eine beliebige Prämisse wegläßt.

Aufgabe 5

Eine Lösung eines Gleichungsproblems $G = \{s_i = t_i \mid 1 \leq i \leq n\}$ zwischen Termen wird als ein Unifikator für alle Paare (s_i, t_i) definiert. Ein Gleichungssystem heißt aufgelöst, wenn alle s_i Variablen sind, die in t_i nicht vorkommen. Man gebe einen Algorithmus an, der ein Gleichungssystem G in ein aufgelöstes Gleichungssystem G' mit den gleichen Lösungen umformt.

Aufgabe 6

Man betrachte folgende Beschreibung eines Algorithmus, der als Eingabe ein Unifikationsproblem $s = t$ hat:

(1)   Ersetze $f(s_1, \ldots, s_n) = f(t_1, \ldots, t_n)$ durch $s_1 = t_1, \ldots, s_n = t_n$;

(2)   bei $f(s_1, \ldots, s_n) = g(t_1, \ldots, t_n)$ stoppe mit negativem Ausgang;

(3)   streiche $x = x$;

(4)   ersetze $t = x$ (t keine Variable) durch $x = t$;

(5)   für $x = t$ wobei t nicht x ist und x an anderen Stellen der Gleichungsmenge

(6)   stoppe mit positivem Ausgang, wenn nur noch aufgelöste Gleichungen (vgl. die letzte Aufgabe) vorkommen.

Man zeige: Der Algorithmus entscheidet das Unifikationsproblem und liefert im positiven Falle einen allgemeinsten Unifikator.

Hintergrundbemerkungen zu §1:

Die Begriffe und Bezeichnungen in diesem Abschnitt sind Standardstoff der klassischen Prädikatenlogik. Sie werden in Büchern der mathematischen Logik ausführlich diskutiert; siehe z.B. [Ri78]. Ein Fragment der heutigen Prädikatenlogik, die Syllogismen, wurden bereits im Altertum, etwa bei Aristoteles betrachtet. Als den Vater der modernen Prädikatenlogik kann man G.Frege bezeichnen; eine umfassende Analyse des Wahrheitsbegriffes in formalen Sprachen gab A.Tarski. Die zentralen Resultate der Prädikatenlogik erscheinen jedoch erst im nächsten Abschnitt. Die Skolemisierung wurde nach dem norwegischen Logiker Thoralf Skolem benannt. Ein Unifikationsalgorithmus wurde schon 1930 von Herbrand angegeben; die systematische Behandlung begann mit [Ro65]. Eine interessante Übersicht über die Unifikation vom Standpunkt der Lösung von Gleichungen liefert [La-Ma-Ma86]. Die modernere Form des Unifikationsalgorithmus ist diejenige aus Aufgabe 6, die das Problem auf eine Constraintaufgabe (vgl. §8) zurückführt. Der im Text angegebene Unifikationsalgorithmus hat vom Standpunkt einer Implementierung jedoch nach wie vor Bedeutung. Details über Sortenlogik findet man in [Wa87], besonders auch bezüglich der Deduktionsverfahren. Baumtheorien und Gleitkommaarithmetik werden in [Za85] beschrieben.

2　Allgemeine deduktive Methoden

Eine klassische Aufgabe deduktiver Verfahren ist es, logische Beweise zu kalkülisieren. Wir werden im Verlaufe dieses Buches vielen Formen der Inferenz begegnen. Manche sind von "streng logischer Art", andere haben einen ganz anderen Charakter. Dieser Paragraph dient zur Analyse der logischen Beweise und der Methoden zu ihrer Mechanisierung. Logische Beweise garantieren die Richtigkeit ihrer Resultate und sind insofern auch als Erklärungen zu verstehen. Trotzdem wird man sie meist nicht als befriedigende Erklärungen ansehen, weil sie gewöhnlich keinerlei kognitive Aspekte berücksichtigen; vgl. dazu §18.

Die Beweise oder Deduktionen zerfallen in zwei Gruppen, deren Unterscheidungsmerkmal ein außerlogisches, nämlich ein pragmatisches ist. Man kann Beweise aus zwei Gründen führen:

(a)　　Zum Zwecke des Erwerbs bisher nicht explizit vorliegenden Wissens;

(b)　　als Konsistenzüberprüfung.

In beiden Fällen wird man ganz verschieden vorgehen. Im ersten Falle ist man nur an bestimmten Konsequenzen interessiert, deren Selektionskriterien nicht in den Bereich der Logik fallen. Im zweiten Falle ist man einerseits nur an einer Konsequenz, einem eventuellen Widerspruch, interessiert; hier möchte man aber absolute Sicherheit. Das führt bei der strategischen Anlage der Deduktion zu erheblichen Unterschieden. Darauf werden wir später zurückkommen. In diesem Kapitel spielt der angesprochene Unterschied aber keine Rolle, die hier behandelten Begriffe sind für beide Arten von Beweisen gleichermaßen zutreffend.

Der semantische Folgerungsoperator " $\models$ " ist für praktische Zwecke insofern unbrauchbar, als er die Inspektion aller Modelle erfordert. Es muß zunächst grundsätzlich klargestellt werden, ob es einen gleichwertigen syntaktischen Operator " $\vdash$ " gibt, der die logischen Folgerungen effektiv berechnet. Dies ist natürlich a priori gar nicht klar, und es stellt sich heraus, daß es auch von der Ausdruckskraft der zugrunde liegenden Sprache abhängt. Die Möglichkeit eines solchen Operators wird auch gelegentlich als die "Mechanisierung des logischen Schließens" bezeichnet. Man sollte hier wohl etwas zurückhaltender sein (weil man schließlich nur ganz bestimmte Schlußweisen mechanisiert), aber trotzdem hat diese Möglichkeit sehr weitgehende Konsequenzen. Die Grundlage ist ein Satz der mathematischen Logik :

Gödelscher Vollständigkeitssatz : Es gibt einen Algorithmus, der alle Tautologien aufzählt; hat dieser Algorithmus Zugriff auf die Formeln einer Formelmenge Σ, so zählt er alle semantischen Folgerungen aus Σ auf.

Ein solcher Algorithmus entspricht einem syntaktischen Operator " $\vdash$ " mit der Eigenschaft $\boxed{\models\dashv}$. Es gibt viele Methoden, einen derartigen Operator zu realisieren. Die allgemeine Form für einen Ableitungsoperator besteht in der Angabe von :

(a)   Logischen Axiomen;

(b)   Regeln, die den Übergang von Prämissen zu Konklusionen beschreiben .

Eine *Ableitung* (oder ein *"Beweis"*) einer Formel ϕ aus einer Menge Σ von Voraussetzungen ist dann eine Folge von Formeln, die entweder Axiome oder in Σ sind oder mittels einer Regelanwendung aus früheren Formeln erhalten werden können, und deren letztes Glied schließlich ϕ ist. Wir notieren dies durch

$$\Sigma \vdash \phi$$

1. Def.:

(i)   Ein Ableitungsoperator $\vdash$ heißt   *korrekt* , wenn alle Ableitungen zu semantischen Folgerungen führen.

(ii)   Der Ableitungsoperator heißt *vollständig*, wenn er alle semantischen Folgerungen herleitet.

Für korrekte und vollständige Operatoren haben wir also gerade $\boxed{\models\dashv}$. Man kann sich, wie wir oben erwähnt haben, statt mit Folgerungen auch nur mit Tautologien beschäftigen oder auch nur mit Widersprüchen; dies sind nur Formulierungsfragen. Ein etwas größerer Unterschied besteht schon bei folgenden zwei Sichtweisen:

(1) Deduktive Sichtweise : Man gibt gewisse Voraussetzungen ein und wendet die Regeln so an, daß eine gewünschte Formel abgeleitet wird. Das geht natürlich nur dann, wenn man weiß, welche Regeln wann anzuwenden sind; es entspricht dem "Vorführen eines Beweises".

(2) Sichtweise des Testens : Man gibt Annahmen sowie eine Formel vor, von der man wissen möchte ob sie beweisbar ist. Dazu würde man ein *Testsystem* benötigen, welches festzustellen sucht, ob die Formel herleitbar ist; es entspricht also der üblichen Situation des Beweissuchens. Eine Methode hierfür wäre, die Regeln eines deduktiven Systems einfach umzudrehen und nach den "Vorgängern" der Formel zu suchen.Wie wir sehen werden, kann dies sehr ineffizient werden. Das liegt vor allem daran, daß eine Formel die Konklusion von sehr vielen möglichen Prämissen sein kann und es ganz überflüssig ist, sie alle in Betracht zuziehen.

Im folgenden werden wir je ein deduktives und ein Testsystem vorstellen :

--   Gentzens Sequenzenkalkül und die Tableau - Methode

--   Den Resolutionskalkül

Dabei leitet der Sequenzenkalkül Tautologien her und der Resolutionskalkül testet auf Widersprüchlichkeit.

(A) Gentzens Sequenzenkalkül

Im Sequenzenkalkül wird eine Art natürlicher Schlußweise formalisiert. Hierzu benötigen wir noch ein neues logisches Zeichen, nämlich "$\Rightarrow$"; dieses Zeichen heißt auch der Sequenzenpfeil (wir haben dies Symbol auch für die informelle Folgerung benutzt).

2. Def.:

    (i)   Eine *Sequenz* ist von der Form

$$\Phi_1, \ldots, \Phi_n \Rightarrow \Pi_1, \ldots, \Pi_m$$

wobei die Φ_i und Π_k Formeln sind. Die Folge $\Phi_1, \ldots, \Phi_n$ heißt auch der *Antezedent* und die Folge $\Pi_1, \ldots, \Pi_m$ heißt der *Sukzedent* der Sequenz.

    (ii)   Eine solche Sequenz wird von einer Belegung erfüllt, falls die Formel

$$(\Phi_1 \wedge \ldots \wedge \Phi_n) \rightarrow (\Pi_1 \vee \ldots \vee \Pi_m) \text{ erfüllt wird.}$$

Es sei ausdrücklich vermerkt, daß sowohl der Sukzedent als auch der Antezedent die leeren Folgen sein dürfen. Dabei ist noch zu vereinbaren, daß die leere Konjunktion immer erfüllt wird, während die leere Disjunktion, die ja der leeren Klause $\square$ entspricht, niemals erfüllt wird. Eine Konsequenz ist:

$\Rightarrow \Phi$ heißt, daß Φ wahr ist und $\Phi \Rightarrow$ besagt, daß Φ falsch ist.

Klarerweise ist $\Phi \Rightarrow \Phi$ dann stets wahr und daher als Axiom zu gebrauchen. Der volle Sinn der Semantik für Sequenzen wird uns bei einer anderen Deutung des Sequenzenkalküls später noch klar werden. Zunächst stellen wir einen Ableitungsoperator für Sequenzen vor. Waagerechte Striche trennen dabei zwischen Prämissen und Konklusion, senkrechte Striche zwischen verschiedenen Prämissen.

3. Def.:   Der Kalkül von Gentzen wird durch folgende Axiome und Regeln erklärt:

    (i)   Axiome sind alle Sequenzen der Form $\Phi \Rightarrow \Phi$.

    (ii)   Die Regeln gliedern sich in drei Gruppen:

(a) Strukturregeln:

$$\frac{\Phi_1,\dots \Rightarrow \dots}{\Phi,\Phi_1,\dots, \Rightarrow \dots} \qquad \frac{\dots \Rightarrow \Phi_1,\dots}{\dots \Rightarrow \Phi,\Phi_1,\dots}$$

$$\frac{\Phi,\Phi,\dots \Rightarrow \dots}{\Phi,\dots \Rightarrow \dots} \qquad \frac{\dots \Rightarrow \dots \Phi,\Phi}{\dots \Rightarrow \dots,\Phi} \qquad \frac{\Psi,\Phi,\dots \Rightarrow \dots}{\Phi,\Psi,\dots \Rightarrow \dots} \qquad \frac{\dots \Rightarrow \dots \Psi,\Phi}{\dots \Rightarrow \dots \Phi,\Psi}$$

Diese Regeln spiegeln insbesondere wider, daß es sich bei den Sequenzen um Folgen und nicht um Mengen handelt, in einer Mengenschreibweise wären sie bis auf die beiden ersten nicht nötig. Die erste Regel der zweiten Zeile heißt *Kontraktionsregel*. Sie beinhaltet, daß Voraussetzungen beliebig wiederverwendet werden können und keine Vorräte sind, die man aufbraucht. Diese Annahme ist aber in manchen Anwendungen nicht gegeben; wenn ich z.B. eine Mark habe, dann kann ich mir sowohl eine Limonade wie auch ein Mineralwasser kaufen, aber nicht beides zugleich. Diesem Umstand trägt die sog. *lineare Logik* Rechnung.

(b) Die Schnittregel:

$$\frac{\Phi_1,\dots,\Phi_n,\Phi \Rightarrow \Phi,\Psi_1,\dots,\Psi_m}{\Phi_1,\dots,\Phi_n \Rightarrow \Psi_1,\dots,\Psi_m}$$

(c) Logische Regeln:

$\wedge$-Regeln:

$$\frac{\Phi,\dots \Rightarrow \dots}{\Phi \wedge \Psi,\dots \Rightarrow \dots} \qquad \frac{\Psi,\dots \Rightarrow \dots}{\Phi \wedge \Psi,\dots \Rightarrow \dots} \qquad \frac{\dots \Rightarrow \dots \Phi \mid \dots \Rightarrow \dots \Psi}{\dots \Rightarrow \dots \Phi \wedge \Psi}$$

$\vee$-Regeln:

$$\frac{\Phi,\dots \Rightarrow \dots \mid \Psi,\dots \Rightarrow \dots}{\Phi \vee \Psi,\dots \Rightarrow \dots} \qquad \frac{\dots \Rightarrow \dots \Phi}{\dots \Rightarrow \dots \Phi \vee \Psi} \qquad \frac{\dots \Rightarrow \dots \Psi}{\dots \Rightarrow \dots \Phi \vee \Psi}$$

$\rightarrow$-Regeln:

$$\frac{\Gamma \Rightarrow \Delta,\Phi \mid \Psi,\Pi \Rightarrow \Lambda}{\Phi \rightarrow \Psi,\Gamma,\Pi \Rightarrow \Delta,\Lambda} \qquad \frac{\Phi,\dots \Rightarrow \dots,\Psi}{\dots \Rightarrow \dots,\Phi \rightarrow \Psi}$$

$\neg$-Regeln:

$$\frac{...\Rightarrow...\Phi}{\neg\Phi,...\Rightarrow...} \qquad \frac{\Phi...\Rightarrow...}{...\Rightarrow...\neg\Phi}$$

$\forall$-Regeln:

$$\frac{\Phi(t),...\Rightarrow...}{\forall x\,\Phi(x),...\Rightarrow...} \qquad \frac{...\Rightarrow...\Phi(y)}{...\Rightarrow...\forall x\,\Phi(x)} \qquad \text{(dabei darf y in der Konklusion nicht vorkommen)}$$

$\exists$-Regeln:

$$\frac{\Phi(y),...\Rightarrow...}{\exists x\Phi(x),...\Rightarrow...} \qquad \frac{...\Rightarrow...,\Phi(y)}{...\Rightarrow...,\exists x\Phi(x)} \qquad \text{(dabei darf y in der Konklusion nicht vorkommen)}$$

Die logischen Regeln bestimmen, wie man die logischen Zeichen nacheinander einführen darf. Eine Inspektion zeigt, daß der Sequenzenkalkül korrekt ist. Die jeweils rechtsstehenden Regeln der letzten beiden Fälle besagen, daß man von hinreichend allgemeinen Beispielen auf ein allgemeines Gesetz schließen darf. Eine besondere Beachtung verdient die Schnittregel : Die herausgeschnittene Formel Φ spielt sozusagen die Rolle des "kreativen Einfalls". Prinzipiell ist diese Regel überflüssig, sie kann aber sehr zur Verkürzung von Beweisen beitragen. Grundlegend ist folgendes Theorem:

4. Satz: Der Sequenzenkalkül ist (mit oder ohne Schnittregel) korrekt und vollständig, man kann also mit ihm genau die tautologischen Sequenzen herleiten.

Es ist interessant, den Sequenzenkalkül für Formeln in pränexer Normalform zu betrachten. Hierfür haben die Beweise nämlich selbst eine Normalform; es werden zuerst die aussagenlogischen Regeln und dann die Qunatorenregeln angewandt:

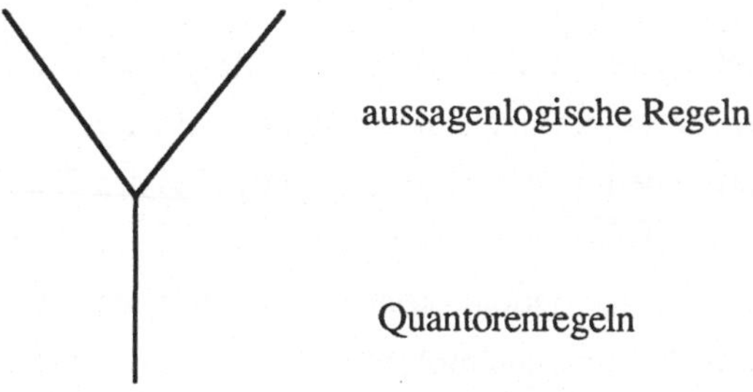

Dabei sind die Strukturregeln nicht mit aufgeführt. Die letzte Sequenz des aussagenlogischen Teils heißt die *Mittelsequenz* , die wir für den Fall der skolemisierten Normalform einer Formel Φ in der Endsequenz $\Phi \Rightarrow$ näher anschauen wollen.

Diese Sequenz besteht aus einer Folge von Substitutionsergebnissen (für die quantifizierten Variablen) von F und hat die Form $\Phi(t_1),...,\Phi(t_n) \Rightarrow$.

Wenn wir nun noch die Klausennormalform voraussetzen, erhalten wir:

5. Satz (Herbrand):

> Wenn eine Klausenmenge unerfüllbar ist, dann gibt es eine endliche Menge von Grundsubstitutionen, so daß die Menge der Substitutionsergebnisse (aussagenlogisch) unerfüllbar ist.

Als Beispiel betrachten wir die Formel $\forall x(P(x) \wedge \neg P(f(x)))$, die zu der Klausenmenge $\{P(x)\}$, $\{\neg P(f(x))\}$ führt. Jede einzelne Grundinstanz ist erfüllbar, man benötigt mindestens zwei Beispielsubstitutionen, z.B.:

$\sigma_1(x) = a$, $\sigma_2(x) = f(a)$, womit man die unerfüllbare Klausenmenge

$$\{P(a)\},\{\neg P(f(a))\},\{P(f(a))\}, \{\neg P(f(f(a)))\}$$

erhält. Man braucht also hier wirklich mehr als *eine* Beispielsubstitution, und man kann deren Anzahl i. a. sogar grundsätzlich nicht nach oben abschätzen. Intuitiv könnte man von a und f(a) als den für die Formel *typischen Beispielen* reden. In dieser Deutung garantiert der Satz von Herbrand die Existenz endlich vieler typischer Beispiele, was in Erweiterungen der Prädikatenlogik so nicht mehr gilt. Man kann die Suche nach dem Beweis oder der Widerlegung einer Formel häufig auch als die Suche nach solchen Beispielen auffassen.

Für ein Testsystem könnte man dann diesen Ansatz im Prinzip dazu ausnutzen, das Herbranduniversum zu durchsuchen, um eine Formel als widersprüchlich (oder dual auch als tautologisch) zu erkennen. Diese Methode ist als die Britische Museumsmethode bekannt. Im aussagenlogischen Falle sind Erfüllbarkeit und Unerfüllbarkeit natürlich entscheidbar, z.B. mit den Wahrheitstafeln.

Nun wollen wir sehen, ob und wie man den Sequenzenkalkül auch direkter zur Beweissuche verwenden kann. Ganz simpel kann man die Regeln einfach invertieren und so auch jeden Beweis finden. Das Invertieren ist etwa bei den Regeln für "$\wedge$" auch völlig harmlos. Es entartet aber bei der Schnittregel zu einer blinden Suche nach der herausgeschnittenen Formel; jedoch können wir auf diese Regel zum Glück noch verzichten. Aber auch bei den Quantorenregeln müssen wir etwas suchen, wofür wir keinen Anhaltspunkt haben, nämlich den verschwundenen Term t, und auf diese Regeln können wir leider nicht verzichten. Bei dem folgenden Resolutionsverfahren werden wir sehen, wie man solche Termsuche systematischer gestalten kann.

Insgesamt zeigt der Sequenzenkalkül, was "Beweisen" im deduktiven Sinne ist:

Zusammenfassen, Umordnen, Abschwächen und Vergessen.

Für das Finden von Beweisen ist gerade die Rekonstruktion verlorener Information das Problem.

Zunächst wollen wir unseren Kalkül aber noch als ein sog. Tableauverfahren interpretieren.

Dazu gehen wir indirekt vor und betrachten wieder eine Formel Φ und überlegen uns, was passieren müßte, damit diese Formel in einem Modell falsch wird. Zu diesem Zweck werden wir zwei Listen erstellen, und zwar soll die erste Liste L_1 solche Formeln enthalten, die aufgrund dieser Hypothese wahr sind, die Liste L_2 soll Formeln enthalten, die bei dieser Annahme falsch sein müssen. Zuerst ist also die Liste L_1 leer und L_2 enthält gerade die Formel Φ. Diese Listen sollen nun sukzessive nach bestimmten Regeln erweitert werden. Die Notation für unsere Listen sei

$$L_1 \Rightarrow L_2.$$

Wir schreiben uns diese Listen also als Sequenzen auf und die Erweiterungsregeln sind gerade die Sequenzenregeln von unten nach oben angewandt. Bei einer Zweiprämissenregel ergibt sich dabei eine Verzweigung; wir erhalten also bei der Vervollständigung unserer Listen eine Baumstruktur. Wenn sich dabei ein Zweig ergibt, in dem eine Formel Ψ sowohl in L_1 als auch in L_2 ist, so braucht er nicht weiter verfolgt zu werden, denn diese Formel müßte dann ja sowohl wahr als auch falsch sein. Die ursprüngliche Annahme, daß unsere Formel Φ falsch ist, haben wir dann widerlegt, wenn wir alle Zweige auf diese Weise beenden können. Die so vorgelegte Konstellation, welche in einer systematischen Suche nach einem Gegenbeispiel besteht, heißt auch ein *Tableau*. Ein erfolgreich beendetes Tableau liefert uns, wenn wir die Rgeln wieder von oben nach unten anwenden, auch einen Beweis für unsere Formel. Wie bereits erwähnt, ist die Tableaumethode jedoch nicht besonders effizient.

(B) <u>Das Resolutionsverfahren :</u>

Um eine Formel Φ auf Widersprüchlichkeit zu testen, gehen wir im Prinzip auf folgende Art vor: Aus Φ erzeugen wir eine (oder mehrere) Formel(n) Ψ mit der Eigenschaft

"wenn Ψ widersprüchlich ist, dann war auch schon Φ widersprüchlich".

Weiter sind dann gewisse Widersprüche Ψ_i ausgezeichnet und das Verfahren stoppt, wenn man bei ihnen anlangt. Wir vermerken noch, daß unter diesen Umständen Ψ auch eine logische Folgerung von Φ ist, weil ja $\neg\Phi$ eine Folgerung von $\neg\Psi$ ist, woraus man durch Kontraposition $\Phi \to \Psi$ erhält; normalerweise nennt man so etwas "einen indirekten

Beweis führen". Die Vollständigkeit eines solchen Testsystems besagt, daß man auf diese Weise alle Widersprüche als solche erkennt. Es besagt aber nicht, daß das Testsystem als deduktives System gesehen (was es ja auch ist) vollständig ist; von den möglichen Folgerungen erkennt es nur die ausgezeichneten Widersprüche mit Sicherheit. Diese letzte Eigenschaft des Kalküls nennt man auch *Widerlegungsvollständigkeit*.

Das Resolutionsverfahren arbeitet nun nicht mit Formeln, sondern mit ihren Klausenbildern.

6. Def.:

(i) Wenn $A_1 \in C$ und $\neg A_2 \in D$ für zwei Klausen C, D ohne gemeinsame Variable und zwei Atomformeln A_1 und A_2 gilt, dann lautet die *Resolventenregel*: :

$$\frac{C, D}{(\sigma (C) \setminus \sigma (A_1)) \cup (\sigma (D) \setminus \sigma (\neg A_2))} \, , \quad \sigma = \text{m. g. u. } (A_1, A_2) \quad (R)$$

(ii) Falls C und D gemeinsame Variablen haben, erlaubt die Resolventenregel zunächst die Separierung der Variablen durch geeignete Substitutionen ξ, ζ und die anschließende Anwendung von (i) auf $\xi (C)$ und $\zeta (D)$.

(iii) Die Konklusion der Resolventenregel heißt *Resolvente* von C und D.

(iv) Sind keine Substitutionen beteiligt, so sprechen wir von der *Grundresolution*.

Die Resolventenregel streicht also (nach Anwendung einer geeigneten Substitution) komplementäre Literale aus den vorgelegten Klausen. Für die nächste Regel benötigen wir die sinngemäße Verallgemeinerung des allgemeinsten Unifikators von zwei Termen auf eine Termmenge B, wozu wir die Bezeichnung m.g.u.(B) verwenden.

7. Def.: Für eine Klause A lautet die *Faktorenregel*::

$$\frac{A}{\sigma(A)} \, , \quad \sigma = \text{m.g.u.}(B) \text{ für ein } B \subseteq A \quad (F)$$

8. Def.: Der Resolutionskalkül **R** ist gegeben durch

(i) Die Regeln R und F.

(ii) $\square$ als Erfolgsklause.

In einem Resolutionsbeweis werden also auf die Menge der Eingabeklausen die Regeln R und F iterativ angewandt. Die Resolventenregel ist eine Verallgemeinerung eines klassischen logischen Schlusses. Dazu betrachten wir einen Spezialfall:

$$\frac{\{A\},\ \{\neg A,\ B\}}{\{B\}} \qquad \text{ist in Formelschreibweise} \qquad \frac{A,\ A \to B}{B}$$

und das letztere heißt normalerweise die "Regel des modus ponens".

Überlegungen über den Resolutionskalkül werden nun in aller Regel zweistufig geführt:

(1)   Die Überlegung wird für Grundklausen und die Grundresolution angestellt.

(2)   Man versucht, die entsprechende Überlegung auch auf der allgemeinen Ebene mit Variablen und Substitutionen anzustellen.

Diesen zweiten Vorgang nennt man im allgemeinen auch "Liften".

Als erstes überlegen wir uns, daß der Resolutionskalkül ein korrekter Testkalkül ist, d.h. wird auch tatsächlich nur für Widersprüche hergeleitet.

Die erste Überlegung betrifft den Grundfall. Nehmen wir an, es sei nach dem Literal A resolviert worden, und die Resolvente von zwei Klausen C und D sei falsch. Dann können nicht beide Literale A und $\neg$A wahr gewesen sein, und deshalb war auch eine der Elternklausen C oder D falsch. Um diese Behauptung zu liften beachten wir, daß für eine unerfüllbare Klausenmenge auch jedes Substitutionsergebnis unerfüllbar ist. Das liefert zum einen die Korrektheit der Faktorenregel, zum anderen aber auch der Resolutionsregel, weil wir nach Anwendung des involvierten allgemeinsten Unifikators ein Beispiel einer Grundresolution erhalten können.

Der Inhalt des Resolutionssatzes ist, daß der Resolutionskalkül auch ein vollständiger Testkalkül ist :

9. Resolutionssatz:

Eine Formel ist genau dann widerspruchsvoll, wenn sich aus ihrem Klausenbild mittels **R** die leere Klausel $\square$ ableiten läßt.

Der Beweis der verbleibenden Richtung des Resolutionssatzes vollzieht sich in zwei Schritten. Zunächst haben wir nach dem Herbrandschen Theorem eine endliche Anzahl von Grundinstanzen, die widerspruchsvoll sind; für diese leitet man sich nach der gerade durchgeführten Überlegung die leere Klausel $\square$ durch Grundresolution her.

Diese Argumentation ist hier rein kombinatorischer Art. Man definiert als die Komplexität einer Klausenmenge S die Zahl

$$k\,(S) = \sum_{C \in S} |C|$$

$|C| = 0$ ist gleichbedeutend mit $C = \square$; und für eine unerfüllbare Klausenmenge S kann $|S| = 1$ nicht vorkommen, da S dann genau eine Einer-Klause enthalten müßte. Wenn $|S| = 2$ und unerfüllbar ist, dann muß S genau zwei komplementäre Einerklausen enthalten und die Resolution liefert uns $\square$. Wir gehen jetzt induktiv vor und nehmen $k(S) \geq 3$ an. Der Fall, daß wir nur Einerklausen in S haben, ist wieder sofort erledigt und wir setzen deshalb zusätzlich voraus, daß stets ein $C \in S$ existiert mit $|C| \geq 2$. Wir nehmen nun ein $A \in C$ und setzen

$$\underline{C} = C \setminus \{A\}$$
$$S_1 = (S \setminus \{C\}) \cup \{\underline{C}\}$$
$$S_2 = (S \setminus \{C\}) \cup \{\{A\}\}.$$

Damit sind S_1 und S_2 beide auch widersprüchlich. Wenn wir nun als Induktionsvoraussetzung annehmen, daß wir für alle widersprüchlichen Klausenmengen mit kleinerer Komplexität bereits einen Resolutionsbeweis von $\square$ haben, dann können wir dies auch auf die Klausenmengen S_1 und S_2 anwenden. Betrachten wir insbesondere die Resolutionsableitung von $\square$ aus S_1 und wenden diese Ableitung auch auf S an. Entweder erhalten wir nun dadurch bereits $\square$ oder aber nur die Einerklause $\{A\}$. Im letzteren Falle können wir aber dann mittels der vorgelegten Ableitung von S_2 die leere Klause erhalten.

Um den Resolutionssatz nun auf die allgemeine Ebene zu liften, folgern wir im ersten Schritt mit dem Satz von Herbrand, daß für eine unerfüllbare Klausenmenge S endlich viele Grundsubstitutionen existieren, so daß die entstehende Menge von Grundklausen bereits aussagenlogisch unerfüllbar ist. Hierfür können wir also dann bereits $\square$ mittels der Grundresolution ableiten. Zur endgültigen Herleitung des Resolutionssatzes genügt daher das folgende

Liftinglemma: Es seien C und D zwei Klausen, σ_1 und σ_2 zwei Substitutionen und R_0 eine Resolvente von $C_0 = \sigma_1 (C)$ und $D_0 = \sigma_2 (D)$. Dann gibt es eine Resolvente R von C und D und eine Substitution λ mit $R_0 = \lambda (R)$.

<u>Beweis:</u> Zur Vereinfachung nehmen wir wieder an, daß die Separierung der Variablen in C und D bereits geschehen ist und wir uns also statt σ_1 und σ_2 auf eine einzige Substitution σ einschränken können. Unsere Voraussetzung besagt nun, daß es zwei Literale A_1 und $\neg A_2$ in C bzw. D geben muß, welche durch σ komplementär werden. Führt man anschließend den entsprechenden Resolutionsschritt mit $\sigma_0 = $ m.g.u. $(A_1, \neg A_2)$ durch, ggf. gefolgt von einer Faktorisierung, dann garantieren gerade

die Eigenschaften des allgemeinsten Unifikators, daß man diesen Resolutionsschritt wieder auf die Grundebene herunterdrücken kann.

Inhaltlich besagt das Liftinglemma, daß im Resolutionskalkül jede Grundableitung Beispiel einer allgemeinen Ableitung ist. Für beliebige Kalküle stimmt dies nicht, und wir werden bereits im nächsten Paragraphen in der Prädikatenlogik mit Gleichheit solch einen Fall haben.

Für eine inkonsistente Klausenmenge S kann es nun in **R** viele Wege geben, $\square$ zu produzieren, einfache und umständliche. Es besteht natürlich der Wunsch, möglichst effizient vorzugehen. Wir diskutieren dazu zwei Möglichkeiten:

(1)   Löschen von "überflüssigen" Klausen;

(2)   Einschränkung der Regelanwendungen auf bestimmte Fälle.

<u>Zu (1)</u>

(a)   Löschen tautologischer Klausen, d.h. solche von der Form $\{P, \neg P, \ldots\}$: Dies ist sicher korrekt und ändert auch an der Vollständigkeit nichts.

(b)   *Subsumption*:

10. Def.: C *subsumiert* D, falls es eine Substitution σ mit $\sigma(C) \subseteq D$ gibt und $|C| \leq |D|$ gilt,

d.h. C hat nicht mehr Literale als D.

Die letzte Bedingung in der Definition verhindert, daß eine Klause ihre Faktoren subsumiert, die Elimination von subsumierten Klausen die (essentiell benötigte) Faktorenregel also wieder aufheben würde. Semantisch gilt erst einmal, daß das Löschen einer subsumierten Klause sicherlich korrekt ist. Darüberhinaus bleibt sogar die Vollständigkeit von **R** trotz solcher Löschungen bestehen. Eine interessante Frage ist nun, ob es sich überhaupt lohnt, subsumierte Klausen zu löschen. Dazu stellen wir erst einmal einen Algorithmus vor, der Subsumptionen entdeckt:

Seien C und D zwei Klausen; die Variablen von D seien x_i, $1 \leq i \leq n$. Wir wählen n neue Konstanten a_i, $1 \leq i \leq n$ und betrachten die Substitution

$$\theta = \{(x_1, a_1), \ldots, (x_n, a_n)\}.$$

Der <u>Subsumptionsalgorithmus</u>:

(1)   Setze $W := \{\{\neg \theta\,(L)\} \mid L \in D\}$, $k := 0$, $S^0 := \{C\}$.

(2) Wenn $\square \in S^k$,   dann

                        stop: C subsumiert D.

     Andernfalls setze $S := \{R \mid R$ Resolvente von $A \in S^k$ und $B \in W\}$

                                $k := k + 1$, $S^k = S$.

(3) Ist $S^k = \emptyset$,   dann **stop**: C subsumiert D nicht.

     Andernfalls gehen nach (2).

Daß dieser Algorithmus korrekt alle Subsumptionen entdeckt, liegt an der Tatsache, daß $C \wedge \neg D$ unerfüllbar ist, wenn C die Klause D subsumiert, was dann mittels **R** nachgeprüft wird, wobei man nur eine Beispielsubstitution benötigt.

Ein Beispiel:

$$C = \{\neg P(x), Q(f(x), a)\}$$
$$D = \{\neg P(h(y)), Q(f(h(y)), a), \neg P(z)\}$$
$$\theta = \{(y, a_1), (z, a_2)\}$$
$$W = \{\{P(h(a_1))\}, \{\neg Q(f(h(a_1)), a)\}, \{P(a_2)\}\}$$
$$S^0 = \{\neg P(x), Q(f(x), a)\}$$
$$S^1 = \{Q(f(h(a_1)), a)\}, \{\neg P(h(a_1))\}, \{Q(f(a_2), a)\}$$
$$S^2 = \square.$$

Der Subsumptionstest ist also recht aufwendig und man wird sich sehr genau überlegen müssen, wann man ihn durchführt.

<u>Zu (2)</u>:

Es ist vernünftig, eine Inkonsistenz nicht in einer Teilmenge von Klauseln zu suchen, die konsistent ist. Dieser Weisheit folgt die

Stützmengenstrategie (englisch: "set of support") :

Wenn $S = S_1 \cup S_2$, $S_1 \cap S_2 = \emptyset$ eine Klausenmenge mit erfüllbarem S_1 ist, dann läßt die Stützmengenstrategie für S nur solche Resolventenbildungen zu, für die mindestens eine der beteiligten Klauseln in S_2 ist oder einen Vorgänger in S_2 hat; analog ist die Anwendung der Faktorenregel eingeschränkt.

Auch die Stützmengenstrategie beeinflußt die Vollständigkeit von **R** nicht. In den vorliegenden Fällen ist es auch so, daß alle drei Mechanismen (Löschen von Tautologien und subsumierten Klauseln, Stützmengenstrategie) zusammen die Vollständigkeit nicht aufheben. Es gibt jedoch Beispiele, die zeigen, daß mehrere solcher Methoden einzeln die

Vollständigkeit erhalten können, es zusammengenommen aber nicht tun.

Bei einem Vergleich von Resolutionsverfahren und Sequenzenkalkül fallen die bereits erwähnten Effizienzerwägungen positiv für die Resolution aus. Aber auch der Sequenzenkalkül hat einige Argumente für sich aufzuweisen. In einer leichten Variation wird er auch der "Kalkül des natürlichen Schließens" genannt: Seine Beweisschritte sind unmittelbar einsichtig und kommen auch als "naive Schlußweisen" vor. Das bringt zweierlei Vorteile mit sich. Zum einen erleichtert es das interaktive Eingreifen des Benutzers; dieser kann oft bei einem unvollständigen Beweis sehr viel leichter als beim Resolutionskalkül sehen, was noch zu tun ist. Zum anderen wird der Einsatz von zusätzlichen Heuristiken erleichtert, vor allem von solchen, die sich inhaltlich auf den behandelten Gegenstand beziehen. Es liegt nun nahe, die Vorteile der beiden Verfahren zu kombinieren. Ein Ansatz in dieser Richtung wird jetzt vorgestellt.

Die bisher erörterten Kalküle vollziehen alle Argumentationen auf der Ebene der eingeführten elementaren Prädikate. Sie beachten nicht, daß man über diese Prädikate meist so allerhand weiß, was sich nicht nur in abgelegten Daten, sondern in einer Vielzahl von problemangepaßten Methoden äußert. Diese Methoden fassen dann jeweils große Gruppen von Schlußregeln zusammen, die im Kalkül existieren. Dabei interessiert uns auch die Frage, ob man solche Methoden nicht ebenfalls in einem geeigneten Kalkül ausdrücken kann, welcher eine Erweiterung oder ein (partieller) Ersatz eines der rein logischen Kalküle ist. Wir wollen dies am Fall der Resolution als Kalkül einerseits und einer totalen, transitiven und dichten Ordnung ohne erstes und letztes Element (wie etwa die reellen Zahlen) andererseits studieren.
Eine Axiomatisierung einer solchen Ordnung "$\leq$" ist:

Reflexivität: $\forall x(x \leq x)$
Totalität: $\forall x \forall y(x \leq y \lor y \leq x)$
Transitivität: $\forall x \forall y \forall z(x \leq y \land y \leq z \rightarrow x \leq z)$
Dichte Ordnung: $\forall x \forall y(x < y \rightarrow \exists z(x < z < y))$
Kein erstes und kein letztes Element: $\forall x \exists y \exists z(y < x \land x < z)$

Nun sind wir an einem entscheidenden Punkt angelangt: Über die Behandlung von Ordnungsstrukturen wissen wir so allerhand. Wie soll dieses Wissen verwendet werden? Eine Möglichkeit wäre, nur diese Definitionen (etwa in Klausenform) hinzuschreiben und im übrigen die bisherigen Inferenzmethoden (hier die Resolution) anzuwenden. Dies

würde aber bedeuten, auf jedes prozedurale Wissen, also solches über die Verwendung der neuen Axiome, völlig zu verzichten. Eine Möglichkeit ist, sich den Effekt von Resolventenbildungen beliebiger Klausen mit solchen, die von der Ordnung herrühren, anzuschauen und ihn durch geeignete Regeln auszudrücken. Dabei könnte dann (und hier wird das so sein) die ursprüngliche Resolutionsregel überhaupt eingespart werden. Wir gehen jetzt so vor und nehmen an, daß die Sprache "$\leq$" als einziges Prädikat hat, dafür aber beliebige Funktionszeichen erlaubt; sie beinhaltet also implizit (via einer geeigneten Kodierung) die volle Prädikatenlogik. Dabei sei $b<a$ eine Abkürzung für $\neg a \leq b$.
Wir geben jetzt die Regeln für unsere Ordnungsstruktur an. Dabei benutzen wir für die Klausen auch die $\vee$ - Schreibweise. Wir werden stets annehmen, daß in allen fraglichen Fällen die Variablen disjunkt sind und diese deshalb nicht separiert werden müssen. Es interessiert, ob eine Variable innerhalb eines Termes auftritt.

11. Def.: Eine Variable x heißt *geschützt* in einem Term t, wenn dieser von der Form $f(...,x,...)$ ist. Wenn x in einer Klause nicht geschützt vorkommt, heißt x dort *erwählbar*.

In der nächsten Definition sind A und B Klausen.

12. Def.:

    (i)   *Variableneliminationsregel* VE:

Dies ist eine Einprämissenregel:

$$\frac{\{s_i \leq_i x \mid i = 1 \ldots n\} \cup \{x \leq_j t_j \mid j = 1 \ldots m\} \cup A}{\{s_i \leq_{ij} t_j \mid i = 1 \ldots n, j = 1 \ldots m\} \cup A} \qquad \text{(VE)}$$

falls x in der Prämisse erwählbar ist und in A nicht vorkommt. Dabei sind $\leq_i$, $\leq_j$, $\leq_{ij}$ entweder "$<$" oder "$\leq$" und $\leq_{ij}$ ist genau dann $\leq$, wenn sowohl $\leq_i$ als auch $\leq_j$ dies sind. Die eine Sorte von Ungleichungen $s_j \leq_i x$ bzw. $x \leq_j t_j$ darf auch ganz fehlen, dann sollen auch die Ungleichungen $s_i \leq_{ij} t_j$ in der Konklusion ganz entfallen.

    (ii)   Die *Kettenregel* CH (aus dem Englischen: "Chaining"):

$$\frac{\{s \leq_1 t\} \cup A, \ \{t' \leq_2 r\} \cup B}{\{\sigma (s \leq_3 r)\} \cup \sigma (A) \cup \sigma (B)} \qquad \text{(CH)}$$

wobei $\sigma = $ m.g.u. (t, t') ist, die $\leq_i$ wieder $<$ oder $\leq$ sind und $\leq_3$ genau dann $\leq$ ist, wenn $\leq_1$ und $\leq_2$ dies sind.

(iii) Die *Selbstverkettungsregel* (SCH):

$$\frac{\{s < s'\} \cup A}{\sigma(A)}$$

wobei σ = m.g.u. (s, s').

Der durch diese Regeln definierte Kalkül heißt **DO**.

Im ersten Moment scheint es, als ob **DO** mit der Resolution nichts gemein hat, weil keine Negationszeichen vorkommen. Dies liegt jedoch daran, daß wir $\neg a \leq b$ durch $b < a$ ausgedrückt haben. So ist etwa

$$\frac{\{a < b\}, \{b \leq a\}}{\square}$$

ein gültiger Resolutionsschritt. Es gilt sogar:

13. Satz: Wenn DO das Klausenbild der Axiome für unsere dichte Ordnung ohne Anfang   und Ende ist, dann gilt: Jede aus $C_1, \dots, C_n$ mittels **D O** herleitbare Klause C läßt sich auch aus $C_1, \dots, C_n$ und den Klausen von DO im Kalkül **R** herleiten.

Es sei dem Leser überlassen, sich dies genau zu überlegen. Man sollte sich aber auf jeden Fall inhaltlich klarmachen, warum **DO** korrekte Schlußfolgerungen liefert. Als Beispiel schauen wir uns folgenden Schritt an (in Formelschreibweise) :

$$\frac{s \leq x \vee P}{P} \qquad \text{(VE)}$$

Mit allquantifiziertem x ist $s \leq x$ immer falsch, weil sonst s ein minimales Element wäre. Die Disjunktion in der Prämisse reduziert sich also zu P.

Als weiteres Beispiel nehmen wir

$$\frac{s \leq x \vee x \leq t}{s \leq t} \qquad \text{(VE)}$$

Ausführlich heißt die Prämisse

$$\forall x \, (\neg x < s \vee \neg t < x)$$

oder gleichwertig

$$\neg \exists x \, (t < x \wedge x < s).$$

Wegen der Dichtheit der Ordnung ist dies aber für $t < s$ stets falsch, es folgt daher $s \leq t$. Hier sehen wir auch, warum x nicht geschützt sein darf, d.h. warum wir keine Terme aus den Ungleichungen eliminieren dürfen: Es gibt z.B. für $t < s$ nämlich nicht unbedingt ein x mit $t < f(x) < s$ für ein Funktionszeichen f.

Auf diese Weise macht man sich klar, daß der Kalkül **DO** komplizierte Umwege des Resolutionskalküls abkürzt. Auf der anderen Seite verliert man nichts von der Vollständigkeit der Resolution, denn es gilt:

14. Satz: Wenn □ in **R** aus einer Klausenmenge S zusammen mit DO ableitbar ist, dann ist □ auch aus S in **DO** herzuleiten.

Genau wie beim Resolutionskalkül **R** ist es nun auch in **DO** zweckmäßig, die Regelanwendungen einzuschränken, um auch hier noch vielfach mögliche überflüssige Schritte zu vermeiden. Eine solche Restriktion ist:

    (1)   CH darf nur angewendet werden, wenn weder t noch t' eine Variable ist.

Im Gegensatz zur Situation in **R** ist es aber hier auch sinnvoll, die Anwendung einer Regel zur Pflicht zu machen:

    (2)   VE muß immer dann angewandt werden, wenn dies möglich ist.

Die Beachtung von (1) vermeidet triviale Anwendungen des Transitivitätsgesetzes (eine Variable unifiziert schließlich mit jedem Term). Auf der anderen Seite reduziert (2) die vorkommenden Variablen und vermindert die Anzahl späterer Unifikationen. Es läßt sich (nicht ganz einfach) zeigen, daß diese beiden Bedingungen, auch zusammengenommen, die Vollständigkeit nicht zerstören. Die Problematik liegt im wesentlichen darin begründet, daß die Regeln CH und VE nicht miteinander kommutieren.

Ein Beispiel soll uns dies klarmachen:

$$C = \{x \leq f(y), a \leq y, y \leq b\}$$
$$D = \{f(g(z)) \leq c\},$$

wobei a, b und c Konstante seien. Auf C können wir zweimal VE anwenden: Zuerst wird $x \leq f(y)$ eliminiert, daraufhin wird y erwählbar und man erhält

$$C' = \{a \leq b\}.$$

Wendet man andererseits zuerst CH auf C und D an, so ergibt sich

$$E = \{x \leq c, a \leq g(z), g(z) \leq b\}$$

und die Anwendung von VE liefert

$$E' = \{a \leq g(z), g(z) \leq b\}.$$

Die Klause C' (oder eine Klause, die C' subsumiert) ist jedoch aus E' auf keine Weise direkt zurückzugewinnen, weil man ja den Term g(z) nicht eliminieren darf. Auf der anderen Seite subsumiert aber auch C' nicht die Klause E' und es wäre ja denkbar, daß E' zu einer Herleitung von □ beiträgt, C' aber nicht. Wir wollen hierauf aber nicht weiter eingehen.

Die Überlegungen über **DO** lassen sich verallgemeinern. Betrachten wir noch einmal zwei Klausen $\{a < b, P\}$ und $\{b < a, Q\}$. Wir können hieraus $\{P, Q\}$ folgern, weil $(a < b) \wedge (b < a)$ ja stets falsch ist. Wenn nun allgemein eine Theorie T gegeben ist, dann ist eine T-Resolutionsregel von der Form

$$\frac{C_1 \cup \{L_1\}, \ldots, C_n \cup \{L_n\}}{\sigma(C_1 \cup, \ldots, C_n)}$$

falls $\sigma(L_1) \wedge \ldots \wedge \sigma(L_n)$ in keinem Modell von T erfüllbar ist. In diesem Fall spricht man auch von T-Unifikatoren. Es muß hier aber nicht immer ein allgemeinster T-Unifikator existieren. Als Beispiel betrachten wir für ein zweistelliges Prädikat $P(x, y)$ die Theorie

$$T = \{\forall\ x, y\ (P(x, y) \to P(y, x))\},$$

welche also die Symmetrie für P fordert. Es sei nun

$L_1 = P(a, b)$ mit Konstanten a und b,

$L_2 = \neg P(x, y)$.

Die beiden P-Unifikatoren $\sigma_1 = \{(x, a), (y, b)\}$ und $\sigma_2 = \{(x, b), (y, a)\}$ zeigen, daß es keinen allgemeinsten Unifikator gibt. Wenn zusätzlich noch $C = \{L_2, Q(x)\}$ ist, so erhalten wir aus $\{L_1\}$ und C die beiden Resolventen $\{Q(a)\}$ und $\{Q(b)\}$.

Ganz allgemein heißt eine Menge Σ von Substitutionen eine allgemeinste Menge von T-Unifikatoren für zwei Terme s und t, falls:

(1) für jeden T-Unifikator λ von s und t existiert ein $\sigma \in \Sigma$ und eine Substitution τ mit $\lambda = \tau \circ \sigma$;

(2) je zwei Substitutionen $\sigma_1, \sigma_2 \in \Sigma$ sind in dem Sinne unabhängig, daß es kein τ mit $\sigma_1 = \tau \circ \sigma_2$ oder $\sigma_2 = \tau \circ \sigma_1$ gibt.

Um die Vollständigkeit der verallgemeinerten T-Resolution zu erhalten, muß stets eine allgemeinste Menge von T-Unifikatoren existieren und es müssen immer alle T-Resolventen mit allen allgemeinsten Unifikatoren der L_i mitgeführt werden. Wir vermerken aber, daß für manche T keine allgemeinste Menge von T-Unifikatoren existiert.

Übungen :

Aufgabe 1

Man zeige, daß im Resolutionskalkül auf die Faktorenregel (F) nicht verzichtet werden kann. Dazu finde man zwei Klausen C und D, aus denen $\square$ mittels (R) und (F) abgeleitet werden kann, jedoch nicht mit (R) alleine.

Aufgabe 2

Man finde je ein Beispiel für eine nicht widerspruchsvolle Klausenmenge mit Variablen, so daß

(a)   der Resolutionskalkül nach endlich vielen Schritten terminiert, d. h. keine neuen Klausen mehr erzeugt,

(b)   der Resolutionskalkül nicht terminiert.

Aufgabe 3

Kann es eine endliche Klausenmenge S geben, so daß man mit dem Resolutionskalkül aus S die leere Klause $\square$ herleiten kann, aber $\square$ nicht aus drei beliebig vorgegebenen Klausen aus S zu erzeugen ist? Im positiven Falle gebe man ein Beispiel und im negativen Falle beweise man die Behauptung.

Aufgabe 4

Man zeige, daß es nicht ausreicht, bei der Resolution auf die vorherige Separierung von Variablen zu verzichten.

Aufgabe 5

Geben Sie für folgende unerfüllbare Klausenmengen jeweils eine (nach dem Herbrandtheorem existierende) unerfüllbare endliche Menge von Grundinstanzen an:

(a)   { {P(x a g(x b))}, {¬P(f(y) z g(f(a) b))} }

(b)   { {Q(g(x))}, {¬Q(y), Q(f(y))}, {¬Q(f(f(g(z))))} }

(c)   { {R(a)}, {R(f(f(x)))}, {¬R(y),¬S(y)}, {S(z), S(f(z))} }

Aufgabe 6

Versuchen Sie eine Lösung von Schuberts Steamroller Problem (Aufgabe 2 von §1) mit dem Resolutionsverfahren zu finden. Verwenden Sie dabei einmal eine Version ohne und einmal eine mit Sorten.

Aufgabe 7

Man finde ein Beispiel einer Formel $\exists x,...,x_n \varphi$, wobei φ keine Quantoren enthält, so daß die Sequenz $\rightarrow \exists x,...,x_n \varphi$ beweisbar ist, aber in jedem Beweis im Sukzedenten mindestens drei Formeln auftreten müssen.

Aufgabe 8

A ist eine Aktion, in der der Agent Prometheus das Objekt Feuer an das Ziel Menschheit gibt. Prometheus ist ein Untertan von Zeus. A' ist eine Aktion, in der der Agent Zeus jede Aktion des Feuergebens an die Menschheit verbietet. Wenn ein Herrscher eine Aktion verbietet, die von einem seiner Untertanen durchgeführt wird, dann findet eine Aktion statt, in der der Herrscher den Untertan bestraft.

(a) Formulieren Sie diese Sachverhalte in Prädikatenlogik, und zwar einmal unter Verwendung von n-stelligen und einmal mit binären Prädikatensymbolen.

(b) Beweisen Sie für beide Formulierungen die offensichtliche Folgerung.

Aufgabe 9

Die Stetigkeit einer reellen Funktion f wird durch die Formel

$$\forall x \forall y_1 \forall y_2 \exists x_1 \exists x_2 \forall u \; (y_1 < f(x) < y_2 \rightarrow ((x_1 < x < x_2) \wedge (x_1 < u < x_2 \rightarrow y_1 < f(u) < y_2)))$$

ausgedrückt. Man nehme das Klausenbild dieser Formel und dazu die Klausen

$\{x < y, y < x, f(x) \le f(y)\}$ (ein Gleichheitsaxiom),

$\{f(a) < c\}, \{x \le a, c \le f(x)\}$

und zeige ihre Inkonsistenz einmal informell und einmal mittels **DO**. Den Versuch, mit normaler Resolution und der Klausenmenge DO vorzugehen, sollte man wenigstens einmal beginnen (nach einiger Zeit gibt man das schon auf!).

Hintergrundbemerkungen zu §2:

Der grundlegende Vollständigkeitsatz von Gödel, im Jahre 1930 bewiesen, ist in [Gö86] nachzulesen. Er zeigt die Balance zwischen Ausdruckskraft und formaler Beweisbarkeit in der Prädikatenlogik: Alles Wahre, das man überhaupt formulieren kann, läßt sich auch formal herleiten. Man soll sich aber klar machen, was dieser Satz *nicht* besagt: Daß es ein Verfahren gibt, was zu jeder Formel entscheidet, ob diese eine Tautologie ist oder nicht. In der Tat, der *Unentscheidbarkeitssatz von Church* hat gerade die Unmöglichkeit eines solchen Verfahrens zum Gegenstand. Der Sequenzenkalkül wurde von G.Gentzen in [Ge35] eingeführt, seine Verwendung als Testmethode in Form eines Tableaukalküls wurde später mehrfach in verschiedener Weise, insbesondere auch für nichtklassische Logiken, ausgebaut. Innerhalb der Künstlichen Intelligenz gehörten die Automatischen Beweisverfahren mit zu den allerersten Teilgebieten, die bearbeitet wurden. Diese frühen Ansätze arbeiteten auf der Basis des Satzes von Herbrand, von denen besonders die Davis - Putnam - Methode bekannt wurde. Das Resolutionsverfahren wurde von J.A.Robinson in [Ro65] eingeführt, die Rolle der Unifikation für Beweisverfahren war allerdings schon vorher bekannt. Ausführlich werden Beweisverfahren in [Wo84] und [Bl-Bü87] behandelt. Eine nicht mehr ganz aktuelle aber doch interessante Gegenüberstellung von Resolutions- und anderen Verfahren enthält [Ble77a]. Beweise in diesen Kalkülen lassen sich auch wechselseitig ineinander übersetzen; der schwierigste Teil ist dabei die sog. Maeharatransformation, die Sequenzenbeweise mit Skolemfunktionen in solche ohne Skolemfunktionen überführt. Der Kalkül **DO** geht auf W.W.Bledsoe und L.Hines zurück; dargestellt ist der Sachverhalt in [Ble-Ku-Sho85] und [Ri84] sowie umfassend in [Hi88]. Man sollte betonen, daß Beweise in den vorgestellten Kalkülen wenig mit den Beweisen zu tun haben, die Mathematiker gemeinhin führen. Letztere benutzen bei ihrer Beweissuche einen umfassenden Vorrat an "Wissen", welches sich aus Tatsachen, Assoziationen, Heuristiken und anderen Dingen zusammensetzt. Neben dem prinzipiellen Interesse an Beweisbarkeitsfragen haben die Kalküle nichtsdestoweniger auch eine praktische Bedeutung: Einmal bieten sie ein Gerüst für komplexere Inferenzverfahren und zum zweiten bleibt einem, wenn man kein zusätzliches Wissen hat, gar nichts anderes als so ein Kalkül übrig.

3 Der Spezialfall der Gleichheit, Reduktionssysteme

Das anscheinend harmlose Gleichheitsprädikat bereitet in Deduktionssystemen Schwierigkeiten, die sehr leicht zu einer kombinatorischen Explosion oder sogar zu grundsätzlichen Unentscheidbarkeiten führen können. Nehmen wir eine Gleichung $t \equiv s$, wobei die Terme t und s noch Variable enthalten können. Diese Gleichung erlaubt uns, ein jegliches Beispiel von t (d.h. Substitutionsergebnis) durch das entsprechende von s zu ersetzen und umgekehrt. Dadurch werden aus gegebenen Gleichungen neue Gleichungen hergeleitet. Zentral ist das folgende *Unentscheidbarkeitsresultat:*

Es gibt endliche Gleichungssysteme Σ, für die es kein Entscheidungsverfahren gibt, das für beliebige Terme t und s feststellt, ob $t \equiv s$ eine Konsequenz aus Σ ist oder nicht.

Wir haben hier also wieder denselben Fall wie in der allgemeinen Prädikatenlogik vorliegen und müssen uns auf Ableitungsoperatoren beschränken, welche im allgemeinen höchstens vollständig sind, oder aber auf Spezialfälle, in denen man auf Entscheidbarkeit hoffen darf. Im letzteren Falle hat man dann aber noch nichts über die praktischen Möglichkeiten für ein Verfahren gesagt.

Der allgemeine Fall ist die Prädikatenlogik mit Gleichheit, wo außer dem Gleichheitsprädikat noch andere Prädikate vorhanden sind. Dazu betrachten wir vorerst den Resolutionskalkül. Eine Möglichkeit wäre es, die Gleichheit zu axiomatisieren und die entsprechenden Klausen dem Kalkül zu übergeben. Diese Möglichkeit scheitert jedoch daran, daß man hier im Prinzip unendlich viele Formeln benötigen würde; denn die Axiome für die Gleichheit sehen folgendermaßen aus:

    (i) $t \equiv t$ für jeden Term t

    (ii) $(t_1 \equiv t'_1 \wedge \ldots \wedge t_n \equiv t'_n) \rightarrow (f(t_1, \ldots, t_n) \equiv f(t'_1, \ldots, t'_n))$

             für n-stellige Funktionssymbole und alle Terme t_i, t'_i

    (iii) $(t_1 \equiv t'_1 \wedge \ldots \wedge t_n \equiv t'_n) \rightarrow (P(t_1, \ldots, t_n) \rightarrow P(t'_1, \ldots, t'_n))$

             für alle n-stelligen Prädikate P und alle Terme t_i, t'_i.

             Es sei vermerkt, daß P für $n = 2$ auch das Gleichheitsprädikat selbst sein darf.

(Es ist nicht nötig, die Transitivität als Axiom aufzunehmen, weil man diese jetzt herleiten kann.)

Die Axiome erlauben den Übergang von einem gewöhnlichen Modell zu einem

Gleichheitsmodell. Wenn nämlich ein gewöhnliches Modell mit dem Universum U gegeben ist, in dem die Interpretation $I(\equiv)$ des Gleichheitssymbols eine binäre Relation ist, für die (i), (ii) und (iii) gelten, so setze man

$$[a] = \{b \mid a\ I(\equiv)\ b\}$$

sowie

$$U_{\equiv} = \{[a] \mid a \in U\}.$$

Auf $U_{\equiv}$ lassen sich dann die Operationen und Relationen repräsentantenweise erklären, also etwa

$$f([a_1], \ldots , [a_n]) = [f(a_1, \ldots , a_n)],$$
$$P([a_1], \ldots , [a_n]) \Leftrightarrow P(a_1, \ldots , a_n).$$

Die Axiome garantieren, daß diese repräsentantenweise Definition für die Klassen wohldefiniert, also unabhängig von den gewählten Repräsentanten ist. Das neuentstandene Modell kann endlich sein, auch wenn das ursprüngliche unendlich war, denn man kann ja beispielsweise ausdrücken, daß es genau drei verschiedene Elemente im Universum gibt (Übung!).

Man verstärkt nun zweckmäßigerweise den Resolutionskalkül nur teilweise mit neuen Axiomen und reichert ihn dafür durch eine neue Regel an, die die obigen Bedingungen (ii) und (iii) reflektieren soll. Dies ist analog zu der Vorgehensweise, wie sie in §2 bei der Theorie der dichten Ordnungen praktiziert wurde.

1. Def.: Für zwei Klausen der Form

$$C = \{P_1, \ldots , P_n\}\ ,\quad D = \{s \equiv t, Q_1, \ldots , Q_m\}$$

mit Literalen P_i, Q_j, so daß ein Term r in P_1 vorkommt, für den

$\sigma = \mathrm{m.g.u.}(r, s)$ existiert, lautet die *Paramodulationsregel*

$$\frac{C,\ D}{\sigma(\{P_1', P_2, \ldots , P_n, Q_1, \ldots , Q_m\})} \qquad (P)$$

wobei P_1' aus P_1 durch Ersetzen von r durch t entsteht.

2. Def.: Der Paramodulationskalkül **P** ist nun gegeben durch

   (i)   die Regel P,

   (ii)   die Regeln R, F des Resolutionskalküls,

   (iii)   die Erfolgsklause □.

Der Vollständigkeitssatz für **P** bzgl. der Gleichheitslogik wird durch die Notwendigkeit eines zusätzlichen Axioms etwas modifiziert.

3. Satz: Eine Klausenmenge S ist in Modellen der Gleichheitslogik genau dann unerfüllbar, wenn in **P** eine Ableitung von $\square$ aus $S \cup \{x = x\}$ existiert.

Dieser Satz soll hier nicht bewiesen werden, der Beweis ist auch nicht ganz einfach. Einer der Gründe dafür ist, daß für die Regel **P** das Liftinglemma der Resolventenregel nicht gilt. Hierfür ein Beispiel:

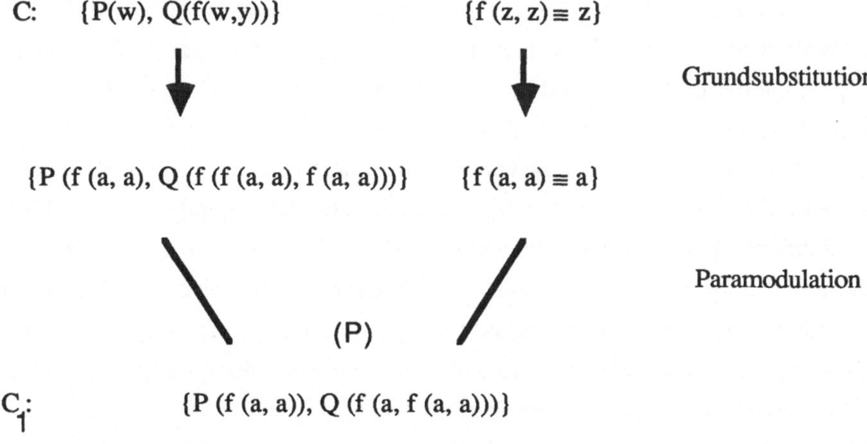

C_1 ist kein Substitutionsergebnis von C und auch nicht von einer Paramodulante von C. Der einzige Kandidat hierfür wäre nämlich C_2: $\{P(y), Q(y)\}$, woraus sich C nicht zurückgewinnen läßt.

Das Reflexivaxiom $\{x \equiv x\}$ wird allein schon deshalb benötigt, weil man sonst etwa $\{\neg a \equiv a\}$ nicht als kontradiktorisch nachweisen könnte.

Die Paramodulationsbeweise explodieren kombinatorisch sehr rasch. Es sind Techniken entwickelt worden, dies nach Möglichkeit zu kontrollieren. Eine Vorgehensweise ist die Verwendung von Sorten. Hierbei ist jedoch einige Vorsicht geboten. Der sortengerechte Formelaufbau verbietet nämlich die Erzeugung beliebiger Formeln (was auch intendiert ist); dabei muß aber sichergestellt werden, daß ein vorgelegtes Beweisverfahren nicht gerade solche illegitimen Formeln gebraucht. Hier ist stets zu prüfen, ob die

Vollständigkeit erhalten bleibt.

Andere Methoden bestehen darin, daß man heuristische Pläne für die Beweise entwickelte. Generell kann man in komplexen Situationen jedoch Erfolge nur dadurch erhoffen, daß man eine geeignete Hintergrundstheorie T hat, die ein gezielteres Vorgehen ermöglicht. Ein solches Beispiel, das auf einen ganz anderen Kalkül führt, wollen wir jetzt vorstellen.

Als Beispiel für eine Theorie in einer prädikatenlogischen Sprache mit Gleichheit wählen wir die sogenannte Presburgerarithmetik. Außer dem Gleichheitssymbol haben wir dort als zweistelliges Funktionssymbol die Addition "+", die Ordnungsprädikate "$\leq$", "$\geq$", "$<$" und "$>$", sowie für jede ganze Zahl n ein einstelliges Funktionszeichen $f_n(x)$. Da hier die Multiplikation mit der Konstanten n intendiert ist, schreibt man auch $n(x)$ oder nx für $f_n(x)$. Interpretiert man nun diese Sprache im Bereich der ganzen Zahlen Z, so gibt es ein Entscheidungsverfahren, das die Formeln bei dieser Interpretation auf Wahrheit testet. Dieses Entscheidungsverfahren ist allerdings superexponentiell; man kann es aber auf einen exponentiellen Aufwand herunterdrücken, indem man sich auf eine eingeschränkte Formelklasse beschränkt, welche dadurch beschrieben ist, daß man nur solche Formeln zuläßt, bei denen in pränexer Normalform alle Variablen allquantifiziert sind. Diese Formelklasse hängt nun mit ganzzahligen, linearen Programmierproblemen zusammen. Um den Zusammenhang herzustellen, betrachten wir für eine Formel Φ folgenden Übersetzungsprozeß:

(1) Ersetze überall $a = b$ durch $(a \leq b \wedge b \leq a)$;

 ersetze $a \geq b$ durch $b \leq a$;

 ersetze $a < b$ durch $a + 1 \leq b$;

 ersetze $\neg(a \leq b)$ durch $b + 1 \leq a$.

(2) Entferne ersatzlos alle Quantoren; die resultierende Formel sei ψ.

(3) Schreibe $\neg\psi$ als eine Disjunktion $D_1 \vee D_2 \vee \ldots \vee D_k$, wobei jedes D_i eine Konjunktion von Ungleichungen der Form $a \leq b$ ist; d.h. in disjunktiver Normalform.

Als Resultat erhält man eine zu $\neg\Phi$ äquivalente Formel, in der jedes D_i äquivalent zu einem linearen Ungleichungssystem ist. Es ist nämlich $\neg\psi$ genau dann erfüllbar, wenn mindestens eines der durch die D_i gegebenen Ungleichungssysteme eine ganzzahlige Lösung hat. Anders ausgedrückt: Die ursprüngliche Formel Φ ist genau dann wahr, wenn sich keines dieser Ungleichungssysteme in ganzen Zahlen lösen läßt.

Eine Möglichkeit ist es hier nun, Algorithmen der ganzzahligen Programmierung als

Beweisverfahren einzusetzen. Eine andere Möglichkeit werden wir in §8a(C) unter dem Namen SUP-INF-Methode kennenlernen.

Jetzt wenden wir uns dem Fall zu, wo nur das Gleichheitsprädikat selbst auftritt. Der prozedurale Charakter von "$s \equiv t$" liegt darin, daß man Beispiele von s durch Beispiele von t in beliebigen Teilen von anderen Termen ersetzen darf. Die Grundidee einer *Reduktion* (auch: Rewrite-Rule oder Termersetzung) ist, die Symmetrie der Gleichheit aufzuheben und Gleichungen nur noch einseitig, wie Produktionsregeln in formalen Sprachen zu verwenden. Schön wäre es, wenn solche Reduktionsregeln Terme auf bestimmte Normalformen reduzieren würden, auf deren Analyse man sich dann beschränken könnte. Zunächst führen wir die grundlegenden Begriffe dazu ein.

4. Def.:

   (i)   Ein *System von Reduktionen* ist eine Menge R von geordneten Paaren $\langle t, s \rangle$ von Termen, welche *Reduktionen* genannt werden und welche durch $t \to s$ notiert werden.

   (ii)   Ein Term v entsteht durch eine direkte Reduktion eines Termes u vermöge $t \to s$, falls es eine Substitution σ gibt, so daß der Term $\sigma(t)$ als Subterm in u vorkommt und v das Resultat der Ersetzung eines Vorkommens von $\sigma(t)$ in u durch $\sigma(s)$ ist.

   (iii) $u \xrightarrow{R} v$ heißt, daß v eine direkte Reduktion von u mittels einer Reduktion in R ist.

   (iv) $\xrightarrow{R}{}^{*}$ ist die reflexive und transitive Hülle von $\xrightarrow{R}$; $\xrightarrow{R}{}^{+}$ ist die transitive Hülle von $\xrightarrow{R}$.

Gelegentlich wird der Index R auch weggelassen. Reduktionen erzeugen also aus Termen neue Terme, und, falls die Reduktionen auch Gleichheiten sind, stehen auch die neuerzeugten Terme mit den alten in der Gleichheitsrelation. Die nächsten Begriffsbildungen sind ebenfalls ganz einleuchtend.

5. Def.:

   (i) $L\,(t, R) = \{s \mid t \xrightarrow{R}{}^{*} s\}$,
   $L^{+}(t, R) = \{s \mid t \xrightarrow{R}{}^{+} s\}$

   (ii) t heißt *irreduzibel* im Hinblick auf R wenn

$L^+ (t, R) = \emptyset$; sonst ist t *reduzibel.*

(iii) *Irr* = Irr (R) = {t I t irreduzibel}

Red = Red (R) = {t I t reduzibel}

(iv) *Irred (t, R)* = Irr $\cap$ L (t, R)

$Irred(S,R)$ = $\bigcup$ {Irred(t,R) I t $\in$ S} für eine Menge S von Termen.

Im Sinne unserer allgemeinen Betrachtungen über Reduktionssysteme können diese nun bestimmte angenehme Eigenschaften haben, die Reduktionssystemen eigentlich erst ihre Leistungsstärke garantieren.

6. Def.:

(i) R hat die endliche Terminierungseigenschaft FTP (<u>F</u>inite <u>T</u>ermination <u>P</u>roperty), falls

es keine unendlichen Ketten gibt t_n $R^{\to}$ t_{n+1}, $t_n \neq t_{n+1}$, $n \in$ |N.

(ii) R hat die <u>C</u>hurch-<u>R</u>osser-Eigenschaft (CR), falls für alle t und $t_1, t_2 \in$ L (t, R) schon L (t_1, R) $\cap$ L (t_2, R) $\neq\emptyset$ gilt.

(iii) R hat die schwache Church-Rosser-Eigenschaft WCR (<u>W</u>eak-<u>C</u>hurch-<u>R</u>osser), falls für t $R^{\to}$ t_1, t $R^{\to}$ t_2 stets ein s existiert, so daß t_1 $R^{\to^*}$ s und t_2 $R^{\to^*}$ s gilt.

(iv) R hat die eindeutige Terminierungseigenschaft UTP (<u>U</u>nique <u>T</u>ermination <u>P</u>roperty), falls R FTP hat und Irred(t,R) genau ein Element für jeden Term t enthält.

(v) R ist *vollständig* (oder auch *kanonisch*), falls R FTP und CR hat.

Wir wollen uns diese Begriffe etwas näher anschauen. Die Church-Rosser-Eigenschaft CR bedeutet, daß für t $R^{\to *}$ t_1, t $R^{\to *}$ t_2 stets ein s existiert, für das t_1 $R^{\to^*}$s und t_2 $R^{\to^*}$s gilt, im Bild:

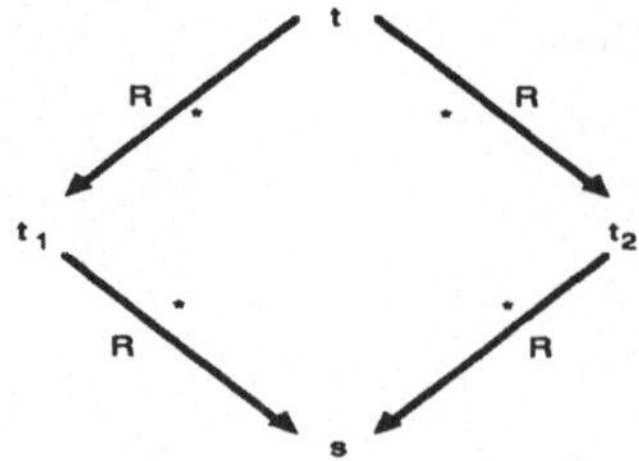

Im Falle der schwachen Church-Rosser-Eigenschaft sieht das Diagramm wie folgt aus:

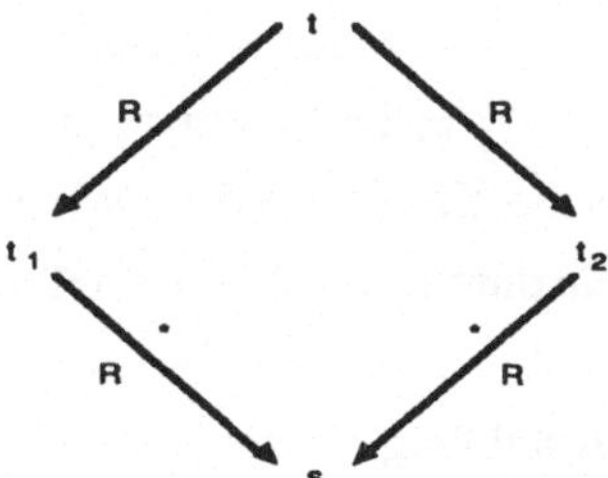

Für ein Reduktionssystem mit UTP besitzt also jeder Term eine kanonische Normalform, nämlich den eindeutig bestimmten irreduziblen Term, den man bei beliebiger Anwendung von Reduktionen schließlich immer findet. Wenn nun ein Gleichungssystem vorgelegt ist, so kann man es natürlich einseitig als Reduktionssystem lesen. Hat es dann aber nicht die gerade eingeführten schönen Eigenschaften, und das ist leider so rein zufällig kaum der Fall, ist es ziemlich wertlos. Es ergibt sich daher die Frage:

Wie kann man ein vorgelegtes Gleichungssystem äquivalent in ein vollständiges Reduktionssystem umformen? Generell ist dies zwar nicht immer möglich, wir wollen uns jedoch mit einer Methode befassen, die relativ viele positive Fälle erledigt.

Die Mittel, die für ein vollständiges Reduktionssystem notwendigen Bedingungen FTP und CR zu erzwingen, sind von ganz verschiedener Art. Wir wenden uns dabei zunächst der FTP Bedingung zu. Ausgangspunkt ist zunächst die Beobachtung, daß ein Reduktionssystem mit FTP auf den Termen eine *fundierte Halbordnung* < erzwingt (wobei fundiert heißt, daß es keine unendlichen absteigenden Ketten gibt): $s < t$ genau dann, wenn t zu s reduziert. Deswegen liegt es umgekehrt wiederum nahe, sich eine bestimmte fundierte Halbordnung vorzugeben und zu verlangen, daß jede Reduktion mit dieser Halbordnung verträglich ist; dann liegt auch FTP sicher vor. Ein Problem ist es, eine solche Halbordnung auch zu finden, denn eine "universelle" gibt es nicht.

7. Def.: Sei "<" eine irreflexive und transitive Relation über den Termen.

    (i)   "<" heißt eine *Termordnung* , falls für alle Terme s, t, r, u gilt: wenn $s < t$ ist, $\sigma(t)$ für eine Substitution σ ein Teilterm von r ist und u aus r durch Ersetzen von $\sigma(t)$ durch $\sigma(s)$ entsteht, dann gilt auch $u < r$.

    (ii)   Ein Reduktionssystem R heißt *verträglich* mit <, falls für alle $s \to t$ in R schon $t < s$ gilt.

Eine fundierte Termordnung kann nie total sein, denn zwei Variable können nie vergleichbar sein:

Wenn etwa $x < y$ gelten würde, müßte auch $\sigma(x) < \sigma(y)$ für jede Substitution σ gelten, wir hätten also auch $a < f(a)$ und ebenso $f(a) < a$, was der Fundiertheit widerspricht.

Wir wollen als Beispiel für Termordnungen die Knuth-Bendix Ordnungen angeben. Dazu numerieren wir unsere Funktionssymbole durch: $\mathbb{F} = \{f_i \mid 1 \le i \le m\}$.

8. Def.: Eine *Gewichtsfunktion* g ist eine Abbildung

$$g : \mathbb{F} \cup \mathrm{Var} \to \mathrm{I\!N}$$

so daß

(i) $g(f_i) > 0$ für alle 0-stelligen f_i sowie auch alle einstelligen f_i mit Ausnahme von höchstens f_m.

(ii) $g(x) = \min(g(f_i) \mid f_i \text{ nullstellig})$ für alle $x \in \mathrm{Var}$.

(iii) Die Gewichtsfunktion wird auf alle Terme erweitert durch

$$g(s) = \sum_{x \in \mathrm{Var}} n(x,s).g(x) + \sum_{i=1}^{m} n(f_i, s).g(f_i)$$

wobei $n(x, s)$ bzw. $n(f_i, s)$ die Anzahl der Vorkommen von x in s bzw. von f_i in s bezeichnen.

9. Def.: Die zur Gewichtsfunktion g gehörende KB-Ordnung $<_g$ ist erklärt durch $s <_g t$ genau dann, wenn

(i) $g(s) < g(t)$ oder

(ii) $g(s) = g(t)$ und $n(x,s) = n(x,t)$ für alle $x \in \mathrm{Var}$ und entweder

(a) $s = x$ und $t = f_m(f_m(...f_m(x)...))$ für ein $x \in \mathrm{Var}$

oder

(b) $s = f_k(s_1,...,s_{nk})$, $t = f_j(t_1, ...,t_{nj})$ sodaß entweder

(b1) $k<j$

oder (b2) $k = j$ und für ein i : $s_l = t_l$ für $l<i$ und $s_i <_g t_i$.

Man sieht leicht, daß die KB-Ordnungen auf den Grundtermen fundierte Totalordnungen sind. Ihr Vorteil ist, daß man sie verhältnismäßig leicht implementieren kann, wenn sie auch für manche Zwecke nicht ausreichen. Ihre etwas ins Auge springende Schwäche ist nämlich, daß sie auf die Reihenfolge der Funktionssymbole keine Rücksicht nehmen.

Als nächstes wollen wir uns der CR-Eigenschaft annehmen. Ganz allgemein kann man darüber ziemlich wenig aussagen, das Vorliegen dieser Eigenschaft läßt sich nämlich grundsätzlich nicht entscheiden. Ausgangspunkt der weiteren Vorgehensweise ist aber folgende positive Erkenntnis:

10. Satz: Falls R die Eigenschaft FTP hat, dann gibt es einen Algorithmus, der CR testet.

Diesen Algorithmus wollen wir kurz beschreiben. Dazu müssen wir uns die Testmenge anschauen, die ja a priori unendlich ist. Wir gehen dabei schritttweise vor.

1.Schritt: FTP reduziert CR zu WCR. Zu diesem Zwecke betrachten wir uns folgendes Diagramm:

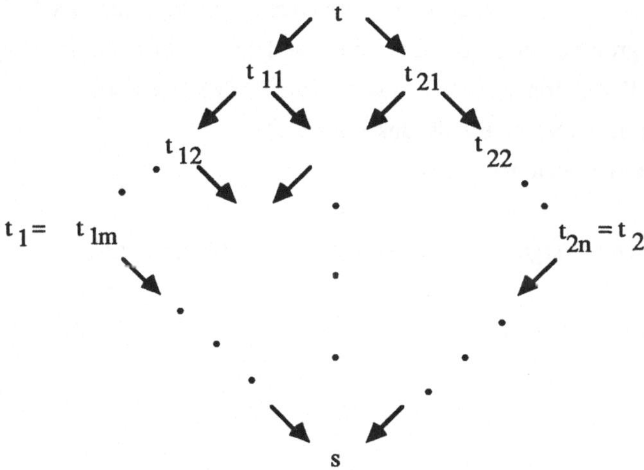

Nehmen wir an, t ließe sich in m Schritten zu t_1 und in n Schritten zu t_2 reduzieren, dann können wir aufgrund von WCR zunächst t_{21} und t_{11} wieder zusammenführen und dieses Verfahren dann schrittweise iterieren. Das Verfahren muß terminieren, weil sonst FTP verletzt wäre, andererseits kann es nur in einem einzigen Term s resultieren, weil sonst mindestens eine offene Raute da wäre, die man mit WCR wieder schließen könnte.

2. Schritt: Definition einer vorläufigen Testmenge.

Man macht sich zunächst einmal klar, daß zwei Unterterme eines Termes nur dann ein gemeinsames Vorkommen eines Symbols haben können, wenn der eine Unterterm auch bereits ein Teilterm des anderen Untertermes ist. Sodann hilft uns die Erkenntnis weiter, daß wir in unserem obigen Diagramm bei dem Ausgangsterm t solche Reduktionen gar nicht zu testen brauchen, wo die ansetzenden Reduktionen auf Teiltermen aufsetzen, welche nichts miteinander gemeinsam haben:

$$t = f\ (...,\ g\ (...),\ ...\ h\ (...),\ ...)$$

$$u_1 \to v_1 \qquad\qquad u_2 \to v_2$$

$$f\ (...,\underline{g(...)}...h(...),...) \qquad\qquad f\ (...,\ g\ (...),\ ...\ \underline{h\ (...)},...)$$

In diesem Falle kommutieren die beiden Reduktionen $u_1 \to v_1$ und $u_2 \to v_2$ nämlich und wir können das Diagramm sofort schließen. Folglich ist WCR höchstens dann fraglich, wenn beide Reduktionen auf Teiltermen von t aufsetzen, welche ihrerseits Teilterme voneinander sind. Der größere der beiden Teilterme ist dabei ein Substitutionsergebnis einer linken Seite einer Reduktion. Also haben wir als vorläufige Testmenge:

$$\{\sigma\ (u)\ |\ u \text{ ist linke Seite einer Reduktion aus } R\}$$

Diese Menge ist aber immer noch unendlich.

3. Schritt: Konstruktion der endgültigen Testmenge. Dazu definieren wir:

11. Def.: Ein *kritisches Paar* von R ist ein Paar von Termen (u_1, u_2) mit:

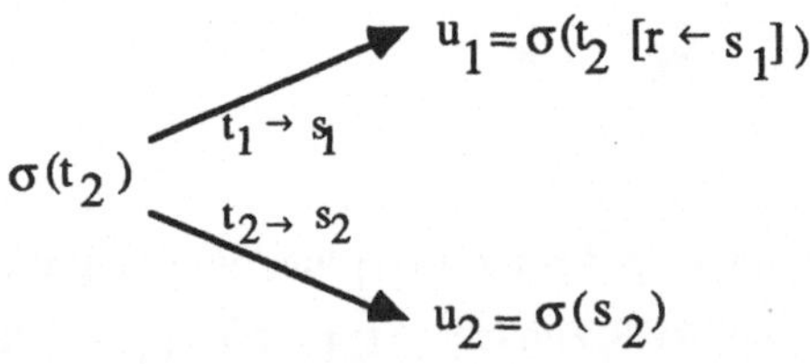

wobei $\sigma = \text{m.g.u}\ (t_1, r)$ für einen Teilterm r von t_2 ist; $t_1 \to s_1$ und $t_2 \to s_2$ seien Reduktionen aus R.

Wir halten fest, daß es nur endlich viele kritische Paare für ein gegebenes endliches Reduktionssystem R gibt und erklären die Menge dieser kritischen Paare als unsere endgültige Testmenge. Wir wollen uns noch überlegen, daß diese Testmenge in der Tat ausreicht. Dazu betrachten wir eine beliebige Substitution ϱ und nehmen an $\varrho(t_2) \to w$

vermöge einer Reduktion $t \to s$ in R, wobei t_2 eine linke Seite einer Reduktion sein möge. Also sind t und ein Unterterm von t_2 unifizierbar und es gibt σ = m.g.u. (t, r); und die Universaleigenschaft von σ liefert uns ein λ mit $\varrho = \lambda \circ \sigma$. Das ergibt dann folgendes Bild:

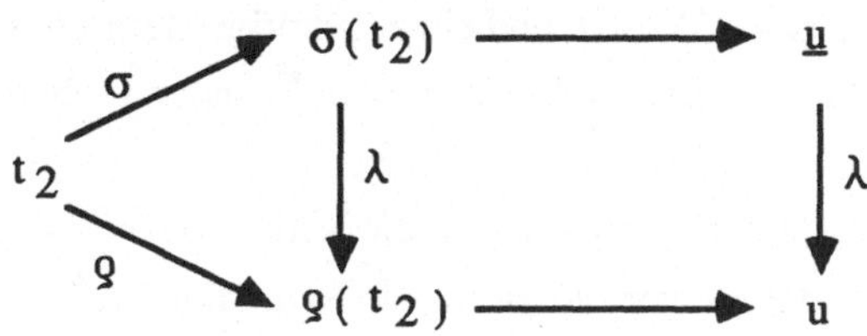

Dabei entsteht $\underline{u}$ durch Anwendung von $t \to s$ auf σ (t_2). Wenn wir daher WCR für alle kritischen Paare garantieren können, so gilt diese Eigenschaft auch allgemein, weil wir sie mittels einer solchen Substitution λ wieder herunterdrücken können. Man kann das auch so auffassen, daß alle Church-Rosser-Diagramme Beispiele endlich vieler solcher Diagramme sind; genauer gerade von denen, die mittels der kritischen Paare gebildet werden.

Die bisherigen Überlegungen dienen jetzt dazu, ein vorgelegtes Gleichungssystem in ein (möglichst vollständiges) Reduktionssystem zu überführen. Wieder werden dabei FTP und CR auf verschiedene Weise behandelt. Relativ kurz abzuhandeln ist die FTP. Wirgeben uns wieder eine fundierte Termordnung "<" vor, z.B. eine der Knuth-Bendix-Ordnungen. Dann setzen wir:

12. Def.: Für ein Gleichungssystem Σ sei das zuhörige Reduktionssystem $R(\Sigma)$ erklärt durch

$$R(\Sigma) = \{s \to t \mid t < s \text{ und } (s \equiv t \in \Sigma \text{ oder } t \equiv s \in \Sigma)\}.$$

Das so enstehende Reduktionssystem $R(\Sigma)$ ist dann mit "<" kompatibel und besitzt FTP. Das ist allerdings nur dann nützlich, wenn jede Gleichung aus Σ auch als Reduktion vorkommt; die Eigenschaft CR ist aber elbst dann in keiner Weise gesichert. Die Idee ist nun, $R(\Sigma)$ durch weitere Reduktionen anzureichern, die als Gleichungen gelesen einerseits Konsequenzen von Σ sind und die auch ausreichen, die WCR-Diagramme zu schließen. Wir stellen im folgenden das Knuth-Bendix-Vervollständigungsverfahren vor, welches auf natürliche Weise einen solchen Versuch unternimmt. Aus prinzipiellen Unentscheidbarkeitsgründen kann es allerdings im allgemeinen nicht immer gelingen ; in vielen praktischen Fällen führt es aber zum Erfolg. Ausgangspunkt ist der oben diskutierte Test auf die Church-Rosser-Eigenschaft.

Wir legen eine fundierte Termordnung " $<$ " zugrunde, und beginnen mit einem Reduktionssystem R, welches mit " $<$ " verträglich ist. Der Test auf die Church-Rosser Eigenschaft liefert uns dann einen Term t und ein zugehöriges kritisches Paar (u_1, u_2), so daß u_1 und u_2 verschiedene irreduzible Terme u_1^* und u_2^* haben. Nun gehen wir wie folgt vor:

(1)   Wenn $u_1^* < u_2^*$ ist, dann fügen wir zu R die Reduktion $u_2^* \to u_1^*$ hinzu.

(2)   Wenn $u_2^* < u_1^*$ ist, dann fügen wir zu R die Reduktion $u_1^* \to u_2^*$ hinzu.

(3)   Wenn u_1^* und u_2^* bezüglich $<$ nicht vergleichbar sind, dann sehen wir das Vorhaben der Vervollständigung von R als gescheitert an.

In jedem Falle sind die hinzugefügten Reduktionen semantisch Gleichungen, die aus R (als Gleichungssystem gelesen) folgen; ein solches Vorgehen ist also korrekt. Zu beachten ist jedoch folgendes:

(a)   Diese Vorgehensweise, neue Reduktionen hinzuzufügen, ist noch kein Algorithmus, weil nicht gesagt wird, welche kritischen Paare von R jeweils zu behandeln sind; das Endergebnis könnte ja schließlich von der Reihenfolge der Vorgehensweise abhängig sein.

(b)   Obwohl es nur endlich viele kritische Paare gibt, muß das Verfahren deswegen nicht unbedingt terminieren. Durch die neu erzeugten Reduktionen werden nämlich auch neue kritische Paare erzeugt; in der Tat kann sich das Verfahren ad infinitum fortsetzen.

(c)   Durch die neu erzeugten Reduktionen können bisherige Reduktionen aus R überflüssig werden, man hat also noch einen Minimalisierungsschritt durchzuführen.

Wir kommen jetzt zu einer benötigten algorithmischen Version der Knuth-Bendix-Vervollständigungsmethode.

13. Def.:

(1)   Setze $R_0 := R$ und n:=0.

(2)   Bilde alle kritischen Paare (u_1, u_2) bezüglich R_n.

(3)   Setze $P_n := \{t_1 \to t_2 \mid t_2 < t_1, t_1, t_2 \in \mathrm{IRRED}(u_j, R_n), j = 1, 2, (u_1, u_2)$ kritisches Paar$\}$.

(4)   Wenn $\mathbf{P}_n = \emptyset$, dann **stop**, mit Resultat $\mathbf{R}_n$.

(5)   Andernfalls setze $S := \mathbf{R}_n \cup \mathbf{P}_n$, $n := n + 1$ und $\mathbf{R}_n := S$.
Gehe zu (2).

Der Algorithmus stoppt unter (4) mit Erfolg oder Mißerfolg, je nach dem, ob $\mathbf{R}_n$ die Church-Rosser-Eigenschaft hat oder nicht. Im allgemeinen werden hierbei redundante Reduktionen erzeugt. Dies wird vermieden, wenn man 5 durch 5' ersetzt:
(5')Setze

$$S := \{u_1 \to u_2 \mid u_2 < u_1, u_j \in \text{IRRED}\ (t_j, \mathbf{R}_n\ (t_1, t_2)), j = 1, 2, \text{ wobei}$$
$$t_1 \to t_2 \in \mathbf{R}_n \cup \mathbf{P}_n \text{ oder } t_2 \to t_1 \in \mathbf{R}_n \cup \mathbf{P}_n \text{ und}$$
$$\mathbf{R}_n(t_1, t_2) := \mathbf{R}_n \setminus \{t_1 \to t_2, t_2 \to t_1\}\ \}.$$

Bei dieser Definition wird im Erfolgsfall stets ein vollständiges Reduktionssystem erzeugt, in dem keine Reduktion mehr überflüssig ist. Eine Terminierung mit Mißerfolg resultiert dagegen in einem unvollständigen Reduktionssystem. Ein Unterschied zur redundanten Version des Vervollständigungsalgorithmus liegt darin, daß dort die Mengen der erzeugten Reduktionen monoton anwachsen, während sie dies im nicht redundanten Fall im allgemeinen nicht tun.

Man fragt sich nun, inwieweit die Vervollständigung eines Reduktionssystems, nach welcher Methode auch immer, eindeutig ist. Hier benötigen wir zwei weitere Begriffe; dazu seien R^1 und R^2 zwei Reduktionssyteme.

14. Def.:

(i) R^1 und R^2 heißen *gleichungsäquivalent*, wenn sie als Gleichungen gelesen die gleichen Konsequenzen haben.

(ii) R^1 und R^2 heißen *ableitungsäquivalent*, wenn $s\ _{R^1 \to}{}^{*}\ t$ und $s\ _{R^2}{}{\to}^{*}\ t$ gleichwertig sind.

Es gilt dann (ohne Beweis):

15.Satz: Zwei vollständige gleichungsäquivalente Reduktionssysteme mit denselben
irreduziblen Termen sind auch ableitungsäquivalent, insbesondere sind sie
im   Grundfalle auch schon gleich.

Die Voraussetzung über die Irreduziblen ist dann erfüllt, wenn beide Reduktionssysteme mit derselben Ordnung verträglich sind, weil die irreduziblen Terme dann gerade die minimalen Terme sind. Was leistet nun die Vervollständigung eigentlich? Dieser Prozeß transformiert zunächst ein Gleichungssystem auf eine gewisse *Normalform*. Weil wir Gleichungen aber auch prozedural auffassen können, werden hier auch Prozeduren auf eine Normalform gebracht. Dies steht in Analogie zu Normalformen von Formeln, wie wir sie in §1 betrachtet haben, nur wird hier deutlicher, daß der "eigentlich intelligente Teil" einer großen Klasse von Problemlösemechanismen auf diese Weise isoliert wurde. Jetzt schauen wir uns noch einige Anwendungen vollständiger Reduktionssysteme an.

(A) Der ersten Anwendung liegt die Motivation des ganzen Ansatzes überhaupt zugrunde, nämlich das *Wortproblem* zu lösen. Dies fragt für eine gegebene Menge Σ von Gleichungen nach einem Algorithmus, der für eine beliebige Gleichung $s \equiv t$ entscheidet, ob $\Sigma \models s \equiv t$ gilt. Wenn sich Σ in ein vollständiges Reduktionssystem R transformieren läßt, kann man das Wortproblem sofort so erledigen:

(1) Bilde $\quad s \xrightarrow[R]{\quad *\quad} s^* \quad , \quad t \xrightarrow[R]{\quad *\quad} t^* \quad , \quad s^*, t^*$ irreduzibel

(2) Teste s^* und t^* auf syntaktische Gleichheit, diese entscheidet dann $\Sigma \models s \equiv t$.

(B) Die sogenannte *induktionslose Induktion* fragt danach, ob $s \equiv t$ eine induktive Folgerung von Σ ist. Hierbei interessiert man sich nicht dafür, ob $s \equiv t$ in allen Modellen von Σ gilt, sondern nur, ob dies im Herbrandmodell der Fall ist. Man kann das auf die Frage zurückführen, ob durch $\Sigma \cup \{s \equiv t\}$ mehr Grundterme identifiziert werden als durch Σ allein. Wenn jetzt Σ ein vollständiges Reduktionssystem R_1 und $\Sigma \cup \{s \equiv t\}$ ein vollständiges Reduktionssystem R_2 besitzt, dann hat man das Problem darauf zurückgeführt, ob $\mathrm{Irr}(R_1) \cap G = \mathrm{Irr}(R_2) \cap G$ gilt, wobei G die Menge aller Grundterme ist. Das kann man jedoch durch Betrachtung der Grundinstanzen der linken Seite von R_1 und R_2 entscheiden.

(C) Ein drittes Anwendungsgebiet entsteht, wenn man die Boole'sche Algebra betrachtet. Hier faßt man die logischen Zeichen als algebraische Funktionen auf, die logische Äquivalenz wird dann eine Gleichung. Ein vollständiges Reduktionssystem würde dann eine widersprüchliche Formel Φ erkennen, und zwar dadurch, daß man einen anderen Widerspruch Ψ hernimmt; die Bedingung ist dann gerade, daß Φ und Ψ das gleiche Irreduzible haben.

Übungen:

Aufgabe 1

Warum kann man im Paramodulationskalkül darauf verzichten, eine zu (P) symmetrische Regel (P') zu fordern, die aus (P) durch Änderung von $s \equiv t$ in $t \equiv s$ entsteht?

Aufgabe 2

Man zeige: Wenn es im Grundfall eine Ableitung von $\square$ von den Einerklausen $\{A\}$, $\{B\}$, $\{t \equiv s\}$ und $\{s \equiv t\}$ gibt, dann gibt es auch eine solche Ableitung, in der nie t durch s ersetzt wird.

Aufgabe 3

Die zweistellige Funktion $\bullet$ sei assoziativ, kommutativ und idempotent, das heißt

$(\forall xyz) (x \bullet y) \bullet z = x \bullet (y \bullet z)$

$(\forall xy) x \bullet y = y \bullet x$

$(\forall x) x \bullet x = x$

Weiter seien folgende Formeln gegeben:

$P(b \bullet (a \bullet b)\ a)$; $\forall xy P(x\ y) \rightarrow Q(x \bullet y)$; $\neg Q((a \bullet b) \bullet (b \bullet a))$.

(a) Widerlegen Sie die Formelmenge durch Resolution und Paramodulation.

(b) Überlegen Sie sich eine Repräsentation der Terme, in der die Eigenschaften von $\bullet$ unmittelbar berücksichtigt werden. Stellen Sie die Formelmenge in der neuen Form dar und widerlegen Sie sie.

Aufgabe 4

Sei N die Menge der natürlichen Zahlen, sei $s: N \rightarrow N$ die Nachfolgerabbildung, und sei V die Menge aller Vielfachen von 4. Das Prädikat $G(x)$ sei wahr genau dann, wenn x gerade ist. Gegeben seien folgende Voraussetzungen:

$(\forall x \in V) G(x)$; $(\forall x \in N)(G(x) \leftrightarrow \neg G(s(x)))$; $4 \in V$; $\forall w(w \in N \rightarrow s(w) \in N)$; $\forall u\ (u \in V \rightarrow u \in N)$. Daraus folgt die Behauptung $G(s(s(4)))$.

(a) Wandeln Sie die Voraussetzungen und die negierte Behauptung in eine Klausenmenge um. Kodieren Sie dabei die Mengen V und N durch einstellige Prädikatensymbole.

(b) Leiten Sie aus dieser Menge die leere Klausel ab. Führen Sie dabei Schritte auf G vor Schritten auf V und N durch.

(c) Modifizieren Sie die Klausenmenge, indem Sie V und N als Sorten kodieren. Untersuchen Sie, wie sich die Ableitung verändert.

(d) Nennen Sie drei Gründe für die Verkleinerung des Suchraums infolge der Sortenkodierung.

Aufgabe 5

Man entscheide im Bereich der ganzen Zahlen die Formel alle x_1, alle x_2

$((x_1 < 5x_2 + 7) \wedge (x_1 = 1 \rightarrow x_1 = x_2))$ durch Rückführung auf ein ganzzahliges, lineares Gleichungssystem.

Aufgabe 6

    (i)   Es seien h ein einstelliges und f ein zweistelliges Funktionssymbol sowie e eine Konstante. Folgendes Reduktionssystem $\mathcal{R}$ sei gegeben:

        f (f (x, y), z) $\rightarrow$ f (x, f (y, z)), f (e, x) $\rightarrow$ x, f (h (x), x) $\rightarrow$ e; dabei seien x, y und z Variable sowie e eine Konstante.

        Weiter sei eine Knuth-Bendix Ordnung durch eine Gewichtsfunktion g mit g(h) > 0 gegeben. Man zeige: Es existiert kein mit dieser Ordnung verträgliches Reduktionssystem, was die gleichen Reduktionen wie $\mathcal{R}$ durchführt und vollständig ist.

    (ii)   Für die Gewichtsfunktion g' mit g'(f) = g(h) = 0 und g'(e) = 1 finde man ein äquivalentes vollständiges Reduktionssystem indem man den Vervollständigungsalgorithmus anwendet.

Aufgabe 7

Es seien 0, 1, a, b, c, d Konstanten und f ein einstelliges Funktionssymbol.

Es sei   **R**:= {0 $\rightarrow$ 1, 0 $\rightarrow$ a, 1 $\rightarrow$ b, 1 $\rightarrow$ c, a $\rightarrow$ f(a), c $\rightarrow$ f(a), c $\rightarrow$ d, d $\rightarrow$ f(c), d $\rightarrow$ f(b),

       b $\rightarrow$ f(b)}.

(a)   Besitzt **R** die Eigenschaft FTP?

(b)   Hat **R** die Eigenschaft WCR?

(c)   Hat **R** die Eigenschaft CR?

Hintergrundbemerkungen zu §3:

Die Paramodulationsregel verallgemeinert die Ersetzung von "Gleichem durch Gleiches". Sie ist der *Demodulationsregel* stark verwandt; der Hauptunterschied besteht darin, daß bei der Demodulation die Gleichung in einer Einerklause steht und ähnlich wie eine Reduktionsregel iteriert angewendet wird. Eine ausführliche Diskussion von Reduktionssystemen findet man in [Be-Ke-Ri87]. Der Vervollständigungsalgorithmus läßt sich auf viele Spezialtheorien übertragen. In gewissen Ausprägungen hat er eine starke Analogie zum Gauss'schen Eliminationsverfahren, welches ja auch Gleichungen auf Normalform bringt. Theoretische Bedeutung haben Reduktionssysteme für die Semantik funktionaler Programmiersprachen. Bei einer Reduktionssemantik werden Ausdrücke auf eine Normalform reduziert, die ihre "Bedeutung" ist. Von praktischem Interesse sind Reduktionssysteme für Konsistenzüberprüfungen bei algebraischen Spezifikationen.

4   Prädikatenlogik und deklaratives Programmieren; Regelsysteme

4a   Allgemeine Überlegungen

Der klassische Stil des Programmierens wird häufig durch die Adjektive prozedural oder imperativ gekennzeichnet. Der Grund dafür ist, daß man beim Programmieren die Arbeitsweise eines Algorithmus durch Angabe von Befehlen und Prozeduren auf detaillierte Weise beschreibt. Etwas genauer besehen geht dieser Prozeß schrittweise vor sich. Zuerst hat man gewöhnlich eine informell gestellte Aufgabe vor sich, die man dann sinngemäß in eine formale Spezifikation überführt. Darunter versteht man eine formale Beschreibung der Eingabegrößen, der Ausgabegrößen und ihrer wechselseitigen Beziehungen. Hier liegen häufig schon Fehlerquellen,weil die informelle Beschreibung oft in der Umgangssprache (mit all ihren Kontextabhängigkeiten) und die Spezifikation meist in einem davon ganz verschiedenen Formalismus notiert werden. Für die Spezifikation wird dann (häufig erst nach weiteren Transformationen) das Programm geschrieben, und man kann dann sagen, ob dieses bezüglich der Spezifikation korrekt ist oder nicht. Die höheren Programmiersprachen enthalten nun Elemente, die bestimmte komplexere Operationen direkt ausführen, den Programmierer also von den sonst anfallenden Details entlasten. Derart einmal auf den Geschmack gekommen, fragt man sich nun, wie weit man solch einen Service treiben kann. Am bequemsten wäre es natürlich, nur noch die Spezifikation anzugeben und den ganzen Rest dem System zu überlassen. Das ist in der Tat die Grundidee des deklarativen Programmierens.

Bei näherem Hinsehen ergeben sich jedoch Probleme. Zunächst einmal muß das System ja all die Zusammenhänge, welche die Spezifikationen mit den realisierenden Programmen verbinden, auch kennen. Ferner gibt es meist viele "richtige" Programme, aber wenig schnelle, und so sollte unser System denn auch etwas von Effizienz verstehen. Der Wunsch nach Entlastung von Details impliziert nämlich auch, daß man auf sie keinen Einfluß mehr hat.

Das Wissen, was es dem System ermöglicht, die Ausgabe aus der Eingabe zu erzeugen, kann es im Prinzip auf zweierlei Weisen erhalten. Zum einen kann das System generell mit bestimmten Fähigkeiten versehen werden (analog etwa zu der Möglichkeit, rekursive Prozeduren abzuarbeiten) und zum anderen könnte der Benutzer dem System situationsbedingtes Wissen (als Ersatz für das Programm) mitteilen. Im Falle der logischen Testverfahren sind wir bereits einer solchen Situation begegnet, wo mittels eines allgemeinen Inferenzsystems versucht wurde, die Frage zu beantworten, ob aus vorgegebenen Prämissen eine bestimmte Formel folgt bzw. mit welchen Belegungen der Variablen sie abzuleiten ist. Im Sinne der deklarativen Programmierung können wir dies folgendermaßen auffassen :

$$\begin{aligned}
\text{INFERENZSYSTEM} &= \text{INTERPRETER} \\
\text{FORMELMENGE} &= \text{PROGRAMM} \\
\text{BEWEIS} &= \text{PROGRAMMABLAUF} \\
\text{VARIABLENBELEGUNG} &= \text{ZURÜCKGEGEBENE WERTE}
\end{aligned}$$

Auf diese Weise ist die *Prädikatenlogik* zur *Programmiersprache* geworden. Formeln erhalten zusätzlich einen dynamischen Charakter : Ihre Verarbeitung durch den Interpreter wird interessant. Der Vorschlag, auf die skizzierte Weise deklaratives Programmieren zu erledigen, scheitert nun aber praktisch an der Ineffizienz der allgemeinen Beweisverfahren. Man versucht deshalb ein geeignetes Fragment der Prädikatenlogik zu finden, in dem sich die Vorgehensweise noch realisieren läßt. Am einfachsten wäre die Sache sicherlich mit reinen Implikationen $\Phi \to \Psi$ zwischen Atomformeln zu bewerkstelligen. Wäre zusätzlich noch die Anfrage gegeben, ob Ψ beweisbar ist, so hätte man dies Problem auf die Herleitbarkeit von Φ zurückgeführt. In diesem Fall sagt man, daß die obige Implikation "rückwärts" angewandt wurde. Eine entsprechende "Vorwärtsanwendung", die also von

$$\Phi \text{ und } \Phi \to \Psi \text{ zu } \Psi$$

führen würde (die *Modus-ponens-Regel)*, wäre in einem deduktiven Kalkül anwendbar. Eine verbreiterte Anwendungsmöglichkeit erhält man, wenn man etwa bei der Rückwärtsanwendung andere Anfragen Ψ' zuläßt und erst noch Ψ und Ψ' unifizieren muß. Dieses wollen wir den Anwendbarkeitstest nennen, der also eine Substitution zurück gibt. Vom Standpunkt des Programmierens aus gesehen erhalten wir durch die Substitution einen *Seiteneffekt*, nämlich eine *Variablenbindung*.

Ein zusätzliches Problem tritt dadurch auf, daß mehrere Implikationen auf eine oder mehrere Anfragen anwendbar sein können : Dies nennt man einen *Konflikt* und die Auswahl eines einzigen Falles heißt *Konfliktlösung* . Somit ergibt sich ein Zyklus, den man auch "Recognize-and -act" -Zyklus nennt:

    (1)   Anwendungsteste durchführen,

    (2)   Konflikte sammeln und auflösen,

    (3)   Implikation (vorwärts bzw. rückwärts) anwenden.

Dieses ist jetzt aber kein Randproblem, sondern wir wollen auch für sehr viel allgemeinere Situationen festhalten:

Die Konflikte sind der natürliche Preis für die Annehmlichkeiten des deklarativen Programmierens!

Die Konfliktlösung kann mehr oder weniger "intelligent" vor sich gehen, sie beinhaltet vor allem eine *Suche*. Suchverfahren werden wir in §15 allgemein diskutieren.

Im Falle der Vorwärtsanwendung läßt sich die Sache weiter dahin ausbauen, daß Ψ gar keine Formel ist, sondern irgendeine Aktion, die man dem System hinzugefügt hat. In diesem Falle heißt Φ dann auch die *Bedingung* für die Aktion. Von solchen Bedingungen könnte man auch mehrere zulassen und Analoges auch beim Rückwärtsschließen tun. In den nächsten beiden Abschnitten werden wir je ein Beispiel für Rückwärts- und Vorwärtssysteme geben. Man spricht dann nicht mehr von Implikationen sondern von *Regeln* und die so erhaltenen deklarativen Programmiersprachen nennt man auch Regelsprachen. Sie spielen für die Entwicklung von Expertensystemen eine große Rolle. Im allgemeinen können Regelsysteme sehr unterschiedliche Ausdrucksweisen enthalten und diese können auf verschiedene Weisen interpretiert werden. Gewisse Gemeinsamkeiten und Standardeigenschaften lassen sich jedoch feststellen. Während die Implikationen noch logische Formeln sind, kann man das von Regeln, wo rechts eine Aktion steht, nicht mehr sagen: Sie haben keinen

Wahrheitswert und entsprechen den bedingten Anweisungen in prozeduralen Programmiersprachen.

Die Normalstruktur eines Vorwärtsinterpretierers sieht so aus :

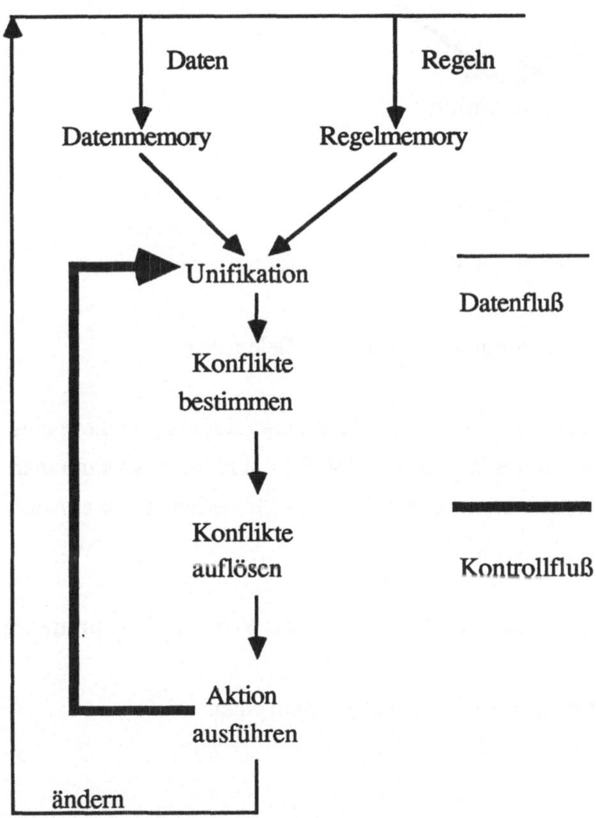

Beim Rückwärtsschließen werden Ziele verfolgt, die man durch umgekehrte Anwendung der Regeln erreichen will. Auch hier treten Konflikte auf und zwar in Form des geeigneten Weges bei der Verfolgung des Beweises der Ziele. Der Unterschied ist, daß alle Ziele (d.h. alle Anfragen) abgearbeitet werden müssen. Wenn wir diese Konflikte vernachlässigen, dann sieht die allgemeine Struktur eines Rückwärtsinterpretierers so aus:

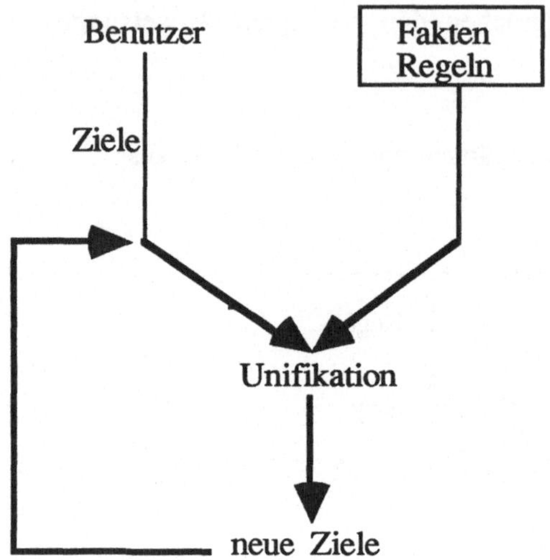

Die Anfrage ist erfolgreich beantwortet, wenn die Menge der Ziele leer ist.

Wenn nun eine Menge von Regeln gegeben ist und die Frage vorgelegt ist, ob diese eine vorgelegte Faktenmenge in ein bestimmtes Zielfaktum überführen können, so kann man die Regelmenge im Sinne unserer Terminologie der deduktiven Methoden auf zwei Arten verwenden:

(1)   Deduktive Verwendung: Hierzu müßte man einen Vorwärtsinterpretierer haben.

(2)   Verwendung als Testinstrument: Hierzu benötigte man einen Rückwärtsinterpretierer.

Ob man sich in einer gegebenen Problemsituation einen Vorwärts- oder lieber einen Rückwärtsinterpretierer wünschen sollte, hängt vom Verzweigungsgrad der anzuwendenden Regeln ab. Ein Extremfall ist :

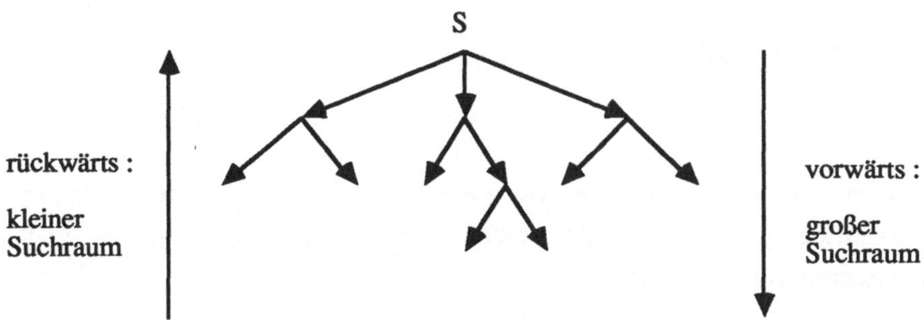

Einen analogen Fall kann man sich so verschaffen, daß man gerade bei der Rückwärtssuche einen großen und bei Vorwärtssuche einen kleinen Suchraum hat. Die Suchräume beziehen sich darauf, daß man an einem bestimmten Knoten ist und einen gewissen weiteren sucht, der oberhalb oder unterhalb des gegebenen Knotens liegt. Häufig ist die Sache aber etwas komplizierter, weil auch der Ausgangsknoten erst gefunden werden muß, was in unserem Bild wiederum beim Vorwärtsschließen einfacher ist.

In diesen Überlegungen deutet sich schon an, was die Konflikte sehr teuer machen kann. Die Konfliktlösung stellt nämlich eine Entscheidung dar, die im Sinne des vorgelegten Problemes durchaus grundfalsch sein kann. Inhaltlich war man also mit seinen Inferenzen auf der falschen Fährte, was der Formalismus aber manchmal erst sehr spät merkt. Dann muß man sich revidieren und dazu benötigt man eine Buchführung um zu wissen, wo man wieder aufsetzt. Dieser Vorgang heißt *Backtracking*. Er wird uns in allen deklarativen Ansätzen begegnen und im allgemeinen kann man seinen Aufwand a priori nicht abschätzen.

Man könnte hier fragen, ob man nicht wie bei den Reduktionssystemen die Regeln mit einer Art Knuth - Bendix - Verfahren auf eine Normalform mit der Church - Rosser - Eigenschaft bringen kann, so daß sich das Backtracking erübrigt. Dies geht deshalb nicht, weil wir es hier nicht mit Gleichheiten (auch nicht mit Äquivalenzen), sondern mit Regeln zu tun haben, die sich gewöhnlich nicht umkehren lassen.

Bisher haben wir im wesentlichen den Fall diskutiert, in dem die zu manipulierenden und zu inferierenden Objekte Formeln der Prädikatenlogik waren. Dieser Fall (der auch Erweiterungen der Prädikatenlogik beinhalten kann) wird auch unter dem Namen *logisches Programmieren* geführt. Das deklarative Programmieren ist jedoch hierauf keineswegs eingeschränkt. Wir werden darauf noch in §23 zurückkommen.

4b PROLOG

Den Kern von PROLOG bildet die sogenannte *Hornlogik*, ein Fragment der Prädikatenlogik. Im folgenden werden wir alternativ die Formel- und die Klausenschreibweise benutzen.

1. Def.:

(i) Eine *Hornklause* ist eine Klause mit höchstens einem positiven Literal.

(ii) Eine Einer-Hornklause mit einem positiven Literal heißt *Fakt* (oder Faktum).

(iii) Eine Hornklause mit einem positiven und einem oder mehreren negativen Literalen heißt *Regel*.

(iv) Eine Hornklause mit nur negativen Literalen heißt *Frage* (oder synonym auch *Ziel*).

(v) Die leere Klause □ heißt *Erfolgsklause*.

(vi) Eine Menge von Fakten und Regeln heißt ein *Programm* , eine Menge von Fragen ist eine *Eingabe* für das Programm. Ein Sammelbegriff für Fakten und Regeln ist auch *definite Klausen*.

Diese Begriffsbildungen erklären sich leicht durch die Formelschreibweisen und die anschließende Beschreibung des Inferenzmechanismus.

Unsere Hornklause sei $H = \{\ L, \neg L_1,...,\neg L_n\ \}$, wobei L und die L_i atomar sind (und auch fehlen dürfen). Eine äquivalente Formelschreibweise ist

$$H^* \ : \ L_1 \wedge L_2 \wedge ... \wedge L_n \rightarrow L\ .$$

Den Inferenzprozeß können wir uns auf zwei Arten klarmachen, dazu betrachten wir noch die Formel L :

(1) Rückwärtsschließen : Wenn H^* gegeben ist, können wir die Beweisbarkeit von L auf diejenige von $L_1,...,L_n$ zurückverlagern; aus der Einerklause $\{L\}$ entsteht dadurch die neue Klause $\{L_1,...,L_n\}$ von Fragen. Diese können wieder weiter mittels Regeln durch weitere Fragen ersetzt werden; bei einem Fakt ist schließlich die betreffende Frage beantwortet. Dieser Reduktionsprozeß terminiert genau dann, wenn schließlich alle Fragen durch Fakten beantwortet sind.

(2) Resolution : Um L zu beweisen, genügt es, $\{\neg L\}$ zusammen mit dem Programm als widersprüchlich zu entlarven, d.h. die leere Klause herzuleiten. Als Resolvente von H und $\{\neg L\}$ erhalten wir aber gerade $\{\neg L_1,...,\neg L_n\}$, was wieder der Frage der Beweisbarkeit von $L_1,...,L_n$ entspricht. Die erlaubten Resolutionsschritte sind dabei diejenigen, die die Klause von Fragen mit den anderen Programmklausen resolvieren.

Im allgemeinen Falle, wo wir es nicht direkt mit L, sondern etwa mit einem L' zu tun haben, muß erst ein Unifikator von L und L' gefunden werden; wenn σ der m.g.u.(L,L') ist, dann wird als Resolvente $\sigma\{L_1,...,L_n\}$ zurückgegeben. Beim Rückwärtsschließen bedeutet dies, daß einerseits die entsprechenden neuen Anfragen mit σ substituiert werden, daß aber andererseits auch L nur noch für den durch σ gegebenen Spezialfall bewiesen wurde. Um die Unifikation korrekt ausführen zu können, müssen gegebenenfalls bei jedem Schritt die Variablen neu durch eine Substitution separiert werden. Im Vergleich zu prozeduralen Progammiersprachen kann man sagen, daß in PROLOG die Unifikation die Rolle von zwei Operationen gleichzeitig übernommen hat, nämlich sowohl die der Tests als auch die der Zuweisungen.
Schließlich wollen wir unsere Begriffsbildungen noch in der PROLOG-Notation vorstellen und dabei gleich berücksichtigen, daß in vielen Implementierungen von PROLOG Variable durch Strings notiert werden, die mit einem Großbuchstaben anfangen:

Fakten : $p(a_1,...,a_n)$, wobei jedes a_i eine Konstante oder Variable ist, also etwa
student(karl,fleissig,OFT) oder student(fritz,fleissig,montags).

Regeln : $q(a_1, ...,a_n)$:- $p_1(b_1, ..., b_k), ..., p_m(u_1, ... ,u_j)$, also zum Beispiel
erfolgreich(karl) :- student(karl,fleissig,immer),klug(karl).

Fragen : ? - $p(a_1, ... ,a_n)$, also etwa :   ? - erfolgreich(X) oder
?-erfolgreich(karl).

Es ergibt sich nun das Problem der Vollständigkeit, d.h. ob im Fragment der Hornlogik auch alle beantwortbaren Fragen durch das Resolutionsverfahren tatsächlich beantwortet werden. Es gilt aber:

2. Satz: Die Resolution ist vollständig für die Hornlogik. Dabei kann die Reihenfolge der Resolutionsschritte so gewählt werden, daß die Resolvente eines jeden Schrittes für den nächsten Resolutionsschritt verwandt wird und dabei die benutzten Literale in einer vorher definierten Reihenfolge abgearbeitet werden.

Aufgrund dieses beruhigenden Ergebnisses fragt man sich, ob man als Programmierer noch weitere Kenntnisse über den Ablauf der Inferenz haben muß. Dazu schauen wir uns ein Beispiel an:

Fakten :   vater(karl,fritz). vater(fritz,willi). vorfahr(karl,emil). vorfahr(karl,heinz).
           vater(emil,max).
Regeln: vorfahr(X,Y) :- vater (X,Y).
           vorfahr(X,Y) :- vorfahr(X,Z),vater(Z,Y).
           ("vorfahr" ist die transitive Hülle von "vater")
Frage: ?- vorfahr(karl,willi).

Zunächst könnte man die erste Regel versuchen, erhält aber   ?- vater(karl,willi) und kommt nicht weiter. Die zweite Regel liefert die neuen Fragen vorfahr(karl,Z), vater(Z,willi). Hier hat man zwei Möglichkeiten, fortzufahren:

?- vater(Z,willi) wird durch Bindung von Z an fritz beantwortet und dann folgt auch die Antwort für die andere Frage sofort.

?- vorfahr(karl,Z) läßt uns erst einmal die Wahl nach allen möglichen Vorfahren von karl offen, ehe wir vielleicht auf den richtigen Weg verfallen.

Die erste Vorgehensweise ist also viel effizienter, und deshalb möchte man den Interpreter kennen, um das Programm entsprechend aufzuschreiben. Deshalb wollen wir den Interpreter, also die Abarbeitung des Programms, jetzt diskutieren. Eine Aufgabe des Interpreters ist die Konfliktlösung. Dazu hat der Interpreter als erstes zwei Selektionen vorzunehmen:

(1)   Auswahl der als nächstes zu bearbeitenden Frage (Fragenselektion);
(2)   Auswahl des Kandidaten für die Antwort bzw. für die Erzeugung neuer Fragen, also die Auswahl einer geeigneten Regel oder Faktums (Antwortselektion).

Falls diese Selektionen tatsächlich alle Fragen, Fakten und Regeln schließlich und endlich berücksichtigen, dann besagt der gerade erwähnte Vollständigkeitssatz, daß stets jede beantwortbare Frage auch beantwortet wird, unabhängig von der Art der Selektionen.

Hier wird nun wie folgt vorgegangen:

(1) Fragenselektion: Es wird jeweils die linkeste Frage zuerst beantwortet. Dabei werden dann bei einer Regelanwendung die neu resultierenden Fragen an die Stelle der alten gesetzt. Schreibt man sich den Inferenzprozess von oben nach unten in Baumform auf, so kann man dieses Vorgehen auch als *depth-first-Strategie* bezeichnen.

(2) Die Fakten und Regeln werden ein für alle Mal im Programm mit einer bestimmten linearen Reihenfolge abgelegt und der Reihe nach abgearbeitet. Dadurch ergibt sich auch die sog. *Backtrackinglösung* von Konflikten.

Diese Strategie garantiert nun keineswegs mehr die faire Berücksichtigung aller aufgeführten Fakten und Regeln, wie folgendes Beispiel zeigt.

Beispiel: Programm: p (X) : - q (X).   q (X) : - p (X).   q (a).
            Ziel: ? - p (Z).

Bei einer Abarbeitung dieses Programmes dreht man sich durch Anwenden der ersten beiden Regeln ständig im Kreis und kommt überhaupt nie zur Verwendung des Faktums. In diesem Falle hätte eine Änderung der Programmreihenfolge diesen Zustand behoben. Einen etwas diffizileren Fall betrachten wir aber in Aufgabe 2.

Falls nun bei dieser Strategie die Abarbeitung ohne Erfolg tatsächlich stoppt, muß die Beweissuche revidiert werden, also ein Backtrackingverfahren einsetzen. Nehmen wir an, daß die Teilziele $P_1, \ldots, P_k$ bereits bewiesen wurden, aber der Beweis von P_{k+1} endgültig fehlschlägt. In diesem Falle werden der Beweis von P_k und damit auch alle erfolgten Variablenbindungen zurückgenommen und es wird nach einer anderen Möglichkeit zum Beweis von P_k gesucht.

Generell können wir sagen, daß Selektionsstrategien in dem Sinne uninformiert sind, als sie keine inhaltlichen Aspekte des zu lösenden Problems berücksichtigen. Diesbezügliche Methoden werden in §15 untersucht, die depth - first - Strategie ergibt sich dort als ein "uninformierter" Spezialfall.

Bisher haben wir PROLOG als einen Teil der Prädikatenlogik aufgefaßt; die real vorliegenden Implementierungen von PROLOG gehen jedoch an mehreren Stellen über die Prädikatenlogik hinaus. Diese berühren auch die theoretischen Aspekte Korrektheit und Vollständigkeit, die i.a. beide nicht mehr zutreffen. Einige Punkte wollen wir aufzählen :

(1) In der Unifikation fehlt der Occur-Check, d.h. PROLOG gibt nicht unbedingt

korrekte Antworten.

(2) Es gibt Prädikate, die andere Prädikate als Argumente haben. Beispiel hierfür sind

(a) <u>Call</u>: Der Effekt des Call-Aufrufes ist, daß er sein Argument als zu beweisendes Ziel zurückgibt.

(b) <u>Assert</u>: Der Effekt des Assert-Aufrufes ist, daß er sein Argument, das ein Faktum oder eine Regel ist, zur Datenbasis hinzufügt.

(c) <u>Retract</u>: Dieser Effekt ist genau umgekehrt, hier wird ein Faktum oder eine Regel aus der Datenbasis entfernt.

Wir haben es hier also in Wirklichkeit nicht mehr mit reinen Inferenzen im engeren Sinne, sondern mit Aktionen zu tun.

(3) Ein weiteres Sonderprädikat ist der Cut "!". Dieses Prädikat verhält sich zunächst so wie ein Prädikat "true", gilt also immer sofort als bewiesen. Es hat jedoch einen Einfluß auf die Kontrollstrategie. Gelingt nämlich der Beweis der folgenden Ziele nicht und das Backtracking erreicht den Cut wieder, so tritt folgender Effekt ein:

Wenn wir das *Elternziel* E(Z) eines Zieles Z dasjenige Ziel nennen, welches zum Aufruf von Z geführt hat, so werden alle diejenigen Variablenbindungen, welche infolge des Aufrufes von E(!) getätigt wurden "eingefroren", d.h. sie können beim Backtracking nicht mehr rückgängig gemacht werden. Ein Beispiel ist

$$p\ (x): - q\ (a), r\ (x).$$
$$r\ (x): - s\ (x),\ !,\ k\ (x,\ a).$$

Dabei ist also E (!) gerade r (x). Tritt nach Passieren von "!" ein Fehlschlag ein, so wird der Beweisversuch von r (x) damit überhaupt aufgegeben. Diese Art Backtracking heißt auch "Deep Backtracking". Inhaltlich bedeutet diese Benutzung des Cuts: es gab nur eine mögliche "richtige" Bindung von x, nämlich die durch s(x) bestimmte; die prädikatenlogische Ausdrucksweise hierfür wäre "es gibt höchstens ein x". Natürlich kann das Cut-Symbol ähnlich wie ein "Goto" auch für alle möglichen anderen Zwecke beim trickreichen Programmieren benutzt werden, aber es birgt ebenso wie dieses die Gefahr von Fehlermöglichkeiten und Unübersichtlichkeit in sich und fällt nicht gerade unter das, was man mit "strukturiertem Programmieren" bezeichnet.

Eine besondere Beachtung verdient noch die Behandlung der Negationen, die bisher nur indirekt (nämlich in den Regeln, welche ja in Wirklichkeit Implikationen sind) aufgetreten war. Es gab jedoch keine Möglichkeit, die Negation eines Zieles zu beweisen.

PROLOG benutzt nun die *Negation-as-Failure* Form der Negation, die darin besteht, daß ein Ziel $\neg$ q genau dann als bewiesen gilt, wenn der Beweisversuch von q selbst terminiert, aber ohne Erfolg ist. Auf die verschiedenen Formen der Negation werden wir noch in §5 näher eingehen. Hier erwähnen wir nur noch eine spezielle Form der Implementierung der Negation mittels des Cut-Symbols. Diese ist:

not P: - P, !, fail.

not P.

Wenn also nach dem Aufruf von not P der Beweis von P gelingt, signalisiert anschließend "fail" den Mißerfolg und der Cut gibt dann den Beweis von not P auf. Wenn aber der Beweis von P mißlingt, wird der erste Beweisversuch von not P aufgegeben und man erhält dann anschließend den Erfolg durch das Faktum geliefert.

Der Gebrauch von PROLOG kann also zu zwei möglichen Fehlern führen:

1) Durch die inkorrekte Unifikation kann eine falsche Substitution als Antwort zurückgegeben werden.

2) Der Gebrauch des Cuts kann zu der falschen Antwort führen, daß keine Lösung existiert, obwohl eine vorhanden ist. Es werden Zweige aus dem Beweisbaum entfernt, aber keine modifiziert oder hinzugefügt, weshalb es sich hier um eine Unvollständigkeit handelt.

Jede neue Bereicherung von PROLOG muß auf diese beiden Fehlerarten hin geprüft werden.

Für den praktischen Gebrauch von PROLOG oder eines anderen Regelsystems ist es nun wichtig, Erfahrungen mit und Hinweise über das Programmieren in solchen Regelsystemen zu gewinnen. Weil in der Prädikatenlogik Aussagen über die Art der Inferenz selbst nicht vorgesehen sind, ist es dabei nötig, die Art der Abarbeitung genau zu kennen und diese Kenntnis dann indirekt durch die Wahl der Prädikate, der Reihenfolge usw. in eine effiziente Abarbeitung umzusetzen. Wie man dies allgemein für ein Regelsystem angeht, werden wir am Beispiel von OPS5 im Paragraphen 4c diskutieren. Hier haben wir jedoch schon gesehen, daß es in Prolog auch Erweiterungen der Prädikatenlogik gibt, die in bescheidenem Maße die deklarative Methodik auf die "Metaebene" anzuheben erlaubt, wodurch man eine etwas erweiterte Ausdrucksfähigkeit zur Modellierung von Problemlösungstechniken erhält. Auf diesen Aspekt wollen wir hier etwas genauer eingehen.

In Aufgabe 3 studieren wir das Prädikat "append". Es repräsentiert die Konkatenation von Listen in folgendem Sinne:

Für alle Listen x, y, z gilt:

z ist Konkatenation von x und y

$\Leftrightarrow$

das Programm für append beantwortet die Anfrage append (x_1, y_1, z_1)
wobei x_1, y_1 und z_1 Namen für x, y und z sind. Diese Sichtweise soll nun so ausgebaut werden, daß wir auch Metaprozesse über unserer Sprache repräsentieren können. Dazu gehen wir von einer bestimmten prädikatenlogischen Sprache L mit den ihr angehörenden Prädikaten und Funktionssymbolen aus. Alsdann bilden wir uns eine zweite solche Sprache M, die inhaltlich gedacht ist für Ausdrucksweisen über L. Die sprachlichen Ausdrucksweisen von L sollen dabei wieder Namen (d.h. Konstanten) in M haben. Ziel ist ein Programm für ein Beweisprädikat "demo" mit folgender Eigenschaft:

Ein Programm Σ beantwortet eine Anfrage A in L genau dann, wenn sich in M aus dem Programm für Demo die Anfrage demo (Σ_1, A_1) beweisen läßt, wobei Σ_1 bzw. A_1 die Namen für Σ bzw. A sind. Dies wollen wir hier kurz skizzieren. Dabei werden eine Reihe von Prädikaten in M vorgeführt, deren Abarbeitung entweder in das System fest eingebaut ist oder bei denen wir uns die zugehörigen Programme stets als vorhanden denken müssen. Dabei benötigen wir zunächst eine Übersetzung:

(1) Prädikate und Terme von L in Terme von M :

$$p\,(a_1, \ldots, a_n) \Rightarrow (p\,(a_1, \ldots, a_n))_1$$

(2) Fakten, Regeln und Fragen von L in Terme von M :

$$p\!:\!-\,q_1, \ldots, q_n \Rightarrow (\,p\!:\!-\,q_1, \ldots, q_n\,)_1$$

In M betrachten wir folgendes Programm:

Toplevel eines PROLOG-Interpreters:

(1) demo (PROGRAMM, ZIELE): - leer (ZIELE)

(2) demo (PROGRAMM, ZIELE): - selektiere (ZIELE, ZIEL, REST),

        element (REGEL, PROGRAMM),

        umbenenne (REGEL, ZIELE, REGELVARIANTE),

        teil (REGELVARIANTE, KOPF, RUMPF),

        unifiziere (KOPF, ZIEL, SUBSTITUTION),

        anwende(RUMPF, REST, SUBSTITUTION,

                      NEUZIELE),

        demo (PROGRAMM, NEUZIELE).

Dieses Programm soll also folgendes widerspiegeln: Es wird ein Ziel selektiert, dann wird eine Regel im Programm gefunden (der Einfachheit halber subsumieren wir hier Fakten unter Regeln, bei denen keine neuen Ziele auftreten), dann werden die Variablen umbenannt und eine Unifikation vorgenommen, und schließlich werden die alten Ziele durch die neuen ersetzt. Damit nun das Demoprädikat die Beweisbarkeitsrelation tatsächlich repräsentiert, müssen natürlich noch weitere Hilfsprogramme geschrieben werden, welche die angesprochenen Prädikate wie selektiere, element usw. ebenfalls repräsentieren; dies wollen wir jedoch nicht ausführen. Wir vermerken jedoch, daß es sich um ein ganz gewöhnliches, wenn auch rekursives Programm in M handelt, dem wir nur eine inhaltliche (Meta-)Bedeutung unterlegen.

Die Verbindung zwischen L und M war bisher dadurch gegeben, daß die Objekte Ob von L Namen hatten, welche als Terme in M auftraten und daß wir dies durch Anhängen eines Indexes wie Ob_1 gekennzeichnet haben. Diese Unterscheidung wollen wir jetzt fallenlassen, aber dafür zusätzlich annehmen, daß die Prädikate von M in L bisher nicht auftraten. Die Amalgamierung von L und seiner Metasprache M zu einer Sprache Amal (L, M) geschieht nun einfach durch Vereinigung der Vokabulare, Regeln, Fakten usw. Dieses ist nun keine Sprache der Prädikatenlogik mehr, ebenso wie das schon bei den früher erwähnten Prädikaten wie etwa dem Call-Prädikat der Fall war, denn auch hier können jetzt alle Prädikate in der Argumentposition auftreten. Zwei Anwendungen dieser amalgamierten Sprache wollen wir kurz vorstellen.

(1) <u>Hypothesengenerierung</u>:
? - demo ("progamm + X", ziel), interessant (X)
wobei "programm" und "ziel" ein bereits bekanntes Programm und Ziel sein soll. "programm + X" muß noch durch weitere Regeln beschrieben werden, die garantieren, daß "+" die Erweiterung eines Programms (durch Einfügen neuer Fakten und Regeln am Ende) bedeutet; das Prädikat "interessant" muß ebenfalls durch geeignete (fallabhängige) Fakten und Regeln beschrieben werden. Die Wirkung des Gesamtprogrammes ist, daß X mit neuen Fakten und Regeln belegt wird, die einerseits die Beweisbarkeit des Ziels garantieren, und zum anderen dem Interessantheitsprädikat genügen.

(2) <u>Verbindung mit einer Datenbank</u>:
Wir gehen von der Situation aus, daß wir unsere Datenbasis partiell auf einer Datenbank gespeichert haben, welche gelegentlich manipuliert werden muß. Ein solches Manipulationsprogramm ist:

1. zufügen (DATENBASIS, INPUT, DATENBASIS): -
        demo (DATENBASIS, INPUT).
2. zufügen (DATENBASIS, INPUT, NEUEDATENBASIS): -
        element (INFO, DATENBASIS),
        differenz (DATENBASIS,INFO,REST),
        demo ("REST + INPUT", INFO),
        zufügen (REST, INPUT, NEUEDATENBASIS).
3. zufügen (DATENBASIS, INPUT, DATENBASIS): -
        demo ("DATENBASIS + INPUT", false),!, fail.
4. zufügen (DATENBASIS, INPUT, "DATENBASIS + INPUT"): -
        unabhängig (DATENBASIS, INPUT).

Regel 1 behandelt dabei den Fall, daß die neue Information bereits eine Folgerung aus der Datenbasis ist. In Regel 2 erfolgt ein Updating der Datenbasis, in dem alles gestrichen wird, was nach Hinzunahme des neuen Inputs redundant ist. Regel 3 sorgt dafür, daß kein neuer Input hinzugenommen wird, wenn er mit der Datenbasis inkonsistent ist. Schließlich beschreibt 4, daß man einen neuen Input hinzunehmen darf, wenn er von der bisherigen Datenbasis unabhängig ist; dazu bedarf es eines extra Programmes, welches das Prädikat "unabhängig" axiomatisiert; dieses könnte etwa wiederum mit Hilfe des Demoprädikates geschehen.

Die Benutzung der Metasprache erlaubt es, Informationen explizit hinzuschreiben, die man sonst nur implizit ausdrücken kann. Dies ist aber dadurch erkauft worden, daß wir die Prädikatenlogik der ersten Stufe im Prinzip verlassen haben, denn in der amalgamierten Sprache können wir nun prinzipiell beliebige Ausdrücke von Sprache und Metasprache mischen, also auch etwa Ausdrücke mit sich selbst als Argument wieder aufrufen. Dadurch handelt man sich natürlich zusätzliche Probleme ein. Auf die algorithmische Problematik der höheren Prädikatenlogik werden wir in Paragraph 7 eingehen; die genauen Eigenschaften des Fragmentes der Prädikatenlogik höherer Stufe, welches auf die beschriebene Weise durch PROLOG entsteht, sind bisher abschließend noch nicht befriedigend geklärt.

Übungen :

Aufgabe 1

Drücken Sie folgende Sätze in Hornklausenform aus, wobei Sie Prädikate Ihrer Wahl
benutzen können, aber keine Funktionssymbole oder Konstanten: Drachen, die im Zoo
leben, sind nicht glücklich; Tiere, die freundlichen Menschen begegnen, sind glücklich;
Zoobesucher sind freundlich; Tiere, die im Zoo leben, begegnen Zoobesuchern. Welche
beiden zusätzlichen Annahmen sind notwendig, um die Folgerung zu rechtfertigen, daß
kein Drachen in einem Zoo lebt?

Aufgabe 2

(a) Beschreiben Sie, warum die folgende Methode, den symmetrischen und transitiven
Abschluß eines Prädikats zu erzeugen, in Prolog fehlschlägt:

```
p(a,c).
p(c,b).
/* ggf. weitere Fakten für p */
p(X,Y) :- p(Y,X).
p(X,Y) :- p(X,Z), p(Z,Y).
Frage:  ?- p(b,a).
```

(b) Wie müßte die Kontrollstrategie von Prolog verändert werden, damit die Methode
aus (a) funktioniert?

Aufgabe 3

Gegeben sei das folgende Prolog-Programm:

```
append([],L,L).
append([A|X], L, [A|Y]) :- append(X,L,Y).
```

Vollziehen Sie den Beweis der Anfrage

```
?- append([1],X,L), append(X,[1],L).
```

nach, indem Sie Programm und Anfrage in Klausenform darstellen und durch
Resolutionsschritte die leere Klausel daraus ableiten. Geben Sie zu jedem
Resolutionsschritt die beteiligten Klauseln sowie die Resolvente an.

Anmerkung: Im Prinzip gibt es in PROLOG keine strukturierten Datentypen. Manche
Datenstrukturen, wie Listen, können jedoch in PROLOG definiert werden. Dazu
benötigen wir eine Konstante [ ], welche die leere Liste darstellt, sowie ein zweistelliges
Funktionssymbol ".", dessen erstes bzw. zweites Element mit "head" und "tail"

bezeichnet werden. Dabei verwendet man wieder die übliche Listenschreibweise [head |
tail].

Aufgabe 4

Es seien Daten in einer Lieferanten-Tabelle, einer Teile-Tabelle und einer
Lieferungs-Tabelle abgespeichert:

Lieferant:

Lieferanten-Nr.	Name	Status	Adresse

Teile:

Teile-Nr.	Name	Farbe	Gewicht

Lieferung:

Lieferanten-Nr.	Teile-Nr.	Menge

Lieferanten-Nr. ist ein Schlüssel der Lieferanten-Tabelle und Teile-Nr. ein Schlüssel der
Teile-Tabelle. Formulieren Sie die folgenden Anfragen in Hornklauselform mit
2-stelligen und mit n-stelligen Prädikaten, wobei Sie die Relation $x < y$ (x ist kleiner als
y) als gegeben voraussetzen können:

(a)   Welches sind die Lieferanten-Nr. der Anbieter von Muttern?

(b)   Wie heißen die Lieferanten von Schrauben?

(c)   Wo befinden sich die Lieferanten von Muttern und Schrauben?

(d)   Welche Namen haben die Teile, die vom Lieferanten Minsky geliefert werden?

(e)   Wie heißen die Saarbrücker Lieferanten, die Muttern liefern, die schwerer als 200g
sind?

(f)   Wie heißen die Lieferanten, die sowohl Muttern als auch Schrauben liefern?

(g)   Wie heißen die Lieferanten, die Muttern oder Schrauben liefern?

Hintergrundbemerkungen zu § 4a und § 4b

Die Hornlogik ist ein echtes Fragment der Prädikatenlogik in dem Sinne, daß es (bei
fester Wahl der Sprache) Formeln gibt, etwa Disjunktionen von Atomformeln, die zu
keiner Hornklausel äquivalent sind. Das steht aber nicht im Widerspruch zu der Tatsache,
daß man *via einer jeweils geeigneten Kodierung* trotzdem alle berechenbaren Funktionen

bei der Abarbeitung von Hornklausen wiederfinden kann. Die Idee, das Fragment der Hornlogik zu verwenden, um Prädikatenlogik effizient als eine Programmiersprache zu verwenden, geht auf A. Colmerauer und R. Kowalski zurück (etwa um das Jahr 1970). Den ersten PROLOG-Compiler schrieb D.Warren; Kernstück ist eine abstrakte Maschine. Seine große Popularität erlangte PROLOG dadurch, daß die Idee des logischen Programmierens eine Basis des sog. "Fifth Generation Project" in Japan wurde. Eine ausführliche Diskussion der syntaktischen Möglichkeiten von PROLOG findet man etwa in [Cl-Me84] oder [KlB-Sch86]. Eine allgemeine Diskussion des logischen Programmierens auf der Basis von Hornformeln wird in [Llo84] und [Ko79] durchgeführt. Die Hornlogik ist ein Fragment der intuitionistischen Prädikatenlogik, während in PROLOG selbst Elemente der Logik der höheren Stufe (vgl. §7) hereinkommen. Die Frage der Metasprache wird ausführlich in [Ne88] behandelt. In §22 wird auf die Relation zwischen PROLOG und Datenbanken eingegangen; in §8 behandeln wir Varianten der PROLOG-Interpretation.

4c   OPS 5

OPS 5 ist wie PROLOG eine deklarative Regelsprache. Auch hier handelt es sich im Kern um gewöhnliche Prädikatenlogik, nur daß die Bezeichnungen etwas anders sind.Die Hauptunterschiede zu PROLOG sind, daß die Regeln vorwärts angewandt werden und daß ganze Aktionen ausgeführt werden; daneben gibt es aber noch weitere Abweichungen. Die Begriffsbildungen lehnen sich etwas an die Terminologie der Datenbanken an. In der folgenden Beschreibung (die kein Manual ersetzen soll) beschränken wir uns auf die strukturell wichtigen Aspekte.

Als erstes beschreiben wir die Fakten, die *Datenelemente*. Datenelemente werden mit Hilfe von Attribut - Werte Paaren beschrieben. Es gibt zwei Arten von Attributen :

(1) Gewöhnliche Attribute sind einstellige Prädikate ;

(2) Vektorattribute können (wie Records in Pascal) beliebig viele Argumente haben (sie sind auch vornehmlich für Ein- und Ausgabe gedacht).

Die Datenelemente selbst sind auch ähnlich wie Records. Ein Attribut - Wert Paar entspricht einer Atomformel mit einem einstelligen Prädikat, ein Vektorattribut stellt eine Kurzform für eine ganze Liste solcher Prädikate dar.

3. Def.: *Datenelemente* sind von der Form

(Name ↑ Attribut1 Wert1 ↑ Attribut2 Wert2 ... ↑ Attributn Wertn) ,
falls es sich um gewöhnliche Attribute handelt; bei Vektorattributen dürfen beliebig viele Werte folgen. Dabei gilt die Einschränkung, daß ein Datenelement höchstens ein Vektorattribut enthalten darf. Bei der Aufzählung der Attribute kommt es auf die Reihenfolge nicht an. Die Werte sind im Sinne der Prädikatenlogik Konstante.

Attribute müssen vorher als solche deklariert werden. Dasselbe trifft leicht modifiziert auch auf die Datenelemente zu ; genauer gesagt trifft dies auf die *Elementklassen* zu. Elementklassen fassen Datenelemente mit den gleichen Attributen zusammen. Sie werden folgendermaßen deklariert:

(*Literalize* Name Attribut1 Attribut2 ... Attributn)

Anmerkung: In solchen Deklarationen kommen gelegentlich Schlüsselwörter vor; diese werden stets kursiv geschrieben.
Falls ein Vektorattribut vorkommt, muß es als solches gekennzeichnet werden, z.B. :
(*Literalize* Universität Stadt Größe Art Studentenliste)
(*Vektorattribut* Studentenliste).
Der eingeführte Name heißt auch der *Klassenname*.

Der Recordcharakter der Datenelemente kommt dadurch zum Ausdruck, daß die deklarierten Attribute auch fehlen dürfen. Im Lichte der Semantik wird dies soviel bedeuten, als stünde statt des Wertes eine Variable. In Implementierungen wird dies auch dadurch ausgedrückt, daß der Wert "nil" ist.

Als nächstes kommen wir zu den Regeln.

4. Def.: *Regeln* haben die Form (P Name Bedingungen → Aktion)

Nun müssen wir Bedingungen und Aktionen definieren. Zunächst sind *Bedingungen* Konjunktionen von *Teilbedingungen*. Dazu brauchen wir zusätzlich Variable. Diese werden durch in Klammern < > gesetzte Strings notiert, also etwa

< Variable>

5. Def.:

(i) Ein *Muster eines Datenelements* hat die Struktur eines Datenelements, nur daß an Stelle der Werte auch Variable stehen können; *Teilbedingungen* sind Muster von Datenelementen.

(ii) Eine negierte Teilbedingung ist von der Form "- (gewöhnliche Teilbedingung)".

Anmerkung: "gewöhnliche Teilbedingung" ist eine Metavariable für Teilbedingungen; wir kennzeichnen solche Metavariablen hier durch Unterstreichen.

Die entsprechenden Paare der Teilbedingung wollen wir auch Komponenten nennen. Die Semantik der Teilbedingungen wird dadurch erklärt, daß Teilbedingungen und Datenelemente unifiziert werden ; die Unifikation reduziert sich hier auf den einfachen Fall des *Matchens* , weil die Datenelemente keine Variablen enthalten. Bei einem Match wird dann die Variable an den entsprechenden Wert gebunden und im weiteren nicht mehr als frei betrachtet.

6. Def.:

(i) Ein Attribut - Wert Paar   ↑Attribut W   erfüllt   ↑Attribut X in einer Teilbedingung genau dann, wenn

(a) X ist ein Wert : $X = W$

oder (b) X ist eine Variable, die an C gebunden ist : $W = C$

oder (c) X ist eine nicht gebundene Variable

Im Fall (c) findet dann ein *Match* statt, dessen wesentlicher Effekt ist, die Variable an den Wert W zu binden.

(ii) Ein Datenelement erfüllt eine Teilbedingung genau dann, wenn Name des Datenelements und der Teilbedingung übereinstimmen und die einzelnen Komponenten der Teilbedingungen von den entsprechenden Attribut - Werte Paaren erfüllt werden. Dabei werden die Komponenten der Teilbedingung von links nach rechts durchgegangen und in dieser Reihenfolge die Variablenbindungen erzeugt. Falls das Attribut - Wert Paar im Datenelement fehlt, wird die Komponente nur dann erfüllt, falls sie eine nicht gebundene Variable oder nil enthält.

(iii) Eine negierte Teilbedingung ist dann erfüllt , wenn kein Datenelement sie erfüllt.

(iv) Datenelemente erfüllen eine Bedingung, wenn sie alle Teilbedingungen erfüllen. Dabei werden die einzelnen Teilbedingungen der Reihe nach durchgegangen und die entsprechenden Variablenbindungen werden wieder der Reihe nach aufgebaut.

Die Bindungen der Variablen können wir als Seiteneffekt des Erfüllungs- und Matchprozesses auffassen. Die Reihenfolge der Teilbedingungen spielt bezüglich der Bindungen keine Rolle. Die mit der speziellen Interpretation der Negation verbundenen Fragen werden ausführlich in §5 besprochen.

Die Bedingungen lassen sich in einem doppelten Sinne als *Abstraktionen* von Datenelementen auffassen :

(a)   Man kann die Bedingungen auf einige Attribute fokussieren, also ein *Fenster* setzen.

(b)   Die Variablen abstrahieren von den speziellen Werten und erlauben somit die simultane Diskussion von vielen Datenelementen.

Auf die allgemeine Analyse der Abstraktion werden wir später in §17 noch eingehen.

Um den Umgang mit Bedingungen zu erleichtern, gibt es eine Reihe von zusätzlichen komfortablen Ausdrucksweisen. Als erstes gibt es eine Reihe von vordefinierten Sonderprädikaten, z.B. :

$< n$:   "kleiner n" , $> n$: "größer n" , $< > n$: "ungleich n", welche für Zahlen ausgewertet werden.

Sodann gibt es eine Möglichkeit, Disjunktionen dadurch in Bedingungen auszudrücken, daß Alternativen für die Werte angeboten werden. Notation :

$$\uparrow \text{Attribut} (<< a,b, ..., u>>)$$

also etwa

$$\uparrow \text{Stadt} (<<\text{Berlin, Bonn, Köln}>>) .$$

Dabei dürfen die Argumente auch Variable sein.

Konjunktionen werden durch $\{K_1, K_2, ..., K_n\}$ ausgedrückt, also bedeutet etwa

$$\{ <7, >0 \}$$

daß die gesuchte Zahl zwischen 0 und 7 liegt.

Jetzt kommen wir zu den Aktionen. Aktionen sind Folgen von Einzelaktionen, die sequentiell ausgeführt werden. Es gibt drei zentrale Arten von Einzelaktionen, welche die Datenbasis verändern:

(1) make : Fügt ein Datenelement zur Datenbasis hinzu

(2) modify : Ändert ein Element der Datenbasis

(3) remove : Entfernt ein Element aus der Datenbasis.

Diese Einteilung von Aktionen ist ganz grundlegend, sie wird uns in vielen Teilen dieses Buches begegnen. Die Aktionen selbst sind nicht Teil der Prädikatenlogik, wohl aber die von ihnen manipulierten Formeln.Wollen wir die Aktionen etwas genauer erklären, werden wir sagen müssen, welches Datenelement verändert oder entfernt werden soll. Dabei wünschen wir sogar, daß seine genaue Form erst durch die Bindungen bei den Bedingungsteilen bestimmt wird. Um hier Schreibarbeit zu sparen, führt man eine neue Form von Variablen ein, die *Elementvariablen*, die mit Datenelementen belegt werden. Ihre syntaktische Form ist dieselbe wie für gewöhnliche Variable, also etwa

$$< \text{Elementvariable} >.$$

Im Bedingungsteil werden Elementvariable so verwandt:

$$\{ \; (\text{Stadt} \uparrow\text{Name} < S > \; \uparrow\text{Einwohner}\{ \; > 0 \quad < 15000 \; \} \;) \quad <\text{Kleinstadt}> \; \},$$

d. h. wir schließen die Bedingung in Klammern {...} ein. Beim Erfüllen der Bedingung wird die Variable an das erfüllende Datenelement gebunden. Eine alternative Möglichkeit ist, sich auf Datenelemente durch Vergabe einer Numerierung zu beziehen.

(1) Die <u>syntaktische Form</u> der make - Aktion ist

$$(\text{make Muster})$$

wobei "Muster" das Muster eines Datenelements ist, gegeben durch Klassenname und (einige der) zugelassenen Paare Attribut - Wert bzw. Attribut - Variable.

Die <u>Semantik</u> (oder "Wirkung") dieser Aktion fügt der Datenbasis dasjenige Datenelement hinzu, welches aus dem Muster durch die Bindung der Variablen an die Werte beim Matchen entsteht. (Wir beachten: Im Muster brauchen nicht alle Attribute des Datenelements erwähnt zu werden, die fehlenden Attribute erhalten also den Wert "nil".)

(2) Die <u>syntaktische Form</u> der modify - Aktion ist

$$(\text{modify} <\text{Elementvariable}> \text{ Muster}).$$

Dabei ersetzen die im Muster erwähnten Attribut - Werte Paare (die u.U. erst durch die

Bindungen genau bestimmt sind) die entsprechenden in dem Datenelement, welches an
<Elementvariable> gebunden wurde.

(3) Die <u>syntaktische Form</u> der remove - Aktion ist
$$(\text{remove} \ \langle \text{Elementvariable}_1 \rangle \ ... \ \langle \text{Elementvariable}_k \rangle).$$
Dabei werden die entsprechenden k Datenelemente aus der Datenbasis entfernt.

Die Aktionen "make" und "remove" sind die Analoga zu den Prolog - Aktionen
"assert" und "retract". Es ist klar, daß man im Prinzip ohne "modify" auskommen
kann, es ist nur ein Makro.

<u>Ein Beispiel</u> :
(P Finde-bunten-Stein { (Ziel ↑Status aktiv ↑Typ finde ↑Objekt Stein ↑Farbe $\langle z \rangle$)
       $\langle$Wunsch$\rangle$ }
      (Stein ↑Farbe $\langle z \rangle$ ↑Name $\langle$Stein$\rangle$)

    →

      (make result ↑Pointer $\langle$Stein$\rangle$)
      (modify $\langle$Wunsch$\rangle$ ↑Status erfüllt)).

Hier muß erst ein geeignetes Datenelement gefunden werden, wodurch $\langle z \rangle$ an eine
"Farbe" gebunden wird und $\langle$Stein$\rangle$ ebenfalls einen Wert erhält. Auffällig ist nun die
dreifache Verwendung von "Stein" :
(a) Als Wert des Attributs "Objekt"
(b) Als Name eines Datenelements
(c) Als Bezeichnung für eine Variable
Obwohl hier stets inhaltlich das gleiche gemeint ist, betonen wir, daß in OPS5 die drei
Verwendungen völlig unabhängig voneinander sind. Wenn man solche Beziehungen
ausnutzen will, muß man sie explizit hinschreiben, und zwar in der vorgeschriebenen
Syntax.

Es sei noch erwähnt, daß es eine ganze Reihe weiterer Aktionen gibt, die aber hier nicht
von einem prinzipiellen Interesse sind.

Nach der Beschreibung der Datenbasis und der Aktionen ist die Kontrollstruktur zu
erklären; wir müssen wissen, in welcher Reihenfolge welche Aktionen ablaufen. Wie in

PROLOG kann es bei den möglichen Aktionen zu Konflikten kommen. Die Konfliktmenge sieht hier wie folgt aus:

> {(Datenelemente, Regel) | die Datenelemente erfüllen den Bedingungsteil der Regel}

Die Konfliktlösung erfolgt hier nun so, daß den einzelnen Datenelementen sogenannte *Zeitmarken* zugeordnet sind. Diese Zeitmarken sind für den Benutzer unsichtbare natürliche Zahlen, welche die Datenelemente in der Reihenfolge des Einfügens in die Datenbasis bzw. des Modifizierens erhalten. Die Datenelemente mit höchsten Marken sind also die *jüngsten*.

Für die Konfliktlösung gibt es zwei Strategien, MEA und LEX. Sie gehen wie folgt vor :

(1) Verhinderung mehrfacher Ausführung von Regeln mit den gleichen Daten zur Vermeidung trivialer Endlosschleifen. (Hier liegt wieder so ein kleines Problem : Wann soll man zwei Datenelemente als "gleich" bezeichnen? Durch remove und make können Datenelemente ja kommen und gehen; in OPS5 werden mehrfach nacheinander auftauchende Datenelemente durch ihre unterschiedlichen Zeitmarken als ungleich angesehen.)

(2) Auswahl derjenigen Regeln und Belegungen, wo die erfüllenden Datenelemente die höchsten Zeitmarken haben :

  (a) LEX vergleicht sämtliche Zeitmarken für alle Teilbedingungen.

  (b) MEA vergleicht zuerst die Zeitmarken für die jeweils ersten Teilbedingungen und dann erst die anderen.

(3) Bevorzugung von Regeln, welche spezifischere Einschränkungen machen, für die also mehr Tests für die Variablenbelegungen erfolgt sind.

(4) Falls so keine Entscheidung getroffen werden kann, wird willkürlich entschieden.

Es wird bemerkt, daß man die Strategie nicht während der Laufzeit dynamisch ändern kann. Das hat eine Reihe von Konsequenzen für das Programmieren in OPS5.

Bisher haben wir noch nicht gesagt, wann ein OPS5-Programm stoppt. Dazu gibt es mehrere Möglichkeiten, die beiden wichtigsten sind:

(1) Die Konfliktmenge ist leer, d.h. es sind keine weiteren Regeln mehr anwendbar

(2) Man verwendet eine ausgezeichnete Regel, deren Aktionsteil aus dem Kommando HALT besteht, welches einen Stop zur Folge hat.

In PROLOG war der Backtracking-Mechanismus wesentlich, der beim Scheitern eines Beweisversuches an einer bestimmten Stelle zu einem neuen Versuch aufsetzte. In

Vorwärtssystemen ist grundsätzlich die Backtracking-Frage anders gelagert. Es gibt keine gescheiterten Beweisversuche, an deren Stelle tritt jedoch das Nichterreichen einer HALT-Aktion oder die Erzeugung anderer explizit ausgezeichneter unerwünschter Datenelemente. Ein besonderes Problem ist dabei die Remove-Aktion, die ja Datenelemente verschwinden läßt, und deren Resultat man nicht nach beliebig langer Zeit widerrufen kann.

<u>Bemerkung</u>: Diese Problematik gibt es auch in allgemeineren Fällen, z.B. bei Schreibsystemen, wo man Aktionen (insbesondere Löschen) durch "Undo" - Kommandos rückgängig machen möchte.

Es gibt in OPS5 zwei verschiedene Formen des Backtrackings. Die erste ist eine unsichtbare, nämlich die Rücknahme der Bindungen, wenn nur ein Teil der Bedingungen einer Regel erfüllt wurde. Die zweite besteht in einem tatsächlichen Widerruf des Effektes von Regeln, wo es aber eine Schranke für die Anzahl der zwischenzeitlich ausgeführten Zyklen gibt. Diese Rücknahme von Aktionen ist aber nicht ganz mit dem Backtracking in PROLOG zu vergleichen, weil dort die Revision an einer inhaltlich begründeten Stelle aufsetzte und hier die Regelanwendungen einfach zurückgenommen werden.

Abschließend wollen wir das Programmieren und die Wissensrepräsentation in OPS5 diskutieren; die hier angeführten Aspekte werden uns im folgenden in vielfältiger Form wiederbegegnen. Das Wissen kann in OPS5 an drei Stellen eingebracht werden:

    (a)   in Datenelementen der Datenbasis

    (b)   in der Regelmenge und

    (c)   in externen Funktionen und Prozeduren (solche können u.U. von OPS5 aufgerufen werden; dieses lassen wir hier aber außer acht, weil es mit dem eigentlichen Mechanismus nichts zu tun hat).

In der Datenbasis können als erstes einmal Fakten stehen, etwa welche roten oder blauen Steine es gibt; der überwiegende Teil der Datenbasis wird von solchen Datenelementen ausgemacht. Gewisse Datenelemente beeinflussen aber inhaltlich gesehen auch die Kontrolle, etwa bei dem Attribut-Wertepaar " ↑Status aktiv ". Schließlich können Datenelemente sogar komplexeres Problemwissen repräsentieren, wie z. B. an der Elementklasse (*Literalize* Hypothese Name Wert Grund) ersichtlich wird.

Die drei erwähnten Arten des Wissens über Daten, Kontrolle und Problemlösungsverhalten treten auch bei den Regeln auf. Betreffs des Datenwissens werden die Regeln normalerweise zum "Updating" von Daten gebraucht. Ein Beispiel ist etwa folgende Regel:

```
(P        Rechnung-bezahlt
   (Rechnung ↑Status unbezahlt ↑Wert <n>  ↑Stand <x>)
   → (Rechnung ↑ Status bezahlt ↑ Wert 0)
      (Konto ↑ Stand <x> - <n>) )
```

Wissen über Kontrolle und Problemlösungsverhalten kann etwa durch Regeln ausgedrückt werden, welche den Wert des Attributs Status verändern oder eine Hypothese vernichten bzw. erzeugen können.

Die Effizienz des Programmes kann der Benutzer auf verschiedene Weisen beeinflussen. Im Zusammenhang mit der gewählten Strategie ist es zunächst wichtig, in welcher Reihenfolge die Datenelemente eingegeben werden und in welcher Reihenfolge die Bedingungsteile einer Regel erscheinen. Die "wichtigeren" Datenelemente werden später eingefügt, und ebenso sind bei MEA die ersten Teilbedingungen ausgezeichnet. Genauere Informationen kann man noch durch den Regelinterpreter erhalten, der die Abarbeitung der Regeln in ganz bestimmter Weise optimiert. Es ist charakteristisch für Regelsysteme, in denen man die Reihenfolge der Abarbeitung der Regeln nicht selbst dynamisch beeinflussen kann, daß sie für komplexere Aufgabenstellungen stets eine mehr oder weniger genaue Kenntnis des Interpreters erfordern. Im Sinne von §15 ist auch der Regelinterpreter von OPS5 uninformiert.

Strukturiertes Programmieren wird in OPS5 nicht direkt unterstützt. Man kann versuchen, dieses implizit zu simulieren, indem man z. B. bestimmte Datenelemente als Marken benutzt. Inkrementelles Programmieren ist in Regelsystemen dagegen wieder natürlich. Wir unterscheiden dabei folgende Arten:

(1) Die Ausarbeitung von Fällen. Hier werden sukzessive Regeln zugefügt, die neue Fälle behandeln können.

(2) Verfeinerungstechniken: Man sieht neue, bisher unsichtbare Unterschiede. Hiervon haben wir verschiedene Varianten:

(2a) Die Behandlung von Spezialfällen und Ausnahmen: Man fügt eine neue Regel in das Programm ein, welche den Spezialfall berücksichtigt. Hierbei ist jedoch die Auswertungsstrategie zu kennen, weil durch das Hinzufügen der neuen Regel die alte ja nicht ungültig wird.

(2b) Einführen von Fallunterscheidungen: Man ersetze eine alte Regel durch mehrere neue Regeln, wobei aber wiederum Vorsicht geboten ist, wenn die Fälle nicht gegenseitig ausschließend sind.

Das Inverse zum Verfeinern ist das Generalisieren. Hier kann man eine Reihe von Regeln, die alle dieselbe Struktur haben, dadurch zusammenfassen, daß man vorkommende Konstante ein für alle Mal durch eine Variable ersetzt. Die Vorgehensweise ist wichtig, um das Programm klein zu halten. Diese Erkenntnis, viele Spezialregeln durch eine allgemeine Regel zu ersetzen, kann man auch als einen Lernprozeß auffassen, was uns in §19 noch beschäftigen wird. Es muß aber festgehalten werden, daß hier nicht das System lernt, sondern der Programmierer.

Auch rekursives Programmieren läßt sich in Regelsystemen leicht unterbringen, wenn wir etwa das folgende Beispiel betrachten:

    (P Rekursionsschritt
        (Funktion ↑ Name Fakultät ↑ Input {<n> >0} ↑ Output <m>)
        → (make Funktion ↑ Name Fakultät ↑ Input <n-1> ↑ Output <n * <m>>))

Wir wollen hierbei aber daran erinnern, daß es nicht die Aufgabe von Regelsystemen sein kann, klassische Programmiertechniken zu simulieren, um Algorithmen zu implementieren. Aufgabe ist es vielmehr, adäquate Analoga von sinnvollen Strukturtechniken aus dem prozeduralen Programmieren auf die deklarative Programmierweise zu übertragen und ggf. entsprechend neue hinzuzufügen.

Übungen:

Aufgabe 1

Gegeben sei das PROLOG-Programm

```
% Tweety is an animal; Socrates is a human. All
humans and all animals are mortal.
animal(tweety).
human(socrates).
mortal(Creature)  :-  animal(Creature).
mortal(Creature)  :-  human(Creature).
```

und die Anfrage

```
?-  mortal(socrates).
```

Als OPS-5-Programm kann es folgendermaßen codiert werden:

```
(strategy lex)
(literalize fact is name)
(literalize goal is name)
(p start
    (start)
-->
    (make fact ^is animal ^name tweety)
    (make fact ^is human ^name socrates)
    (make goal ^is mortal ^name socrates))
(p mortal1
    (goal ^is mortal ^name <name>)
-->
    (modify 1 ^is animal))

(p mortal2
    (goal ^is mortal ^name <name>)
-->
    (modify 1 ^is human))

(p find_facts
    (goal ^is <goal> ^name <name>)
    (fact ^is <goal> ^name <name>)
-->
    (remove 1))
```

Es ist leicht erkennbar, daß das OPS-5-Programm tatsächlich die gleiche Argumentation
verfolgt, um zu zeigen, daß Sokrates sterblich ist. Führt man das Programm jedoch aus,
so stellt man fest, daß das "goal" nicht gelöscht, der Beweis also nicht gefunden wird.
Geben Sie eine Begründung für dieses Verhalten des OPS-5-Programms an, und
überlegen Sie sich eine Verbesserung, so daß der Beweis gefunden wird.

Aufgabe 2

Schreiben Sie ein OPS-5-Progamm, das aus einer Datenbasis von Personen alle Verwandten einer vorgegebenen Person findet.

Zu einer Person sind folgende Daten gespeichert:

Personalausweisnummer, Name, Vorname, Ehepartner, Kind(er).

Die gefundenen Verwandten sollen im working memory in Elementen der Form

```
(literalize relative pers-no)
```

abgelegt werden. Die vorgegebene Person wird dann folgendermaßen angegeben:

```
(make relative ^pers-no <vorgebene-person>).
```

Aufgabe 3

Die Auswahl der Strategie in OPS-5 beeinflußt den Ablauf eines Programmes nicht nur bezüglich der Effizienz, sondern in der Regel auch bezüglich der dargestellten Funktion. Beschreiben Sie die Funktion des nachfolgenden Programmes mit der angegebenen Strategie. Vertauschen Sie die Stategie LEX mit MEA und vergleichen Sie die neue Funktion mit der ursprünglichen.Stellen Sie diese durch geeignete Modifikationen der Regeln wieder her.

```
(strategy lex)
(external wm)
(literalize index is)
(literalize brick name size place)
(p begin
    (start)
-->
    (make index ^is 1)
    (make brick ^name A ^size 10 ^place heap)
    (make brick ^name C ^size 30 ^place heap)
    (make brick ^name B ^size 20 ^place heap)
    (remove 1))
```

```
(p  pick-up
    (brick  ^size  <size1>  ^place  heap)
-   (brick  ^size  { > <size1> }  ^place  heap)
-->
    (modify  1  ^place  hand))


(p  put-down
    (index  ^is  <rank>)
    (brick  ^place  hand)
    (brick  ^place  heap)
-->
    (modify  1  ^is  (compute  <rank>  +  1))
    (modify  2  ^place  <rank>))


(p  stop
    (brick  ^place  hand)
    (index  ^is  <rank>  )
-->
    (modify  1  ^place  <rank>)
    (call  wm)
    (halt))


(defun  myrun  nil
    (make  start)
    (run))
```

Aufgabe 4

Für LISP-Kenner: Schreiben Sie in OPS5 Produktionsregeln, welche die primitiven
LISP-Funktionen simulieren. Eine cons-Zelle soll durch ein Element der Datenbasis
dargestellt werden. Realisieren Sie die LISP-Funktionen cons, car und cdr.

Aufgabe 5

Programmieren Sie in OPS5 die Fibonacci-Funktion. Begründen Sie, warum sich Ihr Programm nicht exponentiell verhält.

Aufgabe 6

Das Missinionar-Kannibalen-Problem:

Drei Missionare und drei Kannibalen kommen auf ihrem Marsch durch den Dschungel an einen Fluß. Zu Überquerung steht ein Boot bereit, das höchstens zwei Personen trägt. Da die Kannibalen jede Gelegenheit nutzen, um die Missiionare zu verspeisen, dürfen sich die Kannibalen zu keiner Zeit an einem der beiden Ufer in der Überzahl befinden.

(a) Gesucht ist eine problemorientierte Darstellung des Sachverhaltes, die als Vorgabe für ein Programm dienen kann. Hierbei soll nicht versucht werden, eine PROLOG-ähnliche Spezifikation zu schreiben, da eventuelle geeignetere Darstellungen dann vernachlässigt würden!
(b) Programmieren Sie das in (a) spezifizierte Problem in PROLOG.
Welche Eigenschaften des Problems können zur Effizienzsteigerung des Programms benutzt werden?
(c) Programmieren Sie das Problem in OPS5. Diskutieren Sie den Unterschied zur PROLOG-Implementierung.

Hintergrundbemerkungen zu § 4c

Die Regelsprache OPS5 wurde vor allem bekannt durch das Expertensystem XCON, welches auf der Basis von OPS5 entwickelt wurde und der Konfiguration von Rechnern der VAX-Familie diente. Eine ausführliche Darstellung findet man in der Monographie [Bro 85], auf die wir uns hier auch partiell gestützt haben. Der Interpreter übersetzt die Regeln in ein Netzwerk, das die Form eines Baumes hat; die Knoten entsprechen den Bedingungsteilen der Regeln. Der wesentliche Teil des Interpreters ist der sog. RETE-Algorithmus, der in diesem Netz die Vergleiche zwischen Datenelementen und

Bedingungsteilen auf möglichst effiziente Weise vornimmt. Dabei merkt sich der Interpreter vor allem Informationen, die bei vollzogenen wie auch fehlgeschlagenen früheren Matchversuchen angefallen sind.

Vorwärtsregeln und die zugehörigen Verarbeitungsmechanismen sind heute ein standardmäßiger Bestandteil von Wissensrepräsentationssystemen der Künstlichen Intelligenz. Ihre Ausdrucksstärke ist jedoch sehr beschränkt. Programmieren in reinen Vorwärtsregeln erfordert daher oft eine dem eigentlichen Problem gar nicht adäquate Kodierung und verstößt damit gegen das Prinzip der Erhaltung von Strukturen. Des weiteren sind in OPS5 auch keine Mittel zur Unterstützung des strukturierten Programmierens vorgesehen. So müssen etwa Modularisierungen ziemlich artifiziell simuliert werden.

Ein interessanter und aktueller Aspekt besteht darin, Vorwärts- und Rückwärtsregeln zu integrieren. Genauer gesagt handelt es sich darum, einme einheitliche Syntax für Regeln zu verwenden, sie aber wahlweise für Vorwärts- und Rückwärtsschlüsse zur Verfügung zu stellen. Das erfordert einen Interpreter, der beide Verarbeitungsformen gleichermaßen abarbeiten kann.

TEIL II

Erweiterte Ausdrucksmöglichkeiten

5   Der praktische Gebrauch der logischen Symbole

Die Leitmotive beim klassischen Wahrheitsbegriff waren Dichotomie (eine Aussage ist entweder wahr oder falsch) und Extensionalität (die Wahrheit einer zusammengesetzten Aussage hängt nur von der Wahrheit der Teilaussagen und nicht von deren Bedeutung ab). Im Prinzip war dann die "Wahrheit" als eine rekursive Funktion (und zwar rekursiv über den Aufbau der Aussagen) erklärt und im Prinzip hat dann auch jede Aussage bei jeder Interpretation (nach Belegung aller Variablen) einen wohlbestimmten Wahrheitswert. Dies bedeutet jedoch keineswegs, daß man ein Verfahren hat, diesen Wahrheitswert auch grundsätzlich zu bestimmen. Und selbst wenn es theoretisch möglich ist, muß es praktisch nicht gelingen. Aus diesem Grunde wäre eine effektiv (und effizient) nachprüfbare Bedingung für das Vorliegen der Wahrheit erwünscht. Wir wollen die einzelnen logischen Symbole in dieser Hinsicht diskutieren.

(1) Die <u>Konjunktion</u> ist die "harmloseste" Verknüpfung. Die Wahrheit von $\Phi \wedge \Psi$ besagt, daß beide Teile wahr sind und man würde nun sagen : Die Wahrheit der Konjunktion ist *nachprüfbar*, wenn sie in beiden Teilen *nachprüfbar* ist.

(2) Die <u>Disjunktion</u> hat schon mehrere Behandlungsmöglichkeiten : Soll man ein konkretes Glied von $\Phi \vee \Psi$ nachprüfen oder genügt der indirekte Nachweis, daß mindestens eines der Teile wahr ist ?

(3) Noch mehr Aufspaltungen gibt es bei der <u>Implikation</u> : Einmal kann man sagen, daß diese direkt (etwa als Regel) in der Datenbasis abgespeichert sein muß. Eine Ausweitung wäre die Forderung, daß man die Prämisse mit den Regeln des Systems in die Konklusion überführen muß. Eine Forderung inhaltlicher Art ist, daß die Prämisse zudem ein *Grund* für die Konklusion sein soll. Diese letzte Forderung kommt dem umgangssprachlichen Gebrauch von "wenn ... dann" wohl am meisten entgegen, führt aber auf das Gebiet des *kausalen Schließens*, welches besonders für die Beschreibung technisch-physikalischer Prozesse von Bedeutung ist. Eine weitere Deutung benutzt modale Ausdrucksweisen (vgl. §9) : Hier heißt " P impliziert Q" soviel wie "es ist unmöglich, daß P wahr und Q falsch ist".

(4) Besonders wichtig und praktisch interessant ist das Problem für <u>negierte</u> Aussagen. Einige Beispiele sollen illustrieren, daß es nicht sinnvoll ist, das "abstrakte Nichtvorliegen der Wahrheit" einer Aussage automatisch mit der Wahrheit der negierten Aussage gleichzusetzen (hier zeigt sich die Problematik der Negation auch gerade im Zusammenhang mit der Zweiwertigkeit der klassischen Logik) :

▸ In der Medizin liegt bei einem Patienten die Krankheit für den Arzt nicht abstrakt "vor oder nicht vor", sondern sie wird aufgrund der vorliegenden Informationen akzeptiert oder der Verdacht wird zurückgewiesen.

▸ Vor Gericht gibt es (oder gab es) verschiedene Grade von "nicht schuldig" : Ein Freispruch aus Mangel an Beweisen erfolgte bei Vorliegen von Verdachtsmomenten, wenn ein Beweis der Schuld fehlte; ein positiver Beweis der Unschuld führte zu einem Freispruch wegen erwiesener Unschuld.

▸ Normalerweise erfährt man aus dem Telefonbuch, ob jemand ein Telefon hat. Findet man aber jemanden dort nicht aufgeführt, so könnte er natürlich doch einen Anschluß haben.

Im ersten Fall steht die Zurückweisung der Krankheit (die Negation von "die Krankheit liegt vor") methodisch auf der selben Stufe wie das Akzeptieren : Es müssen konkrete Bedingungen erfüllt sein.
Im zweiten Fall ist diese Balance nur bei der erwiesenen Unschuld gegeben. Die andere Art der Negation von Schuld bedeutet methodisch das Fehlschlagen der dem Gericht möglichen Beweisversuche für die Schuld. Im dritten Fall muß vorher geklärt werden, ob das Telefonbuch vollständig ist. In diesem Falle wäre "hat kein Telefon" gleichwertig zum Fehlschlag des Versuches, den Teilnehmer im Telefonbuch zu finden; andernfalls würde ein solcher Fehlschlag nur zu einem Zustand der Unwissenheit (und eventuell zu einer Hypothese) führen.

Die gerade angeführten Beispiele zeigen, daß es durchaus mehrere Arten von sinnvollen Interpretationen der logischen Zeichen und insbesondere der Negation geben kann. Dabei ist zu beachten, daß diese verschiedenen Möglichkeiten zu jeweils ganz verschiedenen Handlungen und Entscheidungen führen würden. Für die Negation wollen wir dies nun genauer diskutieren.

(1) Die Negation bei "Annahme der abgeschlossenen Welt" (bekannt als CWA "Closed World Assumption") : Eine Datenbasis D möge unser Modell U beschreiben. Für ein Faktum A wird dann ¬A als wahr angesehen, wenn A nicht aus D folgt.

(2) Negation als Fehlschlagen aller Beweisversuche (bekannt als Naf "Negation as failure") : Hier wird ¬A als wahr angesehen, wenn alle Beweisversuche terminiert haben und A nicht aus D bewiesen werden konnte.

(3) Die strenge Form der CWA : ¬A ist wahr, wenn A nicht in der Datenbasis steht. Also: Wer nicht im Telefonbuch steht, hat auch kein Telefon.

(4) Unabhängige Beschreibung von "A" und "nicht A" : Es werden für jedes Prädikat A zwei neue Prädikate A^+ und A^- eingeführt, über die in der Datenbasis Information gespeichert ist. Wenn A^+ (mit gewissen Argumenten) bewiesen wurde, so gilt A als wahr, wenn A^- bewiesen wurde, gilt ¬A als wahr.

(5) Die *dialektische* Negation: "In allen denkbaren Situationen (oder: bei jeder möglichen Interpretation unserer Behauptung) gibt es ein Argument, welches die Behauptung A widerlegt".

<u>Diskussion</u> :

(1) Die CWA verlagert die Frage von dem in der Regel unbekannten Modell zunächst auf die Information, die hierüber erhältlich ist. Diese Position ist also nur dann korrekt, wenn die Datenbasis (zusammen mit allen Inferenzen) das Modell vollständig beschreibt. Ein Problem bleibt dann aber immer noch, daß man kein allgemeines Entscheidungsverfahren dafür hat, ob in der Prädikatenlogik eine Aussage aus gegebenen Voraussetzungen folgt oder nicht. Weiter führt diese Vorgehensweise grundsätzlich zu nichtmonotonen Schlußweisen (vgl. §11) : Neue Voraussetzungen und sogar Inferenzen aus bisherigen können die Gültigkeit von ¬A hinfällig machen und damit auch alle daraus gezogenen Folgerungen in Frage stellen. Hier ist also besondere Vorsicht geboten.

(2) Bei der Naf wird diesem dadurch Rechnung getragen, daß zur Akzeptanz von ¬A die Unbeweisbarkeit von A bekannt sein muß. Diese Art der Negation ist die von PROLOG (wobei wir hier die Tatsache außer acht lassen, daß sie i.a. nicht effizient realisierbar ist).

(3) Die strenge Form der CWA ist die von OPS5. Sie hat den Vorteil, besonders einfach nachprüfbar zu sein.

(4) Die unabhängige Axiomatisierung von einer Formel und ihrer Negation spiegelt wider, daß man zum Beweis oder zur Widerlegung einer Behauptung ganz verschiedene Wissensquellen hat. Zudem trägt diese Methode der Tatsache Rechnung, daß in einer

größeren Datenbasis oft Inkonsistenzen sind. Aus einem Widerspruch kann man ja normalerweise alles ableiten, ein Widerspruch bringt ein logisches System zum Kollaps. Hier ist aber die Herleitung von $A^+ \wedge A^-$ kein Widerspruch, sondern eine ganz normale Formel (die natürlich Anlaß zu einer Warnmeldung sein kann, daß etwas kontrolliert werden müßte). Des weiteren ist aber $A^+ \vee A^-$ auch keine Tautologie; dies ist nur dann wahr, wenn die Wissensbasis vollständig genug ist, alle Fälle abzudecken.

Die klassische Interpretation der Negation hatte den Vorteil, daß sie im Zusammenhang mit den anderen logischen Zeichen besonders einfachen Rechenregeln genügte. Dies ist nun bei den Variationen nicht mehr der Fall, und man muß große Vorsicht walten lassen, weil jede dieser Negationen ihre eigenen Gesetze hat. Der gewohnte Umgang mit der Negation führt in der Regel zu Inkonsistenzen. Wir erläutern dies im Falle der Naf in PROLOG anhand von drei Beispielen.

(1)   Regel: p (b): - ¬q (a)

       Fakt : q (a)

       Frage ?- ¬p (b)

Der Aufruf der Negation von p(b) bewirkt nun zunächst einen Aufruf von p(b) und dieser hat wiederum einen Aufruf von ¬q (a) zur Folge, welcher schließlich in einem Aufruf von q(a) resultiert. Nun wird q(a) aber bewiesen, also ist ¬q (a) gescheitert und damit ist auch p(b) gescheitert. Damit ist schließlich der erste Aufruf von ¬p(b) erfolgreich beantwortet. Auf der anderen Seite ist aber ¬p (b) überhaupt keine logische Folgerung aus dem Faktum und der Regel; die einzig bekannte Tatsache ist nämlich q(a) und aus ihr könnte ja schließlich auch p(b) folgen. Der Grund für dieses Verhalten des Programms liegt darin, daß wir die "negation as failure" nicht nur auf atomare Prädikate angewandt haben, sondern auch auf deren Negationen. Daß das "Fehlschlagen des Fehlschlagens" der Beweisversuche einer Behauptung die ursprüngliche Behauptung implizierte, war aber überhaupt nicht ausgemacht. In unserem Beispiel könnten wir das auch so interpretieren, daß wir die Regel ¬q(a) → p(b) unzulässigerweise zu der Formel p(b) ↔ ¬ q(a) verstärkt haben.

(2)   Regel: p (b): - ¬ q (X)

       Fakt :   q (a)

       Frage : ?- ¬p (b)

In derselben Reihenfolge wie eben wird schließlich der Aufruf der Frage q(X) bewiesen mit der Substitution (X I a) wodurch wiederum die ursprüngliche Anfrage von ¬p (b) bewiesen wurde. Hierbei spielte nun eine Rolle, daß ¬q (X) gescheitert war, obwohl man dafür aus der Datenbasis für X ≠ a nichts entnehmen kann.

(3)   Regel: r (a): - ¬q (X), p (X)

       Fakten : q (a), p (b)

       Frage :   ?- ¬ r (a)

Im Verlauf dieser Ableitung wird der Aufruf von q(X) mit der Substitution (X I a) bewiesen, womit die Aufrufe von ¬q(X) und r(a) scheitern und schließlich die ursprüngliche Anfrage ¬r(a) wieder erfolgreich beantwortet wird. Wenn wir nun aber unsere Regel semantisch äquivalent in r (a): - p (X), ¬q (X) umgeschrieben hätten, dann hätte zunächst ein Aufruf von p(X) stattgefunden, welcher mittels der Substitution (X I (b) erfolgreich beantwortet wäre, worauf die Anfrage von q(b) scheitert, also ¬q(b) und damit r(a) erfolgreich sind. Damit scheitert also jetzt die Anfrage von ¬r (a).

Auch die allgemeine Form der CWA kann zu Inkonsistenzen führen. Für eine Formelmenge Σ führen wir formal ein:

1. Def.: CWA (Σ):= Σ ∪ {¬φ I φ Grundatom, nicht Σ |- φ},
       wobei "|-" irgendein vollständiger Ableitungsoperator ist.

Ein sehr einfaches Beispiel für ein konsistentes Σ mit inkonsistentem CWA(Σ) ist gegeben durch
       Σ = {P (a) ∨ Q (a)}.
Dann gilt weder Σ |- P (a) noch Σ |- Q (a), also haben wir
       {P (a) ∨ Q (a), ¬P (a), ¬Q (a)} ⊆ CWA (Σ),
d.h. CWA (Σ) ist inkonsistent. Dabei fällt auf, daß die Formel in Σ keine Hornformel ist. Dies ist kein Zufall, wie der folgende Sachverhalt zeigt.

2. Satz:
       Wenn Σ nur ∀-Sätze (in pränexer Normalform) hat und das Gleichheitszeichen "≡" nicht vorkommt, dann gilt:

CWA (Σ) ist konsistent $\Leftrightarrow$

für alle Grundatome $A_1, \ldots, A_n$ folgt aus $\Sigma \vdash A_1 \vee \ldots \vee A_n$ schon

$\Sigma \vdash A_i$ für ein i, $1 \leq i \leq n$.

<u>Beweis</u>: Falls (nicht $\Sigma \vdash A_i$) für alle i gilt, dann ist

$\{\neg A_1, \ldots, \neg A_n\} \subseteq$ CWA (Σ); daher folgt aus $\Sigma \vdash A_1 \vee \ldots \vee A_n$, daß Σ

inkonsistent ist. Falls umgekehrt CWA(Σ) inkonsistent ist, dann existiert die

Ableitung eines Widerspruchs (etwa $\square$) aus CWA(Σ) vermöge $\vdash$, und diese

Ableitung kann nur endlich viele der $\neg A_1, \ldots, \neg A_n$ mit nicht $\Sigma \vdash A_i$ verwenden.

Damit ist dann

$\Sigma \cup \{\neg A_1, \ldots, \neg A_n\}$ inkonsistent, oder es gilt, anders ausgedrückt,

$\Sigma \vdash A_1 \vee \ldots \vee A_n$.

Als Ergänzung erhalten wir, daß für eine konsistente Menge Σ von Hornklausen CWA(Σ) stets konsistent ist. Der vollständige, hier relevante Sachverhalt ist schließlich im nächsten Satz vermerkt, für den wir keinen Beweis bringen.

3. Satz: Wenn S eine Menge von Grundatomen ist, die auch neue Konstanten enthalten dürfen, dann gilt:

CWA($\Sigma \cup S$) ist für beliebiges solches S genau dann konsistent, wenn Σ äquivalent zu einer Menge von definiten Hornklausen ist (die also nur aus Fakten und Regeln besteht und Anfragen enthält).

Auf weitere spezielle Aspekte der Closed World Assumption CWA, die von praktischer Bedeutung sind, gehen wir noch etwas näher ein.

Was wir gut gebrauchen könnten, wäre eine kurze Beschreibungsmöglichkeit für gewisse Prädikate, die implizit durch einen mehr oder weniger umfangreichen Kontext definiert sind. Als "Beschreibungsmöglichkeit" wollen wir die Circumscription-Methode vorstellen.

Dazu betrachten wir eine prädikatenlogische Sprache **PL** mit einem n-stelligen Prädikatensymbol P, einer Menge Σ von Formeln und einer Formel Φ ohne freie Variablen. Wenn Q ebenfalls n-stellig ist, so bezeichne $\Phi(Q)$ das Resultat der Ersetzung von P durch Q in Φ; weiter sei $\mathbf{x}$ eine Abkürzung für $(x_1, \ldots, x_n)$.

4. Def.: Das *Circumscription Schema* Circum(Σ, $\Phi(P)$) für P bezüglich Σ und Φ ist die folgende Formelmenge :

(i)   Die Formeln von Σ

(ii) $\Phi(P)$

(iii) $[\Phi(Q) \wedge \forall\, x\, (Q\,(x) \to P\,(x))] \to \forall\, x\,(P\,(x) \to Q\,(x))$ für alle Formeln Q
      mit n freien Variablen.

Dabei stellen wir uns Σ als eine allgemeine Hintergrundbeschreibung von in unseren
Situationen stets gültigen Tatsachen vor; $\Phi(P)$ soll hingegen bestimmte zusätzliche
Informationen über P enthalten, von denen man im Laufe der Zeit noch mehrere
erhalten mag. Die Bedingung (iii) sagt dann, daß P durch diese Informationen auch
schon bestimmt ist als das minimale Prädikat, welches Φ genügt. Schauen wir uns
einige Beispiele an:

(a) $\Sigma = \emptyset$, $\Phi(P) = P(0)$:

Die Information ist, daß P auf 0 zutrifft. Bedingung (iii) diskutiert Prädikate Q, die auf
0 zutreffen und Teilmengen von P darstellen. Insbesondere können wir hier ein Prädikat
Q_0 wählen, welches nur auf 0 zutrifft; die Konklusion von (iii) besagt dann, daß auch
P nur auf die 0 zutrifft. In der Tat ist also P das minimale Prädikat, was mit der
Information verträglich ist.

(b) $\Sigma = \emptyset$, $\Phi(P) = P(0) \vee P(1)$:

Wie in (a) folgt aus Circum$(\emptyset, \Phi(P))$ die Beschreibung $\forall x(P(x) \leftrightarrow (x = 0 \vee x = 1))$.
Wir halten hier die intuitiv klare, aber formal bedeutsame Tatsache fest, daß wir auf
Grund der neuen Information unsere Meinung über den Umfang von P geändert haben.
Wir kommen darauf noch in §11 zurück. Hier wollen wir festhalten :

Durch Circum$(\Sigma, \Phi(P))$ wird die Extension (der Umfang) von P implizit festgelegt.

Dies hat die Circumscription nun aber mit den anderen Festlegungen der Negation
gemeinsam : Wenn wir sagen, wann P nicht gelten soll, wird dadurch auch unsere
Meinung über den Gültigkeitsbereich von P selbst eingegrenzt. Also :

Jede Form der Negation von P ist auch eine implizite Definition von P.

Dies ist manchmal dahingehend einzuschränken, daß nur eine obere Schranke für den
Umfang von P definiert wird, weil es Elemente geben kann, für die P weder akzeptiert
noch zurückgewiesen wird.

In der Logik zweiter Stufe (die in §7 eingeführt wird) läßt sich das Circumscription -

Schema reduzieren zu $\text{Circum}^2(\Sigma, \Phi(P))$:

(i) wie oben

(ii) $\exists X \forall x (x \in X \leftrightarrow \Phi(x))$ für jede Formel Φ (man muß die Mengenbildung formal garantieren)

(iii) $[\Phi(P) \wedge \forall X (\Phi(X) \wedge \forall x(X(x) \to P(x))] \to X = P)$.

Hier ist X eine n - stellige Prädikatsvariable. Wir beachten, daß (iii) nur aus einer einzigen Formel besteht. Man kann noch zeigen, daß die Konsequenzen für Formeln der Prädikatenlogik erster Stufe bei Circum und Circum^2 die gleichen sind.

Ähnlich wie die Naf oder die CWA kann auch die Circumscription zu Inkonsistenzen führen : $\text{Circum}(\Sigma, \Phi(P))$ kann widersprüchlich selbst dann sein, wenn $\Sigma \cup \Phi(P)$ konsistent ist, was wir hier aber nicht weiter ausführen wollen.

Schließlich wollen wir uns noch einmal der Implikation zuwenden. Wie oben bemerkt, stellt man sich dabei häufig eine Art Ursache - Wirkung Beziehung vor. Es liegt deshalb nahe, die Implikation "$\to$" in einem Kalkül so zu axiomatisieren, daß sich als Bedeutung von "$\to$" gerade die Kausalrelation ergibt. Dabei ergeben sich bedeutende Probleme, die vor allem darin liegen, daß man zwar viel über Zusammenhänge weiß, die man von einer Kausalbeziehung nicht verlangen möchte, aber wenig Positives einzubringen hat. Nicht erwünscht ist etwa

wenn $A \to B$, so $\neg B \to \neg A$

und ähnliches. Es hat den Anschein, als ob es nicht zweckmäßig ist, hier einen logischen Kalkül aufzuziehen. Kausale Beschreibungen inhaltlicher Art können deshalb trotzdem möglich sein, etwa in technischen Systemen (vgl. §17). Von den mannigfachen Ansätzen, die Implikation doch wenigstens etwas in die intendierte Richtung hin einzuschränken, wollen wir einen kurz vorstellen. Dabei beschränken wir uns auf die Aussagenlogik und die Zeichen "$\to$" und "$\neg$". Wir gehen von folgender Grundvorstellung über die Bedeutung von $A \to B$ aus:

"A ist falsch oder B ist wahr und außerdem stehen A und B in Beziehung zueinander".

Die "Beziehung" zwischen A und B wird durch ein neues Grundprädikat R(A,B) ausgedrückt, welches Formeln als Argumente hat und gewissen Gesetzen gehorcht. Man kann sich unter R(A,B) z.B. nicht näher spezifizierte Assoziationen oder je nach Sachlage die verschiedensten anderen Dinge vorstellen: Räumliche oder zeitliche Nähe, inhaltliche Gemeinsamkeiten usw. Man wird dann an R auch Anforderungen stellen.

Als minimale Axiome verlangt man sinnvollerweise:

(i) $R\,(\neg A, B) \Leftrightarrow R\,(A, B)$

(ii) $R\,(A \to B, C) \Leftrightarrow R\,(A, C)$ oder $R\,(B,C)$

(iii) $R\,(A, B) \Leftrightarrow R\,(B, A)$

(iv) $R\,(A, A)$.

Ein *Modell* ist dann als ein Paar (I,R) erklärt, wobei I eine gewöhnliche $\{0,1\}$-Interpretation der Formeln ist und R den Axiomen (i) - (iv) genügt. Genau wie man Interpretationen auf zusammengesetzte Formeln erweitern kann, ist dies auch für R möglich. Man definiert für Formel Φ und ψ:

5. Def.: $R\,(\Phi, \psi) \Leftrightarrow$ es gibt eine Atomformel A in Φ und B in ψ mit $R\,(A, B)$.

Nun erhalten wir einen etwas engeren Wahrheitsbegriff.

6. Def.: $A \to B$ ist wahr für (I, R), falls $A \to B$ wahr für I im klassischen Sinne ist und außerdem $R(A, B)$ gilt.

Damit erhalten wir auch die Begriffe R-Tautologie (wahr für alle (I,R) bei festem R), sowie Beziehungs-Tautologie (wahr für alle (I,R)). Diese Tautologien lassen sich auch axiomatisieren, was aber nur von eingeschränktem Interesse ist, weil i.allg. der Parameter R die Sache variieren wird. Die Übertragung auf die Prädikatenlogik geschieht ohne Schwierigkeit. Man verlangt eben die Relation R auch zwischen Prädikaten, Konstanten und Funktionszeichen $(R(P,Q), R(a,b)$ und $R(f,g)$). Bei der Festlegung der Semantik ist die Interpretation I eines Prädikates P erklärt als $I(P) = (R,T_P)$, wobei R wie üblich die P zugeordnete Relation über dem betrachteten Universum und T_P eine beliebige Menge ist. Diese Menge T_P kann man sich als die P zugeordnete Menge von Assoziationen vorstellen. Diese Semantik unterliegt dann der Bedingung

$$R(P,Q) \Leftrightarrow T_P \cap T_Q \neq \emptyset.$$

Sie gilt also, wenn T und Q gemeinsame Assoziationen haben. Ganz entsprechend legt man die Bedingungen für Konstanten und Funktionen fest.

Der Sinn dieser zusätzlichen Beziehungen ist, möglichst nur interessante Folgerungen zuzulassen, man hat damit ein vergleichbares Ziel wie in der Sortenlogik (vgl.§1). Implizit steckt diese Vorgehensweise in vielen Systemen; es erscheint aber ganz zweckmäßig, sich ihr einmal bewußt zu werden.

Übungen :

Aufgabe 1

Eine Theorie T_0, die Aussagen über eine Mikro-Klötzchenwelt enthält, sei durch folgende Formelmenge axiomatisiert:

$$ON(c,a), \quad ON(c,b), \quad \forall xyz[\ ON(z,x) \wedge ON(z,y) \rightarrow ARCH(x,z,y)]$$

(a) Geben Sie alle Grundinstanzen von $ARCH(x,z,y)$ an, die in T_0 gelten. Modifizieren Sie die Formelmenge, so daß in der zugehörigen Theorie T nur die beiden „sinnvollen" Instanzen übrigbleiben.

(b) Modellieren Sie T durch eine Hornklausenmenge H mit Hilfe eines weiteren Prädikats EQUAL unter Ausnutzung des „negation as failure". Leiten Sie alle Lösungen der Anfrage ?–$ARCH(x,z,y)$ mit der PROLOG-Strategie her.

(c) Geben Sie ein Modell für H an, in dem keine der in b) gefundenen Lösungen gilt. Was bedeutet die Existenz eines solchen Modells für das Verfahren? Diskutieren Sie die Ursachen.

(d) Geben Sie eine Formelmenge H* an, die die „Closed World Assumption" für H repräsentiert. Welcher Zusammenhang besteht zwischen H* und den in c) diskutierten Problemen?

Aufgabe 2

Sei T die Theorie $\{a=a,\ b=b,\ c=c,\ a\neq b,\ b\neq a,\ a\neq c,\ c\neq a,\ b\neq c,\ c\neq b\}$ und sei $\varphi[BLOCK]$ die Formel $BLOCK(a) \wedge BLOCK(b) \wedge BLOCK(c)$. In der Theorie circum(T, $\varphi[BLOCK]$) sollen alle Formeln aus T gelten, außerdem $\varphi[BLOCK]$ sowie sämtliche Formeln, die aus dem Circumscription-Schema durch Ersetzen von $\mathcal{B}$ durch eine beliebige Eigenschaft gebildet werden können:

$$\varphi[\mathcal{B}] \ \wedge \ (\forall x\ \mathcal{B}(x) \rightarrow BLOCK(x)) \rightarrow (\forall x\ BLOCK(x) \rightarrow \mathcal{B}(x))$$

(a) Erzeugen Sie einige „interessante" Formeln aus dem Circumscription-Schema. Vereinfachen Sie die Formel jeweils zu einer in circum(T, $\varphi[BLOCK]$) dazu äquivalenten Formel, indem Sie die Kenntnis der Wahrheitswerte von Teilformeln ausnutzen. Geben Sie eine Formel an, die in circum(T, $\varphi[BLOCK]$) gilt und die eine explizite Definition für BLOCK darstellt.

(b) Verfahren Sie analog, wenn in der Theorie zusätzlich $BLOCK(a)$, $BLOCK(b)$, $BLOCK(c)$ gelten und die Formel $ON(c,a) \wedge ON(c,b)$ neu hinzukommt.

(c) Statt der obigen Konjunktion sei die neue Formel $ON(c,a) \vee ON(c,b)$. Was läßt sich in der Circumscription-Theorie diesmal über ON aussagen?

Aufgabe 3

In einer Situation, in der über die Welt nur bekannt ist, daß a, b und c verschieden sind, kommt folgende neue Information hinzu: BLOCK(a) ∨ BLOCK(b). Vergleichen Sie die Annahmen, die mit Hilfe von Circumscription und mittels von CWA   getroffen werden.

Hintergrundbemerkungen zu §5

Die logischen Operatoren kommen auch in der Umgangssprache vor und besitzen dort eine nicht exakt festgelegte und zum Teil kontextabhängige Bedeutung. Die klassische Logik nimmt hiervon eine sehr starke Abstraktion vor; insbesondere wurden ganz bestimmte und starre Definitionen für den Umgang mit dem Wahrheitsbegriff eingeführt. Das gab Anlaß zu Kritiken ganz verschiedener Art. Eine bestimmte Kritik wurde stets von den Intuitionisten (besonders vertreten durch L.E.J.Brouwer) geäußert. Sie ging dahin, daß es überhaupt sinnlos sei, zu behaupten, etwas "sei so", wenn man es nur indirekt beweisen könne, und daß man überhaupt nur von Dingen reden solle, die man konkret konstruieren könne. Das erste Argument richtet sich gegen die sogenannten "indirekten Beweise" und betrifft vor allem die Interpretation der Negation. Dazu läßt sich allgemein sagen, daß die konstruktive Logik für die Informatik viel wesentlicher ist als die klassische. Sie benutzt zwar dieselben Ausdrucksweisen, interpretiert sie aber konstruktiv. Das zweite Argument ist im Bereiche der Informatik sowieso erfüllt. Die CWA wurde in [Rei78] im Kontext von Datenbanküberlegungen eingeführt. Eine ausführliche Analyse der Negation enthält [She87]. Der Begriff der Circumscription geht auf [McC 80] zurück; eine ausführliche Diskussion findet sich in [Jä86]; Relationen zu natürlichen Sprachen und "Common Sense" behandelt [Za87]. Die Beziehungslogik stammt von R.Epstein, vgl. etwa [Kr86].

6 Unzulänglichkeiten der Prädikatenlogik

Zu Beginn von §1 hatten wir bemerkt, daß sich viele auftretende Sachverhalte ohne Schwierigkeiten in die Prädikatenlogik übersetzen lassen. Wir wollen jedoch darauf hinweisen, daß man hier besonders dann genau vorzugehen hat, wenn die ursprüngliche Situation in der natürlichen Sprache geschildert wurde. In der natürlichen Sprache haben Ausdrucksweisen doch oft eine größere oder andere Tragweite als in der Prädikatenlogik. Betrachten wir dazu einmal den aussagenlogischen Schluß "Aus den Voraussetzungen A und $A \to B$ folgt B". Eine scheinbare Anwendung dieses Schlusses liegt im folgenden natürlichsprachlichen Beispiel vor:

Voraussetzung 1: Wenn es regnet, wird es naß.

Voraussetzung 2: Es regnet.

Schluß: Es wird naß.

Hierbei ist jedoch zu beachten, daß die Wortfolge "es regnet" in den beiden Voraussetzungen eine ganz verschiedene Bedeutung hat; ebenso verhält es sich mit den beiden Vorkommen von "es wird naß". Im ersten Fall wird nämlich ein allgemeines Gesetz geschildert, in dem ein heimlicher Allquantor vorkommt, der sich auf alle denkbaren Situationen bezieht, während im zweiten Satz von einer bestimmten Situation die Rede ist, in der es regnet. Obwohl es sich also durchaus um einen richtigen Schluß handelt, ist er doch keineswegs wie angegeben in der Prädikatenlogik zu formalisieren.In Wirklichkeit handelt es sich nämlich um den Schluß

$$\text{Aus } "\forall x(A(x) \to B(x))" \text{ und } "A(a)" \text{ folgt } "B(a)" .$$

Wir bemerken hier ferner, daß wir "Situationen" schlicht durch Konstanten interpretiert haben. Auf die Problematik von Situationen wird in §9 eingegangen.

In der natürlichen Sprache stößt man oft bei harmlos klingenden Redewendungen an die Grenzen der Ausdrucksfähigkeit der Prädikatenlogik. Bereits in §1 haben wir ja bemerkt, daß die gewöhnliche Prädikatenlogik nicht ausreicht, um alle an sich formalisierbaren Sachverhalte auszudrücken. Zu diesem prinzipiellen Defizit kommt hinzu, daß sich manche an sich formulierbaren Dinge nur implizit nach hinreichend raffinierter Kodierung beschreiben lassen. Wir wollen dies durch einige kommentierte Beispiele illustrieren, die unser weiteres Vorgehen motivieren werden. Dabei wird jeweils kurz eine Situation skizziert und ein umgangssprachlicher Text vorgestellt.

1.Situation:

Wir reden über die Bevölkerung Europas.

Beschreibung: Alle Anwohner des Rheins sind entweder Schweizer, Deutsche, Franzosen oder Holländer; niemand ist Deutscher und Franzose gleichzeitig. Es gibt eine Gruppe von Deutschen, die einen französischen Ehepartner haben. In allen Staaten Europas ist der Ministerpräsident ein Angehöriger desselben Staates. Eine Gruppe von Leuten, die alle zu demselben Staat gehören, aber eine andere als die Landessprache sprechen, heißt eine kulturelle Minderheit.

Diskussion: Als natürlicher Ansatz bietet sich an, für das Universum U die Bewohner Europas zu nehmen. Auf U hätte man dann einige einstellige Prädikate wie Rheinanwohner (x), Schweizer (x), Deutscher (x) usw. Ein zweistelliges Prädikat wäre Ehepartner (x,y); damit könnte man dann formulieren, daß es Deutsche und Franzosen gibt, welche verheiratet sind. Für einen konkreten Staat S könnte man sich ein Prädikat S-Ministerpräsident(x) erklären. In diesem Ansatz wären die weiteren Ausdrucksweisen Existenz- oder Allaussagen über Teilmengen von U, und Kulturelle-Minderheit(X) wäre ein Prädikat über solche Teilmengen. Diese Ausdrucksweisen können in unserem Ansatz prädikatenlogisch nicht untergebracht werden. Man kann nun auf verschiedene Weise versuchen sich zu helfen:

(a) Die zweite Aussage können wir umformulieren als

$$\exists x \, \exists y \, (\text{Deutscher } (x) \; \wedge \; \text{Franzose } (y) \; \wedge \; \text{Ehepartner } (x, y)) \, ;$$

damit haben wir inhaltlich dasselbe ausgedrückt, aber die Quantifikation über eine Teilmenge vermieden.

(b) Wir können versuchen, das Universum U dadurch zu erweitern, daß wir nicht nur über die Bewohner Europas, sondern auch noch über beliebige Mengen von Bewohnern sprechen dürfen. Als Konsequenz müßte man dann besondere Relationen hinzu nehmen: die Elementbeziehung "$\in$" und die Teilmengenbeziehung "$\subseteq$", die zwischen gewissen Objekten bestehen können. Weil es sich hier um eine endliche Gesamtheit handelt, kann man sich im Prinzip eine Datenbasis denken, in der alle diese Beziehungen explizit aufgeführt sind. Dieses erscheint aber unpraktisch und man möchte gewisse Dinge lieber in Form von allgemeinen Gesetzen notieren, etwa $(x \in X \; \wedge \; X \subseteq Y) \; \rightarrow \; x \in Y$. Hier stellt sich nun die Frage, welche solcher Gesetzmäßigkeiten man in die Datenbasis aufnimmt, damit man die interessierenden Schlüsse auch wirklich ziehen kann. Solche Fragen werden wir in §8 ansprechen.

(c) Man kann schließlich auch versuchen, die Prädikatenlogik selbst zu erweitern, indem man auch für Prädikate Variablen einführt und Quantifizierungen über solche Prädikate erlaubt. Dieses führt auf Prädikatenlogik der höheren Stufe, die wir im nächsten Abschnitt behandeln werden.

2. Situation:

Wir sprechen über ein mathematisches Beispiel, nämlich die natürlichen Zahlen. Das Induktionsaxiom lautet so:

Beschreibung : "0 ist eine natürliche Zahl, mit jeder natürlichen Zahl n ist auch $n + 1$ eine natürliche Zahl. Wenn irgendeine Eigenschaft von natürlichen Zahlen vorgelegt ist, so daß 0 diese Eigenschaft hat, und wenn neben jeder Zahl n auch $n + 1$ diese Eigenschaft hat, so haben alle Zahlen diese Eigenschaft."

Diskussion: Hier ist es auch prinzipiell nicht möglich, selbst mit einer unendlichen Menge von Aussagen das Induktionsaxiom zu beschreiben. Es gilt nämlich :

1. Satz:

Für jede Menge Σ von Formeln der Prädikatenlogik, welche im Bereich der natürlichen Zahlen wahr ist, gibt es einen weiteren Bereich, der nicht isomorph zu den natürlichen Zahlen ist, in dem auch alle Formeln aus Σ wahr sind.

Dabei heißen zwei Bereiche *isomorph*, wenn es eine bijektive Abbildung zwischen ihnen gibt, die alle Funktionen und Relationen auf diesen Bereichen erhält. Wir kommen hier also wieder zur Prädikatenlogik höherer Stufe.

3. Situation:

Wir reden über ärztliche Untersuchungen.

Beschreibung: Der Patient A hat Fieber, hohen Bluckdruck, rötlichen Ausschlag im Gesicht und in seinem Blut befinden sich Spuren des Stoffes x. Es ist deshalb möglich, aber nicht sicher, daß er die Krankheit K hat. Die Untersuchung U_1 könnte unter Umständen diesen Verdacht bestätigen. Wenn dies nicht der Fall ist, so muß man eine Untersuchung U_2 anschließen, die dann endgültigen Aufschluß geben wird.

Diskussion: Wir reden hier von Aussagen, die weder ganz falsch noch ganz wahr sind. Man könnte zwar zunächst ein Prädikat rötlich(x) einführen, welches auf "Ausschlag" zutreffen oder nicht zutreffen kann, aber dadurch würde die Intention wohl verfälscht, weil man bei "rötlich" keine Null-Eins-Dichotomie im Kopfe hat, sondern wohl eher ein "Mehr-oder-Weniger". Desweiteren wird hier von möglichen aber nicht ganz sicheren Aussagen gesprochen. Es würde sich an dieser Stelle anbieten, mehr als zwei Wahrheitswerte in Betracht zu ziehen. Das wird in §14 näher besprochen. Auch wird hier von "bestätigten" Aussagen gesprochen; dieses haben wir schon im letzten Paragraphen diskutiert. Schließlich ist noch von "Untersuchungen" die Rede, welche eine Aussage wahr machen können. Dies erinnert an die Aktionen in einem Regelsystem wie OPS 5, es wäre aber wünschenswert, allgemein solche dynamischen Aspekte zur

Verfügung zu haben. Hierauf wird in §9 eingegangen.

4. Situation: Wir beschäftigen uns mit der Konstruktion von Maschinen; dabei stellen wir uns vor, daß gewisse Konstruktionsvorschläge bereits vorliegen, wir aber noch die Möglichkeit haben, Teile auszutauschen.

Beschreibung: Es ist erforderlich, daß Teil A auf Teil B einen Druck von mindestens 20 aber höchstens 40 Einheiten ausübt. In der gegenwärtigen Situation übt das Teil A auf das Teil B einen Druck von 19 Einheiten aus. Es gibt sehr viele Möglichkeiten das Teil A auszutauschen, so daß man in den gewünschten Bereich hereinkommt. Bei allen diesen Möglichkeiten liegt aber das neue Teil oberhalb der gewünschten Preisgrenze p. Deshalb ist es unmöglich, sowohl die Bedingungen des Preises als auch des Druckes einzuhalten.

Diskussion: Hier ist von "erforderlich" die Rede; dabei hat "erforderlich" andere Aussagen als Argumente, genau wie "möglich" oder "unmöglich". Es ergibt sich die Frage, ob man hierfür wirklich neue Prädikate für Prädikate einführen sollte (was in der gewöhnlichen Prädikatenlogik ja gar nicht geht) oder ob man diese Dinge durch neue logische Zeichen ausdrücken sollte. Weiter ist hier von verschiedenen Situationen die Rede, was nichts anderes heißt, als daß man mehrere denkbare Modelle gleichzeitig betrachtet und in diesem Rahmen "Möglichkeiten" diskutiert. In §9 wird dies näher ausgeführt.

5. Situation:
Wir reden über die Haushaltslage.

Beschreibung: Die Haushaltslage ist gegenwärtig stabil; ob sie in den kommenden Perioden stabil ist, hängt von zwei Bedingungen ab:
(1) Wir müssen noch in dieser Periode zuerst das Gesetz G_1 und darauf das Gesetz G_2 verabschieden;
(2) Der Diskontsatz darf frühestens in der nächsten Periode erhöht werden und jedenfalls nicht gleichzeitig mit dem Lombardsatz.

Diskussion: Wir reden hier über zeitliche Bezüge und würden zunächst ein Zeitmodell benötigen, in dem diese Ausdrucksweisen interpretiert werden. Weiter kommen hier "Ereignisse" vor, über deren formale Behandlung wir uns bisher noch keine Gedanken gemacht haben. Dies ist der Untersuchungsgegenstand von §16. Schließlich ist da auch noch etwas erlaubt oder verboten, worauf auch in §9 eingegangen wird.

6. Situation:
Überlegungen beim Autokauf.

Beschreibung: Autos vom Typ X verbrauchen viel Benzin; Autos vom Typ Y sind sehr teuer, rosten aber selten. Manche Autos haben Schiebedach. Normalerweise haben Autos auch eine Garantie, es sei denn, sie sind von der Marke Z. Bei einem seriösen Händler kann man aber davon ausgehen, daß seine Wagen eine Garantie haben.

Diskussion: Neben unscharfen Ausdrucksweisen (auch in Form eines Quantors, nämlich "manche") kommen hier "Arbeitshypothesen" vor. Einmal wird explizit die Ausnahme genannt, ein andermal wird dies offengelassen. Darauf werden wir in §10 und §11 eingehen.

7. *Situation:*

Überlegungen eines Kandidaten.

Beschreibung: Die Durchfallquote bei der Prüfung beträgt im Mittel 35%. Es liegt ein Hinweis von Kommilitionen dafür vor, daß es diesmal strenger zugeht. Der Kandidat hält es für wahrscheinlich, daß er sehr aufgeregt sein wird. Der Professor hat aber eine eher beruhigende Bemerkung gemacht.

Diskussion: Diesmal wird von Wahrscheinlichkeiten, subjektiven wie objektiven, geredet. Außerdem spielt da noch eine zusätzliche Evidenz eine Rolle. Hierauf gehen wir in §14 ein.

Die bisherigen Beispiele hatten gemeinsam, daß ihre sprachlichen Konstrukte aus Aussagen bestanden. Darauf ist jedenfalls im Prinzip noch ein Wahrheitsbegriff anwendbar, wenn auch der klassische nicht immer angemessen ist. Bei vielen anderen Ausdrucksweisen ist dies aber keineswegs mehr so. Dazu gehören Wünsche, Drohungen und Befehle. Für uns am wichtigsten sind hier die Fragen; wir behandeln sie in §12 (wer bescheiden ist, äußert keine Wünsche und wer friedlich ist, stößt keine Drohungen aus).

In den folgenden Abschnitten werden wir sowohl verschiedene Erweiterungen der Logik wie auch andere Mechanismen vorstellen, um mit den besprochenen Situationen fertig zu werden. Es ist gut, einen Vorrat an Methoden zu haben, der einem dann die adäquate Form der Repräsentation erleichtert. Unsere Auswahl ist jedoch notwendig etwas beschränkt, was bei der Vielfalt der Möglichkeiten für die eigene Kreativität hinreichend Spielraum läßt. Der methodische Kern solcher Ansätze ist häufig so abstrakt und klar, daß man ihn in einem geeigneten logischen System darstellen kann. Auf der anderen Seite sind reale Probleme meist zu komplex und auch diffus, als daß man sie rein in einem logischen Kalkül befriedigend abhandeln könnte.

7 Prädikatenlogik höherer Stufe

Ausgangspunkt für die Einführung der Prädikatenlogik höherer Stufe ist der Vorschlag, auch für Prädikate Variable einzuführen, sie durch stellengerechte Relationen zu belegen und, als wichtigstes, Quantifizierungen über sie zu erlauben. Auf diese Weise gelangt man in der Tat sofort zur Logik der zweiten Stufe. Weil man diesen Prozeß der Erweiterung aber noch iterieren möchte, ist eine gewisse Notation darüber am Platze, auf welcher höheren Stufe man sich befindet. Die folgenden Typdefinitionen erledigen gerade diese Aufgabe.

1. Def.:

    (i)   0 ist ein Typ.

    (ii)   Wenn $t_1, \dots, t_n$ Typen sind, dann ist auch $(t_1, \dots, t_n)$ ein Typ.

    (iii)   Alle Typen entstehen aus (i) durch iterierte Anwendung von (ii). Die Menge der Typen nennen wir T.

Rein syntaktisch sind die Typen nichts anderes als Sorten wie in §1. Für jeden Typ t kann daher unsere Sprache sowohl Variable $x_t, y_t, \dots, X_t, Y_t, \dots$ als auch Konstante $a_t, b_t, \dots, P_t, Q_t, \dots$ enthalten. Für $t = (0, \dots, 0)$ handelt es sich dabei um Konstante bzw. Variable für gewöhnliche n-stellige Prädikate. Auf Funktionen wollen wir hier verzichten, sie lassen sich auch definieren. Bei der Einführung der Sprache können wir uns nun sehr kurz fassen. Die logischen Zeichen sind dieselben wie in der Prädikatenlogik der ersten Stufe und der Aufbau der Formeln geht in ganz derselben Weise vor sich. Das einzige, was wir erklären müssen, sind die Atomformeln. Sie müssen typgerecht gebildet werden, d.h.: Wenn P eine Konstante oder Variable vom Typ $t = (t_1, \dots, t_n)$ ist, dann ist $P(a_1, \dots, a_n)$ genau dann eine Atomformel, wenn jedes a_i eine Konstante oder Variable vom Typ t_i ist, $1 \leq i \leq n$.

Der Unterschied zur Sortenlogik liegt darin, daß die Interpretationen der Typbereiche ganz bestimmte Mengen sein müssen. Ausgangspunkt ist eine Grundmenge A, über welcher der Mengenbildungsprozeß iteriert wird.

2. Def.:   Die *Mengenhierarchie* $H(A)$ über A ist erklärt durch

    (i)   Elemente von A sind Elemente von $H(A)$, sie haben den Typ 0.

    (ii)   Wenn A_i die Menge aller Elemente vom Typ t_i für $1 \leq i \leq n$ ist, dann ist jedes $R \subseteq A_1 \times \dots \times A_n$ ein Element von $H(A)$ vom Typ $(t_1, \dots, t_n)$.

    (iii)   Alle Elemente von $H(A)$ entstehen aus (i) durch Iteration von (ii).

Als Universen von Interpretationen sind nun gerade solche Mengenhierarchien zugelassen; die Interpretationen selbst müssen typengerecht erfolgen. Syntax und Semantik der Prädikatenlogik höherer Stufe sind also in genauer Analogie zur ersten Stufe erklärt. Die umfassende Ausdrucksstärke, die wir jetzt erhalten haben, hat jedoch einen sehr hohen Preis: Die Balance zwischen Ausdruckskraft und Inferenzstärke ist wesentlich gestört. Dies wird kurz und klar in einem berühmten Theorem ausgedrückt:

Unvollständigkeitssatz von Gödel: Zu jedem Kalkül in der Prädikatenlogik höherer Stufe der nur Tautologien herleitet, gibt es eine weitere Tautologie, die dieser Kalkül nicht beweisen kann.

Um etwas Gefühl für die Tücken der höheren Stufe zu bekommen, wollen wir uns anschauen, wie Substitutionen hier aussehen. Dabei beschränken wir uns auf die Logik der zweiten Stufe und brauchen dann die Typen nicht extra zu erwähnen. Es interessiert uns dabei die Substitution für Variable der zweiten Stufe. Zweckmäßig ist folgender Begriff:

Ein *Abstraktionsterm* ist von der Form $\{x_1,...,x_n\}\Phi(x_1,...,x_n)$, wobei Φ eine Formel (der zweiten Stufe) ist, welche die erststufigen Variablen x_i frei enthält.

Für einen solchen Abstraktionsterm V und eine n-stellige Prädikatenvariable X ist dann das Resultat einer Substitution $\sigma = (X,V)$ in einer Atomformel $X(s_1,...,s_n)$ als $\Phi(s_1,...,s_n)$ erklärt. Für zusammengesetzte Formeln wird die Substitution entsprechend durch Ersetzung von X in den jeweiligen Atomformeln erklärt. Dabei müssen jedoch alle gebundenen Variablen der Formel, die in V vorkommen, vorher in neue Variable umbenannt werden, um eine Variablenkonfusion zu vermeiden.

In der höheren Stufe lassen sich die natürlichen Zahlen (samt Induktionsaxiom, vgl. §6, Beispiel 2) beschreiben, und es gibt für jeden korrekten Kalkül bereits dort wahre Eigenschaften, die dieser Kalkül nicht erkennen kann. Wir wollen eine Reihe weiterer algorithmischer Unfreundlichkeiten der höheren Stufe aufzählen.

-- Das Unifikationsproblem ist bereits in der zweiten Stufe unentscheidbar, d.h. es gibt keinen Algorithmus, welcher für zwei Ausdrücke entscheidet, ob sie durch eine Substitution unifizierbar sind.

-- Falls zwei Ausdrücke unifizierbar sind, existiert im allgemeinen kein allgemeinster Unifikator und auch noch nicht einmal endlich viele Unifikatoren, aus denen die restlichen durch Nachschalten einer weiteren Substitution zu gewinnen wären.

-- Man kann für Formeln nicht wie in der ersten Stufe das Klausenbild erklären, so daß man anschließend nur mit den Klausen arbeiten brauchte.

-- In Sequenzenkalkülen für die höhere Stufe kann man (heutzutage) nicht konstruktiv beweisen, daß man die Schnitte, also die Umwege, ohne Einbuße entfernen kann.

Diese Liste ließe sich noch um einiges verlängern. In der folgenden Tabelle stellen wir für die verschiedenen logischen Repräsentationen Vor- und Nachteile gegeneinander.

Repräsentationsform	Ausdruckskraft	kalkülmäßige Verarbeitung
Aussagenlogik	schwach; Information nur kodiert darstellbar	gut; gewisse Komplexitäts- probleme
Hornlogik	für viele Anwendungen hinreichend	prinzipiell gut; verstärkt Komplexitätsprobleme
Prädikatenlogik 1.Stufe **PL**	kann die meisten Situatio- nen mindestens fragmen- tarisch darstellen	in Balance mit der Aus- druckskraft
Erweiterungen von **PL**	stark anwendungsabhängig	kann noch gut sein
höhere Prädikaten- logik	umfassend	sehr schlecht

Was die Effizienz von Kalkülen in der höheren Stufe angeht, so wollen wir noch ein weniger bekanntes Resultat erwähnen, welches wiederum der Ausgangspunkt für kreative, positive Anstrengungen ist. Es handelt sich dabei um die Betrachtung der Länge von Inferenzketten. Es gibt verschiedene Möglichkeiten, diese zu messen und es ist hier weitgehend irrelevant, was man da nimmt. Man kann sich also z.B. auf die Anzahl der Formeln in einem Beweis als seine Länge einigen. In einem vorgelegten Kalkül ist dann zu jeder herleitbaren Formel Φ die Länge des kürzesten Beweises erklärt, diese sei $l(\Phi)$. Wir nehmen nun einen Kalkül für die Logik der ersten Stufe und repräsentieren ihn durch einen Ableitungsoperator $\vdash_1$. Diesen Operator erweitern wir zu einem Ableitungsoperator $\vdash_2$ der Logik der zweiten Stufe, indem wir bestimmte Formeln der zweiten Stufe (auf deren Natur wir hier aber nicht näher eingehen wollen) als neue Axiome hinzunehmen. Die zugehörigen kürzesten Beweislängen nennen wir l_1 und l_2. Dann gilt:

<u>Gödels Speed-up Theorem</u>: Es gibt eine Formelmenge Σ der ersten Stufe, sodaß es für jede rekursive Funktion f unendlich viele Formeln Φ gibt mit $f(l_2(\Phi)) \leq l_1(\Phi)$.

Man kann also in der zweiten Stufe die Längen der Ableitungen für gewisse Formeln beliebig verkürzen. Dies liegt daran, daß man dort bestimmte Metaaussagen über Formeln und Beweise zur Verfügung hat. Auf der anderen Seite kennt man aber diese Formelklasse nicht direkt. Ein entsprechendes Speed-up gibt es auch für beliebige höhere Stufen. Man kann das dann auch so ausdrücken:
-- Einerseits ist die Logik der höheren Stufe unvollständig, kein Kalkül kann sie ganz erfassen.
-- Andererseits birgt die Logik der höheren Stufe die Chance in sich, Vorgehensweisen beliebig zu verbessern. Das hat einen Aufforderungscharakter: Es ist stets sinnvoll, nach einem gescheiten Fragment der höheren Stufe zu suchen.

Hintergrundbemerkungen zu §7:

Der durch die Typen ermöglichte schrittweise Aufbau der Begriffswelten vom Einfachen zum Komplexen wurde von Russel und Whitehead eingeführt. Wir werden ihm in §23 bei der Diskussion von Programmiersprachen wiederbegegnen. In Programmiersprachen haben Typkonzepte weite Verbreitung gefunden, sie wurden dabei sukzessive verallgemeinert bis hin zu den polymorphen Typen. In der allgemeinsten Form der Logik höherer Stufe ist eine typisierte Ordnung nicht mehr vorhanden: Alle Objekte werden zu einem einzigen Bereich zusammengefaßt. Dies geschieht in der Mengenlehre. Der Unvollständigkeitssatz und das Speed-up Theorem finden sich samt einer ausführlichen Erläuterung in [Gö86]. Umbenennungen bei Substitutionen sind ein äußerst unangenehmes Geschäft, bei dem man die bösesten Überraschungen erleben kann. In der gewöhnlichen Prädikatenlogik hatten wir das Problem dadurch ausgeklammert, daß wir nur in Klausen (die keine Quantoren enthalten) substituiert hatten. Abhängig davon, wie ein Umbenennungsalgorithmus erklärt wird, treten dann Phänomene auf wie Umbenennungen auch durch die identische Substitution etc. Im λ - Kalkül und darauf basierenden funktionalen Programmiersprachen gibt es entsprechende Probleme (etwa "static scoping" versus "dynamic scoping" in LISP). Das Bestreben, diesbezügliche Unannehmlichkeiten zu verbergen führte dann zu funktionalen Objekten wie den "closures". Die Unentscheidbarkeit der Unifikationsaufgabe wurde in [Go81] bewiesen.

8 Spezielle Darstellungsarten und Inferenzmechanismen

In den Darstellungsformen dieses Abschnittes werden verschiedene Paradigmen zur Problemlösung angeboten. Zwischen ihnen bestehen manchmal mehr und manchmal weniger Zusammenhänge. Das liegt daran, daß sie für die Behandlung teilweise sehr unterschiedlicher Problemklassen gedacht sind.

8 a   Semantische Netze, Frames und Constraint - Netze

(A) Semantische Netze

Semantische Netze sind aus dem Wunsch nach graphischer Veranschaulichung prädikatenlogischer Formeln entstanden. Dabei geht man von binären Prädikaten aus, P(a,b) wird repräsentiert durch den gerichteten Pfeil

$$a \xrightarrow{P} b$$

Ein semantisches Netz in der einfachsten Form besteht aus einem gerichteten beschrifteten Graphen :

-- An den Knoten stehen Elemente eines Modells.

-- An den Pfeilen stehen (binäre) Relationen zwischen diesen Elementen.

Die Ausdruckskraft eines derartigen semantischen Netzes ist recht eingeschränkt. Die Probleme beruhen dabei auf der Repräsentation von

-- anderen als binären Prädikaten,

-- logischen Verknüpfungen,

-- Quantoren.

Ohne weitere zusätzliche Beschreibungsmittel und ad-hoc Vereinbarungen lassen sich nur die Konjunktionen und eine Form der Quantifizierung darstellen. Die Konjunktion zweier Prädikate wird einfach dadurch ausgedrückt, daß die entsprechenden Pfeile im Netz vorhanden sind. Steht an einem Knoten eine Variable, so wird sie als existenziell quantifiziert betrachtet. Einstellige Prädikate lassen sich durch die Einführung eines speziellen Dummy-Symbols d beschreiben; Q(a) wird dann notiert durch

$$a \xrightarrow{Q} d$$

Im allgemeinen ist man aber keineswegs zur Beschränkung auf die Logik **PL** erster Stufe gezwungen. Wir geben zunächst ein Beispiel eines Netzes an:

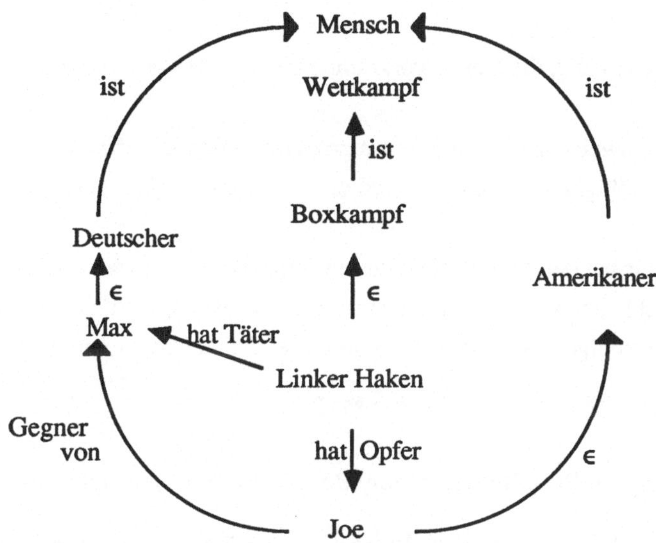

Typisch für dieses Beispiel ist zweierlei: Zum einen haben wir ganz spezielle Relationen, wie "Opfer" und "Gegner von" und zum anderen sehr allgemeine wie "ϵ" und "ist", die immer wieder vorkommen. Bei "Linker Haken ϵ Boxkampf" ist es allerdings zweifelhaft, ob es sich wirklich um die Elementbeziehung oder nicht doch mehr um eine Art "Teilrelation" handelt, (s.u.). Weiter wird "Linker Haken" auch in zweierlei Bedeutungen benutzt: Einmal als allgemeiner Begriff, der in Boxkämpfen vorkommt, und einmal in einer konkreten Ausprägung in einem bestimmten Boxkampf. Die wichtigsten allgemeinen Relationen (von denen wir einige in §6 erwähnt haben) sind:

(1) Die "ist"-Relation (engl. is-a oder auch ako als Abkürzung für a-kind-of): Hierbei handelt es sich um nichts anderes als die Teilmengenbeziehung, die Inklusion ⊆; in unserem Bild haben wir also dargestellt, daß Deutsche bzw. Amerikaner Teilmengen der Menge aller Menschen sind. Man spricht hier auch von *Generalisierung* oder *Spezialisierung*, je nachdem, in welcher Richtung man die Beziehung betrachtet.

(2) Die Elementbeziehung ϵ, gelegentlich (leider) auch is-a genannt : Denkt man sich die Beziehung $a \in X$ als den Übergang von X nach a, so redet man auch von Individualisierung oder Instantiierung.

Diese beiden Relationen sind gewissermaßen mengentheoretisch - mathematischer Art. Je nach Anwendung gibt es nun eine Vielzahl weiterer Relationen, die unterschiedlich oft vorkommen.

(3) Die Aggregierung "a Teil von X" (engl. part-of): Hier verbindet man X mit seinen Komponenten.

(4) Die Verbindungskante "A ist verbunden mit B" (engl. "connected-to"-Kanten).

Es ist nun zweckmäßig, die häufig vorkommenden Kanten gesondert zu betrachten und dabei

-- allgemeine Anweisungen für ihre Einsatzmöglichkeiten zu geben und

-- ihre Gesetzmäßigkeiten vorab zu studieren und als Mechanismen in das Netzwerk einzubauen.

Dies werden wir bei den Frames diskutieren. Wir vermerken aber noch, daß uns solche Kanten Möglichkeiten zur Darstellung anderer als zweistelliger Prädikate geben:

    (a)   Einstellige Prädikate werden durch "ϵ"-Kanten repräsentiert: P(a) wird als

$$a \xrightarrow{\ \epsilon\ } P$$

dargestellt (alternativ zur Repräsentation mit Dummysymbolen).

    (b)   Reduktion von drei- und mehrstelligen Prädikaten auf zweistellige durch Einführung von Knoten, die mit Prädikaten beschriftet sind. P(a, b, c) wird durch

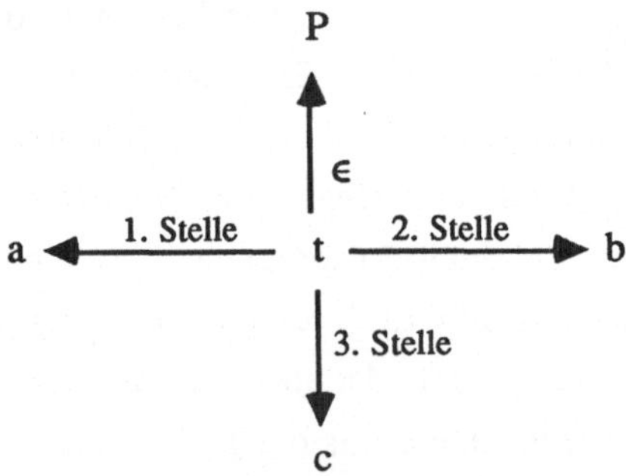

repräsentiert, wobei t für ein Tripel steht.

Bei konkreten Beispielen wird man natürlich eine anschaulichere inhaltliche Beschriftung als das trockene "n-te Stelle" wählen. Stattdessen kann man auch gerichtete Hyperkanten eines Hypergraphen verwenden, in einem weiteren Schritt kann dann an den Knoten ein weiteres Netz selbst stehen, was die Ausdruckskraft noch weiter verstärkt und den Kontext erhöhen kann.Wichtig ist dabei aber ein standardisierter Gebrauch von Netzwerken. Dies entspricht einer systematischen und einheitlichen Strukturierung bestimmter immer wiederkehrender Situationen, Szenen oder Handlungsabläufe (wie etwa Boxkämpfe) und bedeutet so etwas wie eine Vorab-Axiomatisierung dieser Beziehungen. Dabei sollten vor allem die konkreten und abstrakten Ebenen (verbunden durch ϵ-Kanten) unterschieden werden. Auf der abstrakten Ebene redet man von Begriffen (wie "Auto", "Bremse"), die zueinander in Beziehung stehen können. Auf der konkreten Ebene hingegen spricht man von ganz bestimmten Autos; ein solch konkretes Auto kann einen Defekt haben, der Begriff "Auto" dagegen nicht. Durch solche Systematiken wird ein semantisches Netz schon etwas mehr als nur ein mnemotechnisches Hilfsmittel oder eine graphische Veranschaulichung.

Ein großes semantisches Netz kann schnell unübersichtlich werden. Es ist daher ein Modularisierungskonzept erwünscht. Hier bietet es sich an, den Graphen, welcher dem Netz unterliegt, zu partitionieren. Falls der Graph umfangreich und zusammenhängend ist, wird so etwas problematisch, weil der Strukturierungseffekt bei vielen Kanten, die von inneren Knoten eines Teils in innere Knoten eines anderen Teils gehen, nicht gegeben ist. Man erhält jedenfalls ein zusätzliches Hilfsmittel, nämlich Kanten, die verschiedene Teile der Partition verbinden. Sinnvoll angewendet wird es aber nur dann, wenn man wirklich ein Lokalisierungsprinzip damit verbindet.

Die semantischen Netze sind zwar vornehmlich zur Repräsentation von Wissen gedacht, ohne die Möglichkeit für wenigstens einige Manipulationen wären sie jedoch unbrauchbar. Programmieren in semantischen Netzen geschieht mit Hilfe von "Netzwerk- Sprachen", deren Aufgaben wir kurz anschneiden wollen. Als Wichtigstes fallen hier an:

    (a)   Hinzufügen, entfernen und ändern von Knoten.

    (b)   Hinzufügen, entfernen und ändern von Kanten.

    (c)   Suche nach Knoten, Kanten und Verbindungswegen im Netz.

Dabei betreffen (a) und (b) eine Änderung des Informationszustandes, während (c) als ein Inferenzprozess gedeutet werden kann. Dieser Inferenzprozess kann ausgenutzt werden, um Anfragen an das Netz zu beantworten (etwa: besitzt der Bruder von Karl ein Auto?) Eine Netzwerksprache sollte solch eine Anfrage automatisch in die entsprechende Suche umsetzen können. Bei Inferenzen spielen spezielle Relationalsysteme eine große Rolle. Weiter kann die Sprache auch das Umgehen mit bestimmten Kantentypen erleichtern sowie hierarchische Beziehungen reflektieren. Ein zentrales technisches Problem ist dabei die Propagierung von Markierungen durch das Netz. Als Beispiel für eine solche Sprache erwähnen wir IXL (vgl. [Hi86]).

(B) Frames

Ebenso wie die semantischen Netze stellen die Frames weder einen festgefügten Formalismus dar, noch herrscht hier überhaupt eine einheitliche Terminologie. Wie die deutsche Übersetzung des Begriffes suggeriert, geben sie vielmehr einen allgemeinen Rahmen ab, in dem sich eine große Zahl von Konzepten beschreiben läßt. Während die semantischen Netze überwiegend statischen Charakter hatten, sind die Frames dynamischer orientiert, im Prinzip ließen sich Frames jedoch unter semantische Netze subsumieren. Ausgehend von den letzteren steht an den Kanten nicht mehr notwendig eine feste Größe, sondern eigentlich eine (eventuell sehr komplex strukturierte) Variable, die belegt werden kann. Die Terminologie ist so, daß man von einem "*Slot*" spricht, der "*gefüllt*" werden kann. Der Slot akzeptiert dabei nur Elemente eines gewissen Wertebereiches, ähnlich wie in der Sortenlogik eine Variable auch Werte der richtigen Sorte erwartet. Ein Slot selbst ist i.a. wieder strukturiert, seine Komponenten heißen *Fazetten*. Die Aufgaben der Fazetten werden mit weiteren Begriffbildungen beschrieben:

-- Wenn die Slots eines Frames F (teilweise) gefüllt sind, spricht man von einer *Instanz* des Frames.

-- *Defaultwerte* eines Slots sind vorläufige Werte, die revidiert werden können. Defaultwerte entsprechen gewissermaßen den "Arbeitshypothesen", die mangels besserer Einsicht gewählt werden.

-- *Generische Werte* eines Slots sind feste, nicht veränderliche Werte; sie sind also für alle Instanzen unveränderlich. Sie entsprechen allgemeinen Eigenschaften, die jedes durch das Frame und seine Instanzen dargestellte Objekt hat.

-- *Slotbedingungen* schränken die Wertebereiche des Slots zusätzlich ein, z.B. Slot "gerade Zahl" wird durch $16 \leq x \leq 38$ weiter auf ein Intervall beschränkt.

-- In einem Slot können Regelsysteme stehen, die auf Anforderung hin in Aktion treten können.

-- In einem Slot können auch Prozeduren stehen, etwa um die Werte zu berechnen. Die Stelle, welche die Bedingungen überwacht, unter denen die Prozedur ausgeführt wird, heißt auch *Dämon*. Es ist dies eine Stelle, wo prozedurale mit deklarativen Elementen gemischt werden.

Solche prozeduralen Zusätze können in mehreren Formen auftreten, von denen die beiden folgenden die wichtigsten sind:

-- "Wenn-nötig-Prozeduren" (engl. "if-needed"): Hier werden Slotwerte nicht automatisch, sondern nur auf Anforderung hin berechnet. Sinnvoll ist das, wenn die Berechnung sehr aufwendig ist; man wird dann auch dafür sorgen müssen, das der berechnete Wert in dem entsprechenden Slot für spätere Anforderungen aufbewahrt wird.

-- "Wenn-belegt-Prozeduren" (engl."if-added"): Hier wird ein Dämon dann tätig, wenn ein bestimmter Slot einen bestimmten Wert erhalten hat. Die geforderte Wertzuweisung ist also eine Vorbedingung für die Aktivierung des Dämons. Ein solcher Dämon kann dann etwa nach der Prüfungsnote fragen, falls im Slot "Examen" der Wert "bestanden" eingetragen ist. Eine andere Anwendung ist eine Fehlermeldung, falls ein Wert außerhalb seines vorgesehenen Bereiches liegt.

Ein typisches Beispiel eines Frame könnte so aussehen:

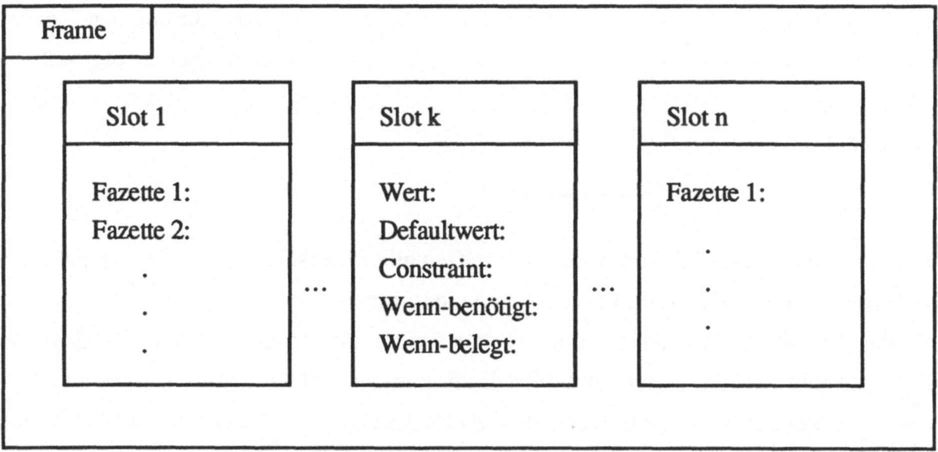

Ein weiterer Schritt zu komplexeren Ausdrucksweisen ist, einen Slot mit einem anderen Frame zu füllen, was man etwa mit Zeigern realisieren könnte.

Insgesamt halten wir fest:

- Frames sind eine Verallgemeinerung von Datenelementen, wie wir sie in OPS 5 kennengelernt haben; sie können auch Ausdrucksweisen der Prädikatenlogik der höheren Stufe beinhalten.

- Frames haben eine variable Zahlen von Stellen, an denen (evtl. strukturierte) Werte eingetragen werden können; sie sind auch eine Verallgemeinerung der Pascal -Records.

Der Begriff der semantischen Netze kann nun so erweitert werden, daß an den Knoten auch Frames stehen. Auf diese Weise erhält man ein *Frame-System.*

Die Idee hinter diesem Framekonzept ist, einen komplexen Begriff in seinen Ausprägungen darzustellen. Dazu wird

-- auf andere Begriffe (ebenfalls durch Frames repräsentiert) zurückgegriffen;

-- der Begriff durch seine möglichen Beispiele instantiiert;

-- der Begriff in allen interessierenden Aspekten, die wiederum durch Frames ausgedrückt werden, beschrieben. Solche Aspekte können z.B. explizit in Form von Fazetten aufgezählt werden.

So kann man etwa den Begriff des allgemeinen Boxkampfes als Frame formulieren und dann für das im obigen semantischen Netz beschriebenen Ereignisses instantiieren.

Die bei den semantischen Netzen eingeführten spezielle Kantentypen sind auch für die Framesysteme von zentraler Bedeutung. Weil man in einem Framesystem Inferenzen ziehen will, sind einer Kante stets bestimmte Mechanismen zugeordnet. Diese hängen von der Art der Kante ab und die mit einem Kantentyp verbundenen Mechanismen kann man auch seine (prozedurale) *Semantik* nennen. Diese erlaubt es wiederum, den Typ der Kante zu erkennen, auch wenn die Beschriftung selbst etwa in chinesisch erfolgt wäre.

Als erstes betrachten wir die "ist-"Kante:

$$a \xrightarrow{\text{ist}} b$$

Weil hier a ein Spezialfall von b sein soll, treffen alle Eigenschaften von b auch auf a zu. Deswegen ist diese Kante im Prinzip durch einen Mechanismus gekennzeichnet, der es erlaubt, alle mit b verbundenen Informationen auf a zu übertragen. Dies betrifft dann die Slots und ihre Inhalte, ihre eventuellen Bedingungen und Prozeduren. Man nennt so etwas eine *Vererbung*. Unbetroffen davon bleibt die Forderung, daß a selbstverständlich zusätzliche Informationen tragen darf. Eine praktische Liberalisierung ist, daß vererbte Größen auch überschrieben werden dürfen. Rein logisch werden durch den Vererbungsmechanismus sehr viele Implikationen auf eine kompakte Weise ausgedrückt; die Implikationen sind von der Art "wenn eine Eigenschaft auf b zutrifft, dann trifft sie auch auf a zu".

Das zweite Beispiel ist die $\in$-Kante. Bei $A \in B$ muß ein Mechanismus vorhanden sein, der allgemeine Informationen von B auf A instantiiert; wir verlangen also eine Art Substitutionsprozedur. Diese wird normalerweise einfach dadurch realisiert, daß B ein Frame mit teilweise nicht gefüllten Slots ist und in A diese Slots dann gefüllt sind.

Als drittes betrachten wir schließlich die connected-to Kanten. Hier soll es sich um eine Schnittstelle zwischen den beteiligten Frames handeln. Deswegen verlangt man auch eine genaue Spezifikation eines solchen Interfaces:

-- Welche Größen von A sind für B sichtbar und umgekehrt?

-- Welche Größen werden importiert und exportiert?

-- Welchen (gemeinsamen) Bedingungen unterliegen diese Größen?

In §8b werden wir solche Fragen etwas konkreter behandeln. Dabei wird insbesondere Wert auf die Art der Kommunikation der Frames untereinander gelegt, die gerade bei größeren "Export - Import Geschäften" einer systematischen Regelung bedarf.

(C) Constraint-Netze

Eine zu den semantischen Netzen gewissermaßen duale Form der Repräsentation geschieht in den Constraint-Netzen. Hier ist es so, daß

-- die Knoten mit den Relationen beschriftet sind und

-- die Kanten mit den Argumenten der Relationen beschriftet sind.

Im Sinne der Graphentheorie haben wir es bei semantischen und bei Constraint - Netzen mit dualen Graphen zu tun (auch hier ist die Darstellungsweise nicht ganz einheitlich).

Es ist nun zweckmäßig, gleich eine Prädikatenlogik mit mehreren Sorten zu betrachten, wie wir dies in §1 eingeführt haben. Ein Constraint ist nichts anderes als eine n-stellige Relation $P(x_1, \ldots , x_n)$, welche über einem Universum U interpretiert wird; speziell kann es eine Gleichung der Form $x = a$ sein, wobei a eine Konstante ist. Die Wertebereiche (oder Sorten) des Universums seien dabei $W_i = W(x_i)$. Wir nehmen dabei an, daß wir für jedes Element unseres Universums U eine Konstante zur Verfügung haben. Dann können wir die Unterscheidung zwischen den Elementen von U und den Konstanten fallen lassen und eine Variablenbelegung kann mit einer Substitution identifiziert werden, die Variablen Konstante zuweist.

Ein Constraint-Netz ist eine Menge von Constraints. Um den Sinn dieser Ausdrucksweisen zu erläutern, betrachten wir eine einfache Gleichung, in der wir die binären Operationen Addition und Multiplikation durch jeweils dreistellige Relationen $ADD(x, y, z)$ und $MULT (x, y, z)$ darstellen, nämlich $9 * u = 5 * (y - 32)$.

Diese Umrechnung zwischen Celsius und Fahrenheitgraden sieht ist dann:

$MULT (x, u, v) \wedge x = 9 \wedge ADD (w, z, y) \wedge z = 32 \wedge MULT (w, s, v) \wedge s = 5;$

und die graphische Veranschaulichung dieser Formel sieht nun so aus:

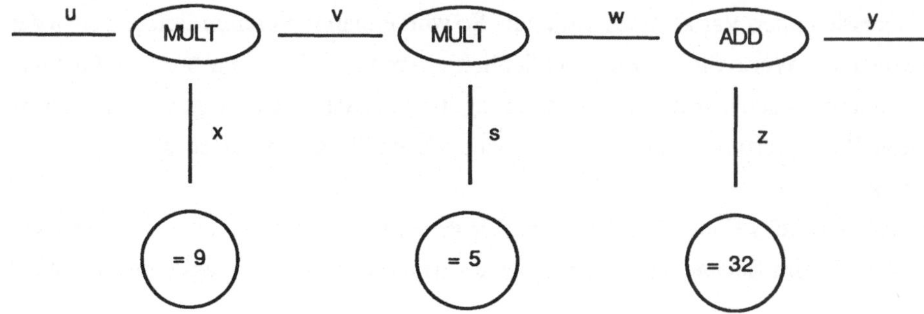

Dabei geht hier aus dem Graphen nur hervor, welche Variablen Argumente der Prädikate sind. Es müßte im Detail noch die genauen Argumentstellen festgelegt werden.

Ins Auge fällt bei diesen Relationen, daß je zwei Argumente das dritte eindeutig bestimmen (außer bei MULT für u = 0). Hierzu benötigen wir den folgenden Begriff:

1. Def.:

    (i) $R(x_1, \ldots, x_n)$ heißt *funktional* für das i-te Argument, wenn es für jede Belegung der restlichen Variablen genau einen Wert für x_i gibt, so daß die Relation R gilt.

    (ii)   Eine n-stellige Relation heißt *vollständig funktional,* wenn sie für jede Argumentposition funktional ist.

Vollständig funktionale Relationen werden auch gelegentlich *einfach* genannt. Constraint-Netze dienen nun nicht nur einfach zur Repräsentation von Wissen, sondern auch zur Inferenz und haben (insbesondere für vollständig funktionale Relationen) einen stark prozeduralen Aspekt. In gewissem Sinne kann man Constraintnetze auch als Alternative zu Regelsystemen sehen. Wenn in einem Frame etwa der Inhalt von zwei Slots S und T stets gleich sein soll, so würde die Constraintbedingung "Gleich(S,T)" heißen. In Regeln drückt sich das etwas umständlicher aus:

WENN Wert von S=a DANN verändere Wert von T zu a;

WENN Wert von T=a DANN verändere Wert von S zu a.

Wie bei jeder Art von Inferenz, so können wir auch jetzt unsere übliche Unterscheidung nach dem Zweck der Inferenz anbringen:

(a) Inferenz zur Erzeugung neuen Wissens: Wir belegen gewisse Variable mit Werten (in unserem Beispiel etwa die Variable u) und wollen dann die Werte für weitere Variable so erschließen, daß die an den Knoten stehenden Relationen erfüllt sind. Auf diese Weise versuchen wir, uns über das ganze Netz auszubreiten und insbesondere Werte für die uns interessierenden Variablen zu ermitteln. So würde man in unserem Beispiel etwa der Reihe nach die Werte für v, w und schließlich y ermitteln. Diese Ausbreitung über das Netz nennt man auch *Constraint-Propagierung.* Im Falle der vollständigen Funktionalität ist diese Propagierung dann bei hinreichend vielen Eingangswerten stets eindeutig bestimmt.

(b) Inferenz zwecks *Konsistenz-Prüfung*: Wir geben wieder die Belegung von gewissen Variablen vor (im Beispiel etwa u und y) und verfahren mit der Propagierung wie oben.

WIR versuchen jetzt, die Propagierung über das ganze Netz fortzusetzen. Wenn dies möglich ist, so waren unsere Eingangsbelegungen konsistent, im anderen Falle erhalten wir einen Widerspruch. Er kann sich darin ausdrücken, daß eine Variable, in unserem Beispiel etwa w, sowohl von dem linken als auch von dem rechten Knoten zu Belegungen gezwungen wird, die nicht miteinander vereinbar sind.

Diese Fragen wollen wir noch etwas genauer diskutieren. Zunächst betrachten wir vollständig funktionale Relationen. Ihre Behandlung läuft auf die Lösung von Gleichungssystemen oder auf deren Konsistenzprüfung hinaus. Ein Constraintnetz repräsentiert dabei bereits eine (große) Menge von Gleichungssystemen, je nachdem welche Variablen man mit Werten belegt. Die Funktionalität bedeutet dabei nicht, daß man die Anfangswerte so ohne weiteres über das ganze Netz hinweg propagieren kann. Selbst wenn die Anfangswerte als Ganzes die restlichen Werte bestimmen, dann sind eben für eine einzelne (n+1)-stellige Relation nicht notwendigerweise n Werte bekannt (die dann allerdings den fehlenden Wert direkt determinieren würden). Im allgemeinen ist man hier also auf Gleichungslösungstechniken, wie sie beispielsweise bei den Reduktionssystemen diskutiert wurden (oder Erweiterungen hiervon), angewiesen. In Anwendungssituationen kann man jedoch zusätzliche Informationen haben. Wenn zum Beispiel das Netz ein physikalisches System mit einer Vielzahl von Einzelvorgängen repräsentiert, so gibt es eine natürliche Ordnung dieser Vorgänge, nämlich die Kausalbeziehung. Wenn wir einen Vorgang V mit den resultierenden Größen $Y_1, \ldots,$ Y_n haben, der von anderen Vorgängen mit den Ausgangsgrößen $X_1, \ldots, X_k$ kausal abhängt, dann schlägt sich dies in einem Gleichungssystem zwischen den X_i und den Y_j so nieder, daß jede Belegung der X_i (die natürlich Einschränkungen unterliegen darf) die Lösung der Y_j eindeutig bestimmt. Es gilt dabei, die Kausalbeziehungen möglichst fein aufzuspalten, weil dies dann in kleineren Gleichungssystemen resultiert. In Analogie zu den Reduktionssystemen sind hier also auch Richtungen zwischen Gleichungen vorgegeben, wenn diese auch nicht stets zwischen einzelnen Gleichungen, sondern zwischen Gruppen von Gleichungen bestehen. Auf weitere Mechanismen wie Abstraktion und qualitatives Schließen werden wir in §17 eingehen. Von Interesse ist ferner die Methode der relaxierten Modelle, die in §15 bei den Suchverfahren behandelt werden; sie läßt sich auch auf die Propagierung von Constraints anwenden. Hier wird in einem Stufenverfahren als erstes ein vereinfachtes Modell studiert (in dem störende Bedingungen unterdrückt werden); das volle Modell wird dann anschließend betrachtet.

Bei der Propagierung von Constraints über das ganze Netz kann nun grundsätzlich auf zwei Weisen vorgegangen werden. Die erste Methode haben wir oben angedeutet: Ausgehend von gewissen Werten werden andere Werte berechnet oder im Falle der Mehrdeutigkeit probehalber belegt. Diese Vorgehensweise heißt die *konstruktive Constraint Propagierung*. Im Gegensatz dazu steht die *destruktive Constraint Propagierung*. Hier geht man von der Menge aller Möglichkeiten aus und sammelt sukzessive Informationen darüber, welche Wertemengen definitiv ausgeschlossen sind, so daß bei der Terminierung dieses Prozesses die erlaubten Werte übrigbleiben. Die destruktive Vorgehensweise ist besonders dann zu empfehlen, wenn man große erlaubte Wertemengen hat; häufig sind auch Kombinationen angebracht.

(C_1) <u>Die konstruktive Propagierung:</u>

Wenn $\{x_1,...,x_n\}$ die Variablen mit den Wertebereichen W_i, $1 \leq i \leq n$, sind, dann interessieren wir uns für partielle Variablenbelegungen und die Möglichkeiten ihrer Fortsetzungen auf schließlich alle Variablen; nicht fortsetzbare Belegungen sind inkonsistent. Das läuft im Prinzip auf das Aufstellen und Durchprobieren von Fallunterscheidungen hinaus; wird bei der Fortsetzung eine Inkonsistenz erkannt, so muß die Belegung (teilweise) zurückgenommen werden. Dies kann nun mehr oder weniger effizient geschehen und man benötigt hierzu einen Mechanismus zur Revision falscher Lösungen sowie eine Buchhaltungsprozedur für darauf basierende Konsequenzen (darauf wird in §11 eingegangen). Um die Komplexität einzuschränken, kann man auch versuchen, zuerst ein vereinfachtes Problem zu lösen. Dazu kann man sog. *relaxierte Modelle* betrachten; das sind solche, in denen weniger oder weniger komplizierte Constraints gelten. Das werden wir bei den Suchverfahren in §15 behandeln.

Eine partielle Belegung der Variablen, die (noch) keine Constraints verletzt, kann man als "lokal konsistent" betrachen. Bei der konstruktiven Vorgehensweise versucht man, von einer lokalen zu einer globalen Konsistenz zu kommen. Häufig ist eine Situation so, daß gewisse Formen der lokalen Konsistenz schon global ausreichen und man es dann nicht mehr mit dem Erfüllbarkeitsproblem in voller Allgemeinheit zu tun hat. Hier sind einige Begriffsbildungen zur Präzisierung der "Lokalität" nützlich.

2. Def.:

Es sei σ eine partielle Belegung der Variablen.

(i) σ heißt *knotenkonsistent,* wenn σ keine einstelligen Constraints verletzt.

(ii) σ heißt *kantenkonsistent,* wenn σ keine zweistelligen Constraints verletzt.

(iii) σ heißt für einen Pfad vom Knoten k_1 zum Knoten k_2 konsistent, wenn σ die

Constraints an diesen Knoten nicht verletzt und sich zu einer Belegung σ' erweitern läßt, die alle Constraints längs dieses Pfades erfüllt. Gilt dies für jeden Pfad, dann heißt σ *pfadkonsistent*.

Dazu wollen wir als Beispiel das Färbungsproblem eines vollständigen Graphen betrachten. Er habe zunächst drei Knoten und es mögen die beiden Farben {rot, blau} zur Verfügung stehen; die Färbung der durch eine Kante verbundenen Knoten soll unterschiedlich sein. Für die drei Farben an den Knoten führen wir die Variablen x, y und z ein und erhalten als Constraint-Netz:

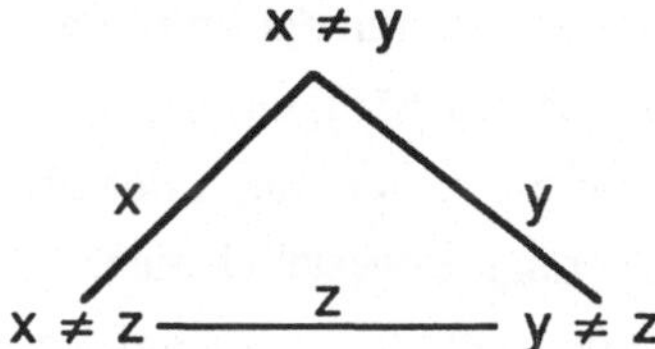

Man sieht sofort, daß jede Belegung von zwei Variablen kantenkonsistent aber keine pfadkonsistent ist; es existiert keine Färbung. Nun erweitern wir die Farben zu {rot, blau, gelb} und nehmen einen vollständigen Graphen mit vier Knoten Das Constraintnetz wird durch Hinzunahme der Variablen u und der Knoten $x \neq u$, $y \neq u$ sowie $z \neq u$ erweitert; Kanten zwischen den Knoten sind wieder mit der jeweils gemeinsamen Variablen beschriftet. Wieder existiert keine Färbung des Graphen, obwohl jetzt für Belegungen von drei Variablen mit verschiedenen Farben noch nicht einmal eine Pfadinkonsistenz auftritt.

Entsprechend den obigen Definitionen kann man ein Netz knoten-, kanten- oder pfadkonsistent nennen, wenn jede partielle Belegung diese Eigenschaft hat. Wie wir gerade sahen, garantiert das nicht unbedingt die Konsistenz des Netzes. Um Inkonsistenzen zu erkennen, ist es trotzdem hilfreich, die Wertebereiche der Variablen so einzuschränken, daß ein Netz mit der entprechenden Konsistenzeigenschaft entsteht; dadurch werden von vorneherein viele unzulässige Belegungen ausgeschlossen. Hierfür existieren polynomiale Algorithmen. Für die Knoten- und Kantenkonsistenz sind sie sehr naheliegend. Ein Fall der Pfadkonsistenz wird in §16 im Zusammenhang mit Relationen zwischen Zeitintervallen im Detail studiert

(C₂) Destruktive Methoden.

Die destruktiven Methoden haben eine lange mathematische Tradition. Eine Standardsituation in der Mathematik und im Operations Research, in der sie verwandt werden, ist die des linearen Programmierens:

Es wird nach der Lösung (ganzzahlig oder reell) eines Systems von linearen Gleichungen und Ungleichungen mit ganzzahligen oder reellen Koeffizienten gefragt. Die Lösungsmengen sind beschränkte oder unbeschränkte Polyeder. Verlangt man ganzzahlige Lösungen, so spricht man von ganzzahliger linearer Programmierung. Über diese Themen existiert eine ausgedehnte Literatur mit einer Vielzahl von Methoden; am wichtigsten ist der Simplexalgorithmus und seine Variationen und Verbesserungen. Hier ist besonders deutlich geworden, daß Komplexitätsschranken richtig interpretiert werden müssen: Sie sind meist "worst-case" Ergebnisse, die im Mittel oder im Normalfall ganz anders aussehen können.

Für den ganzzahligen Fall wollen wir uns mit der im Rahmen der Programmverifikation entwickelten SUP - INF - Methode beschäftigen. Wir verweisen dabei auf §3, wo wir bereits einen Zusammenhang zwischen der Logik der Presburgerarithmetik und der ganzzahligen linearen Programmierung festgestellt hatten.

Gegenstand der SUP-INF-Methode ist ein lineares Ungleichungssystem der Gestalt $s_i \leq t_i$, $1 \leq i \leq n$, wobei die $t_i \leq s_i$ von der Form

$$a_1 x_1 + a_2 x_2 \dots a_k x_k \leq b_1 x_1 + b_2 x_2 + \dots + b_j x_j + c$$

ist. Die Vorgehensweise ist nun so, daß für jede Variable x_i zunächst alle Werte zugelassen sind, die dann sukzessive durch Constraints eingeschränkt werden. Dadurch erhält man Abschätzungen des Supremums und Infimums für jedes x, welches in einer Lösungsmenge vorkommt. Nun wollen wir die SUP-INF-Methode im Detail vorstellen.

Die Eingabe ist eine Menge S von Ungleichen in "$\leq$". Für jede Variable x enthalte S_x die nach x aufgelösten Ungleichungen, d.h. S_x ist von der Form

$$\{x \leq t_1, \dots, x \leq t_n, s_1 \leq x, \dots, s_m \leq x\}.$$

Wir erweitern nun unsere Sprache durch Hinzunahme von

(1) einer Konstanten ∞, für die stets $x \leq \infty$ und $-\infty \leq x$ gelten soll;

(2) zweier binärer Funktionszeichen max und min. Die intendierte Bedeutung ist die übliche, insbesondere sind max und min assoziativ, weshalb wir sie gleich als für beliebig viele Argumente definiert betrachten wollen.

Eine erste Hilfsprozedur ist "SIMP". Wir definieren sie nicht im einzelnen, weil ihr Resultat klar ist: sie soll nämlich max und min an den Anfang geschachtelter, arithmetischer Ausdrücke bringen und zusätzlich alle Konstanten in die Ausdrücke hineinmultiplizieren. Ein Beispiel ist

$$\text{SIMP}(4 \cdot (3 + \max(2, x)) = \max(20, 12 + 4x).$$

SIMP gibt also im allgemeinen Ausdrücke und nicht Zahlen zurück.

Es sei wieder $S_x = \{ x \leq t_1, \dots, x \leq t_n, s_1 \leq x, \dots, s_m \leq x\}$ die aufgelöste Gleichungsmenge.

$$\text{UPPER}(x):= \text{UPPER}_S(x):= \begin{cases} \min(t_1, \dots, t_n) & \text{für } n > 1 \\ t_1 & \text{für } n = 1 \\ \infty & \text{sonst} \end{cases}$$

$$\text{LOWER}(x):= \text{LOWER}_S(x):= \begin{cases} \max(s_1, \dots, s_n) & \text{für } m > 1 \\ s_1 & \text{für } m = 1 \\ -\infty & \text{sonst} \end{cases}$$

Dabei beziehen sich die t_i und s_i auf die Darstellung von S als S_x. Auch diese Funktionen geben Ausdrücke zurück.

Jetzt kommen wir zu den vier eigentlichen Algorithmen SUP, INF, SUPP, INFF. Je zwei von ihnen sind symmetrisch zueinander; bei den Argumenten laufen kleine Buchstaben über Zahlen oder ihre Bezeichnungen und große Buchstaben über Mengen von Variablen.

(I)   <u>$\text{SUP}(u, H):= \text{SUP}_S(u, H)$</u>:

Fallunterscheidung	Aktion	Rückgabe
1) u Zahlenkonstante	--	u
2) u Variable		
2a) $u \in H$	--	u
2b) $u \notin H$	$q:= \text{UPPER}(u)$ $p:= \text{SUP}(q, H \cup \{u\})$	$\text{SUPP}(u, \text{SIMP}(p))$
3) $u = c \cdot v,$ c ist Zahlenkonstante		
3a) $c < 0$	--	$c \cdot \text{INF}(v, H)$
3b) $c \geq 0$	--	$c \cdot \text{SUP}(v, H)$
4) $u = cv + w$ c Zahlenkonstante v Variable	$w':= \text{SUP}(w, H \cup \{v\})$	
4a) v kommt in w' vor	$u':= \text{SIMP}(c \cdot v + w')$	$\text{SUP}(u'\ H)$
4b) v kommt nicht in w' vor	--	$\text{SUP}(c \cdot v, H) + w'$
5) $u = \min(v, w)$	--	$\min(\text{SUP}(v, H), \text{SUP}(w, H))$

In 5) haben wir um Platz zu sparen die Minimumbildung nur für zwei Argumente betrachtet, eigentlich müßte man $\min(v_1,...,v_n)$ betrachten (ebenso wie unten bei max).

(II) $\underline{INF(u, H):= INF_S(u, H)}$:

Fallunterscheidung	Aktion	Rückgabe
1) u Zahlenkonstante	--	u
2) u Variable		
2a) $u \in H$	--	u
2b) $u \notin H$	$q := LOWER(u)$ $p := INF(q, H \cup \{u\})$	$INFF(u, SIMP(p))$
3) $u = c \cdot v$, c Zahlenkonstante		
3a) $c < 0$	--	$c \cdot SUP(v, H)$
3b) $c \geq 0$	--	$c \cdot INF(v, H)$

4) $u = c \cdot v + w$
   c Zahlenkonstante
   v Variable
	$w' := INF(w, H \cup \{v\})$	

4a) v kommt in w' vor	$u' := SIMP(c \cdot v + w')$	$INF(u', H)$
4b) v kommt nicht in w' vor	--	$INF(c \cdot v, H) + w'$
5) $u = \max(v, w)$	--	$\max(INF(v, H), INF(w, H))$

(III) <u>SUPP(u, v)</u>:

Fallunterscheidung	Rückgabe
1) v Zahlenkonstante oder $\pm \infty$	v
2) u = v	∞
3) v = min(r, s)	min(SUPP(u, r), SUPP(u, s))
4) v = a·u+w u kommt in w nicht vor	
4a) a > 1	∞
4b) a < 1	$\dfrac{w}{1 - a}$
4c) a = 1	
4 c1) w keine Zahlenkonst.	∞
4 c2) w Konstante < 0	$- \infty$
4 c3) w Konstante $\geq$ 0	∞

(IV) <u>INFF(u, v)</u>:

Fallunterscheidung	Rückgabe
1) v Zahlenkonstante oder $\pm \infty$	v
2) u = v	$- \infty$
3) v = max(r, s)	max(INFF(u, r), INFF(u, s))
4) v = a·u+w u kommt in w nicht vor	
4a) a > 1	∞
4b) a < 1	$\dfrac{w}{1 - a}$
4c) a = 1	
4 c1) w keine Zahlenkonst.	$- \infty$
4 c2) w Konstante > 0	∞
4 c3) w Konstante $\leq$ 0	$- \infty$

Diese Algorithmen wollen wir jetzt etwas kommentieren. Dabei werden wir aber die Behauptungen nicht beweisen; dazu wären etliche Techniken aus der linearen Algebra erforderlich. Weil (I) und (II) vollständig symmetrisch zueinander sind, beschränken wir uns auf die Betrachtung von SUP. Als Motivation dient das Hauptergebnis über SUP:

3. Satz:

    (a)   Wenn x_{max} der maximale Wert für x ist, der in einem Lösungsvektor für S vorkommt, dann ist $x_{max} = SUP(x, \emptyset)$.

    (b)   Wenn in Lösungsvektoren für S unbeschränkt große Werte für x vorkommen, dann ist $SUP(x, \emptyset) = \infty$.

Die Rückgabe für $SUP(x, \emptyset)$ erfolgt im Fall (3b) durch SUPP. SUPP selbst ruft keine andere Prozedur auf, es liefert, wenn man "min" noch semantisch auswertet, eine Zahl oder $\pm\infty$. Eine Inspektion zeigt ferner, daß in (I) der Fall $u = max(v, w)$ nicht vorkommen kann. Die Terminierung der Algorithmen ist noch relativ einfach zu sehen, weil man die in S vorkommenden Ausdrücke abarbeitet. Der Beweis des Satzes selbst benutzt eine Induktion über die Anzahl der Variablen in S; beim Induktionsschritt verringert man diese Anzahl, indem man für ein x den maximalen Wert x_{max} einsetzt. Welche Konsequenzen kann man nun aus diesem Satz ziehen?
Als erstes:
Wenn $[INF(x, \emptyset), SUP(x, \emptyset)]$ für eine Variable x in S keine ganze Zahl enthält, also insbesondere wenn $SUP(x\ \emptyset) < INF(x, \emptyset)$ ist, dann ist S unerfüllbar.

Falls diese Intervalle aber für jede Variable eine ganze Zahl enthalten, so muß deshalb insgesamt noch immer kein ganzzahliger Lösungsvektor existieren.
Wenn $INF(x, \emptyset) \neq -\infty$ für jedes x ist, kann man durch Einsetzen der jeweils endlich vielen Werte aus den Lösungsintervallen noch effektiv (nicht unbedingt effizient) auf einen ganzzahligen Lösungsvektor testen.
Damit sind unsere Ausführungen zur SUP-INF-Methode beendet.

Eine mathematisch-algebraische Methode zur Constraint-Propagierung, wie wir sie gerade vorgestellt haben, war an eine spezielle arithmetische Struktur gebunden. In allgemeinen Fällen können wir uns nicht auf diese Weise behelfen. Eine sehr naheliegende Frage ist (und eigentlich sollte man sie ganz an den Anfang stellen): Wenn Constraint-Propagierung eine Form der Inferenz ist, und wenn man allgemein so weit entwickelte deduktive Methoden hat, warum setzt man die letzteren nicht für den ersteren

Zweck ein? Könnte man nicht die Resolution oder die Paramodulation nutzbringend verwenden?

Bei einer oberflächlichen Betrachtung scheint dies nicht möglich, denn es kommen ja gar keine negierten Ausdrücke vor. Beim genaueren Hinsehen merkt man aber, daß diese nur nicht explizit hingeschrieben werden, sondern in einer Hintergrundstheorie T versteckt sind. Diese Theorie T sieht wie folgt aus (vgl. dazu auch §16):

(1) Für jedes Paar verschiedener Konstanten a und b aus der Datenbasis enthält T die Formel $\neg a = b$.

(2) Wenn für eine einstellige Relation $P(x)$ der Wertebereich $W(x) = \{a_1, \dots, a_n\}$ endlich ist, dann enthält T die Formel $\forall x(P(x) \to (x = a_1 \vee \dots \vee x = a_n))$; analoges gilt im Falle mehrstelliger Prädikate.

Hierauf könnte man im Prinzip nun in der Tat den Paramodulationskalkül einsetzen. Die Constraint-Propagierung ist hier destruktiv und wird durch die Anwendung von Substitutionen auf Variablen ausgedrückt. Wenn ursprünglich für eine Variable x noch alle Werte zugelassen sind, so schränkt man sich nach Anwendung einer Substitution σ auf diejenigen Werte ein, die durch die Belegungen der in dem Term $t = \sigma(x)$ vorkommenden Variablen gegeben sind. Es ist dabei zweckmäßig, die Hintergrundstheorie T, sowie evtl. sonstige Kenntnisse über die behandelte Problematik zugleich in den Inferenzkalkül einzubauen. Eine solche Vorgehensweise wollen wir exemplarisch am Fall von PROLOG demonstrieren.

Die erste Modifikation geschieht schon bei der Unifikation. Variablen, welchen ein endlicher Wertebereich W zugeordnet ist, heißen W-Variablen, Variable mit unbeschränktem Wertebereich heißen U-Variable. Der Unifikationsalgorithmus aus §1 wird nun wie folgt abgeändert:

(1) Wenn eine U-Variable X und eine W-Variable Y unifiziert werden, so wird X an Y gebunden (d.h. X wird durch Y ersetzt).

(2) Wenn eine W-Variable X mit einer Konstanten unifiziert werden soll, dann ist dies nur dann erfolgreich, wenn die Konstante in W(X) ist.

(3) Wenn zwei W-Variablen X und Y unifiziert werden sollen, dann ist dies nur dann erfolgreich, wenn $W = W(X) \cap W(Y) \neq \emptyset$ ist. Falls $W = \{a\}$ einelementig ist, dann wird a sowohl an X als auch an Y angebunden. Im

anderen Falle wird eine neue Variable Z mit dem Wertebereich $W(Z) = W$ eingeführt, an die sowohl X als auch Y gebunden werden.

Damit haben wir die endlichen Wertebereiche berücksichtigt. Die Ungleichungen könnte man im Prinzip mit der Methode "Negation as Failure" behandeln. Sehr viel effizienter ist es aber, konkrete Maßnahmen anzugeben, anstatt auf das Fehlschlagen eines Beweises zu warten. Es wird diesmal nicht nur in die Unifikation eingegriffen, sondern auch der Mechanismus der PROLOG-Interpretation selbst geändert. Dies geschieht wie folgt:

(1)   Es werden Ungleichungen der Form $\neg(u = v)$ zugelassen.

(2)   Ein Ziel $\neg(u = v)$ wird nur dann bearbeitet, wenn mindestens einer der beiden Terme u oder v ein Grundterm und der andere eine W-Variable ist.

(3)   Wenn u die W-Variable X und v die Konstante a ist, dann sei $W := W(X) \setminus \{a\}$. Falls nun $W = \{c\}$ einelementig ist mit $a \neq c$, dann wird X an c gebunden und das Ziel $\neg(X = a)$ ist erfolgreich beantwortet. Wenn aber $a = c$ ist, scheitert das Ziel. Falls W mehr als ein Element enthält, wird wieder eine neue Variable Z mit dem Wertebereich $W(Z) = W$ eingeführt; an diese Variable wird X gebunden und das Ziel ist wieder erfolgreich beantwortet. Der Fall, daß u eine Konstante und v eine W-Variable ist, wird analog behandelt.

(4)   Wenn u und v beides Konstanten sind, so gilt das Ziel $\neg(u = v)$ als beantwortet, wenn u und v verschiedene Konstanten sind; die Beantwortung schlägt fehl, wenn u und v die gleichen Konstanten sind.

Bei dieser Vorgehensweise handelt es sich im Prinzip um einen Inferenzkalkül in der Sortenlogik. Ein entsprechend allgemeinerer Einsatz der Sortenlogik für weitere Fragen der Constraintpropagierung würde sich hier anbieten.

Übungen:

Aufgabe 1

Man beschreibe ein Frame für einen klassischen Wildwestfilm und instantiiere ihn am Beispiel von "High Noon" (Wildwestfilme sind sehr stark formalisiert!).

Aufgabe 2

Ausgehend von der 6.Situation in §6 modelliere man die für einen Käufer wichtigen Aspekte von Autos in einem Frame. Dabei diskutiere man insbesondere die Frage, ob und wann man sinnvoll Defaultannahmen (in der Form von "normalerweise ist es der Fall, daß...") vererben kann.

Aufgabe 3

Man behandle Aufgabe 5) aus §3 mit Hilfe der SUP-INF-Methode.

Aufgabe 4

Man finde eine Formel $\varphi(x, y)$ der Presburger Arithmetik mit nur Allquantoren in pränexer Normalform, welche keine ganzzahligen Lösungen hat, wohl aber rationale Lösungen, in denen ganzzahlige Werte sowohl für x als auch für y vorkommen. Man führe hierfür die SUP-INF-Methode durch.

Aufgabe 5

Man betrachte die Gleichung SEND + MORE = MONEY, in der die Buchstaben für Ziffern zwischen 0 und 9 stehen, und keine zwei Buchstaben denselben Wert haben.

(a) Man formuliere die arithmetischen Bedingungen als Constraints.

(b) Man propagiere die Anfangsbedingung M = 1 möglichst zweckmäßig; falls sich mehrere Möglichkeiten ergeben (man also einen Konflikt hat), wähle man einen beliebigen Wert aus; dieser muß u.U. zurückgenommen werden.

(c) Man behandle das Problem mit der vorgestellten PROLOG-Erweiterung. Zu diesem Zweck stelle man Dezimalzahlen und Mengen als Listen dar. Die arithmetischen Constraints, etwa für die Überlaufziffern, formuliere man mit geeigneten PROLOG-Prädikaten.

(d) Man verbessere den Ansatz von (c), indem man etwa SEND darstellt durch 1000 * S + 100 * E + 10 * N + D, analog für MORE und MONEY.

Hintergrundbemerkungen zu §8a

Bereits die erste Darstellung der Prädikatenlogik in Freges "Begriffsschrift" benutzte eine graphische Darstellung für die Formeln. Sie wurden in der Folge häufig benutzt. Semantische Netze wurden zum ersten Mal im Zusammenhang mit maschinellen Sprachübersetzungen um 1960 implementiert. Hyperkanten in semantischen Netzen wurden in [Bo77] betrachtet. Für semantische Netze wie auch für Frames gibt es keine

einheitliche Terminologie; es werden auch mehr allgemeine Modelle vorgestellt, die im Einzelfall noch konkretisiert werden sollten. Die Entwicklungen um den Frame-Begriff stammen aus der Arbeit [Mi74]. Es ging Minsky dabei nicht um einen logischen Formalismus, sondern um im Sinne der Kognitionstheorie adäquate Beschreibungen eines Ausschnittes der Umwelt. Dabei stehen dann Fragen, wie man Dinge erkennt, oder wie man sein Gedächtnis organisiert, im Vordergrund. Bis heute wird gelegentlich eine fehlende logische Durchdringung der Framekonzepte beklagt. Der Grund hierfür liegt vermutlich darin, daß der Frame-Begriff in seiner vollen Allgemeinheit im wesentlichen gleichwertig mit der Prädikatenlogik höherer Stufe ist, wo man nun einmal keine vernünftige Theorie mehr hat (vgl.§7). Es gab auch eine ausgedehnte Diskussion darüber, ob der Frame-Ansatz überhaupt "Logik sei oder nicht". Diese Frage erscheint etwas müßig: Die Intentionen, warum man etwas so und nicht anders macht, gehören selbstverständlich nicht in den Bereich der Logik, aber wenn man denn nun schon etwas formalisiert hat, dann ist es eben nicht zu vermeiden, daß man dann auch ein formales System hat, was sich in dieser oder jenen logischen Sprache (und aus grundsätzlichen Gründen eigentlich immer in der Logik der höheren Stufe) aufschreiben läßt. Ganz zu Beginn von §1 hatten wir betont, daß die Künstliche Intelligenz klarerweise kein Teilgebiet der formalen Logik ist; die letztere ist jedoch eines der Handwerkszeuge, die man so braucht (neben vielen anderen). Spezielle Ausprägungen von Frames wurden von R. Schank in Form der sogenannten *Scripts* formuliert. Sie dienen zur Beschreibung häufig wiederkehrender Folgen von Ereignissen, wie etwa der Szenenfolge beim Besuch eines Restaurants, vgl. [Sch-Ab77].
Eine einheitliche Behandlung von konstruktiver und destruktiver Constraintpropagierung findet man [Vo-Vo87]. In §3 hatten wir uns bereits mit der Reduktion von allquantifizierten Formeln der Presburgerarithmetik auf ganzzahlige, lineare Ungleichungssysteme beschäftigt. Die SUP-INF-Methode geht auf W.W. Bledsoe zurück, vgl. [Ble75]. Sie wurde von R.E. Shostak in [Sho77] zu der hier zugrundeliegenden Form verfeinert. Die Behandlung von Constraint-Propagierung im Falle endlicher Bereiche durch eine PROLOG-Erweiterung geht auf [Di-Si-He87] zurück. Unendliche Bereiche, in denen numerische und nicht-numerische Costraints auftreten, werden in [Ja-La87] behandelt. Die numerischen Constraints werden dort mit der Simplexmethode verarbeitet, während auf nicht-numerische die normale Unifikation angewandt wird.

8b   Objektorientierte Darstellungen

Das Schlagwort "objektorientiert" hat eine Reihe von Dimensionen: Es bezeichnet gewisse Programmiersprachen, einen bestimmten Programmierstil und auch allgemein eine Form der Wissensrepräsentation. Unabhängige Vorgänger haben hier Pate gestanden: Einmal das gerade behandelte Framekonzept auf Wissensrepräsentationsebene und zum anderen das Klassenkonzept aus Simula und den Actorsprachen.

Die erste Idee, die sich mit den objektorientierten Repräsentationen verbindet, stammt aus dem Bereich des Software-Engineerings und läßt sich unter das Schlagwort *Modularisierung* subsumieren. Modularisierung bedeutet, daß sowohl Datenmengen als auch auf sie zugreifende Verfahren zu Blöcken zusammengefaßt werden, bei denen das einzig Relevante ihr Input-Output-Verhalten ist, und deren innere Struktur nach außen hin bedeutungslos wird. Ein solcher Modul heißt hier *Objekt*, das eine reichhaltige innere Struktur haben kann und an das man gewisse Anfragen stellen kann, die von ihm ggf. beantwortet wird. Wie im gewöhnlichen Softwareengineering verfolgen wir mehrere Zwecke damit:
-- Erhöhung der Übersichtlichkeit und Sicherheit durch Blockbildung
-- Mehr Klarheit durch Verbergen unwichtiger Details in den Objekten ("Information Hiding")
-- Anwendungsunabhängigkeit durch die Möglichkeit der Datenabstraktion

Die zweite Idee ist mehr eine technische, sie dient der Kompaktifizierung der Repräsentation. Das geschieht im Prinzip so, daß gewisse Objekte, die mit anderen Gemeinsamkeiten haben, diese Gemeinsamkeiten "vererben " können; dazu brauchen die gemeinsamen Eigenschaften also nur einmal notiert werden. Auch der Vererbungsbegriff kam bereits bei den Frames vor, dort war er mit den is-a-Kanten assoziiert. Die Objekte, zwischen denen eine Vererbungsrelation besteht, bilden einen Graphen. Seine Struktur kann grundsätzlich von zweierlei Art sein, was wir weiter unten beschreiben werden.

Der Dreh- und Angelpunkt ist der Begriff des Objektes, der in einer gewissen Allgemeinheit beschrieben werden soll. Organisiert sind Objekte in einem Kommunikationsmodell.
Ein Objekt unterteilt sich in einen lokalen Speicherbereich und eine Menge von Funktionen, die in diesem Zusammenhang *Methoden* heißen.

142

Ein Objekt ist graphisch so dargestellt:

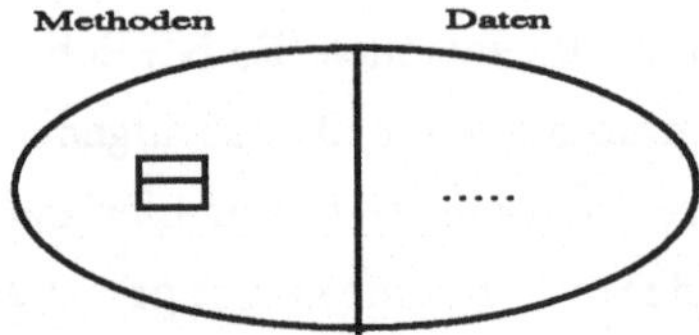

Objekte kommunizieren miteinander über *Nachrichten*. Eine Nachricht ist so aufgebaut:

Empfänger	Selektor	Argumente

Dabei sind der Empfänger und die (optionalen) Argumente wiederum Objekte und der Selektor ist der Name einer Operation, die der Empfänger ausführen soll.

Das Empfängerobjekt wird aufgefordert, die durch den Selektor gegebene Operation auf seinen Daten unter Verwendung der Argumentobjekte durchzuführen.

Beispiele:

(1) `7 + Increment`

Das Objekt 7 wird aufgefordert, zu sich selbst das Objekt Increment zu addieren.

(2) `Liste sortieren.`

Das Objekt Liste wird aufgefordert, sich zu sortieren.

Wenn nun an einen Empfänger eine Nachricht kommt,

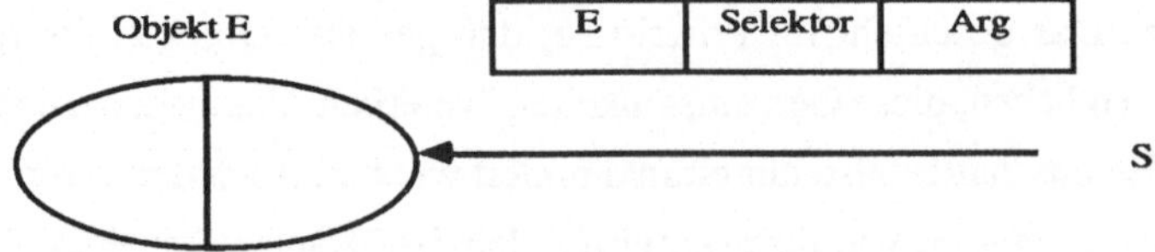

so ist folgendes zu tun:

(1) Korrektheit des Selektors prüfen: ist der Selektor im Operationsraum von E vorhanden ?

(2) Operation anstoßen

(3) Antwort an den Sender zurückmelden.

Dies entspricht in einem Regelsystem der Auswahl einer anwendbaren Regel und ihrer anschließenden Ausführung. Die Funktionsausführung im Objekt kann nun zweierlei Ausprägungen haben:

(1) Lokale Effekte: Die Operation greift auf lokale Daten zu.
    Man beachte hierbei, daß nur das Objekt selbst Zugriff auf seine lokalen Daten hat.
(2) Globale Effekte: Die Operation bewirkt, daß Nachrichten an andere Objekte geschickt werden:

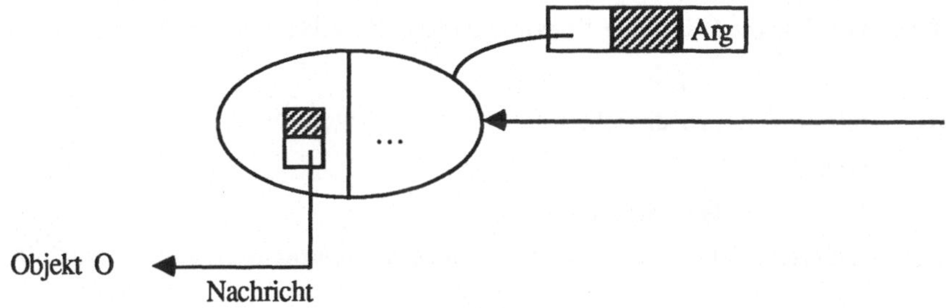

Dadurch können die Zustände anderer Objekte geändert werden. Die Wirkung einer Operation hängt natürlich durchaus vom internen Zustand eines Objektes, d.h. von den Werten seiner Daten, ab.

Hat man mehrere Objekte, die die gleichen Operationen beinhalten und deren Datenraum gleich strukturiert ist und die sich nur im Inhalt ihrer Datenräume unterscheiden, so kann man diese Objekte zu einer Gruppe zusammenfassen. Die Idee ist, daß alle Gemeinsamkeiten dieser Objekte einmalig durch eine *Klasse* definiert werden. Einzelne Objekte sind dann *Instanzen* dieser Klasse.

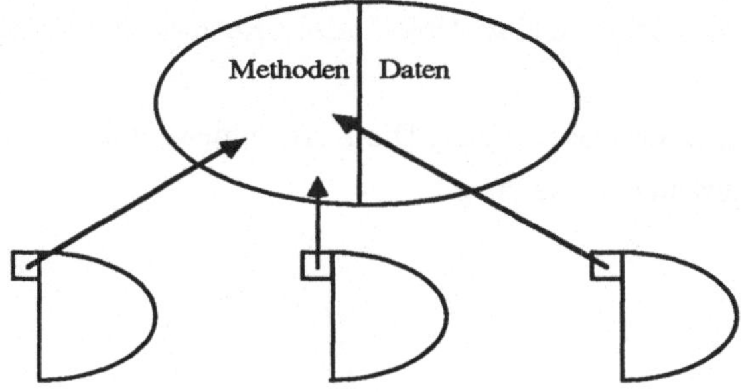

Eine Klasse ist grundsätzlich selbst auch ein Objekt, das Nachrichten empfangen kann.

In ihr sind die Operationen implementiert und der Aufbau des Datenraums für alle Objekte der Klasse definiert. Eine Instanz der Klasse wird erzeugt, wenn die Klasse die Nachricht "neue_Instanz" erhält, die Erzeugung eines entsprechenden Objektes ist das Ergebnis dieser Nachricht. Dazu muß die Klasse natürlich Methoden zur Verfügung haben, welche dies bewerkstelligen.

Oft haben Klassen untereinander große Gemeinsamkeiten in den Operationen und auch in den Daten. So lassen sich die Operationen, die sich auf die Klasse Kraftfahrzeuge anwenden lassen, auch auf die Klasse Personenwagen und Lastwagen anwenden.

1.Def.: Die Klasse B ist eine Spezialisierung der Klasse A (oder A ist Oberklasse von B), wenn gilt :

(i) Klasse B hat zusätzliche Datenstrukuren gegenüber A

oder

(ii) B hat zusätzliche Operatoren

Dabei ist zugelassen, daß Operationen in B anders implementiert sind als gleichnamige in A.

Die Spezialisierung kann in einem semantischen Netz als "ist-"Kante dargestellt werden. Die Grundidee ist, gemeinsame Aspekte von Klassen nur einmal zu definieren und dann an Spezialisierungen zu vererben. B erbt alle Operationen und Datenstrukturen aus A, kann aber neue Operationen und Datenstrukturen hinzudefinieren und eererbte Operationen durch neue gleichen Namens überschreiben. Eine Schwäche des Vererbungskonzeptes ist, daß man bei einem hierarchischen Aufbau nicht ausdrücken kann, welche Daten auf der abstrakten und der konkreten Ebene sich gegenseitig *entsprechen*. Es bleibt aber festzuhalten, daß bei einem reinen Vererbungsprinzip in einer Hierarchie alle Dinge nur einmal definiert werden, hier dies aber wegen der Überschreibungsmöglichkeit nicht mehr der Fall ist.

Es gibt zwei Möglichkeiten, solch eine Ober-Unterklassen-Relation zu implementieren.

(1) *Mehrfachvererbung*:

Jede Klasse kann mehrere Oberklassen haben. Die Klassenhierarchie wird beschrieben durch einen azyklischen gerichteten Graphen:

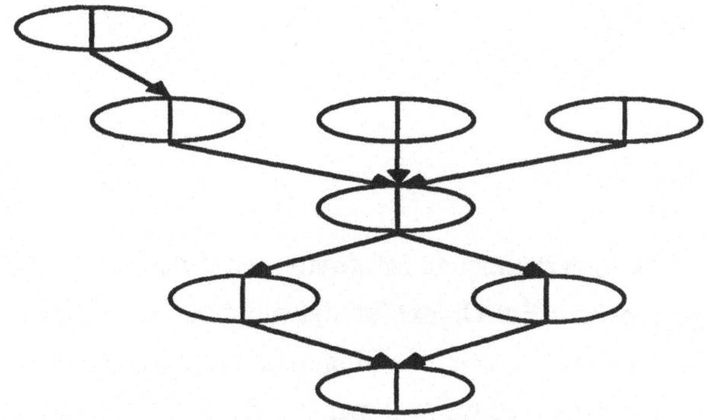

Eine solche Hierarchie ist besonders dann von Interesse, wenn man für ein Objekt verschiedene Gesichtspunkte repräsentieren möchte. So ist etwa "Weizen" sowohl eine Pflanze wie auch ein Nahrungsmittel und erbt dementsprechend Eigenschaften ganz verschiedener Natur. Der Vorteil der größeren Allgemeinheit muß durch aufwendige Verfahren bei der Suche nach den angeforderten Methoden erkauft werden: Tiefensuche, Breitensuche oder Mischformen von beiden sind bei der Durchsuchung des Graphen nach Methoden erforderlich (betreffs Suche siehe §15). Es treten hier auch Konflikte auf: Wenn ein Objekt etwas von zwei Vorgängern erben kann, das zwar in beiden Fällen den gleichen Namen hat aber sonst ganz unterschiedlich ist, dann muß hier eione Strategie festgelegt werden, die eine Entscheidung trifft. In SMALLTALK gibt es keine Mehrfachvererbung, wohl aber im FLAVOR-System von LISP.

(2) *Baumartige Hierarchie*:
Jede Klasse besitzt genau eine Oberklasse:

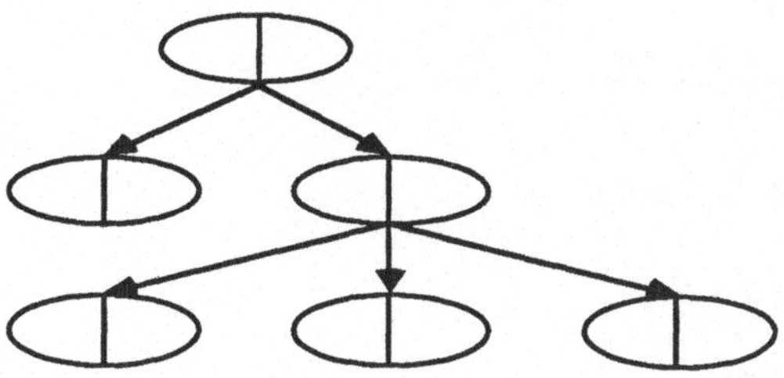

Dies ist die Vererbungsform von SMALLTALK 80. In ihr wird der vertikale Transfer von Informationen kultiviert. Die in diesem Bereich erzielte Effizienz muß aber mit einer Schwerfälligkeit für horizontale Transfers bezahlt werden.
Das allgemeine Muster einer Klassenbeschreibung sieht so aus:

```
class <Name>
```

```
superclass(es)
class data
class operations
instance data
instance operations
```

Hier werden alle mit der Klasse verbundenen Informationen spezifiziert. Eine Warnung sei an dieser Stelle ausgesprochen: Ein Objekt ist hier nicht zu verwechseln mit einem umgangssprachlichen Objekt im Sinne eines Gegenstandes. Ein solcher entspricht vielmehr einem Zweig im Hierarchiebaum, weil man nur dann auch alle zu vererbenden Eigenschaften erhält. Das ist ganz im Einklang mit den Baumtheorien aus §1, auch dort beschrieben nur ganze Zweige ein Modell.

Wir wollen unsere Betrachtungen jetzt etwas einschränken und auf SMALLTALK 80 fokussieren. Dabei interessieren uns aber auch hier nur die grundsätzlichen Aspekte und nicht die syntaktischen Details. In SMALLTALK 80 gibt es ein ausgewähltes Objekt "*object*"; dies ist die einzige Klasse, die keine Oberklasse enthält. Unterklassen von *object* sind anfangs nur eine größere Reihe von vordefinierten Systemklassen. Die Arbeit des Programmierers besteht nun u.a. in der Erweiterung dieser Klassenhierarchie um weitere, eigene Klassen.

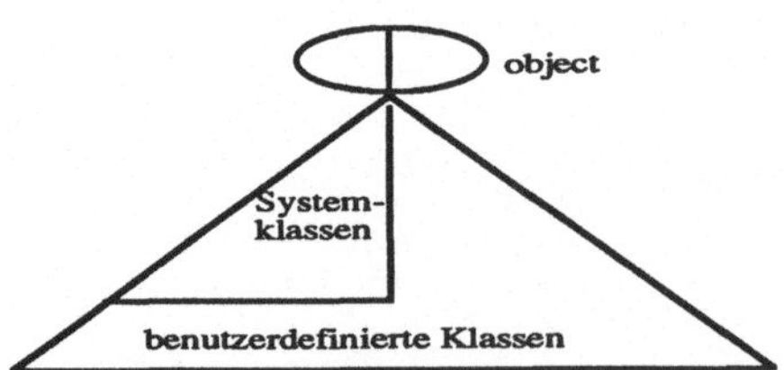

Allgemein werden Klassen so aufgebaut:

```
class name
    superclass
    class variable names
    instance variable names
    indexed instance variables
    class methods
    instance methods
```

Die auftretenden Grundbegriffe sollen jetzt vorgestellt und diskutiert werden; dazu gehören vor allem die verschiedenen Arten von Variablen, die Methoden und die Nachrichten.

(I) Die Variablen entsprechen in einem bestimmten Sinne den Slots bei den Frames, genauer gesagt, den Speicherplätzen für die Slotinhalte. (Auf der anderen Seite sind die Slots dasjenige, was von einem Frame nach außen hin sichtbar ist; sichtbar sind hier aber die Methoden. Sie sind also auch ein Kandidat für das Analogon zu den Slots.) Die Variablen klassifizieren sich nach folgendem Schema:

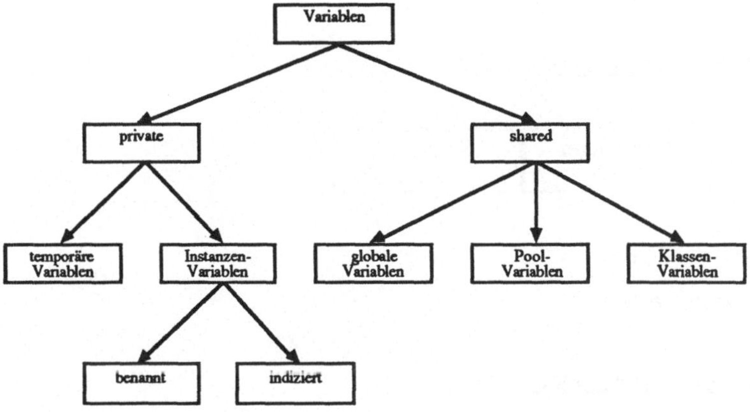

Temporäre Variablen dienen zur Ausführung einer bestimmten Methode.

Instanzenvariablen haben dieselbe Lebensdauer wie die Instanz selbst.

Benannte Instanzenvariablen haben für jede Instanz denselben Namen.

Indizierte Instanzenvariablen können in jeder Instanz in unterschiedlicher Häufigkeit auftreten.

Klassenvariablen sind zugreifbar für alle Instanzen der Klasse.

Poolvariablen sind zugreifbar für alle Instanzen einer bestimmten Teilmenge von Klassen (dem "Pool").

Globale Variablen sind zugreifbar für alle Objekte aller Klassen. Sie sind ein Notbehelf, um im Vererbungskonzept nicht vorgesehene Verbindungen zu realisieren. Nur so kann man z.B. explizite Referenzen zu anderen Klassen auf der gleichen Hierarchieebene ermöglichen. Damit kann man aber leicht den objektorientierten Stil verwischen.

(II) Methoden sind eigentlich Prozeduren. Eine Methode erhält anstelle der Argumente sog. Pseudovariablen, welche Namen für Objekte sind, sie verweisen auf die aktuellen Argumente der Nachricht während der Ausführung. Auf Pseudovariablen kann nur lesend zugegriffen werden; ihr Wert kann nicht geändert werden.

(III) Das Versenden von Nachrichten entspricht den Prozeduraufrufen der prozeduralen Sprachen; auch bei den Frames begegneten uns prozedurale Elemente. Man unterscheidet in SMALLTALK 80 drei Arten von Nachrichten (was aber keineswegs typisch für objektorientierte Systeme ist) :

(1) <u>Einstellige Nachrichten</u>

Empfänger	Selektor

Beispiel:

```
Liste sortieren
```

(2) <u>Zweistellige Nachrichten</u>

Empfänger	Selektor	Argument

Beispiel: x + y

(3) <u>Schlüsselwortnachrichten</u>

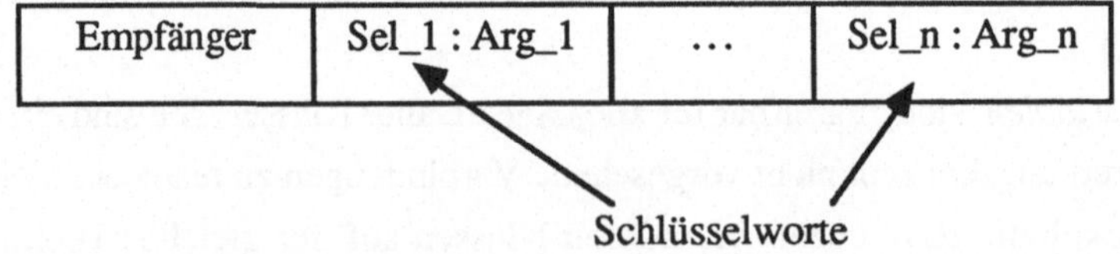

Empfänger	Sel_1 : Arg_1	...	Sel_n : Arg_n

Schlüsselworte

Das entspricht der Standardargumentliste bei Common-LISP Funktionen. Selektorteile und Argumente sind verzahnt angegeben. Der Selektor setzt sich aus mehreren

Schlüsselworten zusammen.

Beispiel:

```
    matrix Zeile :7    Spalte:6    trage_ein :leer
```
Der Selektor ist hier   Zeile:Spalte:trage_ein.

Als Modularisierungskonzept gibt es ferner das Konstrukt des *Blocks*. Der Wert eines Blocks ist das Objekt, das die Folge von Ausdrücken ausführen kann. Die Ausführung wird gestartet durch das Senden der Nachricht "value"; .es handelt sich also um eine Form der verzögerten Zuweisung. Ausdrücke können dabei Konstante, Variable, Nachrichten oder selbst wieder Blöcke sein; nach ihrer Auswertung bezeichnen sie Objekte.

Wenn nun eine Nachricht an ein bestimmtes Objekt kommt, so wird die angesprochene Methode dort häufig nicht zu finden sein, man erhält sie erst durch Vererbung von einem höheren Objekt. Es muß also ein Suchprozeß nach dieser Methode gestartet werden, denn diese kann ja "ziemlich weit entfernt" aufbewahrt sein. Hierfür werden zwei Vorgehensweisen angeboten, die durch zwei Pseudovariable *self* und *super* charakterisiert sind. Self und Super fungieren als Empfänger von Nachrichten und können im Rumpf eines Verfahrens vorkommen.

(1) Die Verwendung von "self" :

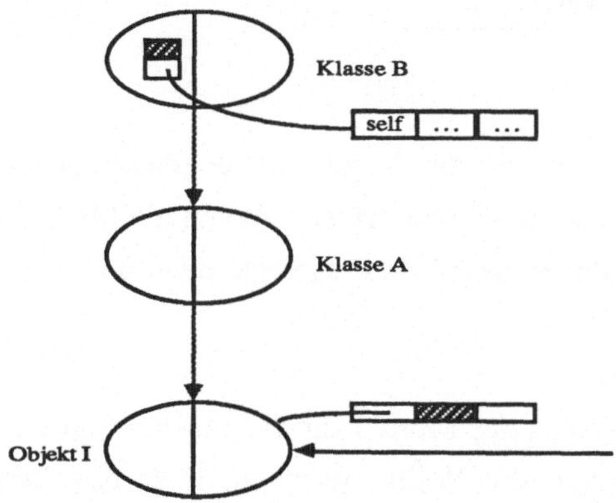

Eine Nachricht wird an das Objekt I geschickt, in dem angesprochenen Verfahren kommt "self" vor. Die Suche nach dem Verfahren geht von unten nach oben, beginnt also in der Klasse A, bis man in der Klasse B schließlich Erfolg hat. Mit "self" kann man eine

Nachricht an sich selbst schicken, wodurch die Definition einer rekursiven Prozedur möglich wird. Mit self wird der Aspekt unterstützt, daß Objekte in einem inhaltlichen Sinne ganzen Zweigen von formalen Smalltalkobjekten entsprechen.

(2) Die Verwendung von "super" :
Wieder wird die Nachricht an das Objekt I geschickt, nur soll diesmal das Verfahren "super" enthalten. Die Suche beginnt jetzt nicht in der Klasse A, sondern oberhalb der Klasse, welche die Methode mit der Verwendung von "super" enthält, d.h. in der Klasse C:

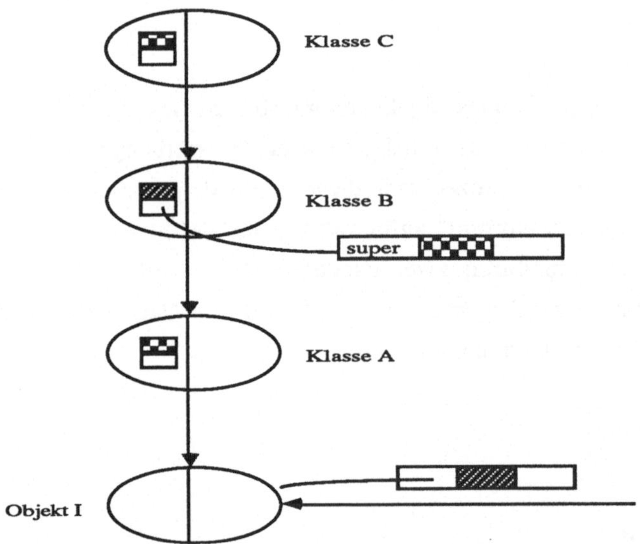

Das Motiv für diese Vorgehensweise ist, von bei der Vererbung überschriebenen Verfahren die ursprüngliche Version wieder verfügbar zu machen. Wenn die Methode nämlich nicht überschrieben worden wäre, könnte man sie in C auch gar nicht finden, sie käme nur einmal vor, und zwar in A.

Eingangs hatten wir die Blockbildung als eines der Motive für die objektorientierte Programmierung angeführt. Wenn man nun die Wahl zwischen einer üblichen Modularisierung und einer objektorientierten Darstellung hat, so fragt man sich natürlich nach dem Unterschied und wann man gegebenenfalls die letzere wählen sollte. Das ist gewöhnlich dann angebracht, wenn die Anzahl der Objekte nicht zu Programmbeginn feststeht. Objekte lassen sich zur Laufzeit generieren, Module hingegen nicht.

Übungen:

Aufgabe1

Gegeben sei die folgende Klassenhierarchie in Smalltalk:

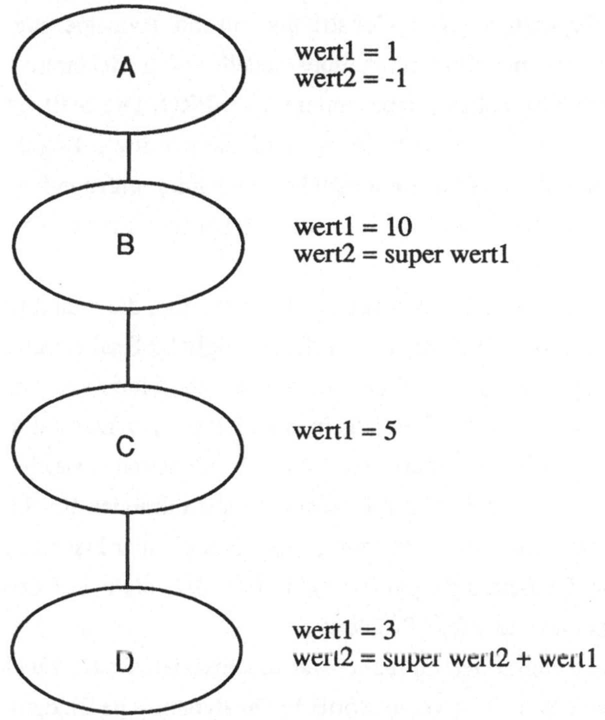

Welchen Wert erhält man, wenn man an Instanzen von A,B,C und D die Nachrichten wert1 und wert2 schickt?

Hintergrundbemerkungen zu §8b

Die Sprache Simula war gedacht für die Implementierung von Simulationssystemen. Smalltalk basiert beträchtlich auf Simula. Die entscheidende Erweiterung von Simula, welches das Klassenkonzept bereits enthielt, war der Ausbau zu einem Kommunikationsmodell. Ausführliche Beschreibungen von SMALLTALK 80 findet man in [Go-Ro83] (Grundlagen und Einführung) und [Go84] (Ein Tutorienbuch).
In LISP ist das FLAVOR-System die objektorientierte Erweiterung, die aber eine multiple Vererbung hat; die objektorientierte Erweiterung von Common-LISP ist CLOS.

Auch für die prozedurale Sprache C existiert in Form von C^{++} eine obektorientierte Erweiterung.

Im allgemeinen Fall der objektorientierten Programmierung interessieren noch Kombinationsmöglichkeiten mit früher vorgestellten Methoden der Wissensrepräsentation wie Regelsystemen, sowie Constraints und ihre Propagierung. Inhaltlich bedeutet das die Ausweitung des Kommunikationsmodells auf die deklarative Programmierung. Viele deklarative Sprachen, insbesondere auch PROLOG besitzen heute objektorientierte Erweiterungen. Die Vererbung wird dann mittels Regeln implementiert. Durch den objektorientierten Progammierstil können häufig umfangreiche Regelpakete zusammenschrumpfen, weil sich die Regeln durch den Vererbungsmechanismus darstellen lassen.

In der Vorstellung von Smalltalk, wo alles Objekte sind, müssen Regeln, die man dort auch noch formulieren möchte, dies natürlich auch sein. Eine mögliche Realisierung besteht darin, daß man eine Regelgruppe zu einer Klasse zusammenfaßt. Eine Regel aus der Gruppe ist dann eine Instanz dieser Klasse. Ebenfalls in einer Klasse sammeln sollte man Objekte, die gemeinsamen Constraints unterworfen sind. Die Constraints werden dann für die Klasse formuliert, dort werden auch die Auswertungsfunktionen für die Constraints erklärt. Die Instanzenbildung liefert dann für die Gesamtheit aller Instanzen ein Constraintnetz; die aktuale Constraintpropagierung findet also nicht auf der Klassenebene statt. Hier gibt es noch viele offene Probleme.

Ein weiteres Problem der objektorientierten Sprachen ist die Effizienzfrage. Zwei Gründe sind für eine diesbezügliche Schwäche verantwortlich: Die dynamische Bindung der Variablen und die Suche in der Hierarchie.

9 Veränderliche Welten und modale Ausdrucksweisen

In der klassischen Logik wurden Eigenschaften jeweils eines Modelles beschrieben. Im Gegensatz dazu ist es die Grundvorstellung modallogischer Betrachtungen, gleichzeitig ein ganzes System möglicher Welten oder denkbarer Situationen zu erfassen. Dabei stehen diese Welten nicht völlig zusammenhangslos nebeneinander, sondern es bestehen unter Umständen verschiedene Übergangsmöglichkeiten von einer Welt oder Situation zu einigen anderen. Dies könnte etwa durch eine die Welt verändernde Handlung oder einfach durch zeitlichen Fortschritt geschehen. Modellhaft kann man diese intuitive Vorstellung von Welten und Übergangsmöglichkeiten mit einem Graphen beschreiben, in dem die einzelnen Welten durch Knoten und die Übergangsmöglichkeiten durch gerichtete Pfeile dargestellt werden. Später werden wir auch die Übergänge genauer beschreiben. Betrachten wir einige Beispiele:

Bereich	Knoten	Pfeile
Technische Prozeduren	Zustand des Werkstücks	Verarbeitungsprozeß
Lagerhaltung	Belegung des Lagers	Wareneingang und Ausgang
Roboter	Roboterlage	Roboteraktion
Information	Informationszustand	Informationsgewinn
Zeit	Welt zur Zeit x	"Zeit verstreichen lassen"
Programmierung	Registerinhalte	Befehlsausführung

In einem solchen Universum mit möglichen Welten kann man sich über Möglichkeiten und Notwendigkeiten unterhalten. Die Möglichkeit entspricht dabei im Prinzip einem Existenzquantor über die Welten (nämlich daß es eine erreichbare Welt gibt, in der die intendierte Möglichkeit realisiert wird), und die Notwendigkeit bedeutet eine All-Quantifizierung über die erreichbaren Welten. Zu diesem Zwecke müssen die syntaktischen Ausdrucksweisen der Prädikatenlogik erweitert werden.

1. Def.: Eine *modallogische Sprache* **ML** entsteht aus einer prädikatenlogischen Sprache **PL** durch Hinzunahme zweier logischer Zeichen "□" und "◊". Diese Zeichen werden den logischen Zeichen $\mathbb{L}$ hinzugefügt. Sie werden wie das einstellige logische Zeichen ¬ verwandt, also: Mit Φ sind auch □Φ sowie ◊Φ Formeln. Dies lesen wir so:

□Φ als: Φ gilt *notwendig*

◊ Φ als: Φ gilt *möglicherweise*.

Die hier zugrundegelegte Auffassung ist nun so, daß die Modaloperatoren □ und ◊ im selben Zusammenhang wie die Quantoren ∀ und ∃ stehen. Deswegen wird nur □ als Grundzeichen angesehen und ◊ als Abkürzung für "¬ □ ¬" aufgefaßt.

Als nächstes wollen wir den Begriff der Interpretation für diese Fälle geeignet erweitern. Dabei gehen wir zunächst auf den Fall der Aussagenlogik ein, weil das Prinzip der Graphenmodelle dort schon klar wird; wir betrachten also zunächst keine Variablen und haben es nur mit den Interpretationen der Atomformeln (die ja hier 0 - stellige Prädikate sind) zu tun.

2. Def.:   Ein aussagenlogische Grapheninterpetation (oder auch Kripkestruktur oder
Kripkeinterpretation, kurz: Interpretation) ist
ein Paar, $M = (G, I)$,
wobei

(i) $G = (G, \leq)$ ein gerichteter Graph ist,

(ii) $I : \mathbb{P} \times G \to \{0, 1\}$ eine Abbildung ist ($\mathbb{P}$ waren die Prädikate).
Wenn $I (A, p) = 1$, so sagen wir auch, A sei wahr im Knoten (oder der Welt) p unter der Interpretation I. Die Gesamtheit G der Welten heißt auch das Universum der Interpretation.

Die Relation $\leq$ des Graphen heißt auch die Erreichbarkeits- oder Übergangsrelation des Graphen; falls sie symmetrisch ist, hat man es mit einem ungerichteten Graphen zu tun. Statt $a \leq b$ schreibt man auch häufig $a \to b$. Den Gebrauch des Wortes "Universum" hier sollte man nicht dem in **PL** verwechseln.

Mittels M wird nun eine Wahrheitsdefinition induktiv über den Formelaufbau für alle Formeln erklärt; wir haben es dabei mit einer Erweiterung unseres früheren Wahrheitsbegriffes der klassischen Prädikatenlogik zu tun.

3. Def.:   Für $p \in G$ und Formeln ϕ erklären wir induktiv:

(i)   Wenn $\phi = A \in \mathbb{P}$, so
$p \vDash_M A \Leftrightarrow I (A, p) = 1$

(ii)   Wenn $\phi = \phi_1 \wedge \phi_2$, so

$\quad$ $p \vDash_M \phi_1 \wedge \phi_2$ $\quad \Leftrightarrow \quad$ $p \vDash_M \phi_1$ und $p \vDash_M \phi_2$

(iii) Die Zeichen $\vee$, $\neg$, $\rightarrow$ werden analog zu (ii) behandelt

(iv)   Wenn $\phi = \square\ \psi$, so

$\quad$ $p \vDash_M \square\ \psi$ $\quad \Leftrightarrow \quad$ $q \vDash_M \psi$ für alle q mit $p \leq q$.

Daraus erhalten wir $p \vDash_M \lozenge\ \phi$ $\quad \Leftrightarrow \quad$ es gibt ein q mit $p \leq q$ und $q \vDash_M \phi$. Es sei angefügt, daß eine Variation des Wahrheitsbegriffes darin besteht, in (iv) statt "für alle p..." nur "für ein p..." zu verlangen.

4. Def.:

(i) ϕ heißt *wahr* für die Interpretation M, falls $p \vDash_M \phi$ für alle $p \in G$.

(ii) ϕ heißt *wahr* im Graphen G, falls ϕ wahr für alle Interpretationen der Form $M = (G, I)$ ist.

(iii) Sei W eine Menge oder Klasse von Graphen; ϕ heißt W-tautologisch, falls ϕ in allen Graphen aus W wahr ist; falls W die Klasse aller Graphen ist, sprechen wir auch von Tautologien schlechthin.

Jetzt können wir den allgemeinen Fall der Prädikatenlogik behandeln.

5. Def.:   Eine *Kripkeinterpretation* (oder *Kripkestruktur*) für **ML** ist von der Form $I = (G, (M_p)_{p \in G})$, wobei $G = (G, \leq)$ ein gerichteter Graph ist und M_p für jedes $p \in G$ eine gewöhnliche prädikatenlogische Interpretation ist.

Man kann also eigentlich die Knoten des Graphen mit den M_p identifizieren. Es ist zu beachten, daß die Graphenstruktur auch ein Teil der Interpretation ist; so etwas kommt in der gewöhnlichen Prädikatenlogik gar nicht vor (siehe auch Aufgabe 1)).

Bei dieser Definition werden keinerlei weitere Beziehungen zwischen den einzelnen Strukturen M_p verlangt. Beim Erfüllbarkeits- und Wahrheitsbegriff kann dies jedoch unhandlich werden. Für $p \in G$ sei U_p das Universum von M_p und es sei $U = \bigcup(U_p \mid p \in G)$. U heißt dabei das Universum der gesamten Interpretation.

Für die Menge Var der Variablen wird dann eine Abbildung $u : \mathrm{Var} \rightarrow U$ eine Belegung genannt. Wir wollen jetzt die Beziehung "eine Belegung u erfüllt eine Formel Φ in der Struktur I", in Zeichen

$$I \vDash_u \Phi$$

erklären. Dazu werden wir zunächst die Sprechweise "u erfüllt Φ in der Struktur I in der

Welt $p \in G''$, in Zeichen $I, p \models_u \Phi$,

durch Induktion über den Aufbau der Formel Φ erklären. Dazu betrachten wir nur eine Sprache ohne Funktionssymbole. Es treten als Terme also nur Variable auf; die Erweiterung auf den Fall von Konstanten ist ganz klar, bei beliebigen Termen ließen sich aber verschiedene Möglichkeiten vorstellen.

6. Def.:

(i) $I, p \models_u Q (x_1, \ldots, x_n)$ falls $Q^P(u(x_1), \ldots, u(x_n))$ in M_p gilt. Dabei soll Q^P die Interpretation von Q in der Struktur M_p sein.

(ii)   Die aussagenlogischen Operationen werden wie üblich behandelt. (Man beachte, welche Konsequenz dies etwa für die Negation im Hinblick auf die gerade gemachte Bemerkung unter (i) hat!).

(iii) $I, p \models_u \forall x \, \Phi$ falls alle Belegungen u', welche bis auf höchstens x mit u übereinstimmen und welche x nach U_p abbilden, die Formel Φ in I in der Welt c erfüllen. Der Existenzquantor wird analog behandelt.

(iv) $I, p \models_u \Box \, \Phi$ falls $I, q \models_u \Phi$ für alle q mit $p \leq q$.
Der Operator $\Diamond$ wird wieder als $\neg \Box \neg$ behandelt.

(v) $I \models \Phi$ heißt, daß $I, p =_u \Phi$ für alle u und alle $p \in G$ gilt; I heißt dann auch Modell für Φ.

Kommentar: Es ist eine Abweichung vom üblichen Erfüllungsbegriff zu beachten, der dadurch entsteht, daß hier auch Belegungen von Variablen betrachtet werden, die außerhalb von M_p liegen. Die Definition besagt dann, daß solche Belegungen eine Atomformel nie erfüllen. Hier ließe sich durch eine Variation von (i) der Erfüllungsbegriff variieren. Die Festlegung, daß eine Belegung der Variablen mit Elementen außerhalb von M_p eine Formel nie erfüllt, hat etwas mit den in §5 diskutierten Formen der Negation zu tun. Es liegt auf der Linie "wovon nicht die Rede ist, das kann auch nicht stimmen". Der Allquantor bezieht sich in Übereinstimmung damit nur auf die Welt p. Der Leser mache sich die eingeführten Begriffe erst einmal an dem häufig auftretenden Spezialfall klar, wo alle U_p gleich sind.

Versucht man, Klassen von Graphenstrukturen zu erklären, so ist ein sinnvoller Ansatz, diese durch strukturelle Eigenschaften des zugrundeliegenden Graphen zu bestimmen; diese definieren ja die möglichen Übergänge zwischen den Welten. Dies behandeln wir in Aufgabe 2 am Ende dieses Abschnittes.

Für die genannten Beispielsituationen kann man sich nun leicht Aussagen überlegen, die man in den zugehörigen Graphenmodellen interpretiert. Das Beispiel der unvollständigen

Information wollen wir ein wenig näher anschauen:

Wir nehmen an, daß der uns interessierende Sachverhalt durch m verschiedene Merkmale beschrieben ist, die uns in konkreten Situationen zwar nicht alle bekannt sind, welche wir aber durch Messungen oder Tests erhalten können; der Wertebereich des i-ten Merkmals sei dabei r_i. Weiterhin möge dabei für jedes Merkmal eine Variable x_i zur Verfügung stehen.

7. Def.:   Eine *Situation* oder *Informationsvektor* ist dabei von der Form

$c = (c_1, \ldots, c_m)$, wobei entweder $c_i = x_i$ oder $c_i \in r_i$.

Eine Variable im Informationsvektor bedeutet dabei, daß die Merkmalsausprägung unbekannt ist; der Informationsvektor spiegelt also genau eine Situation mit unvollständiger Information wider.

8. Def.:   Ein *Informationsgraph* G ist ein gerichteter, beschrifteter Graph mit

    (i)   Jeder Knoten ist mit einem Informationsvektor **c** beschriftet.

    (ii)   Jeder Pfeil ist mit einem Test t beschriftet, notiert durch $c \rightarrow_t d$;

            die Bedingungen für $c \rightarrow_t d$ sind:

            (a) $c_i = d_i$ falls der Test das i-te Merkmal nicht mißt

            (b) $c_i = x_i$ und $d_i \in r_i$ falls der Test das i-te Merkmal mißt.

Die Pfeile im Graphen beschreiben also den fortschreitenden Informationsgewinn; der Einfachheit halber haben wir dabei angenommen, es mit nicht-korrigierenden Messungen zu tun zu haben. Ein Pfad im Graphen entspricht dabei einem fortschreitenden Informationsgewinn. Die Messungen können wir nun auch als Belegungen der Variablen auffassen und wenn wir noch Prädikate zur Verfügung haben, so können wir sie auswerten, falls ihre Variablen bereits belegt sind. Mittels der Modaloperatoren lassen sich auch Aussagen über zukünftige Situationen machen. In §20 werden wir dies in einer Diagnosesituation noch genauer ausführen.

Die Interpretationen der Knoten als Welten zu bestimmten Zeiten führt in das umfangreiche Gebiet der Zeitlogik. Hier bedeuten die Modaloperatoren:

    $\Box \Phi$: Φ gilt immer

    $\Diamond \Phi$: Φ gilt irgendwann einmal.

Für manche Zwecke ist es unter Umständen zweckmäßig, weitere Operatoren hinzuzunehmen:

(1) oΦ: Φ gilt zum nächsten Zeitpunkt. Das setzt natürlich für den Graphen voraus, daß es diesen nächsten Zeitpunkt auch gibt.

(2) $\Phi U\Psi$: Φ gilt solange, bis schließlich Ψ gilt (U steht für "until").

In einer *bimodalen* Zeitlogik kann man Aussagen nicht nur für die Zukunft, sondern auch für die Vergangenheit machen.

(3) ZΦ: In Zukunft immer wahr;

(4) VΦ: In der Vergangenheit immer wahr.

Anwendung <gefunden hat die temporale Logik vor allem in der Verifikation von Programmen, deren logische Grundlage sie ist; sie führt dort den Namen *dynamische Logik*. Dazu stellen wir uns vor, daß der Zustand eines Rechners genauer durch die Inhalte seiner Register beschrieben ist. Eine Befehlausführung ist dann eine Aktion, die durch die Veränderungen der Registerinhalte charakterisiert ist.

Der einfachste Kalkül hierfür ist die dynamische Aussagenlogik. In ihm werden sowohl Programme als auch Aussagen über Programme axiomatisiert. Programme werden sehr abstrakt und simplifiziert behandelt:

9. Def.:

(i) Die atomaren Programme sind als Menge AP= $\{\alpha, \beta, \dots\}$
gegeben;

(ii) Programme werden (im Sinne der Automatentheorie) als reguläre Ausdrücke mittels $\{+, ;, *\}$ über AP als Alphabet erklärt.

Die Intuition ist, daß " + " die nichtdeterministische Verzweigung, " ; " die Hintereinanderausführung und " * " die Iteration darstellen. Die Ausdrücke der dynamischen Logik werden ganz analog zu denen in der Modallogik erklärt. Der einzige Unterschied ist, daß die Modaloperatoren mit den Programmen indiziert sind. Man notiert dabei gewöhnlich $\square_\alpha$ als [α] und $\Diamond_\alpha$ als <α>. Entsprechend indizieren die Interpretationen I(α) die Kanten in der Graphenstruktur.

Die Erweiterung zur dynamischen Prädikatenlogik geschieht durch folgende Festlegung der atomaren Programme :

(1) Die Zuweisungen $x \leftarrow t$, wobei x eine Variable und t ein Term in einer prädikatenlogischen Sprache **PL** ist;

(2) für jede prädikatenlogische Formel Φ die Hinzunahme eines Programmes Φ?, welches der *Test auf* Φ genannt wird.

Um die Semantik der Formeln und Programme zu erklären, benötigen wir als

Ausgangspunkt ein gewöhnliches prädikatenlogisches Modell (U, I) über einem Universum U. Die Knotenmenge G unseres Graphenmodells definieren wir als

$$G = \{u \mid u \text{ Variablenbelegung}\};$$

wir nennen G auch die Menge der *Zustände*. Intuitiv entsprechen die Variablen den Speicherplätzen, die durch Belegungen mit Inhalt gefüllt werden. Die mit Programmen beschrifteten Kanten erklären wir so, daß

$$u \xrightarrow{\alpha} v$$

für ein Programm α genau dann stimmt, wenn das Programm die Variablenbelegung u in v überführt. Um dies formal zu beschreiben, ordnen wir jedem Programm α seine Interpretation

$$I(\alpha) = \{(u, v) \mid u \xrightarrow{\alpha} v\}$$

durch Induktion über den Programmaufbau wie folgt zu:

(i) $I(x \leftarrow t) = \{(u, v) \mid v(y) = u(y) \text{ für } y \neq x; v(x) = u(t)\}$

(ii) $I(\Phi?) = \{(u, u) \mid u \text{ erfüllt } \Phi\}$

       (das bedeutet: "Weitermachen genau dann, wenn Φ erfüllt ist")

(iii) $I(\alpha; \beta) = \{(u, v) \mid \text{es gibt ein } w \text{ mit } (u, w) \in I(\alpha) \text{ und } (w, v) \in I(\beta)\}$

(iv) $I(\alpha+\beta) = I(\alpha) \cup I(\beta)$

       (das ist die "nichtdeterministische Vereinigung")

(v) $I(\alpha^*) = \bigcup \{(I(\alpha^n) \mid n \geq 0\}$

       mit $\alpha^0 = x \leftarrow x$ (die Identität)

       und $\alpha^{n+1} = (\alpha; \alpha^n)$.

In dieser Graphenstruktur werden dann die Modalformeln in genauer Analogie zur früheren Vorgehensweise interpretiert. Für die Modaloperatoren heißt dies jetzt:

(a) $I, u \models \langle\alpha\rangle \Phi$ genau dann, wenn ein v existiert mit $(u, v) \in I(\alpha)$ und $I, v \models \Phi$.

(b) $I, u \models [\alpha] \Phi$ genau dann, wenn für alle $v \in I(\alpha)$ die Beziehung $I, v \models \Phi$ gilt. Klassische Programmkonstrukte kann man hier leicht ausdrücken, etwa:

If Φ then α else β wird $(\Phi?; \alpha) + ((\neg\Phi)?; \beta)$

while Φ do α wird $((\Phi?; \alpha)^*; (\neg\Phi)?)$.

Der vorgestellte Rahmen erlaubt die Formalisierung der Korrektheit von Programmen. Dazu fassen wir ein Formelpaar (Φ, ψ) aus **PL** als eine Spezifikation für ein Programm α auf; α soll nun die Spezifikation erfüllen, wenn jede Belegung u, die Φ erfüllt, durch α in eine Belegung v überführt wird, die ψ erfüllt. Es gibt dabei zwei Varianten, dies auszudrücken:

(a) Partielle Korrektheit: $\Phi \to [\alpha]\,\psi$

(b) Totale Korrektheit: $(\Phi \to [\alpha]\,\psi) \wedge (\Phi \to \langle\alpha\rangle\,\psi)$.

Der Unterschied liegt eben darin, daß bei (a) nicht verlangt wird, daß α einen Zustand, der Φ erfüllt, überhaupt in einen Folgezustand überführt, der ψ erfüllt: Das Programm α braucht also nicht zu terminieren.

Die eingeführte Begriffswelt stellt den abstrakten Hintergrund dar, auf dem man die Verifikation von Programmen betreiben kann. Dies prägt sich zuerst in der Formalisierung von geeigneten Deduktionssystemen aus, die man anschließend für reale Programmiersprachen in umfangreiche Systeme zur Erstellung sicherer Software einzubetten versucht.

Abschließend behandeln wir noch eine etwas andersartige Deutung der Modaloperatoren. Wir beginnen mit einer Analogiebetrachtung. Verhalten sich nicht " $\square$ " und " $\lozenge$ " genauso wie die Begriffe "geboten" und "erlaubt"? Man würde dann noch " $\neg\lozenge$ " als "verboten" deuten und käme auf die vernünftigen Beziehungen "geboten" = "nicht erlaubt, daß nicht" = "verboten, daß nicht". Dies sind die deontischen Ausdrucksweisen, deren Analyse eine große Tradition hat. Es gibt zwei Argumente, die einen Einsatz der bisher entwickelten Modaltechniken vorerst verhindern.

Das erste ist, daß wir mit den Graphenmodellen noch nichts anfangen können. Auf welche mögliche Welten sollte etwa in der Ausdrucksweise "Doppelmitgliedschaften sind verboten" Bezug genommen werden? Wir kommen der Sache durch das zweite Argument etwas näher. Es besagt, daß es meist gar keinen Sinn macht, von einer Eigenschaft oder einem Zustand als erlaubt oder verboten zu sprechen. Diese Begriffe sind normalerweise nicht auf Aussagen, sondern auf Aktionen anwendbar. In unserem Beispiel ist also nicht die *Eigenschaft* "Doppelmitgliedschaft" verboten, sondern die *Aktion*, die bei Vorhandensein einer Mitgliedschaft eine weitere erstellen würde.

Damit sind wir nun aber wieder bei den Graphenstrukturen angelangt; wir sprechen von verschiedenen Welten als Knoten und von mit Aktionen indizierten Kanten zwischen diesen Welten. Was uns jetzt noch stört, ist nur noch die Tatsache, daß sich die Modaloperatoren auf die Zustände nach den Aktionen beziehen, während wir aber die Aktionen selbst erlauben oder verbieten wollen. Hierfür wird jetzt ein Ansatz vorgestellt.

Die Verbindungen zwischen dem Modell, das eine zugrundeliegende Welt beschreibt, und dem gesamten Graphenmodell wollen wir nach dem Vorbild von STRIPS beschreiben, welches ursprünglich für eine "Klötzchen - Welt" verwendet wurde.

Die Beschreibung des behandelten Bereiches ist in einer Datenbasis D abgelegt. Diese

Datenbasis soll Formeln aus einer zugrundegelegten Beschreibungssprache enthalten; diese wird im allgemeinen die Prädikatenlogik oder eine ihrer Erweiterungen sein. Im einfachsten Falle wird sie einfach Atomformeln der Gestalt $P(a_1, \ldots ,a_n)$ enthalten, wobei P ein Prädikat und die a_i Konstanten unseres Universums sind. Zum Beispiel könnte man in der Datenbasis auch Datenelemente, wie sie in OPS5 erklärt sind, ablegen.

Um nun Aktionen in unserem Modell beschreiben zu können, sollen dreierlei Listen verwendet werden. Diese Listen enthalten Beschreibungselemente, wie sie in der Datenbasis D abgelegt sind. Man könnte hier zum Beispiel auch wieder wie in OPS5 Muster von Datenelementen verwenden, indem man für die Konstanten Variablen einsetzen darf.

(1) Die erste Liste ist die Vorbedingungsliste VORBED; hier werden die Bedingungen aufgezählt, unter denen eine Aktion erfolgen darf.

(2) Die ADD-Liste, diese wird bei einer Aktion der Datenbasis hinzugefügt.

(3) die DELETE-Liste, diese wird bei einer Aktion aus der Datenbasis entfernt. (Sie hat keinen Effekt, falls diese Elemente nicht vorhanden sein sollten).

Meist wird noch zusätzlich verlangt, daß die DELETE-Liste ein Teil der Liste VORBED ist, so etwa in OPS5 bei der Aktion "remove". Vom Standpunkt der Übersichtlichkeit ist das auch zu begrüßen. Generell ist das Beispiel von OPS5 hier von sehr vereinfachender Art, weil dort die Aktionen nicht in einem Modell interpretiert wurden, weshalb die einzelnen Aktionen auch keine weiteren Konsequenzen nach sich zogen.

10. Def.:

 (i) Eine atomare Aktion α ist ein Tripel von Listen von Atomformeln (VORBED, ADD, DELETE).

 (ii) Wenn V und W zwei prädikatenlogische Modelle sind, dann führt eine Aktion von V nach W, falls

  (1) $V \models$ VORBED

  (2) $W \models$ ADD

  (3) $W \models \neg$DELETE, wo $\neg$DELETE aus den Negationen der Formeln von DELETE besteht.

  Wir notieren dies wieder durch:

$$V \xrightarrow{\ \alpha\ } W.$$

Auf diese Weise erhalten wir unser Graphenmodell. Eine Variation der Ausdrucksweise ist jetzt sinnvoll, nämlich statt

$$V \xrightarrow{\ \alpha\ } W$$

zu sagen "(V, W) *realisiert* α", oder auch "macht α wahr":

$$(V, W) \models \alpha.$$

Wenn für V ein W mit (V,W) $\models \alpha$ existiert, dann heißt α in V auch *ausführbar*. Allgemeine Aktionen sind wie folgt erklärt:

11. Def.:

    (i)   Atomare Aktionen sind Aktionen;

    (ii)   Wenn α und β Aktionen sind, dann sind dies auch $(\alpha \wedge \beta)$, $(\alpha \vee \beta)$ und $(\alpha;\beta)$, genannt simultane (d.h. parallele), alternative und sequentielle Ausführungen;

    (iii)   Alle Aktionen entstehen aus (i) durch Iteration von (ii).

Weiter unten werden wir sehen, daß sich die Alternative "v" inhaltlich von der nichtdeterministischen Programmausführung "+" unterscheidet. Die Semantik wird auf die erwartete Weise erklärt:

12. Def.:

    (i) $(V, W) \models (\alpha \vee \beta) \Leftrightarrow (V, W) \models \alpha$ oder $(V, W) \models \beta$;

    (ii) $(V, W) \models (\alpha \wedge \beta) \Leftrightarrow (V, W) \models \alpha$ und $(V, W) \models \beta$;

    (iii) $(V, W) \models (\alpha ; \beta) \Leftrightarrow$ es existiert U mit $(V, U) \models \alpha$ und $(U, W) \models \beta$.

In einer konkreten Datenbasis möchte man i.a. keine vollständigen Beschreibungen der Welten notieren. Man kann sich im wesentlichen wie folgt helfen:

(1) Die Datenbasis beschreibt die aktuelle Welt durch die Angabe einiger wahrer Atomformeln und einer geeigneten Form der CWA; eventuell sind mehrere solcher Welten auf diese Art repräsentiert.

(2) Eine Hintergrundstheorie T beschreibt weitere Eigenschaften aller zugelassenen Welten. T kann z.B. in der Angabe von Constraints bestehen, die gewisse Aktionen nicht möglich machen würde.

Es ist nun zwischen den Aktionen zu unterscheiden, die im Modell möglich bzw. nicht möglich sind, und denen, die *erlaubt* oder *verboten* sind. Für letzteres benötigen wir zusätzliche Bedingungen, die man gewöhnlich *Vorschriften* nennt. Syntaktisch wird dies traditionell durch drei neue Operatoren ausgedrückt, die Abkürzungen aus dem Englischen sind:

-- P (permitted, erlaubt)

-- O (obligatory, geboten)

-- F (forbidden, verboten).

Weil die Vorschriften noch von weiteren Bedingungen abhängen können, die nicht in der Vorbedingungsliste der Aktionen vorkommen müssen, tritt neben der Aktion α noch eine weitere Formel Φ auf.

13. Def.: Wenn α eine Aktion und Φ eine Formel ist, dann sind $(P\alpha \mid \Phi)$, $(O\alpha \mid \Phi)$ und $(F\alpha \mid \Phi)$ *deontische Formeln*.

Die Semantik dieser Ausdrucksweisen basiert darauf, daß jeder Welt V eine Menge $P(V)$ von *erlaubten Welten* zugeordnet ist.

14. Def.:

    (i) $\quad V \models (P\alpha \mid \Phi) \quad \Leftrightarrow \quad$ wenn $V \models \Phi$ und $(V, W) \models \alpha$,

                                             dann $W \in P(V)$.

    (ii) $\quad V \models (F\alpha \mid \Phi) \quad \Leftrightarrow \quad$ wenn $V \models \Phi$ und $(V, W) \models \alpha$,

                                             dann $W \notin P(V)$.

    (iii) $\quad V \models (O\alpha \mid \Phi) \quad \Leftrightarrow \quad$ wenn $V \models \Phi$ und $W \in P(V)$,

                                             dann $(V, W) \models \alpha$.

Diskussion: Wir dürfen die Gültigkeit einer dieser Formeln nicht damit verwechseln, daß die entsprechende Aktion getan oder unterlassen wird. Auch sind die rechten Seiten von (i) und (ii) nicht direkte Negationen voneinander, weil man sich nur für den Fall interessiert, daß die Vorbedingung der Vorschrift erfüllt ist und die Aktion überhaupt ausführbar ist. Teil (iii) motiviert sich aus "geboten = verboten, daß nicht". Als ad-hoc Bezeichnung für das "Unterlassen" einer Aktion α benützen wir $\neg\alpha$ und bekommen als Unterlassungsverbot:

       Falls $V \models \Phi$ und $(V, W) \models \neg\alpha$, dann $W \notin P(V)$,

was wir äquivalent umschreiben zu

       falls $V \models \Phi$ und $W \in P(V)$, dann nicht $(V, W) \models \neg\alpha$;

schließlich ersetzt man "nicht $(V, W) \models \neg\alpha$" noch durch $(V,W) \models \alpha$ und erhält (iii). Bei dieser Überlegung betonen wir aber, daß "$\neg\alpha$" im Formalismus gar nicht erklärt war. Während (i) und (ii) intuitiv befriedigen, bleibt bei (iii) ein Unwohlsein zurück.

Interessant ist noch die Diskussion von $(\alpha \vee \beta)$. Es gibt zwei Möglichkeiten, "$\alpha \vee \beta$ ist erlaubt" zulesen:

(1) Mindestens eines von beiden ist erlaubt, aber man weiß vielleicht nicht, welches.

(2) Mindestens eines ist erlaubt und man hat die freie Auswahl.

Die Analyse der Semantik zeigt, daß (2) hier der Fall ist. Als Konsequenz erhält man durch Nachrechnen:

-- $\quad V \models (P\alpha \mid \Phi)$ und $V \models (P\beta \mid \Phi) \Leftrightarrow V \models (P(\alpha \vee \beta) \mid \Phi)$

-- $\quad$ Aus $V \models (P\alpha \mid \Phi)$ folgt nicht $V \models (P(\alpha \vee \beta) \mid \Phi)$.

Auch die Menge $P(V)$ wird in der Datenbasis i.allg. nicht voll repräsentiert sein; zur Festlegung von $W \in P(V)$ muß deshalb u.U. wieder die CWA zu Hilfe genommen werden.

Wir haben diese Überlegungen nur für den variablenfreien Fall vorgestellt. Hat man noch Variablen in den Ausdrücken, geht man analog vor; man betrachtet Variablenbelegungen und Erfüllbarkeit anstatt Wahrheit.

In den modalen Ausdrucksweisen, die wir bisher betrachtet haben, kommen die Welten als Gegenstand nicht explizit vor. Vielmehr werden die Prädikate in den einzelnen Welten interpretiert, und man kann sich dann darüber Gedanken machen, was in erreichbaren Welten passieren oder nicht passieren könnte. Eine andere Beschreibungsmöglichkeit besteht darin, die Welten jeweils als Parameter in die einzelnen Ausdrucksweisen aufzunehmen. Es wird also jedes n-stellige Prädikat P zu einem (n+1)-stelligen Prädikat $\underline{P}$ erweitert; an der Stelle (n+1) steht dann die "Situation" oder "Welt". Dies führt zunächst zu einer veränderten Sprechweise:

$\quad$ Anstatt "$s \models P(a_1, \dots, a_n)$" sagen wir nun "$\underline{P}(a_1, \dots, a_n, s)$".

Es bieten sich jedoch hier noch erweiterte Ausdrucksweisen an, in denen die Übergänge zwischen den Situationen in Form von Aktionen explizit modelliert werden. Solche Aktionen können dabei Situationen als Argumente und Werte haben. Realisierungen solcher Ausdrucksweisen können z.B. mit der oben eingeführten Notation der Listen VORBED, ADD und DELETE erfolgen.

Übungen

Aufgabe 1

Geben Sie eine Interpretation an, in der für beliebige Formeln φ die Formel $\square\square\varphi \rightarrow \square\square\square\varphi$ erfüllt ist, die Formel $\square\varphi \rightarrow \square\square\varphi$ aber nicht.

Aufgabe 2

Man zeige in der modalen Aussagenlogik in folgenden Fällen die Gleichwertigkeit von Grapheneigenschaften und der Gültigkeit von Axiomenschemata (d.h. jede Ersetzung von P durch eine Formel gibt ein Axiom):

(a) Grapheneigenschaft : Reflexivität;   Axiom : $\Box P \to P$

(b) Grapheneigenschaft : Symmetrie;   Axiom : $P \to \Box \Diamond P$

(c) Grapheneigenschaft : Transitivität;   Axiom : $\Box P \to \Box\Box P$

Aufgabe 3

Ein (vereinfachtes) ATN ist ein Zustandsübergangssystem mit einer Menge von Registern. Jedem Übergang von einem Zustand zu einem anderen ist eine Bedingung und eine Aktion zugeordnet. Die Aktionen sind Zuweisungen an Register, die Bedingungen greifen auf Registerinhalte zu und führen zum Beispiel arithmetische Vergleiche aus. Ein Zustandsübergang ist nur möglich, wenn die zugeordnete Bedingung erfüllt ist, und er bewirkt die Ausführung der zugeordneten Aktion.

(a)   Modellieren Sie damit ein System aus zwei synchronisierten Prozessen, einem Produzenten und einem Konsumenten. Zur Synchronisation dient ein Puffer. Der Produzent erzeugt bei leerem Puffer eine natürliche Zahl und schreibt sie in den Puffer. Der Konsument entnimmt Pufferinhalte und wendet nicht näher spezifizierte Operationen op0 auf die geraden und op1 auf die ungeraden an.

(b)   Beschreiben Sie das System durch eine Menge von Formeln der Modallogik.

(c)   Ändern Sie das ATN und die Modallogik-Formulierung so ab, daß die Prozesse asynchron ablaufen und der Puffer als Warteschlange organisiert ist.

Aufgabe 4

Barcanformeln haben die Gestalt $\forall x\, \Box\Phi \to \Box\forall x\, \Phi$.

(a)   Man zeige: Wenn die Trägermengen von allen Welt gleich sind, dann sind alle Barcanformeln wahr.

(b)   Man konstruiere für Barcanformeln mit geeignetem Φ Gegenmodelle.

Aufgabe 5

Sind die folgenden Formeln der dynamischen Aussagenlogik Tautologien? Was besagen sie inhaltlich? Dabei sei α ein atomares Programm.

(a) $[\alpha^*]\,(\Phi \to [\alpha]\,\Phi) \to (\Phi \to [\alpha^*]\,\Phi)$

(b) $(\Phi \wedge [\alpha^*]\,((\Phi \to [\alpha]\,\neg\Phi) \wedge (\neg\Phi \to [\alpha]\,\Phi))) \leftrightarrow ([(\alpha;\,\alpha)^*]\,\Phi \wedge [\alpha;\,(\alpha;\,\alpha)^*]\,\neg\Phi)$

Aufgabe 6

Formalisieren Sie Ihre Prüfungsordnung mittels deontischer Ausdrucksweisen.

Hintergrundbemerkungen zu §9

Modale Ausdrucksweisen wurden bereits im klassischen Altertum untersucht, etwa von Aristoteles. Die Graphenmodelle wurden erstaunlich spät eingeführt, sie gehen auf S. Kripke zurück, weiterführende Theorie und Literatur findet man in [Rau78] und [Hu-Cr68]. Auch die Modallogik hat ihre Deduktionsverfahren; einen Resolutionskalkül für die Modallogik findet man in [Oh88]; weitergehende Überlegungen enthält [Oh90]. Über die Verifikation von Programmen existiert eine umfangreiche Literatur. Der wichtigste deduktive Kalkül zur Herleitbarkeit korrekter Programme ist der *Hoare-Kalkül;* benutzt man ihn als Testmethode, um ein vorgegebenes Programm zu verifizieren, so läuft dies auch unter dem Namen *Floyd- Verfahren.* Es sind große Verifikationssyteme entwickelt und implementiert worden, so etwa das Gypsy-System zur Verifikation einer Pascal-artigen Sprache und das Beweissystem von Boyer und Moore für Lispprogramme (vgl. [Bo-Mo 77]). Die deontischen Ausdrucksweisen haben ebenfalls eine lange Tradition, ihre Diskussion nimmt in der Literatur einen breiten Raum ein. Der hier vorgestellte Ansatz geht auf [McC83] zurück. Im "Situation Calculus" (vgl. [McC-Ha69]) wurden die veränderlichen Welten explizit als Parameter eingeführt. Fortgeführt wurden diese Ansätze auf mehrere Weisen, u.a. im System STRIPS, s. [Fi-Ni71]. Vom Standpunkt der Logik aus gesehen, wird auf diese Weise nicht ein Fragment der Logik der höheren Stufe eingeführt, sondern eine spezielle Theorie axiomatisiert. Diesen Ansatz hat man auch bei deontischen Ausdrucksweisen versucht, indem man den Begriff der *Pflicht* (mit allen beteiligten Objekten und Personen als Argumenten) axiomatisiert hat. Die Ersetzung eines vollständigen Modelles durch eine partielle Beschreibung von Situationen ist ein zentrales Thema, welches in vielen Teilen dieses Buches angesprochen wird. Es ist auch Ausgangspunkt moderner Ansätze zur Semantik natürlicher Sprachen; in diesem Zusammenhang geht die Situationssemantik auf Barwise und Perry zurück. Eine gute Darstellung bietet [Fe87].

10 Induktive Logik, Hypothesenbildung und Analogieschlüsse

Bei unseren bisherigen Inferenzen haben wir es mit sogenannten "streng logischen Schlüssen" zu tun gehabt, an deren Korrektheit sich nicht zweifeln ließ. Für solche Schlußweisen wollen wir den Namen *deduktive Schlüsse* reservieren. In allen Erfahrungswissenschaften und erst recht im Alltag sind solche strengen Überlegungen aber doch recht selten. Sie dienen mehr der Konsistenzüberprüfung als der Erzeugung neuen Wissens. Die meisten Überlegungen führen nur zu plausiblen aber trotz ihrer Unsicherheit nützlichen Konklusionen. Wir teilen sie in zwei Kategorien ein:

(A) Induktive Schlüsse

(B) Analogieschlüsse

Beide beruhen auf verschiedenen Vorstellungen, aber zwei Dinge sind ihnen gemeinsam:

(i) Die Unsicherheit der Resultate. Sie kann von verschiedener Art sein und wir gehen darauf in §14 ein.

(ii) Die Notwendigkeit einer Revision, falls neue Erkenntnisse auftreten. Dies wird in §11 behandelt.

<u>(A) Induktive Schlüsse:</u>

Ein typisches Beispiel sind die Naturgesetze; sie sind nicht logisch erschlossen worden, sondern Generalisierungen von Erfahrungstatsachen. Die Vorgehensweise ist etwa:

Man macht eine größere Reihe von Einzelbeobachtungen wie die Untersuchung von Vögeln auf Flugfähigkeit. Nehmen wir an, daß alle bisher untersuchten Vögel fliegen können. Dann zieht man daraus den "Schluß", daß überhaupt alle Vögel fliegen können. Auch dieser Schluß hat seine "Prämissen" (die Einzelbeobachtungen) und seine "Konklusion" (das erschlossene Gesetz, das eigentlich nur eine Hypothese ist).

Ein weiteres bekanntes Beispiel ist der "Schluß", daß 120 durch alle Zahlen teilbar ist, durch die Inspektion der Zahlen 2,3,4,5,6,8,10,12,15,20,30,40 und 60. Hier wird besonders klar, woher die Inkorrektheit des Schlusses rührt : Das Modell ist nur unvollständig bekannt, wir haben es mit einer *unvollständigen Induktion* zu tun. Bei dem mathematischen Schluß der vollständigen Induktion garantieren die Bedingungen in der Tat eine vollständige Kenntnis des Modelles, und man kann diese Regel daher als eine deduktive Regel verwenden.

Schlüsse, die von wahren Voraussetzungen auf nicht notwendig wahre Generalisierungen führen, heißen *induktive Schlüsse* . Wenn wir auch vorerst festhalten, daß die Resultate induktiver Schlüsse nicht unter die wahren Aussagen aufgenommen werden können, so sollten sie jedoch nicht beliebig falsch sein. Wird eine gewisse "Inkorrektheit" in Kauf genommen wird, so sollte dies natürlich mit einer Nützlichkeit motiviert sein. Der pragmatische Aspekt, der schon bei deduktiven Schlüssen wichtig war, spielt bei induktiven Schlüssen eine dominierende Rolle : Was ist der Verwendungszweck der "Hypothese" ? Wir haben hier also zwei Arten von Anforderungen an induktive Schlüsse vorliegen :

(a) Die semantische Anforderung : Die erschlossene Aussage sollte "möglichst wahr" sein.

(b) Die pragmatische Anforderung : Die erschlossene Aussage sollte "möglichst nützlich" sein.

Beide Anforderungen können auf sehr verschiedene Weisen behandelt werden. Als erstes wollen wir nun die wichtigsten Arten von Hypothesenbildungen klassifizieren. Leitmotiv ist dabei der Verwendungszweck der Hypothese, welcher wiederum entscheidenden Einfluß auf die Art ihrer weiteren Verwendung im gesamten Inferenzprozeß hat. Folgende Typen wollen wir unterscheiden:

(I) Begründende Schlüsse, die aufgrund von Beobachtungen allgemeine Gesetzmäßigkeiten aufstellen, aus denen die Beobachungen logisch folgen. Dafür haben wir gerade Beispiele gesehen. Dies sind die eigentlichen induktiven Schlüsse. Eine andere Art von Begründungen sind solche, aus denen die Beobachtungen *kausal* folgen; das Erschließen solcher Begründungen heißt *Abduktion*.

(II) Hypothesen, die auf Fallunterscheidungen beruhen. Wenn es etwa in einer Situation drei mögliche, gleichberechtigte Fälle gibt, dann kann man hypothetisch jeden einzelnen durchspielen.

(III) Hypothesen, die zum Zwecke der Widerlegung angenommen wurden.

Unter den begründenden Schlüssen für eine beobachtete Situation kann es sehr viele geben, die unterschiedlich interessant sein können. Unsere Beobachtungen seien $X_1,...,X_n$.

1. Def.: A heißt bester Schluß (oder einfachste Begründung)

für $X = (X_1,...,X_n)$, falls gilt :

(i) A ist eine logische Begründung von X

(ii) Jede andere logische Begründung B von X begründet auch A.

Die besten Begründungen lassen sich auch als die speziellsten gemeinsamen Muster der X_i auffassen.

Im Bild :

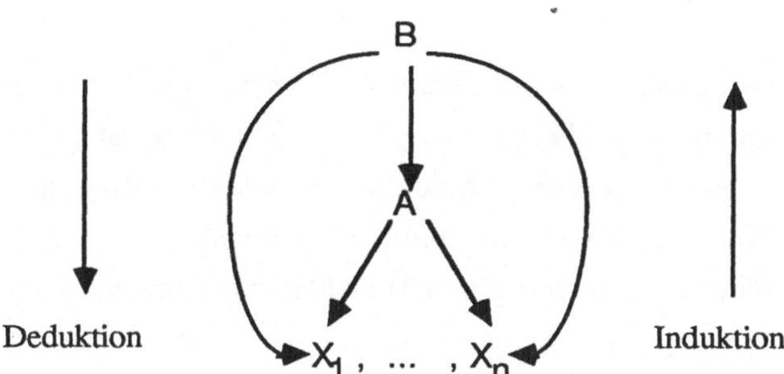

Ein zu einfacher Ausweg wäre es, für A schlicht die Konjunktion der X_i zu nehmen, zumindest bei sehr vielen X_i würde das eklatant jeder pragmatischen Anforderung widersprechen. Man muß deshalb die Auswahl für die induktiven Schlüsse einschränken auf eine Menge von *zugelassenen* Formeln. Hierbei wollen wir zwei Möglichkeiten vorstellen:

(1) Die möglichen Beobachtungen X seien sämtlich aussagenlogische Kombinationen von variablenfreien Atomformeln. Zugelassen als induktive Schlüsse sind Formeln der Gestalt $\forall x_1, \ldots, x_n\, \Phi$, wobei Φ keine Quantoren enthält.

In diesem Fall entstehen die möglichen Beobachtungen aus den induktiven Schlüssen durch Weglassen der Quantoren und nachfolgenden Grundsubstitutionen. Wenn keine weitere Hintergrundstheorie vorhanden ist, vereinfacht sich die Sache etwas. Wenn wir nämlich den begründenden Schluß als Antezendenten und die Beobachtung als Sukzedenten einer Sequenz (vgl.§2) schreiben, so folgt aus der Normalformendarstellung für Ableitungen im Sequenzenkalkül: $\forall x_1, \ldots, x_n\, \Phi \Rightarrow X$ ist genau dann tautologisch, wenn es eine Substitution σ gibt, so daß $\sigma(\Phi) \Rightarrow X$ aussagenlogisch herleitbar ist. Damit hat man das Auffinden einer besten Begründung auf ein Substitutionsproblem zurückgeführt, welches dual zum Unifikationsproblem ist.

2. Def.:

(i)   Für quantorenfreie Formeln Φ und Ψ gilt $\Phi \geq \Psi$ genau dann, wenn es eine Substitution σ gibt, so daß $\sigma(\Phi) \Rightarrow \sigma(\Psi)$ aussagenlogisch herleitbar ist.

(ii)   Eine *Antiunifikation* von $X_1, \ldots, X_n$ ist eine Formel Φ mit $\Phi \geq X_i$, $1 \leq i \leq n$, so daß für alle Ψ mit $\Psi \geq X_1, \ldots, \Psi \geq X_n$, $1 \leq i \leq n$ auch schon $\Psi \geq \Phi$ gilt.

Ein Antiunifikationsalgorithmus für eine Klasse von Beobachtungen entscheidet dann (falls er existiert) die Existenz einer Antiunifikation und berechnet sie gegebenenfalls. Man vergleiche hierzu auch Aufgabe 1).

(2) Im zweiten Fall gehen wir von einer gegebenen Regelmenge aus. Das Rückwärtsschließen von B auf A bei einer Regel $A \to B$ bedeutet jetzt aber nicht (wie in PROLOG) die Verlagerung der Anfrage bezüglich B auf eine Anfrage an A, sondern die Erhöhung der Plausibilität von A durch eine Bestätigung von B. Dabei interessieren wir uns für drei Arten von informellen Ableitungsschritten:

$$(a) \quad \frac{A \to B, \; B \text{ wahr}}{A \text{ erhöht plausibel}}$$

$$(b) \quad \frac{A \to B, \; B \text{ plausibel}}{A \text{ etwas erhöht plausibel}}$$

$$(c) \quad \frac{A \to B, \; B \text{ wahr aber unplausibel}}{A \text{ sehr viel plausibler}}$$

Damit diese Schritte selbst plausibel sind, muß die Regelmenge vernünftig strukturiert sein. Das heißt im wesentlichen, daß die linken Seiten der Regeln keine sachlich unmöglichen und insbesondere keine inkonsistenten Formeln beinhalten dürfen. Die Ableitungsregeln lassen sich nur dann stärker untermauern, wenn man den Begriff "plausibel" präzisiert. Das soll jetzt durch eine wahrscheinlichkeitstheoretische Interpretation geschehen, deren Sprech- und Schreibweise in §14 (B) erklärt ist. Ein Wahrscheinlichkeitsmaß P sei vorgegeben; $P(A \mid B)$ bezeichnet die bedingte Wahrscheinlichkeit von A unter der Annahme von B, und $\models$ sei der klassische logische Ableitungsoperator. Wir betrachten auf der Basis eines allgemeinen Wissens E die Ableitungsregeln:

$$(a') \quad \frac{E, A \models B}{P(A \mid E \wedge B) \geq P(A \mid E)}$$

$$(c') \quad \frac{E, A \models B \mid P(B \mid E) < 1 \mid P(A \mid E) > 0}{P(A \mid E \wedge B) > P(A \mid E)}$$

(a') ist eine Präzision von (a) und (c') eine von (c). Diese beiden Regeln lassen sich aber auch beweisen. Aus $E, A \models B$ folgt nämlich $P(B \mid E \wedge A) = 1$ und daher gelten

$$P(A \mid E \wedge B) \cdot P(B \mid E) = P(B \mid E \wedge A) \cdot P(A \mid E)$$

und

171

$$P(A \mid E \wedge B) = P(A \mid E) \cdot \frac{1}{P(B \mid E)} \quad .$$

Die Unplausibilität von B bedeutet dann, daß $P(B \mid E)$ sehr klein, also

$$\frac{1}{P(B \mid E)}$$

relativ groß ist. Zu weiteren Verallgemeinerungen solcher Schlußweisen vgl. §14.

Genau wie man aus einer Prämisse mehrere deduktive Schlüsse ziehen kann, ist dies auch bei induktiven Schlüssen möglich. Deduktive Konklusionen aus konsistenten Prämissen sind stets untereinander konsistent, was bei induktiven Schlüssen nicht der Fall sein muß, auch wenn die jeweiligen Konklusionen mit der Prämisse konsistent sind. Eine für weitere Voraussetzungen zweckmäßige Art der Hypothese ist von der Form

$H = \forall x\ (P(x) \rightarrow Q(X))$, wobei P und Q quantorenfrei sind;

für gegebenes a mit P(a) kann man dann Q(a) vorhersagen. Hier reicht es nicht aus, von H nur die Konsistenz mit den Beobachtungen zu verlangen; Beobachtungen, die kein Element a mit P(a) betreffen, wären ziemlich nutzlos.

3. Def.: Eine Menge von Beobachtungen *bestätigt* H, falls H konsistent mit den Beobachtungen ist und diese wenigstens eine Formel der Gestalt P(a) enthalten.

Eine Menge von Beobachtungen kann eine Hypothese H bestätigen, ohne dies auch für eine logische äquivalente Hypothese H' tun zu müssen (z.B. $\forall x\ (\neg Q(x) \rightarrow \neg P(x))$).
Für die obigen Fälle (II) und (III) ist zuerst zu bemerken, daß der hypothetische Charakter der Konklusionen primär nicht auf der unsicheren Beziehung zwischen Prämissen und Konklusionen beruht, denn hier kann durchaus eine klassische Deduktion angenommen werden, sondern auf der Unsicherheit (oder sogar der Falschheit) der Prämisse. Wir schränken uns daher auf eine deduktive Ableitung ein; kommen hier noch induktive Schlüsse hinzu, muß man die entsprechenden Techniken überlagern. Eine Mittelstellung zwischen (II) und (III) nehmen Hypothesen H der folgenden Art ein:

(II/III) H ist zwar noch möglich, aber äußerst unglaubhaft, weil H einer anderen glaubhaften Hypothese widerspricht.

Ein Beispiel einer solchen Hypothesenart ist die Kategorie "widerlegen" in dem Diagnosefall von §20a. Die Pragmatik einer Hypothesenbildung der Form (II) oder (III) kann nun unterschiedlich sein:

(1)   Die Hypothese wird vorurteilslos aufgestellt (Fall (II)) und auf Konsistenz geprüft.

(2)   Die Hypothese wird mit dem erklärten Ziel ihrer logischen Widerlegung aufgestellt (Fall(III)).

(3)   Die Hypothese wird mit dem Ziel aufgestellt, unglaubhafte, aber evtl. konsistente Konsequenzen für das Modell aufzuzeigen (Fall (II/III) oder (III)).

(1) und (2) führt auf die Kontrolle logischer Abhängigkeiten zwischen Hypothesen und Tatsachen, was im nächsten Abschnitt genauer behandelt wird. Auch bei (3) ist dies von Bedeutung. Hier kommt jedoch ein Phänomen der Mehrdeutigkeit hypothetischer Voraussetzungen hinzu. Es ist nämlich in der Regel nicht klar, welche Veränderung des Modells die Annahme eines neuen Faktums tatsächlich bewirkt. Ein Beispiel ist:

<u>Annahme</u>:   Hamburg liegt in Oberbayern.

Dies könnte u.a. bedeuten:

(1)   Wir ändern unsere Meinung über die Lage von Hamburg, aber nicht von Oberbayern. Demnach liegt Hamburg also südlich des Mains.

(2)   Wir ändern unsere Meinung über Oberbayern, aber nicht über Hamburg. Dann erstreckt sich Oberbayern auch nördlich des Mains.

Man sieht also, daß auch bei einem vollständig bekannten Ausgangsmodell die Einführung einer Hypothese nicht zu einem vollständigen hypothetischen Modell, sondern nur zu einem partiellen Modell führt. Der Unterschied zu den veränderlichen Welten aus §9 liegt im wesentlichen darin, daß dort die Änderungen von wohlbestimmten Aktionen ausgingen, hier aber einfach als Annahme postuliert werden. Auf verwandte Fragen wird im nächsten Abschnitt näher eingegangen.

<u>(B) Analogieschlüsse:</u>

Ein Analogieschluß generiert kein allgemeines Gesetz oder einen Oberbegriff, sondern die Konklusion steht gewissermaßen auf derselben Stufe wie die Prämissen. Analogieschlüsse erschließen ihre Prämisse indem sie Bezug auf andere, bereits als gültig anerkannte Schlüsse nehmen. Grundsätzlich sieht ein Analogieschluß wie folgt aus:

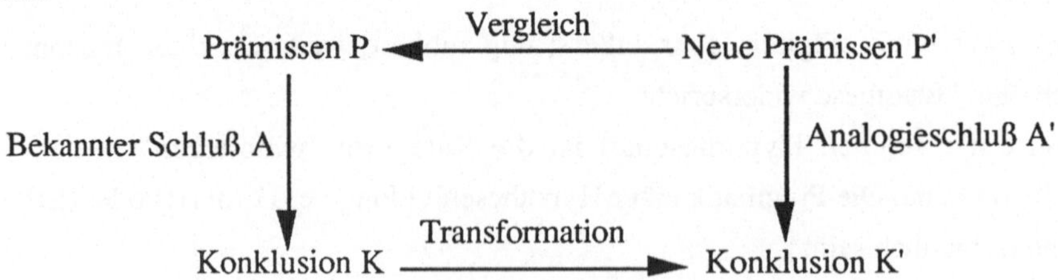

Der Schluß A möge von Prämissen P auf eine Konklusion K führen. Weiter seien neue Prämissen P' gegeben, von denen man eine eventuell noch nicht bekannte Konklusion erschließen möchte. Zunächst werden die Prämissen P' mit den i. allg. hiervon verschiedenen Prämissen P verglichen. Ergibt der Vergleich eine hinreichende *Ähnlichkeit* zwischen P und P', dann wird die durch A erhaltene Konklusion K gemäß der beim Vergleich festgestellten Unterschiede geeignet transformiert, wodurch schließlich K' erhalten wird. Das beruht auf der Vorstellung, daß sich die Unterschiede in den Prämissen in vergleichbaren Unterschieden in den Konklusionen auswirken; in der Mathematik würde man das als eine Stetigkeitseigenschaft der Funktion, die Prämissen Konklusionen zuordnet, bezeichnen. Ob eine solche Funktion diese Stetigkeitseigenschaft besitzt, hängt natürlich entscheident vom benutzten Ähnlichkeitsbegriff ab. Jedenfalls ist die Konklusion eines Analogieschlusses nicht unbedingt wahr.

Der Analogieschlüsse lassen sich genau wie klassische Implikationen zu Regeln verallgemeinern, in denen statt einer Konklusion eine Aktion steht. Man kann dann auch vom *analogen Handeln* reden, was im menschlichen Bereich sehr häufig auftritt.
 Als wesentliche Elemente des Analogieschlusses halten wir fest:

(1) Einen Ähnlichkeitsbegriff;
(2) eine Rücktransformation der Lösungen.

Beide können sehr unterschiedlich sein, auf Einzelheiten hierzu gehen wir in §19 ein., in dem vom Lernen die Rede ist. Lernen und Schließen hängt nämlich auf eine sehr enge Weise zusammen. Jede Art von "Schließen", so auch alle drei betrachteten Arten von Schlüssen (deduktives, induktives und analoges Schließen) erzeugen neues Wissen, das jedenfalls explizit noch nicht vorhanden war. Hat ein Mensch neues Wissen erworben, so sagt er, er habe etwas *gelernt*. Inferenzen lassen sich daher als Lernmethoden interpretieren; es hängt mehr von der Sichtweise ab. wie man die Unterschiede sieht. Man lernt auch nicht "von nichts" (genau wie man nur Tautologien ohne Voraussetzungen erschließt), sondern lernen wird umso effizienter, je mehr Wissen schon vorhanden ist.

Übungen

Aufgabe 1

Für den Fall, daß alle Beobachtungen X Atomformeln sind, formuliere man einen Antiunifikationsalgorithmus, der zwei Atomformeln als Argumente hat.

Aufgabe2

In einem Modell seien eine Reihe von Elementen a beobachtet, die alle die Eigenschaft P(a) haben. Für Beobachter A bestätigen die Beobachtungen $\forall x\ (P(x) \to Q(x))$ und für Beobachter B die Hypothese $\forall x\ (P(x) \to R(x))$. Es sei weiter R definierbar mittels eines Prädikates S als $R(x) \leftrightarrow [(S(x) \wedge Q(x)) \vee (\neg S(x) \wedge \neg Q(x))]$. In welchen Fällen machen die Beobachter A und B verschiedene Voraussagen aufgrund ihrer Hypothese?

Hintergrundbemerkungen zu §10

Die induktive Logik nahm traditionell einen viel größeren Raum als die deduktive Logik ein, die im wesentlichen im Bereich der sogenannten "Mathematischen Logik" gepflegt wurde. Induktive Schlußweisen liegen allen naturwissenschaftlichen Erkenntnissen zugrunde, weil man immer nur eine partielle Kenntnis der Natur hat. Auch die Wissenschaftstheorie hat sich deshalb dieser Fragen angenommen. Ein allgemein anerkanntes Prinzip ist das ein induktiver Schluß im Falle seiner Falschheit auch falsifisierbar sein muß (aber im Falle seiner Korrektheit nicht verfizierbar ist, außer bei logisch.mathematischen Wahrheiten). Einen guten Überblick über die Probleme der induktiven Logik verschafft [La68]. Weitere interessante Details über Zusammenhänge zwischen induktiver Logik und Wahrscheinlichkeit findet man in [Ha72]. Eine zusammenfassende Darstellung des hypothetischen Schließens im Sinne von (II) und (III) sowie verwandten Sichtweisen gibt [Re64]. Das allgemeine Erkennen eines Gesetzes aus speziellen Instanzen ist Gegenstand der induktiven Inferenz. Analysiert wurde z.B. die Frage des Erkennens eines Algorithmus aus speziellen Werten und der Bestimmung einer regulären Menge von Worten aus Beispielen. Dies ist ein sehr breites Gebiet, das insbesondere aus der Sicht der Rekursionstheorie und der Automatentheorie sehr stark ausgearbeitet ist. Eine gewisse Übersicht bietet [An-Sm83], die Literatur ist aber inzwischen stark angewachsen. Analogieschlüsse werden in [Ho-Gi80] behandelt. Analoge Schlußweisen spielen auch in vielen angewandten Disziplinen eine Rolle, zum Beispiel in Ingenieurwissenschaften wie dem Maschinenbau; vgl. hierzu [Mo85].

11   Nichtmonotonie und Revisionsmechanismen

Wir betrachten ein allgemeines Regelsystem R, dessen einzelne Regeln es gestatten, nach Zutreffen einer Menge B von Bedingungen eine Aktion A auszuführen. Dies wollen wir notieren als

$$B \vdash_R A$$

Der Fall von (deduktiven und induktiven) logischen Schlüssen wird hier subsumiert, dann besteht A im "Hinschreiben der Konklusion".

1. Def.: Der Operator $\vdash_R$ heißt *monoton*, falls aus $B \vdash_R A$ und $B \subseteq B'$ auch $B' \vdash_R A$ folgt; andernfalls heißt der Operator *nichtmonoton*.

Bei monotonen Operatoren sind also bei mehr erfüllten Bedingungen ("mehr Voraussetzungen") mindestens noch die gleichen Aktionen ("Folgerungen") möglich. Klarerweise ist für die klassische Logik das deduktive Schließen ein monotoner Operator. Auf induktive Schlüsse und Hypothesenbildungen trifft dies jedoch keineswegs mehr zu. Eine größere Menge von Voraussetzungen kann eine Hypothese nicht nur unplausibel, sondern sogar widersprüchlich machen. Im Falle der Hypothese "alle Vögel können fliegen" aus dem letzten Abschnitt wäre dies etwa die Beobachtung des Vogel Strauß. Allgemein treten in Situationen, wo Hypothesen formuliert werden, ständig neue Erkenntnisse auf, die es unter Umständen nicht mehr geraten erscheinen lassen, die Hypothesen aufzustellen; sie müssen dann revidiert werden. Wenn man viele Hypothesen gleichzeitig behandelt, ergibt sich die Notwendigkeit einer Übersicht darüber, welche Hypothesen von den neuen Erkenntnissen betroffen sind und welche nicht und welche weiteren Folgerungen auf dieser Basis inzwischen gemacht wurden. Dazu benötigt man

(1) ein System zur Überprüfung von Inkonsistenzen und eventuell Unplausibilitäten,
(2) ein Verwaltungssystem für die Abhängigkeiten von Schlußfolgerungen und Aktionen und
(3) einen Revisionsmechanismus.

Zunächst wollen wir die Stellen aufzählen, an denen uns Nichtmonotonie bereits begegnet war:
(1) Alle Formen der Negation, die auf einer Closed World Assumption beruhen,

beinhalten eine Nichtmonotonie. So sind etwa sowohl bei "Negation-as-Failure" in PROLOG als auch bei der Negation in OPS5 Schlußfolgerungen u.U. hinfällig, wenn neue Fakten auftauchen. Diese Fakten brauchen nicht einmal von außen hinzugefügt werden, sondern können durch "Assert" bzw. "Make" vom System selbst erzeugt werden. Ein weiteres Beispiel sind Schlüsse, die mittels des Circumscription-Schemas (das letzlich auch eine Form der Negation beinhaltet) erfolgen. In allen diesen Fällen wird ja bewußt zugunsten einer effektiven Nachprüfbarkeit auf die "volle Wahrheit" verzichtet, was dann aber ggf. eine Revision zur Folge haben muß.

(2) Auch die Graphenmodelle in der Modallogik haben einen nichtmonotonen Charakter. Deutlich wird dies etwa beim Informationsgraphen, wenn wir korrigierende Messungen zulassen. Andere Beispiele sind zeitlich veränderliche Modelle.

(3) Wenn wir ein nicht einfaches Constraint-Netz haben, so kann man gewisse Variablenbelegungen vorläufig ("heuristisch") vornehmen und muß sie u.U. revidieren. Mehrere Annahmen bei Fallunterscheidungen können sich dabei gegenseitig ausschließen und zu Inkonsistenzen führen.

Ganz allgemein kann man sagen, daß Nichtmonotonie und deklaratives Programmieren eng verbunden sind. Dies kommt bei der Konfliktlösung zum Ausdruck: Erhöhte Voraussetzungen können (und sollen ja auch sogar) früher mögliche Konfliktlösungen verbieten.

Wenn wir die Anlässe für Nichtmonotonie von einem übergeordneten Standpunkt aus betrachten, fällt uns als der gemeinsame Kern die Partialität in der Modellierung der behandelten Problembereiche auf. Totale Modelle sind uns aus der Mathematik und von übersichtlichen kleinen Bereichen her vertraut. Mathematische Modelle werden durch kurze und klare Axiome eingeführt, und bei kleinen endlichen Bereichen kann man sich eine vollständige Aufzählung erlauben. In der Künstlichen Intelligenz sind wir aber gerade an Fragen interessiert, wo weder das eine noch das andere möglich oder sinnvoll ist. Das kann sowohl an einer prinzipiell fehlenden Information liegen als auch daran, daß die Komplexität des Bereichs einen zu einer Einschränkung zwingt. Hierauf wird in §13 bei der generellen Analyse der Expertensystemfrage allgemein eingegangen.

Der Ausweg ist, die Modelle nur partiell zu beschreiben. Argumentiert man dann in so einem teilweise beschriebenen Modell, so ist man zu weiteren Annahmen, über den gesicherten Teil des Modells hinaus, gezwungen, und das führt notwendigerweise zu gewissen Revisionen.

Zwei zentrale Probleme der Wissensrepräsentation von praktischer Bedeutung in diesem Zusammenhang lassen sich so formulieren:

(1) Das *Frame-Problem* : Wie kann man in einem Modell die Konsequenzen einer Aktion (etwa einer Modify-Aktion in OPS5) einigermaßen effizient abschätzen? Wie kann man insbesondere garantieren, daß gewisse Prädikate von der Aktion nicht betroffen sind?

<u>Warnung:</u> Der Ausdruck "Frame - Problem" hat nur sehr indirekt etwas mit dem Gebrauch des Begriffes "Frame" in §8 zu tun.

(2) Das *Qualifikationsproblem* : Wie kann man für eine komplexe Aktion die Gültigkeit aller Vorbedingungen garantieren? Häufig sind in solchen Situationen nur die positiven Bedingungen bekannt, die die korrekte Anwendung im "Normalfall" garantieren. Es ist meist nicht sinnvoll, von vornherein alle die "unsinnigen" Fälle aufzuzählen, in denen die Aktion ausnahmsweise nicht erlaubt ist.

Wenn die Beispiele auch zeigen, daß nichtmonotone Inferenzen von sehr verschiedener Art sein können, so sind sie doch nicht völlig willkürlich. Die Minimalanforderungen an einen solchen Inferenzoperator $\vdash_R$ wollen wir jetzt diskutieren; dabei sei $\vdash$ ein deduktiver Operator auf der Basis des klassischen Wahrheitsbegriffes.

$$\text{(NM1)} \quad \text{Wenn } \Phi_1, \ldots, \Phi_n \vdash \Psi, \text{ so } \Phi_1, \ldots, \Phi_n \vdash_R \Psi$$

$$\text{(NM1')} \quad \Phi_1, \ldots, \Phi_n, \Psi \vdash_R \Psi$$

$$\text{(NM2)} \quad \text{Wenn } \Phi_1, \ldots, \Phi_n \vdash_R \Psi \text{ und } \Phi_1, \ldots, \Phi_n \vdash_R X,$$
$$\text{so } \Phi_1, \ldots, \Phi_n, \Psi \vdash_R X$$

$$\text{(NM3)} \quad \text{Wenn } \Phi_1, \ldots, \Phi_n \vdash_R \Psi \text{ und } \Phi_1, \ldots, \Phi_n, \Psi \vdash_R X,$$
$$\text{so } \Phi_1, \ldots, \Phi_n \vdash_R X$$

$$\text{(NM3')} \quad \Phi_1, \ldots, \Phi_n \vdash_R \Phi \wedge \Psi \Leftrightarrow \Phi_1, \ldots, \Phi_n \vdash_R \Phi \text{ und } \Phi_1, \ldots, \Phi_n \vdash_R \Psi.$$

Die Bedingungen (NM1) ist natürlich; (NM1') ist ein Spezialfall von (NM1). (NM2) ist eine *eingeschränkte Monotoniebedingung*, die ebenfalls eine natürliche Forderung ist: Wenn eine Hypothese tatsächlich als wahr erkannt wird, kann man deshalb noch nicht weniger folgern (dies ist eben eventuell nur dann der Fall, wenn die Hypothese sich als falsch erweist!).

Die Transitivitätsbedingung (NM3) stellt eine Art Verzweigungspunkt für die Semantiken nicht-monotoner Schließweisen dar; etwas deutlicher wird dies bei (NM3'). Der Zusammenhang zwischen diesen Bedingungen ist:

2. Satz: Aus (NM1), (NM2) und (NM3) folgt (NM3').

<u>Beweis</u>: Die eine Richtung der Äquivalenz (NM3') folgt wegen $\Phi \wedge \Psi \vdash_R \Phi$ und

$\Phi \wedge \Psi \vdash_R \Psi$ mittels (NM1) und (NM3). Umgekehrt gelte nun $\Phi_1, \ldots, \Phi_n \vdash_R \Phi$ und

$\Phi_1, \ldots, \Phi_n \vdash_R \Psi$. Mit (NM2) bekommen wir $\Phi_1, \ldots, \Phi_n, \Phi \vdash_R \Psi$. Weiter haben

wir noch (NM1) und $\Phi_1, \ldots, \Phi_n, \Phi, \Psi \vdash_R \Phi \wedge \Psi$ zur Verfügung; (NM3) liefert

wieder $\Phi_1, \ldots, \Phi_n, \Phi \vdash_R \Phi \wedge \Psi$. Die nochmalige Anwendung der Transitivität ergibt

schließlich $\Phi_1, \ldots, \Phi_n \vdash_R \Phi \wedge \Psi$.

Man kann jetzt leicht eine große Klasse nichtmonotoner Ableitungsoperatoren

angegeben, für welche (NM1), (NM2) und (NM3) gelten. Dies ist nämlich bestimmt

dann der Fall, wenn eine Formelmenge Σ_0 existiert, so daß

$$\Sigma \vdash_R \Phi \Leftrightarrow \Sigma \cup \Sigma_0 \vdash \Phi$$

gilt, wobei $\vdash$ ein klassischer deduktiver Ableitungsoperator ist. Man nimmt also Σ_0

hypothetisch an und schließt dann klassisch; die Nichtmonotonie besteht darin, daß Σ_0

unter Umständen zurückgezogen werden kann. Wir wollen dies *Schließen mittels*

axiomatischer Erweiterungen nennen. Situationen dieser Art liegen etwa bei allen

Formen der CWA vor.

Ganz anders ist die Sache jedoch, wenn die Erzeugung einer solchen hypothetischen

Formelmenge Σ_0 selbst das Resultat des Operators $\vdash_R$ ist; dann ist (NM3) in aller

Regel verletzt. Anschaulich betrachtet ist das völlig klar: Wenn etwa bei Vorliegen von

Φ gewisse, aber etwas unsichere Gründe für Ψ sprechen und bei Vorliegen von Ψ

ebenfalls bestimmte Gründe für X sprechen, dann könnten auf der Basis von Φ

eventuell nur sehr schwache Gründe für X sprechen, denn man benutzt ja das unsichere

Ψ dabei als eine Voraussetzung. Ebenso verhält es sich bei (NM3'): Mögen noch so

starke Gründe für Φ und Ψ einzeln sprechen, so kann der Hinweis auf das

gemeinsame Eintreten von Φ und Ψ doch sehr schwach sein. Der typische Vertreter

solcher Schlußweisen ist das probabilistische Schließen. Dies wurde in §9 kurz erwähnt;

allgemeine Fragen der Propagierung unsicheren Wissens betrachten wir in §14.

Im Falle des nichtmonotonen Schließens mittels axiomatischer Erweiterungen arbeiten

wir nach wie vor mit den klassischen Wahrheitswerten 0 und 1. Die Monotonie wird

dabei durch den dynamischen Charakter der Erweiterung in Frage gestellt. Diese

Dynamik hat drei Spielarten, die in genauer Korrespondenz zu den Aktionen in OPS 5

stehen, wo die Datenbasis manipuliert wurde:

-- Hinzufügen neuer Aussagen;

-- modifizieren von Aussagen;

-- entfernen von Aussagen.

Dadurch kann die Wissensbasis einerseits inkonsistent werden und zum anderen reicht sie eventuell nicht mehr zur Begründung bisheriger Schlußfolgerungen aus. Die Voraussetzungen für die Schlüsse teilen sich dabei wie folgt auf:

Voraussetzungen = Wissensbasis + Annahmen,

wobei die Annahmen den nichtmonotonen Anteil bilden. Wir beschränken uns im weiteren darauf, daß sich die Wissensbasis höchstens vergrößert, wobei aber die Annahmen beliebig verändert werden können. Für die Folgerungen hat dann eine Überprüfung und gegebenenfalls eine Revision zu erfolgen. Im Prinzip haben wir es hier mit einem Konsistenz- und Inferenzproblem zu tun, für das sich eine Deduktionskomponente (z.B. ein Constraintnetz) anbieten würde. Der naive Einsatz eines solchen Werkzeuges würde jedoch vernachlässigen, daß durch die bereits erfolgten Schlußfolgerungen Informationen über gegenseitige Abhängigkeiten vorliegen oder jedenfalls vorgelegen haben (aber vielleicht im Verlaufe der Ableitungen wieder vergessen wurden).

Systeme zur Behandlung dieser Fragen heißen *Truth-Maintenance-Systeme* (TMS) oder auch *Reason-Maintenance-Systeme* (RMS).

Es liegt nahe, die Problematik in zwei Aspekte aufzuteilen:

(1) Konsistenzüberprüfung der Voraussetzungen, falls diese erweitert oder verändert werden.

(2) Überprüfung der erfolgten Schlüsse.

Das Problem (1) ist in der Tat ein reines Konsistenzproblem und fällt in den Bereich der Methode von Teil I und §8; hier wird es nur insoweit diskutiert werden, als die Überprüfungsmethode für (2) auch eine Konsistenzprüfung darstellt.

Die Methoden für Problem (2) basieren auf Protokollen für die erfolgten Inferenzen. Die Unterschiede in möglichen Ansätzen bestehen in dem Zeitpunkt und der Art und Weise, wie diese Protokolle aufbereitet werden. Hier sind zwei Extremfälle denkbar:

(a) Die Protokolle werden nur bei Änderung der Annahmen aufbereitet. Dabei werden, den einzelnen Schritten der Inferenz folgend, nicht mehr erlaubte Folgerungen der Reihe nach gestrichen.

(b) Bei jedem Inferenzschritt wird das Protokoll so aufgearbeitet, daß es zu jeder Folgerung eine genaue Liste der verwendeten ursprünglichen Annahmen enthält.

In beiden Fällen kann das Protokoll statt über die nichtmonotonen Annahmen auch Auskunft über alle benutzten sicheren Voraussetzungen geben. Gemeinsam ist diesen Vorgehensweisen, daß jede gefolgerte Aussage eine *Rechtfertigung* besitzt. Um dies zu formalisieren benötigen wir Rechtfertigungsregeln. In den Formeln lassen wir jetzt keine

Variablen zu und beschränken uns der (Einfachheit halber) auf die Datenelemente von OPS 5.

3. Def.: Eine Rechtfertigungsregel hat die Form $R = (\underline{A} \mid \underline{B} \to C)$, wobei $\underline{A}$ und $\underline{B}$ Formelmengen und C eine Formel ist.

Inhaltlich soll diese Regel bedeuten: Wenn $\underline{A} = \{A_1, \dots, A_n\}$ und wenn nicht $\underline{B} = \{B_1, \dots, B_m\}$, dann C.

Daher nennen wir die A_i *positive Rechtfertigungen* für C und die B_j *negative Hinderungsgründe* für C. Die nächste Definition reflektiert diese Vorstellung.

4. Def.:

(i) Für eine Formelmenge $\underline{D}$ heißt eine Regel $R = (\underline{A} \mid \underline{B} \to C)$ $\underline{D}$-*anwendbar*, wenn $\underline{A} \subseteq \underline{D}$ und $\underline{B} \cap \underline{D} = \varnothing$ ist.

(ii) Eine Ableitung von C aus $\underline{D}$ ist eine Folge $(X_1, \dots, X_n)$ mit

(a) $X_i \in \underline{D}$, $1 \leq i \leq n$ und $X_n = C$;

(b) für jedes i gibt es eine $\underline{D}$-anwendbare Regel $R = (\underline{A} \mid \underline{B} \to X_i)$, für die überdies $A \subseteq \{X_1, \dots, X_{i-1}\}$ gilt.

Eine Ableitung ohne den letzten Zusatz in (ii b) zu erklären, würde zirkuläre Ableitungen erlauben. Spezielle Regeln sind solche Vorbedingungslisten, sie sind immer anwendbar und ihre Konklusionen wollen wir unbedingte Prämissen nennen. Diese Terminologie erlaubt jetzt eine Veranschaulichung in Form eines *Rechtfertigungsnetzes*, welches ein gerichteter Graph ist:

-- Die Knoten sind mit Formeln beschriftet

-- ein positiver Pfeil $A \xrightarrow{\ +\ } C$ bedeutet, daß A in einer Regel für C als (positive) Rechtfertigung auftritt;

-- ein negativer Pfeil $B \xrightarrow{\ -\ } C$ bedeutet, daß B in einer Regel für C als (negativer) Hinderungsgrund auftritt.

Einträge in die Wissensbasis erlauben nun die *Aktivierung* einer Knotenmenge $\underline{D}$. Aktivierte Knoten heißen gewöhnlich In-Knoten (die Aktivierung kann durch eine Markierung realisiert werden), und nicht aktivierte heißen Out-Knoten. Diese Aktivierung kann propagiert werden, indem für ein C sämtliche auf C schließende Regeln herangezogen werden, deren Prämissen über die zu C hinführenden positiven und negativen Pfeile dahingehend geprüft werden, ob die aktivierten Prämissen einen entsprechenden Schluß auf C erlauben. Eventuelle Zyklen im Rechtfertigungsnetz können auf zwei Grundtypen reduziert werden:

(i)   Positiv-negativ Schleifen:

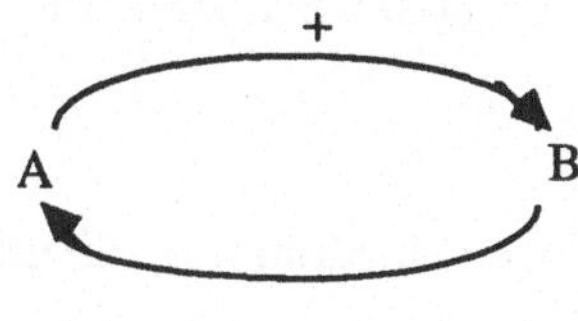

Dies sind Endlosschleifen, die vermieden werden sollten.

(ii)   Monotone Schleifen:

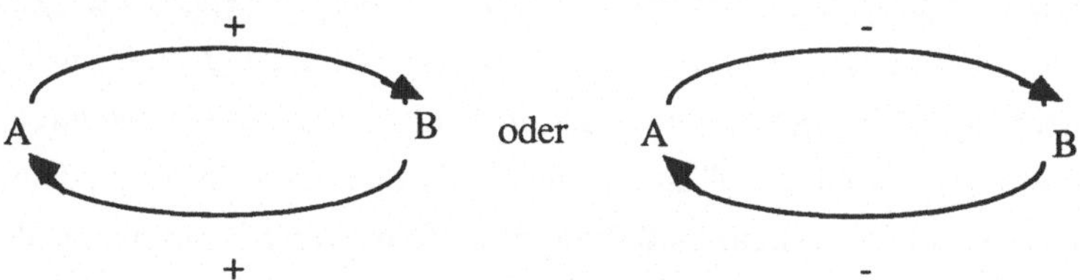

Solche Schleifen können inhaltlich sinnvoll sein, wenn sich die Effekte von A und B gegenseitig aufschaukeln oder abschwächen. Hier muß nur darauf geachtet werden, daß sich A und B nicht gegenseitig aktivieren können; die Aktivierung muß von außerhalb kommen. Auch hier muß darauf geachtet werden, daß keine Endlosschleife entsteht.

Wir kehren nun zu den oben genannten Arten (a) und (b) der Aufbereitung des Rechtfertigungsnetzes zurück. Bei (a) sind das die Prämissen der gerade angewandten Regeln und bei (b) die eventuell weiter zurückliegenden Voraussetzungen der Wissensbasis und der ursprünglichen Annahmen. Systeme, welche der Vorgehensweise (b) folgen, werden auch ATMS-Systeme genannt ("Assumption-based TMS"). Von einem JTMS ("Justification based TMS") spricht man, wenn zu jeder Aussage nur direkte Rechtfertigungen,d.h. Prämissen der unmittelbar angewandten Regeln, vorgebracht werden. Ein ATMS erfordert bei der Erstellung mehr Aufwand, erlaubt jedoch eine direkte Kontrolle über die Zulässigkeit einer Folgerung bei einer Änderung der Wissensbasis. Bei Verwendung eines JTMS kann leicht der globale Zusammmmenhang der Schlußweisen verloren gehen. Insbesondere besteht hier bei ungenauer Behandlung die Gefahr von Zirkelschlüssen, in denen A als Rechtfertigung für B und B als Rechtfertigung für A fungiert. Diese Überlegungen sollen jetzt formal gefaßt werden.

5. Def.:

Eine Menge $\underline{D}$ von Formeln heißt

(i) *gerechtfertigt*, wenn jedes $A \in \underline{D}$ eine Ableitung aus $\underline{D}$ besitzt;

(ii)*abgeschlossen*, wenn $\underline{D}$ alle Konklusionen von $\underline{D}$-anwendbaren Regeln enthält.

Betrachten wir dazu ein Beispiel mit den Aussagen Vogel(a), Strauß(a), fliegt(a), anormal(a). Als Regeln nehmen wir

R_1 = (Vogel(a) | anormal(a) → fliegt(a)) und R_2 = (Strauß(a) | Ø → anormal(a)).

Wenn Vogel(a) eine unbedingte Prämisse (etwa aufgrund einer Beobachtung) ist, dann ist $\underline{D}$ = {Vogel(a), fliegt(a)} wegen Regel R_1 eine gerechtfertigte und abgeschlossene Menge. Insbesondere ist der Knoten anormal(a) ein Out-Knoten. Erweitern wir $\underline{D}$ zu $\underline{D}'$ durch Hinzunahme von Strauß(a) als unbedingte Prämisse, dann ist $\underline{D}'$ zunächst nicht mehr abgeschlossen; Regel R_2 liefert den neuen In-Knoten anormal(a), wodurch wir die zweite Erweiterung $\underline{D}''$ erhalten. $\underline{D}''$ ist aber nun nicht mehr gerechtfertigt, denn R_1 ist nicht mehr $\underline{D}''$-anwendbar; deshalb muß fliegt(a) entfernt werden und man endet in diesem Falle mit den unbedingten Prämissen.

Die prinzipielle Vorgehensweise eines JTMS ist genau die Berechnung der gerechtfertigten und abgeschlossenen Mengen; dazu kann nach der im Beispiel angedeuteten Weise vorgegangen werden. Zuerst werden die unbedingten Prämissen als "In" markiert, diese Markierung wird dann über das Netz propagiert. Das grundsätzliche Problem dabei ist, daß aktivierte Knoten u.U. inaktiviert werden müssen, weil durch andere Regeln Hinderungsgründe aktiviert wurden, was dann wiederum weitere Zurücknahmen zur Folge haben kann. Um die Effizienz zu steigern, sind weitere Verbesserungen angesagt. Im Erfolgsfall entsteht dann als "In"-markierte Menge eine gerechtfertigte und abgeschlossene Menge.

Bei einem ATMS werden die Knoten nicht mit "In" oder "Out" markiert, sondern mit mit solchen Mengen von unbedingten Prämissen, die eine Rechtfertigung der Formel an diesem Knoten zur Folge haben:

6. Def.:

Die Markierung eines ATMS-Knotens k ist ein System von minimalen Mengen $\underline{D}$ von Knoten, die gerechtfertigte und abgeschlossene Erweiterungen haben,

Mengen $\underline{D}$ von Knoten, die gerechtfertigte und abgeschlossene Erweiterungen
haben,   welche die Formel von k als Element haben.

Als Aufgabe ergibt sich, bei Hinzunahme eines neuen Knotens oder einer neuen Regel die Markierung neu zu berechnen. Dies betrachten wir nur einem Beispiel:
Am Knoten u stehe die Formel $x = 0$ und die Markierung { {A,B}, {B,C,D} } und am Knoten v die Formel $y = 1$ und die Markierung { {{A,C}, {D,E} }; am Knoten w stehe bisher nur die Formel $x + y = 1$. Weiter sei nun die Regel $(x = 0 \wedge y \neq 1) \rightarrow x + y = 1$ (ohne Hinderungsgründe) gegeben. Dann ergibt sich (einfache boole'sche Rechnung!) die Markierung von w als { {A,B,C}, {B,C.D,E}, {A,B,D,E} }.

Die unbedingten Prämissen haben hier als Markierung {Ø}, während eine leere Markierung besagt, das der Knoten keine Rechtfertigung besitzt.

Ein Rechtfertigungsnetz erlaubt auch die Überprüfung von Inkonsistenzen, was besonders dann von Interesse ist, wenn die spezielle Form der Wissensbasis diese nicht von vorneherein ausschließt. Treten z.B. C und ¬C gleichzeitig als Folgerungen auf, so kann man zu C und ¬C hinführende Knoten gezielt inaktivieren, d.h. zurückziehen. Es ist nicht ausgeschlossen, daß die unbedingten Prämissen widersprüchlich sind, denn sie können Hypothesen enthalten, an die man teilweise glaubt. Nützlich ist in diesem Zusammenhang eine Liste derjenigen Annahmenmengen, die sich als kontradiktorisch erwiesen haben; sie wird gewöhnlich als Menge der "Nogoods" bezeichnet. Eine Markierung darf dann keine Nogood-Menge enthalten, was bei der Propagierung beachtet werden muß.

Die Wahl zwischen dem JTMS- und dem ATMS-Ansatz kann nicht eindeutig entschieden werden, weil sie von der Häufigkeit der Revisionen anhängt. Es müssen daher auch Kombinationen in Betracht gezogen werden.

Übungen

Aufgabe 1

Man schreibe ein OPS5 Programm, welches das Sieb das Erasthostenes zur Primzahlerkennung als Rechtfertigungsnetz realisiert.

Aufgabe 2

Welche gerechtfertigten und abgeschlossenen Erweiterungen besitzen die folgenden Regelmengen:

(i) $\{(A \mid A \vee B \to C), (\emptyset \mid \emptyset \to A)\}$; (ii) $\{(\emptyset \mid A \to B), (\emptyset \mid B \to A)\}$;

(iii) $\{(A \mid \emptyset \to A), (\emptyset \mid A \to B)\}$? Diskutieren Sie den Unterschied zur klassischen Logik!

Hintergrundbemerkungen zu §11

Die Bedeutsamkeit nichtmonotoner Logiken wird durch eine Fülle von Literatur in den letzten Jahren bestätigt. Dabei herrschte in den Grundfragen aber nicht dieselbe Klarheit wie in den Kalkülen klassischer Logik. Bedingt war dies nicht zuletzt durch relativ weit auseinanderliegende Intentionen, die z.T. als einzige Gemeinsamkeit eben das nichtmonotone Verhalten haben. So ist etwa versucht worden, nichtmonotone Ableitungsoperatoren durch ihre Fixpunkte zu beschreiben. Hierbei ergab sich das Problem, daß man meistens mehrere hatte, die zudem teilweise unvergleichbar waren, und sich kein direktes Motiv ergab, einen zu bevorzugen. Zudem hat man solche Fixpunkte natürlich nicht effektiv in der Hand. Den Begriff der schwachen Monotonie findet man in [Ga85]. Dort wird auch gezeigt, daß sich die schwache Monotonie von einem einzigen Ableitungsschritt auf eine endliche Folge von solchen Schritten übertragen läßt. Von den axiomatischen Erweiterungen haben wir (vgl. §5) zwei Typen betrachtet, die CWA und die Circumscription. Der Hauptunterschied zwischen diesen beiden Formen liegt darin, daß bei der CWA die Negationen von nicht beweisbaren Grundatomen hinzugefügt werden, während die Circumscription die möglichen Modelle durch zusätzliche Minimalitätsbedingungen in Form von Induktionsprinzipien einschränken. Näheres hierzu findet man in [Jä88]. Die Struktur eines JTMS beschreibt [Do79], welche gleichzeitig eine der grundlegenden Arbeiten zu diesem Thema ist. Die Beschreibung eines ATMS findet man in [deK86]. Eine logische Fundierung der TMS-Systeme und viele Details enthält [Rei89].

12   Die Logik von Frage und Antwort

In den bisherigen Situationen haben wir nur sprachliche Konstrukte behandelt, auf die man sinnvollerweise einen Wahrheitsbegriff anwenden konnte. Bei einer *Frage* (und ebenso auch bei einem Befehl) ist dies nun nicht mehr gegeben. Zwar spielt der Wahrheitsbegriff auch im Zusammenhang mit Fragen eine Rolle, aber nur in Bezug auf die Beantwortung der Frage. Die *Antwort* ist eine notwendige Ergänzung zur Frage, und man sollte beide Begriffe zusammen analysieren. Als erstes fällt auf, daß die Wahrheit oder Falschheit einer Antwort gar nicht das einzige und in gewissem Sinne noch nicht einmal das wichtigste Kriterium zu ihrer Beurteilung ist. Zunächst einmal interessiert es nämlich, ob die Antwort überhaupt eine *Antwort auf die Frage* ist. So wird man etwa auf die Frage "Welches ist die Hauptstadt von Frankreich?" die Antwort "Die Donau fließt ins Schwarze Meer" wohl kaum als vernünftig bezeichnen, obwohl sie einen wahren Sachverhalt repräsentiert.

Genau wie sonstige sprachliche Konstrukte ihr wohlbestimmtes Format haben und zu ihnen eine bestimmte Begriffswelt und Terminologie gehört, ist dies auch bei Fragen und Antworten der Fall. An die Stelle der Wahrheitsbedingungen bei einer Aussage treten nun Bedingungen, die festlegen, wann eine Antwort auf eine Frage *sinnvoll* ist, wann sie *richtig* ist und *was wir sonst noch von ihr erwarten*.

Wir wollen uns hier nun auf die Behandlung gewisser Fragetypen beschränken. Die Einteilung von Fragen in Typenklassen geschieht mittels Fragewörtern, die normalerweise in der umgangssprachlichen Formulierung solcher Fragen vorkommen. Es soll hier jedoch festgehalten werden, daß dies für uns nur *Bezeichnungen* sind, weil man umgangssprachlich ein und dieselbe inhaltliche Fragestellung auf verschiedene Weise ausdrücken kann. Wir unterscheiden dabei drei Ebenen:

(1) Auf der *semantischen Ebene* haben wir ein Modell M, auf das sich Frage und Antwort beziehen und in dem auch die Wahrheitsfrage entschieden wird.

(2) Auf der *logischen Ebene* haben wir Fragen, Antworten und weitere Begriffe als abstrakte Objekte.

(3) Auf der *syntaktischen Ebene* werden Fragen und Antworten sprachlich in einem bestimmten Formalismus repräsentiert.

Hier wollen wir uns im wesentlichen auf die logische Ebene beschränken und im folgenden einige Klassen von Fragen systematisch behandeln, wobei es zweckmäßig ist, gelegentlich die Sprache der Frames zu benutzen.

(A) <u>Die erste Klasse von Fragen sind die *extensionalen Fragen.*</u>
 Diese sind durch zwei Eigenschaften gekennzeichnet:

(1)   Die *Alternativenmenge*

(2)   Die *Anforderungen.*

Die Alternativenmenge ist eine Menge von Aussagen, welche die sinnvollen Antworten auf die Frage konstituieren. Bei den Anforderungen unterscheiden wir zwei Arten:

(a)   Die Wahrheitsanforderung: diese wird im zugrundeliegenden Modell entschieden. Dabei müssen nicht unbedingt die klassischen Wahrheitswerte "wahr" und "falsch" zugrunde liegen, sondern es kann durchaus eine Unschärfe eingehen, vgl. hierzu §14.

(b)   Die Anzahl- oder Vollständigkeitsanforderung: sie beschreibt, wieviele der möglichen (richtigen) Alternativen in der Antwort erwartet werden: eine, einige, die meisten oder alle. Weiter muß festgelegt werden, wann eine einzelne Alternative hinreichend genau beschrieben wurde.

Das geordnete Paar (Alternativenmenge, Anforderungen) muß aus der Frage berechnet werden können. Das einfachste Beispiel sind die *Entscheidungsfragen*, welche die *Ja-Nein-Fragen* beinhalten. Bei ihnen besteht die Alternativenmenge aus zwei Aussagen und die Anforderung verlangt, genau eine von ihnen zu liefern. Beispiele hierfür sind:

-   Haben Sie einen Führerschein?

-   Wollen Sie jetzt einsteigen oder nicht?

-   Wohnen Sie in Stuttgart oder München?

Bei der letzten Frage ist es offensichtlich so, daß diese nur unter gewissen Umständen eine Entscheidungsfrage ist. Solche zu erfüllenden Voraussetzungen nennt man auch *Präsuppositionen*, auf die wir später noch zurückkommen werden.

Fragen mit mehreren Alternativen werden häufig auch *Tatsachenfragen* genannt. Beispiele hierfür sind:

--   In welcher Stadt sind Sie geboren?

Hier ist die Anforderung so, daß nach genau einer Alternative gefragt wird (wenn man's genau nimmt: nach höchstens einer).

--   Welche Städte gefallen Ihnen?

Hier ist die sinnvolle Anforderung die, daß nach einigen Alternativen gefragt wird. Diese Frage ist aber nur dann eine extensionale Frage, wenn als Antwort eine bestimmte Liste von Städten erwartet wird. Sind auch allgemeine Beschreibungen zugelassen (wie "die Städte mit einer Altstadt"), dann sprechen wir von einer intensionalen Frage, s.u.

-- Welche Städte haben einen Bundesligaverein?

In diesem Falle besagt die Anforderung, alle diesbezüglichen Städte aufzulisten.

In jedem der Beispiele war es so, daß sich die Menge der Alternativen, also hier etwa die Liste der Städte, effektiv aus der Datenbasis berechnen lassen mußte. Es ist dabei nicht notwendigerweise so, daß diese Alternativenmenge endlich sein muß, es wird nur verlangt, daß jede in der Antwort erscheinende Alternative explizit als Element vorgestellt werden muß und nicht implizit durch eine Beschreibung umschrieben werden darf (was man auch intensionale Kennzeichnung nennt). So ist etwa für die Frage

-- Welches ist die kleinste ungerade Primzahl?

die Alternativenmenge durch eine Berechnungsvorschrift für die Zahlenfolge der Primzahlen gegeben, nicht aber durch eine Vorschrift, welche der Reihe nach die *Ausdrücke* "die kleinste Zahl, welche keine echten Teile hat", "die zweitkleinste Zahl, welche keine echten Teile hat" usw. aufzählt. Statt eines Aufzählungsverfahrens, welches man im unendlichen Falle benötigt, genügt im endlichen Fall natürlich auch eine Liste. Die Anforderung, welche festlegt, wieviele Alternativen die Antwort enthalten muß, nennt man auch die Vollständigkeitsanforderung. In nicht oder nur schwach formalisierten Situationen ist sie häufig kaum präzise festgelegt.

Den Alternativen und Anforderungen auf der Fragenseite stehen entsprechende Aussagen und Behauptungen auf der Antwortenseite gegenüber. Die Antwort muß sich folgenden Kriterien stellen:

-- Ist die Antwort aus der Alternativenmenge? In diesem Fall nennt man sie "sinnvoll".

-- Stimmt die Wahrheitsbehauptung der Antwort mit der Wahrheitsanforderung der Frage überein?

-- Erfüllt die Antwort die Wahrheitsbehauptung?

-- Stimmt die Vollständigkeitsbehauptung der Antwort mit der Anforderung der Frage überein?

-- Erfüllt die Antwort die Vollständigkeitsbehauptung?

Dabei ist es eine Schwierigkeit, daß die Behauptungen der Antwort häufig nur indirekt aus ihr zu entnehmen sind.

Gewöhnlich wird implizit noch eine weitere Behauptung bei der Antwort aufgestellt, nämlich die *Verschiedenheitsbehauptung*. Sie behauptet, daß alle in der Antwort aufgezählten Alternativen auch (semantisch) verschieden sind. Das kann in zweierlei Situationen von Interesse sein:

(a) Ein Objekt hat mehrere Namen, die in der Alternativenmenge vorkommen.

(b) Es ist zugelassen, Beschreibungen für die Alternativen zu generieren.

(B) <u>Als zweites kommen wir zu den *Beschreibungsfragen*</u>

Hier wird nach der (partiellen) Beschreibung, also der *Intention*, eines Modells (einer Situation) gefragt. Beispiele sind:

(a) Was bedeutet "x ist ein Vektorattribut"?

Präsentiert wird das Prädikat "Vektorattribut (x)", gefragt ist nach einer Formel $\Phi(x)$ mit der Eigenschaft Vektorattribut$(x) \leftrightarrow \Phi(x)$. Dabei muß aus der Frage noch das erlaubte Vokabular für Φ ersichtlich sein.

(b) Wie lebt es sich denn so in Kaiserslautern?

Hier wird der Name eines Objektes und ein spezieller Aspekt (Lebensumstände) genannt. Gefragt wird nach einer (partiellen) Beschreibung des Objektes unter Berücksichtigung des Aspektes.

Folgende möglichen Anforderungen für Beschreibungsfragen werden hieraus ersichtlich:

(1) Zugelassenes Vokabular der Beschreibung.

(2) Wahrheitsanforderungen für bestimmte Belegungen der Variablen der Beschreibung.

(3) Logische Relationen zu anderen Beschreibungen.

(4) Die Vollständigkeitsanforderung resultiert hier in der Anforderung an den Partialitätsgrad der Beschreibung.

Dabei haben wir noch verschiedene Formen des Ein- Ausgabeverhaltens gesehen:

Die Frage präsentiert	Die Antwort liefert
Konzept K(X), Objekt a	Prädikat P mit K(P) und P(a)
Prädikat P(x)	Formel $\Phi(x)$ mit P(x)$\leftrightarrow \Phi(x)$
Objekt a, Slot A	Partielle Beschreibung Φ des Slots A (d.h. Füller der Facetten)

(C) *Wieviele* - Fragen

Eine Wieviele-Frage präsentiert

(i) ein Modell U,

(ii) eine Formel $\Phi(x)$.

Die Antwort besteht aus einem sog. *verallgemeinerten Quantor* Q, so daß $Qx\Phi(x)$ in U wahr ist. Für Q kommen dabei im wesentlichen folgende Fälle in Frage:

(a) Q ist ein klassischer Quantor $\forall$ oder $\exists$;

(b) Q ist ein Anzahlquantor A_n, wobei $A_n x\Phi(x)$ interpretiert wird als "n Elemente erfüllen Φ".

(c) Q ist ein "unscharfer" Quantor wie "manche", "viele", "die meisten", "ungefähr 3" etc.

Die Anforderungen an eine Wieviele-Frage bestehen in:

(1) Festlegung der Alternativenmenge; diese enthält die Menge der Quantoren, die eine sinnvolle Antwort beinhalten.

(2) Festlegung der Wahrheitsanforderung: Diese kann die klassische Wahrheit sein oder auf einem unscharfen Wahrheitsbegriff fußen. Entschieden wird über die Wahrheit der Antwort im präsentierten Modell. Dazu ist zu sagen, daß dieses aus der Frage häufig nur ungenau zu entnehmen ist.

Ähnlich wie die Wieviele-Fragen sind Wann-Fragen, Wo-Fragen etc. Man kann sie aber meistens unter die extensionalen Fragen einordnen.

(D) <u>Auf ein Prozeßmodell beziehen sich die *Wie-Fragen*</u>

Der zugrundeliegende Prozeß kann ein Inferenzprozeß oder eine Menge von komplexen Aktionen in einem Modell mit veränderlichen Welten (vgl. §9) sein. Die Frage präsentiert ein Objekt, welches durch den Prozeß erzeugt worden ist oder erzeugt werden könnte. Dieses Objekt kann z.B. eine bewiesene Formel oder eine getroffene Entscheidung sein. Gefragt wird nach denjenigen Schritten, die zur Erzeugung des Objektes geführt haben. Der einfachste Fall ist in der Theorie der formalen Sprachen eine Grammatik G mit der erzeugten Sprache L(G). Eine Wie-Frage legt ein $u \in L(G)$ vor und fragt nach einer Ableitung von u mittels G. Es gibt zwei Arten von Anforderungen:

(1) Die Korrektheitsanforderung: Nur zugelassene Aktionsschritte dürfen benutzt werden.

(2) Die Vollständigkeitsanforderung: Es werden normalerweise nicht alle Schritte verlangt, die zur Erzeugung der Objekte geführt haben. Die Vollständigkeitsanforderung kann z.B. nur die Angabe der drei letzten Schritte oder solcher von besonderer Wichtigkeit verlangen.

(E) <u>Zu den schwierigsten Fragen gehören die *Warum-Fragen*</u>

Von den vielen Kategorien, die sich hier subsumieren lassen, greifen wir zwei heraus.

(I)   Die *Zweckfragen* beziehen sich auf die Pragmatik eines Verhaltens: Warum tun Sie dies?

Wir referieren hier wieder ein zugrundeliegendes Prozeßmodell. Die Frage präsentiert:

(i)   Ein durch den Prozeß zu lösendes Problem;

(ii) ein im Verlaufe des Prozesses hergestelltes Objekt.

Die Antwort besteht in der Angabe des Zweckes, den das Objekt für die Problemlösung darstellt.

(II) Die *Begründungsfragen* zielen auf die Pragmatik einer bereits geschehenen Aktion ab: Warum haben Sie dies getan? Durch eine Translation des Fragezeitpunktes auf den Beginn der Aktion kann man diesen Fragetyp auf (I) zurückführen. Er ist sehr genau von den Wie-Fragen zu unterscheiden, wo pragmatische Gesichtspunkte keine Rolle spielen. Eine präzise Formulierung der Anforderungen scheint in großer Allgemeinheit nicht leicht möglich zu sein. Schon die Art der Vollständigkeitsanforderung ist unklar; was man hier benötigt, ist vor allem eine genauere Beschreibung des Partnermodells zwischen Fragendem und Antwortendem. Darauf gehen wir in §18 ein, wo die Frage in ihrer Rolle als Teil des Erklärungsvorgangs untersucht wird. Wir können jedoch mit einer solchen Warum-Frage F drei Begriffe verbinden, die alle aus der Frage berechnet werden müssen:

1) Das Thema von F: Eine Aussage P_F;

2) Die Kontrastklasse von F: Eine Menge $X_F = \{P_1, ..., P_n\}$ von Aussagen;

3) Die Relevanzrelation von F: Relationen, die zwischen Aussagen und dem Thema bzw. der Kontrastklasse bestehen.

Betrachten wir dazu das Beispiel: F = "Warum aß Hans den Apfel?" Das Thema P_F ist die Aussage "Hans aß den Apfel". Die Kontrastklasse beinhaltet die möglichen Alernativen bezüglich der Antwort. Sie sind bei einer Warum-Frage ohne Betrachtung des Kontextes nicht klar, denn man kann diese Frage z.B. auf zwei Weisen lesen:

a) "Warum aß *Hans* den Apfel?"

b) "Warum aß Hans den *Apfel*?"

Im ersten Fall wäre {Hans, Willi, Otto} eine mögliche Kontrastklasse und im zweiten Falle {Apfel, Birne, Pflaume}.

Die Relevanzrelation ist eine zu erfüllende Bedingung an die Antwort. Wenn etwa die Kontrastklasse für b) die richtige ist, dann wäre eine Relevanzrelation R z.B. (in umgangssprachlicher Formulierung) "Hans mag Äpfel lieber als Birnen und Pflaumen".

Festhalten wollen wir hier auch noch die Beziehung zwischen Wie-Fragen und

Warum-Fragen (als Zweckfrage aufgefaßt):

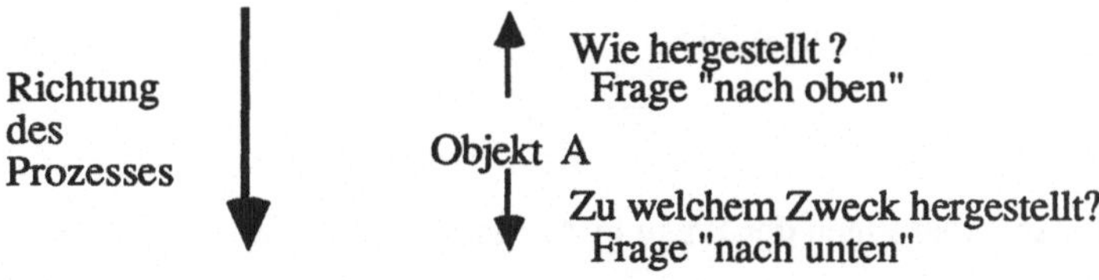

Gewünschtes Ziel des Prozesses

Jede Warum-Frage hat dabei noch zwei Varianten: Man unterscheidet positive und negative Warum-Fragen. Die bisherige Argumentation bezog sich auf positive Fragen. Eine negative Frage ist von der Form:

-- Warum tun Sie dies nicht?

-- Warum haben Sie dies nicht getan?

Ein Unterschied zwischen positiven und neagtiven Fragen liegt in der Schwierigkeit ihrer Beantwortung. Im negativen Falle genügt es nicht, einen speziellen hinreichenden Grund anzugeben. Es müssen vielmehr, wenigstens im Prinzip, alle denkbaren Alternativen analysiert werden.

(F) *Präsuppositorische* Fragen.

Hier wird zweierlei präsentiert:

(i) Eine gewöhnliche Frage, die etwa in eine der besprochenen Klassen fallen kann;

(ii) eine Aussage Φ.

Wenn die Aussage Φ im zugrundegelegten Modell erfüllt ist, wird die Frage auf die sonst übliche Weise beantwortet. Falls Φ aber nicht zutrifft, wird die Frage als unzulässig zurückgewiesen. Typische Beispiele sind:

-- Kommen Sie immer noch zu spät?

-- Warum haben Sie das rote Auto nicht gesehen?

Allgemein ist festzustellen, daß die (eventuelle) Präsupposition einer Frage oft schwer auszumachen ist; in einem Formalismus sollte sie aber stets klar formuliert werden.

Übungen:

Aufgabe 1

Gegeben sei eine Wissensbasis W in Form von Hornklausen. Formulieren Sie für ein

Prädikat p(X) verschiedene Vollständigkeitsanforderungen. Welche können durch PROLOG-Ableitung befriedigt werden? Welche Modifikationen an der PROLOG-Inferenz sind gegebenenfalls vorzunehmen?

Aufgabe 2

Präzisieren Sie die Anforderungen der Frage in Aufgabe 4) von §4b.

Aufgabe 3

Modellieren Sie mögliche Beantwortungen von Warum-nicht-Fragen mittels der verschiedenen Formen der Negation aus §5.

Hintergrundbemerkungen zu §12

Die Logik von Frage und Antwort läuft unter dem Namen *interrogative* oder *erotetische* Logik. Sie ist von Interesse für Fragen der Wissenschaftstheorie, der Linguistik, der Datenbank und der Künstlichen Intelligenz, hier besonders für die Expertensysteme und vor allem natürlichsprachliche Systeme. Umfassende Anstrengungen zur Durchdringung des gesamten Komplexes gibt es erst seit der 2. Hälfte des 20. Jahrhunderts. Vertiefende Darstellungen findet man in [Wa85] und [Be-St76]. Wir haben uns hier auf die Techniken beschränkt, die für die Erklärungen in Expertensystemen eine Rolle spielen.

Teil III

Expertensysteme

13 Allgemeine Vorbemerkungen

In diesem Abschnitt beschäftigen wir uns mit allgemeinen und sehr abstrakten Aspekten von Expertensystemen. Konkreteres Material findet man z.B. in §20; es wird empfohlen, nach und bei dessen Studium gelegentlich zu diesen Vorbemerkungen zurückzuschlagen.

Es gibt viele Ansätze, den Begriff des Expertensystems zu definieren. Beliebt ist es, zur Erklärung eine Einteilung nach Anwendungsgebieten vorzunehmen:
Es gibt etwa Systeme zur

Diagnose, Planung, Überwachung, Prognose, Entscheidungsfindung, Belehrung
und so weiter.

Eine *Klassifikation* nach *Anwendungsmöglichkeiten* kann aber kaum zu einer Bestimmung des Begriffs selbst dienen. Ein anderer Definitionsversuch besteht darin, die möglichen Fähigkeiten eines Expertensystems aufzuzählen. Zu diesen können etwa die Tätigkeiten des

Erkennens, des Suchens, des Inferierens oder des Lernens
gehören. Hiermit ist man dem wirklichen Sachverhalt schon etwas nähergerückt, aber der Kern der Sache ist immer noch nicht getroffen. Viele traditionelle Programme besitzen nämlich ganz ähnliche Fähigkeiten. Dazu gehören etwa entscheidungsunterstützende Systeme und andere Systeme des Operations Research.

Wir wollen hier zwar keine formale Definition des Begriffs *Expertensystem* anstreben (warum das wenig sinnvoll wäre, kann man in §24 sehen!), aber doch zu einer brauchbaren Klärung kommen. Dazu soll zunächst die Situation, in denen Expertensysteme sinnvoll sind, auf eine etwas andere Art umrissen werden. Sie sind durch zwei charakteristische Eigenarten bestimmt :

(1)   Zum einen zeichnen sie sich durch einen hohen Grad an Indeterminiertheit

aus. Diese birgt stets die Gefahr einer kombinatorischen Explosion in sich, welche dann eine (vollständige und exakte) Lösung aus Zeit- und Platzgründen verbieten würde.

(2) Zum anderen handelt es sich nicht um mathematisch klar umrissene Strukturen. Die vorhandenen Informationen sind mit vielerlei Unzulänglichkeiten des täglichen Lebens behaftet. Sie können unvollständig und schlecht strukturiert sein. Sie sind ungewiß und gelegentlich auch inkonsistent und falsch. Gegenstand des Interesses sind solche Problematiken, bei denen eine sinnvolle Lösung möglich ist. Sicherlich ist dies dann der Fall, wenn Menschen in der Lage sind, solche Lösungen anzubieten.

Man unterscheidet zwei Methoden, Probleme solcher Art zu behandeln:

(1) <u>Der statische oder compilerorientierte Ansatz:</u>
Man versucht, alle in den zusätzlichen Randbedingungen enthaltenen Informationen auszunutzen und in ein Programm einzubauen. Dabei möchte man allen denkbaren Anwendungsfällen Rechnung tragen. Gelingt es einem, auf diese Weise einen schnellen Algorithmus herzustellen, so ist die Aufgabe erfolgreich gelöst. Implizit ist dann das Wissen, das man über die Situation hat, in das konventionelle Programm hineinkodiert . Man hat dann den Vorteil, alle klassischen EDV-Techniken, wie etwa Datenbankmethoden, auf bewährte Weisen einzusetzen. Wenn dieses Vorgehen gelingt, besteht natürlich keinerlei Anlaß, auf andere Weise vorzugehen.

Es gibt allerdings Situationen, in denen es nicht gelingt, einen erwünschten schnellen Algorithmus auf die herkömmliche Weise aufzustellen. Das liegt dann an den gerade erwähnten charakteristischen Schwierigkeiten, die wir anschließend diskutieren werden.

(2) <u>Der dynamische oder interpretative Ansatz:</u>
Dies ist der Ansatz der Expertensysteme. Es wird versucht, das über die Situation vorhandene Wissen *deklarativ* explizit zu repräsentierten. An Wissen kann vorhanden sein :

- Wissen über elementare Tatsachen und die Art und Weise, wie Schlußfolgerungen gezogen werden;
- Wissen über spezielle Situationen;
- Wissen über Vorgehensweisen, Algorithmen und Kontrollstrukturen;

▸   Wissen über allgemeine Gesetzmäßigkeiten und Alltagswissen.

Solcherart Wissen sollte (möglichst) im System repräsentiert sein und in einem allgemeinen Sinn der deklarativen Programmierung zur Lösung des Problems oder der Problemklasse eingesetzt werden.

Zu diesem Ansatz ist zunächst zu sagen, daß er nicht auf magische Weise Komplexitätsschranken heruntersetzen kann. Interessant ist er jedoch in Situationen folgender Art:

(a) Die Komplexität der gesamten Problemklasse macht generell schnelle Algorithmen aussichtslos.

(b) In den praktisch auftretenden Fällen ist aber (fast) jedes Einzelproblem durchaus lösbar, weil stets Randbedingungen die Lage vereinfachen. Diese Randbedingungen variieren aber von Fall zu Fall auf nicht vorhersehbare Weise, und man kann sie nicht in einer vernünftig handhabbaren Fallunterscheidung unterbringen; man weiß jedoch, wie man sie repräsentiert und wie man im Einzelfall Gewinn aus ihnen zieht. Solche ad hoc auftretenden Randbedingungen wollen wir *zufälliges* Wissen nennen. Die zentrale Frage ist, ob man es effizient ausnutzen kann. Es ist jedenfalls klar, daß die traditionellen Methoden dazu verstärkt werden müssen und der Expertensystemansatz als eine Fortsetzung der klassischen Datenverarbeitung verstanden werden kann.

Die herkömmlichen Methoden haben ebenfalls Probleme mit der zweiten erwähnten charakteristischen Schwierigkeit. Je mehr man sich von klaren mathematischen Strukturen entfernt, desto schwieriger ist es, klare Algorithmen zu formulieren; auf der anderen Seite kann es aber durchaus möglich sein, sein Wissen hinzuschreiben und weiter schrittweise neues Wissen zu inferieren.

Solche Inferenzen sind der Inhalt der Eingabe - Ausgabe - Transformation, die ein Expertensystem vornimmt. Wenn wir diese etwas näher beleuchten, scheint sie vom Standpunkt klassischer Programme in der Tat von etwas ungewöhnlichem Charakter zu sein :

Eingabe	$\Rightarrow$	Ausgabe
komplex		einfach
unstrukturiert		wohlstrukturiert
vage		exakt
unvollständig		vollständig
fehlerbehaftet		richtig
inkonsistent		konsistent

Die Inferenzmethoden des Expertensystems haben Transformationen solcher Art zu bewältigen; eine Reihe dieser Techniken haben wir schon besprochen. Es kommen nicht immer alle gleichzeitig vor, aber bei der strukturellen Beschreibung eines Systems sollte klar herausgestellt werden, welche Teile, Begriffe und Techniken zur Behandlung welcher dieser Problematiken herangezogen werden.

Es gibt zwei Weisen, ein Expertensystem zu beschreiben :

(1)   Die *funktionale* Beschreibung
(2)   Die *Architektur*beschreibung

1) Die funktionale Sicht beschreibt die Eingabe - Ausgabe Relation; sie entspricht dem Benutzerwunsch und den äußeren Anforderungen (oder sollte es wenigstens). Bei der Programmentwicklung heißt die funktionale Beschreibung auch Spezifikation.
2) Die Architektur realisiert die funktionalen Anforderungen, und in der Architektursicht beschreibt man auch die Lösung des Transformationsproblems. Die Architekturen von Expertensystemen können zwar recht unterschiedlich sein, aber sie haben doch stets gewisse gemeinsame Komponenten. Dazu gehören vor allem die Wissensbasis und die Inferenzkomponente. In der Wissensbasis ist das Wissen in Form geeigneter Datenstrukturen repräsentiert. Solche Datenstrukturen können die Fakten und Regeln von PROLOG, die Datenelemente und Aktionen von OPS 5, Frames. Constraints oder ähnliches sein. Die Inferenzkomponente verarbeitet die Daten dieser Datenstrukturen; sie kann entsprechend der Verarbeitungsmechanismus eines Regelsystems, ein Vererbungsmechanismus usw. sein. Weitere Komponenten können solche zur Erklärung oder für die Bahandlung von Unsicherheit sein. Hier ist aber zu beachten, daß man solche Komponenten einem beliebigen Expertensystem nicht einfach später hinzufügen kann; so muß z.B. die Inferenzkomponente bereits "erklärfähig" sein. Hier sind nämlich die beiden Sichten der Funktionalität und der Architektur partiell durchaus unterschiedlich. Betrachten wir hierfür die Ausgaben der "Problemlösung" und der "Erklärung": Funktional sind sie ganz verschieden (wenden sich möglicherweise sogar an verschiedene Benutzer), in der Architektur beruhen sie in der Regel auf ein und derselben Inferenzkomponente, welche aber dann durch eigene Komponenten verschieden aufbereitet werden kann.

In einem Expertensystem sind nun Wissensinhalte auf verschiedene Weise repräsentiert.

Bezüglich einer solchen Repräsentation haben wir folgende Einteilung:

-- *Explizites* Wissen: Dieses sind die Einträge in den Datenstrukturen.

-- *Implizites* Wissen: Dieses kann mit den Mitteln des Systems erzeugt und in die Datenstrukturen eingetragen werden.

-- Explizites und implizites Wissen ist von derselben Art, beides zusammengenommen wollen wir *direktes* Wissen nennen.

-- *Indirektes* Wissen: Dieses ist das Wissen, welches über die Datenstrukturen und die Funktionsweise des gesamten Systems spricht, aber nicht zu den beiden ersten Arten gehört. Hierbei geht es etwa um die Auswahl der Darstellungsweise, die Abbruchkriterien von Verfahren, die Auswahl von Algorithmen, kurz all diejenigen Dinge, die man sich bei der Erstellung des Systems überlegen muß.

Es handelt sich hier wohlgemerkt nicht um Eigenschaften des Wissens selber, sondern um Eigenschaften der Repräsentation. Weil es sich hier aber nicht um eingeführte Begriffe handelt, lohnt sich eine kleine Reflektion darüber. In jeder Problemsituation liegen erst einmal Objekte vor, die Gegenstand der Aufgabe sind. Das Wissen darüber könnte man gut *Objektwissen* nennen. Sodann wissen wir etwas über die Art der Lösung und Abarbeitung; dies Wissen läßt sich legitim *Kontrollwissen* nennen. Das Kontrollwissen *spricht über* die Gegenstände des Objektwissens, man kann es also relativ zu diesem als *Metawissen* bezeichnen; das Wort "Meta" setzt ja stets ein Ding in eine übergeordnete Relation zu einem anderen. In Regelsprachen wie PROLOG und OPS5 kann man Kontrollwissen (z.B. welche Reihenfolge von Prädikaten man bevorzugen sollte) nicht explizit hinschreiben; dieses "Metawissen" ist also dort in unserem Sinne indirekt. Sprachen mit höherer Ausdrucksfähigkeit erlauben aber schon die Formulierung von Kontrollwissen, welches damit direkt repräsentiert wird. Neben dem "Wissen" redet man oft auch von *Können*. Man *kann* häufig Dinge, von denen man nicht beschreiben kann, *warum* man sie kann, für die man noch nicht einmal die Formulierungsmöglichkeiten zu solch einer Beschreibung hätte. So ist im Sinne des Könnens ein jeder Experte für seine Muttersprache oder die Fähigkeit des Gehens, ohne im mindesten auch nur das Vokabular zur Beschreibung der linguistischen Hintergründe seiner Sprache oder des Bewegungsapparates zu besitzen. Diese Vergleiche hinken wohl ein wenig, weil es sich hier um sensorische und motorische Dinge handelt, aber auch bei intellektuellen Fähigkeiten findet man insofern Rudimente davon, als man zumindest bis heute nicht im Vorhinein alle die Vorgehensweisen beschreiben kann, die man beherrscht.

Die Aufgabe des Systems ist nun die Transformation

implizites Wissen $\Rightarrow$ explizites Wissen.

Die Lösung einer Aufgabe ist, wenn man sie überhaupt finden kann, implizit bereits da, es gilt, sie explizit zu machen. Vom Standpunkt der deklarativen Programmierung aus gesehen sollte möglichst viel Wissen in einem System direkt repräsentiert sein, nur dann kann man darüber reflektieren. Eine direkte Repräsentation ist jedoch fast immer unvollständig. Das übrigbleibende indirekte Wissen ist meist das schwierige und problematische und wird durch die Arbeitsweise der Inferenz und der Verfahren ausgedrückt. Bei der Erstellung eines Systems besteht das *Designerproblem* wesentlich in der Verteilung

   des gesamten Wissens auf direktes Wissen und Metawissen

und

   des direkten Wissens auf explizites und implizites Wissen.

Die Art dieser Verteilung ist zum einen abhängig von der Ausdrucksfähigkeit der zugrundeliegenden Sprache und zum anderen ein Effizienzproblem. Sehr gut verstandene Probleme mit vollständiger Information erledigt man besser mit optimalen Verfahren, deren Wirkungsweise indirektes Wissen ist und überläßt es nicht einer expliziten Repräsentation, auf die die Inferenzkomponente zugreifen kann. Neben diesen Überlegungen bleibt natürlich die Aufgabe (die aber eigentlich nicht die des Programmierers ist), überhaupt möglichst viel Wissen in das System hereinzubringen, es *optimal zu informieren*. Auch eine Inferenzkomponente kann besser oder schlechter informiert sein. Das wird schon bei deduktiven Systemen klar. Dazu betrachten wir als Beispiel die Theorie der dichten Ordnung aus §1. Eine Behandlungsweise war der Gebrauch des Resolutionskalküls mit der zusätzlichen Klausenmenge DO; die zweite Vorgehensweise verwandte den Kalkül **DO** ohne extra Axiome. Die Vollständigkeit für **DO** besagt, daß das direkt repräsentierte Wissen in beiden Fällen dasselbe ist, es wird nur auf verschiedene Weise inferiert. Das war nun aber gerade beabsichtigt: Im zweiten Fall ist die Inferenzkomponente besser über zweckmäßige Ableitungen informiert und vermeidet viele überflüssige Schritte, das System hat mehr (indirektes) Kontrollwissen.

Häufig wird gesagt, der wesentliche Unterschied zwischen Expertensystemen und herkömmlicher Programmierung bestünde darin, daß letztere nur Daten, erstere aber Wissen verarbeiten würden. Dazu ist zu sagen, daß beide nur Daten verarbeiten, die aber (in der Interpretation der Benutzer) Wissen darstellen. Der Unterschied besteht vielmehr darin, daß Expertensysteme komplexere Datenstrukturen verwenden können, in denen mehr Wissen explizit repräsentiert werden kann.

Der Entwurf eines Expertensystems gliedert sich in mehrere Schritte, die nicht von denen verschieden sind, die bei der Erstellung anderer großer Softwarepakete anfallen; sie ordnen sich in die Methoden des Software-Engineering ein.

(1) Der erste Schritt ist die informelle Beschreibung der Anforderungen. Das ist gewöhnlich ein größeres Unterfangen und beinhaltet die sog. Wissensakquisition (vgl.§19). Die Unvollständigkeit des zu erhaltenden Wissens hat gewöhnlich zur Folge, daß dieser Schritt nie ganz abgeschlossenen ist und das System sollte diesen Aspekt angemessen reflektieren. Gerade das Auftreten von zufälligem Wissen verlangt ganz besondere Sorgfalt bei der Wissensakquisition und Möglichkeiten zur ständigen Ergänzung des Wissens.

(2) Der zweite Schritt besteht in der Überführung der Anforderungen in eine formale Spezifikation. Darin steht, was das System tun soll, nach erfolgreicher Erstellung des Systems ist dies seine funktionale Beschreibung.

(3) Im dritten Schritt erfolgt dann die Realisierung der Spezifikation durch eine Architektur.

Zur Erledigung dieser Schritte stehen Beschreibungssprachen auf unterschiedlichen Abstraktionsstufen zur Verfügung. Diese müssen ineinander und in andere Programmiersprachen und schließlich und endlich auch in eine Maschinensprache übersetzt oder in ihr interpretiert werden. Wünschenswert ist eine Umgebung, die das möglichst weitgehend automatisiert. Weil für Teilprobleme häufig eine genaue Vorstellung über effiziente Vorgehensweisen besteht, ist es dann nötig, auf gewisse schnelle Algorithmen, Datenbankoperationen oder konventionelle Operation-Research-Programme zugreifen zu können. Immer dann, wenn man gute Algorithmen zur Verfügung hat, soll man sie auch verwenden. Grob gesehen ergibt sich folgendes Bild:

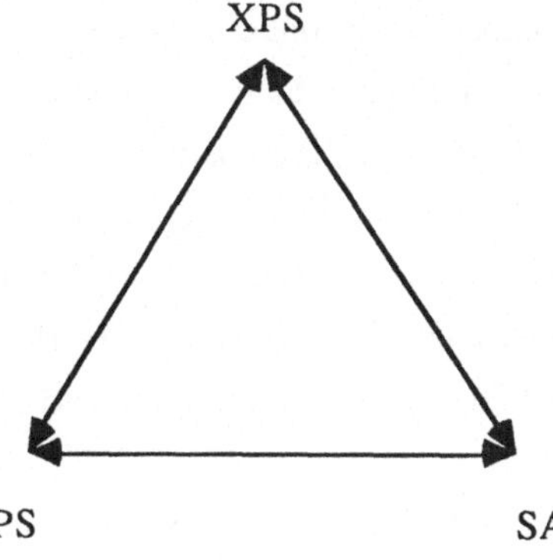

Dabei soll XPS die abstrakte Expertensystemebene (also die Ebene der Wissensrepräsentation), PS die Programmiersprachenebene im herkömmlichen Sinne und SA die Ebene der schnellen Algorithmen sein. Zwischen diesen drei Komponenten muß jeweils ein Interface bestehen. Die Spanne zwischen der oberen XPS - Ebene und der unteren PS - SA - Ebene haben wir in den Vorbemerkungen die "KI - Lücke" genannt. Schauen wir uns die Übergänge an, die zu SA hin bestehen. Die Schnelligkeit von SA rührt normalerweise daher, daß relativ viele Operationen in uniformer und gleichmäßiger Weise (evtl. sogar parallel) vollzogen werden. Die Aufgaben, die an SA übergeben werden, sind aber im allgemeinen nicht von dieser Art, und es liegt oft auch nicht eine einfache Aufspaltung in einen umfangreichen, aber relativ starren und simplen Teil und einen anderen flexiblen, aber weniger datenintensiven Teil vor. Zur Lösung der Problematik bieten sich folgende Wege an:

(1)   Der Algorithmus SA wird in einer nicht gleichförmigen Aufgabe von einem Oberprogramm mit stets wechselnden Parametern aufgerufen.

(2)   Es erfolgt ein ständiger Dialog zwischen SA und PS bzw. XPS.

(3)   Die Arbeitsteilung zwischen den Komponenten wird so vorgenommen, daß SA gar nicht die ursprüngliche Aufgabe löst, sondern eine modifizierte, welche aber dafür uniformer ist.

Ansätze wie die in (1) und (2) genannten zerstören in der Regel jegliche Effizienz, die SA anzubieten hat. Es bleibt hier also nur der Ausweg (3). Um diesen Weg beschreiten zu können, braucht man in der Regel eine neuartige Aufbereitung des Problems. Insbesondere bedarf es hier auch einer Neufassung der Komplexität der einzelnen Schritte: Auf der einen Seite haben wir es mit einer intelligenten, flexiblen aber relativ langsamen Sprache zu tun; auf der anderen Seite haben wir den schnellen Algorithmus, der viele uniforme Einzelschritte in kurzer Zeit ausführen kann. Es kommt darauf an, das Problem so umzuformulieren, daß die jeweiligen Stärken der einzelnen Seiten ausgenützt werden. Die Stärke der flexiblen Ausdrucksweise ist, daß man in ihr Gedanken über ein klügeres Vorgehen ausdrücken kann. Der benötigte Overhead kann (und sollte) sich dann schließlich auch in einer Effizienzverbesserung auswirken.

Für den Entwurf von Software- und Datenbanksystemen gibt es eine Vielzahl von unterstützenden Hilfsmitteln. Grob gesagt zerfallen sie in zwei Klassen:

(a)　Designwerkzeuge für den Top- Down-Entwurf;

(b)　elementare Low-Level Werkzeuge, welche gewisse Aufgaben vollständig übernehmen.

In analoger Weise sind solche Hilfsmittel für den Expertensystembereich natürlich auch von großem Interesse. Dabei wollen wir die Phänomene, die für Expertensysteme nicht charakteristisch (aber doch evtl. von großer Bedeutung) sind, hier ausklammern.

Die Unterstützung des Top- Down-Entwurfs besteht sehr wesentlich darin, für eine Klasse von Expertensystemen allgemeine Entwurfsschritte, die für alle Systeme dieser Klasse annähernd gleich sind, zu isolieren und in der Gestalt von formalen Hülsen bereitzustellen, welche nur noch mit spezifischem Inhalt gefüllt werden müssen. Ein solches System, welches nur noch (in der betrachteten Klasse) bereichsunabhängiges Wissen enthält, nennt man auch eine *Shell*. Solche Shells sind heute kommerziell erhältlich. Bei ihrer Verwendung sollte man sich aber schon vergewissern, ob sie gerade die Aspekte gut behandeln, die in der gerade anfallenden Aufgabe schwierig sind.

Entgegengesetzt zur Idee einer Shell agieren elementare Werkzeuge auf der unteren Ebene. Ein elementares Werkzeug ist nur noch durch sein äußeres Verhalten gekennzeichnet und kann überall dort, wo seine Verhaltensweise erwünscht ist, eingesetzt werden. Beispiele für solche Werkzeuge wären etwa Verfahren zur heuristischen Suche (§15) oder ein Interpreter für das Matchen von zeitlichen Verläufen in Bedingungsteilen von Regeln (§16). Ein Werkzeugkasten erlaubt ein um so komfortableres Programmieren, je mehr zweckmäßige und umfassendere Werkzeuge er enthält.

In §20 werden Expertensysteme zur Planung und zur Diagnose behandelt. Aus der Top-Down-Sicht haben sie nicht sehr viel gemeinsam. Aus der Sicht "von unten" ist das für Bereiche, in denen beide Systeme eine Rolle spielen, jedoch ganz anders. Der Grund dafür liegt auf der Hand: Der geplante Gegenstand ist derselbe wie derjenige, an dem später die Diagnose vorgenommen wird. Das betrifft sowohl die verwendeten Einzelteile (etwa bei einem technischen System) und ihre zugehörigen Daten als auch die gesamte Wirkungsweise des betrachteten Gegenstandes. Wenn man zum Beispiel ein Fehlverhalten einer komplexen Maschine diagnostizieren will, deren Inneres aber nur indirekt über bestimmte ausgesandte Signale zugänglich ist, dann muß man bestimmte Tests oder Folgen von Tests planen, aus denen man dann Rückschlüsse über den Zustand der Maschine ziehen kann. Sollen diese Schlüsse über rein assoziative Regeln hinausgehen, so müssen sie Beziehungen zwischen dem strukturellen Aufbau der

Maschine und ihrem funktionellen Wirken mit einbeziehen. Diese Relationen gingen aber gerade in die Entwicklung der Maschine ein und stehen vom Planungssystem her zur Verfügung.

Wenn man nun in einem Idealfalle sowohl Top- Down Entwurfshilfsmittel als auch einen gut ausgestatteten Werkzeugkasten zur Verfügung hat, dann reduziert sich die eigentliche Entwicklung eines Expertensystems auf den dazwischenliegenden Bereich:

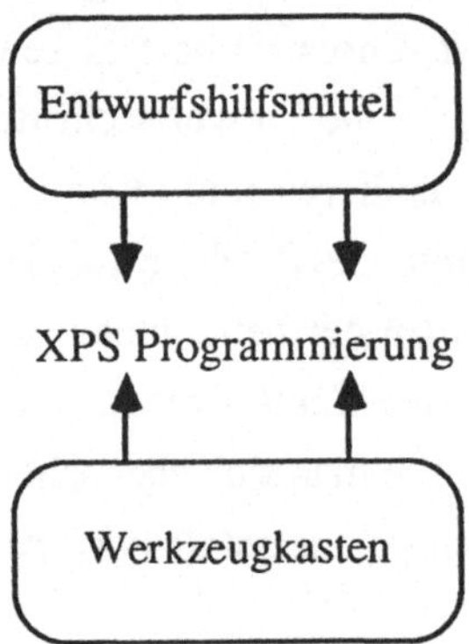

Eine besondere Beachtung verdient die Erklärfähigkeit und damit zusammenhängend die Benutzeroberfläche eines Expertensystems. Vor allem die Unvollständigkeit des Wissens bedingt die Möglichkeit des Eingreifens des Benutzers, weshalb Expertensysteme typischerweise hochgradig interaktiv ausgelegt sind. Um aber ein Eingreifen des Benutzers überhaupt zu ermöglichen, muß ihm der aktuelle Stand der Problemlösung erklärt werden; dies wird um so wichtiger, je "undurchsichtiger" eine verwendete Technik ist (also etwa bei der Verwendung von schnellen) Algorithmen. Näheres dazu findet man in §18.

In den folgenden Abschnitten beschäftigen wir uns mit Methodiken sowohl für den unteren als auch für den oberen Teil dieses Diagramms; dazu kommen Beschreibungen von allgemeinen Schwierigkeiten und Techniken zu ihrer Behandlung. Aufgebaut wird auf den Grundlagen der ersten beiden Teile. Als generelles Vorbild zur Beschreibung von Expertensystemen können uns die Rechnerarchitekturen dienen. In der historischen Entwicklung vom individuellen "Kunstwerk" zum Industrieprodukt sind drei Stadien zu beobachten:

-- Informelle und isolierte Einzelbeschreibungen;

-- Erlangung einer allgemeinen Kunstfertigkeit und Ansätze einer Standardterminologie;

-- formale Sprachen zur einheitlichen Beschreibung von Systemen.

Gegenwärtig sind wir wohl in der mittleren Periode. Von einer systematischen

Behandlung der Expertensysteme erwartet man schließlich eine Beantwortung der Frage, wie man sie vergleicht und bewertet. Wir wollen die Bewertungskriterien in zwei Gruppen aufteilen:

(A) *Strukturelle Kriterien:* Es bietet sich an, dazu die Dreiteilung beim Systementwurf zu verwenden: Vorgegebene Anforderungen, formale Spezifikation und ihre Realisierung durch die Architektur. Das führt zu einer sinnvollen Einschränkung von Vergleichen; Systeme mit verschiedenen Anfordungen kann man schlecht vergleichen. Als Bewertungskriterien vom Strukturstandpunkt aus gesehen ergeben sich:

(1)   Inwieweit entspricht die Spezifikation der Aufgabenbeschreibung?

(2)   Welche Relationen bestehen zwischen der Spezifikation und den Architektur- merkmalen?

(3)   Sind die Realisierungsmittel dem Problem angemessen?

(4)   Welche Schwierigkeiten bei der Realisierung haben zu welchen Kompromissen bei der Befriedigung der ursprünglichen Anforderung geführt?

Es ist hier zu beachten, ob man es mit Standardsituationen oder mit Neuland zu tun hat. Als Hintergrund sollte man sich stets die weiter oben angegebene Beschreibung des Transformationsproblems der Expertensysteme vor Augen halten.

(B) *Erfolgskriterien*: Diese hängen von der Art des erstellten Systems ab.

(1) Für praktisch einzusetzende Systeme hat man ähnliche Anforderungen wie sonst auch bei Softwareprodukten: Schnelligkeit, Sicherheit, Benutzerfreundlichkeit. Zur Sicherheitsfrage ist zu sagen, daß die Validierung von Expertensystemen und generell die Verfikation deklarativer Programme ganz unzureichend entwickelt ist. Bei der Oberfläche ist zwischen einem bloßen Glanzeffekt und einer Funktionalität zu unterscheiden; die Kommunikation mit dem Benutzer spielt hier meist eine andere Rolle als in herkömmlichen Systemen, man wendet sich gewöhnlich schon an einen anderen Benutzertyp.

(2) Die Güte der Ausgabe des Systems wird je nach seinem Sinn mit ganz verschiedenen Termini beschrieben. Wird ein Produkt erstellt oder eine Entscheidung für eine Verhaltensweise getroffen, so greifen Begriffe aus dem Bereich der Nutzenfunktionen und der Entscheidungstheorie, vgl. § 21. Macht man eine Prognose oder Diagnose, so handelt es sich im Prinzip um die Trefferquote für die richtige Aussage, und man kann

sie mittels statistischer Stichprobenverfahren schätzen. Ganz eng hängt dies mit der Validierungsfrage zusammen. In einem praktischen System ist das aus mehreren Gründen jedoch nicht so einfach. Zum einen muß die richtige Diagnose nicht unbedingt bekannt sein und dann kann sie sich in verschieden wichtige Teile aufgliedern.

Hintergrundbemerkungen zu §13:

Die ersten Expertensysteme entstanden in den frühen 70'er Jahren. Die Zuwendung zu Spezialsystemen stellte eine Reaktion auf die Mißerfolge dar, ein ganz allgemein intelligentes System oder einen generellen Problemlösemechanismus zu erstellen. Zu den ersten großen bekannt gewordenen Expertensystem gehören:

-- MYCIN: Ein (medizinisches) System zur Diagnose bakterieller Infektionen.

-- DENDRAL: Ein (chemisches) System zur Analyse der Molekülstruktur organischer Substanzen aus Massenspektrogrammen und Kernspintomographiebildern

-- PROSPECTOR: ein (geologisches) System zur Auffindung von Lagerstätten von Mineralien und Erzen.

Alle diese Systeme sind als regelbasiert zu bezeichnen. Sie beinhalten jedoch eine ganze Reihe von Mechanismen zur Behandlung des Transformationsproblems der Expertensysteme. Dazu gehört vor allem die Behandlung von Unsicherheit (vgl. §14). MYCIN hat einen Sicherheitsfaktorenkalkül, während sich PROSPECTOR auf den Wahrscheinlichkeitsansatz von Bayes stützt. Eine Erklärungskomponente ist besonders in MYCIN ausgebaut. Der wesentliche Erfolgsgrund in DENDRAL ist in einem internen klugen Abzählungsalgorithmus zu suchen. Das ist insofern bemerkenswert, als wir hier eine erfolgreiche Symbiose prozeduraler und deklarativer Programmierung vorliegen haben. Von einer Amalgamierung dieser beiden Stile, die eine systematische Verwendung von Methoden der Künstlichen Intelligenz und des Operations Research erlauben würde, sind wir heute noch einigermaßen weit entfernt. Im Expertensystembereich sind inzwischen sowohl kommerziell erstellte Systeme als auch Shells in vielfschem Einsatz. Aber auch hier trifft zu, daß die Integration in die klassische Datenverarbeitung noch keineswegs zufriedenstellend ist.

14 Behandlung von Unsicherheit und Vagheit

Die wenigsten Aussagen im täglichen Leben und in Expertensystemen sind entweder "ganz wahr" oder "ganz falsch". Außerhalb des rein mathematischen Bereiches lassen sich nur sehr schwer Beispiele für solche idealisierten klaren Verhältnisse finden. Bereits in §10 hatten wir die Bildung von Hypothesen diskutiert; in der Realität sind viele Aussagen explizit oder implizit von hypothetischem und etwas unpräzisem Charakter. Selbst in Gebieten von ausgeprägt exaktem Charakter wie in der Mathematik sind die meisten Überlegungen unscharf. Das klingt etwas überraschend, aber es leuchtet ein, wenn man bedenkt, daß Unschärfe nicht nur in das Endergebnis einer Überlegung eingehen kann (bei mathematischen Beweisen hoffentlich nicht), sondern vor allem in die Überlegungen zur Lösungsfindung. Nebenbei bemerkt: Auch in der Mathematik sind manche Leute durch (richtige oder falsche) Vermutungen berühmter geworden als durch Beweise.

Es gibt sehr viele Arten von Unschärfe, und sie haben die Realwissenschaften von Anbeginn an begleitet. Man kann nicht annehmen, alle hier anfallenden Probleme auf einen Schlag oder gar mittels eines klugen Kalküls zu lösen. Uns kann es hier nur darum gehen, eine grobe Einteilung der Phänomene vorzunehmen, ihren prinzipiellen Charakter darzustellen und damit gegebenenfalls auf die Einsatzmöglichkeiten von Spezialmethoden hinzuweisen.

Als erstes bietet sich eine Aufteilung von unscharfen Begriffen und Aussagen in zwei Untergruppen an, die in diesem Paragraphen noch genauer umrissen werden:

(a) *Subjektive* Unschärfe ; vielleicht ist hierfür am besten der Ausdruck *Vagheit* geeignet;

(b) *Objektive* Unschärfe; diese könnte man eher *Unsicherheit* nennen.

Die subjektive Unschärfe liegt per Definition in den einzelnen Personen begründet, sie kann aber sehr verschiedene Ausprägungen haben. Einige davon sind:

(1) Sensorische Unsicherheiten: Die Sinnesorgane der Menschen sind nicht normiert und reagieren individuell auf Reize.

(2) Begriffliche und linguistische Unsicherheiten: Die Bedeutung von Begriffen und sprachlichen Ausdrucksweisen ist häufig personengebunden und auf unvorhersehbare Weise kontextabhängig, z.B. "ein typischer Deutscher" oder "sehr eindrucksvoll".

(3) Subjektive Wahrscheinlichkeiten, z.B. "nach dem Studium heirate ich wahrscheinlich" - hier wird ja nicht auf eine statistische Häufigkeitsinterpretation Bezug

genommen.

Die objektive Unsicherheit behandelt Aussagen, denen eigentlich durchaus eine scharfe und präzise Interpretation zukommt, die aber aus den verschiedensten Gründen nicht genau bekannt ist; hier liegt also ein Informationsmangel vor. Beispiele dafür sind :

(1) Meßfehler und numerische Ungenauigkeiten;

(2) Statistische Aussagen;

(3) Unkenntnis von Parametern und allgemeinen Zusammenhängen.

Zentral ist nun, daß unscharfe Äußerungen weitere Konsequenzen haben. Sie bilden entweder direkt die Grundlage für Handlungen oder Entscheidungen oder werden erst noch in Argumentationsketten verwandt. In beiden Fällen muß man wissen, was an der unscharfen Aussage schließlich noch "richtig" ist, inwieweit sie "wahr" ist, denn mit beliebig dehnbaren Äußerungen kann man nichts anfangen. Man muß solchen Aussagen also eine *Bedeutung* zuordnen, ihren Wahrheitsgehalt einfangen oder abschätzen, gewissermaßen eine Art *Fehlerrechnung* betreiben. Verwendet man die Aussagen argumentativ weiter, so sollte dies natürlich in einer mit der intendierten Semantik kompatiblen Weise geschehen. Ein Beispiel zeigt, daß dabei leicht Fehler gemacht werden können.

<u>Beispiel:</u> Es soll die Wirksamkeit zweier Medikamente A und B studiert werden. Zu diesem Zwecke werden drei Prädikate eingeführt:

$$\text{Besser}(X,Y), \text{Besser}_F(X,Y) \text{ und } \text{Besser}_M(X,Y)$$

Dabei laufen X und Y über A und B und die Bedeutung der Prädikate soll sein, daß man bei einer fest vorgelegten Menge von erwachsenen Patienten mit X prozentual mehr Heilungserfolge als mit Y gehabt hat, und zwar bei "Besser" bei allen Patienten, bei "Besser$_F$" bei den Frauen und bei "Besser$_M$" bei den Männern. Jetzt schauen wir uns die folgende Regel an:

$$\text{Besser}_F(X,Y) \land \text{Besser}_M(X,Y) \rightarrow \text{Besser}(X,Y)$$

Diese Regel mag nicht ganz unplausibel klingen, verstößt aber gegen elementare statistische Gesetze, wie ein Zahlenbeispiel leicht zeigt; dabei deutet "+" einen Erfolg und "-" einen Mißerfolg an:

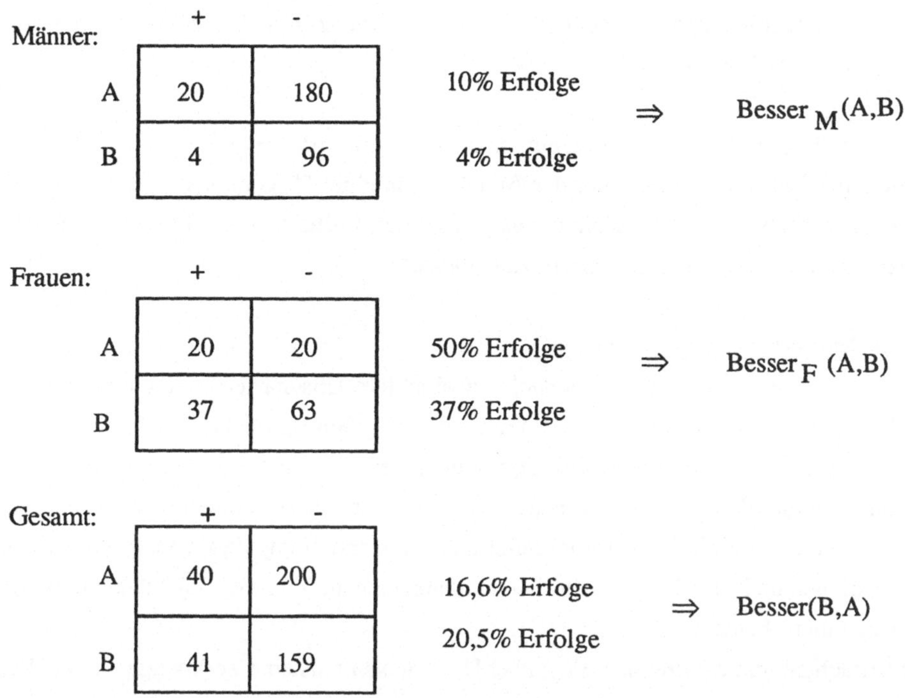

Es ergibt sich also sowohl die Notwendigkeit einer genauen Bedeutungsangabe als auch der Überprüfung von Verwendungen in Schlußketten. Mathematische Vorbilder können dabei die Intervallrechnung (zur Behandlung numerischer Ungenauigkeit) und die Statistik sein. Erwünscht ist gewissermaßen eine saubere Behandlung von Halbwahrheiten. Wir fassen noch einmal die wichtigsten Fragen zusammen:

(1)   Was ist die "Bedeutung" der Halbwahrheit H ?

(2)   Welcher Aspekt oder welcher Teil von H ist "wahr" ?

(3)   Welche Handlungsanweisung erfolgt beim Vorliegen von H ?

(4)   Welchen Fehler beinhaltet H und welche Methode der Fehlerverfolgung und Fehlererkennung ist bei der Weiterverwendung von H zu beachten ?

Für die Fehlerverfolgung wollen wir ein ganz einfaches Fehlermodell vorstellen, was in den folgenden Betrachtungen gelegentlich von Nutzen ist (vor allem bei D). Ausgangspunkt sind zwei Mengen A und B sowie eine Abbildung

$f : A \rightarrow B$

A enthalte gewisse (fehlerbehaftete) Informationen, die vermöge f nach B übertragen werden. Wenn $a \in A$ ist, dann möge A (a) gerade die $x \in A$ enthalten, die wegen der Fehlerhaftigkeit anstatt a erscheinen können. Die $x \in A$ (a) können also mit a verwechselt werden und wir nennen sie auch *Kandidaten* für a. Wir sagen nun

$$b \in B \text{ ist Kandidat für } f(a)$$

falls

$$b \in \{ y \in B \mid \text{es gibt ein } x \in A(a) \text{ mit } f(x) = y \}.$$

Damit haben wir den Fehler unter der Annahme, in einer "f gemäßen Weise" von A nach B fortgepflanzt. Wir wollen uns jetzt einer Reihe von konkreten Methoden zuwenden, die es erlauben, Unschärfe zu behandeln.

(A) <u>Die Methode der groben Mengen.</u>

Sie kann sowohl auf subjektive als auch auf objektive Unschärfen angewandt werden.
Am besten kann man sie durch " auf Nummer sicher gehen" bezeichnen.
Ausgangspunkt ist eine binäre Relation $\approx$ über dem betrachteten Universum U, die Ununterscheidbarkeitsrelation, von der wir zunächst nur annehmen wollen, daß sie reflexiv und symmetrisch ist. Dabei leitet uns die Vorstellung, daß unsere objektiven Informationen und subjektiven Kriterien nicht ausreichen, um zwei Objekte a und b mit $a \approx b$ zu unterscheiden.
Wir betrachten nun ein Prädikat P(x) über U, dargestellt als eine Teilmenge von U. Die Relation $\approx$ gibt zu folgenden Begriffen Anlaß:

1. Def.:

 (i) Die untere Approximation von P ist $P_u = \{ x \in U \mid \text{für alle } y \text{ mit } x \approx y$
   gilt $y \in P \}$

 (ii) Die obere Approximation von P ist $\quad P_o = \{ x \in U \mid \text{es gibt } y \in P \text{ mit}$
   $x \approx y \}$

Im Bild veranschaulicht sich dies dann so:

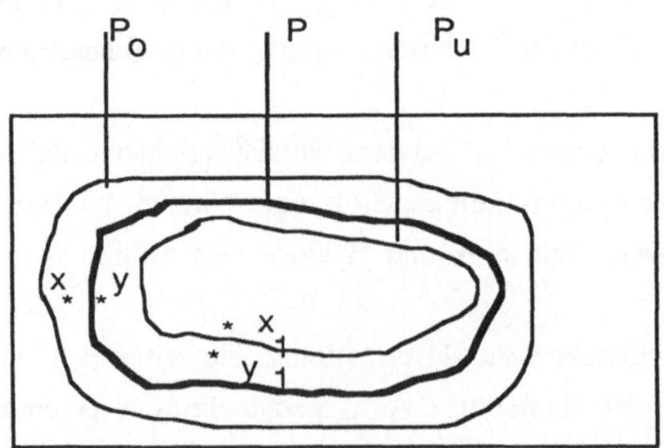

Bei den Elementen von P_u liegt die Eigenschaft also ganz sicher und bei denen von P_o eventuell vor; insbesondere kann man sagen, daß P ganz sicher nicht vorliegt, wenn P_o nicht vorliegt. Die Differenzmenge $\Delta P = P_o \setminus P_u$ ist der Rand oder die Unsicherheit von P.

Um die Approximationen auf komplexere Formeln zu propagieren, studieren wir ihr Verhalten bei Boole'schen Operationen (repräsentiert durch logische Zeichen). Es ergibt sich durch elementare Rechnungen für einstellige Prädikate P und Q:

(1) $(\neg P)_u = \neg(P)_o$, $(\neg P)_o = \neg(P)_u$ woraus man

$P_u = \neg(\neg P)_o$ und $P_o = \neg(\neg P)_u$ erhält ;

(2) $(P \wedge Q)_u = P_u \wedge Q_u$;

(3) $(P \vee Q)_o = P_o \vee Q_o$;

(4) $(P \wedge Q)_o \subseteq P_o \wedge Q_o$;

(5) $P_u \vee Q_u \subseteq (P \vee Q)_u$.

Wir überlegen uns etwa (4) so:

$x \in (P \wedge Q)_o \Leftrightarrow$ es gibt ein y mit $x \approx y$ und $y \in P$ und $y \in Q$, daher ist $x \in P_o$ und $x \in Q_o$. Wenn aber umgekehrt $x \in P_o$ und $x \in Q_o$, so wissen wir nur, daß y_1 und y_2 mit $y_1 \approx x \approx y_2$ und $y_1 \in P$, $y_2 \in Q$ existieren, was nicht für $x \in (P \wedge Q)_o$ ausreicht. Man mache sich am anschließend folgenden Beispiel klar, daß in (4) und (5) im allgemeinen echte Inklusionen gelten. Andererseits gelten (2) und (3) auch für unendliche Operationen, wir können sie also auf Quantifizierungen übertragen.

Für die Implikation erhalten wir daraus:

$(P_o) \rightarrow (Q)_u \subseteq (P \rightarrow Q)_u \subseteq (P \rightarrow Q)_o = (P_u) \rightarrow (Q)_o$;

dies erlaubt es, die Unsicherheit mittels einer Regel fortzupflanzen.

Ein wichtiger Fall ist, wenn die Relation $"\approx"$ außerdem noch transitiv ist. Während man allgemein nur $(P_u)_u \subseteq P_u$ und $P_o \subseteq (P_o)_o$ sagen kann, gilt hier

$P_u = (P_u)_u$ und $P_o = (P_o)_o$.

Das wichtigste Beispiel hierfür ist:

Die Objekte des Universums U sind durch Informationsvektoren (s. §9) beschrieben, bei denen an einigen Koordinaten der Wert "unbekannt" steht. Dadurch können dann verschiedene Objekte in unvollständigen Informationssituationen ununterscheidbar werden. Wir haben es hier mit einer objektiven Unschärfe zu tun.

Die Transitivität macht die Relation $" \approx "$ zu einer Äquivalenzrelation und erklärt somit auf dem Universum eine Partition in Blöcke ununterscheidbarer Objekte. Dies gibt Anlaß zu einer Abstraktion: die Abbildung, die jedem Objekt seinen Block zuordnet, ist eine Abstraktionsabbildung (vgl. §17). Die Abstraktion "vergißt" dabei diejenigen

Beschreibungsmerkmale, über die sowieso nichts bekannt ist.

Ein Beispiel:

Verdachtspersonen	Haarfarbe	Blutgruppe
Max	blond	A
Ernst	blond	AB
Karl	braun	B
Fritz	blond	A
Heinz	braun	0
Emil	blond	A
Ludwig	braun	B
Kurt	braun	0

Die Blöcke sind : {Max, Fritz, Emil}, {Ernst}, {Karl, Ludwig}, {Heinz, Kurt}.
Wenn eine spezielle Verdachtsgruppe aus {Max, Karl, Ludwig} besteht, so ist der Rand
Δ die Menge {Max, Fritz, Emil}. Weiterer Aufschluß über diese Personengruppe kann
nur durch zusätzliche Informationen gewonnen werden.

In vielen praktischen Fällen ist die Relation $\approx$ nicht transitiv. Die wichtigste
Eigenschaft hier ist, daß im allgemeinen $P_u \neq (P_u)_u$ und $P_O \neq (P_O)_O$ gilt. Der Prototyp
ist, wenn Objekte durch "kleine Abweichungen" ununterscheidbar werden, also etwa
durch numerische Unterschiede. Solche kleinen Unterschiede können sich dann zu
merkbaren Unterschieden bei Iteration aufaddieren. Ein Beispiel ist die Arithmetik in
einem Rechner, die eine vorgegebene Genauigkeitsschranke für die Zahlen hat. Die
Genauigkeit des Ergebnisses einer komplexen Rechnung hängt dann wesentlich von der
Anzahl der ausgeführten Operationen ab. Eine Fehlerschranke läßt sich jedoch im
allgemeinen Fall beliebiger Unschärfe nicht angeben und man ist gezwungen, sich auf
kurze Schlußketten zu beschränken, die man noch informell übersieht.
Abschließend noch ein Wort zur Symmetrie von "$\approx$". Diese Forderung ist in so ziemlich
allen Interpretationen semantisch vernünftig. Das bedeutet jedoch keineswegs, daß der
Gebrauch in Regeln auch symmetrisch sein muß. Beispielsweise sagt man "Das Buch
hat 49,80 DM, also rund DM 50,- gekostet", wenn es einem auf kleine Beträge nicht
ankommt; hingegen würde die umgekehrte Aussage doch etwas merkwürdig klingen.
Das liegt daran, daß es unbeschadet der Ununterscheidbarkeit von Objekten doch

verschieden wichtige geben kann, die eventuell als Referenzpunkt dienen können.

(B) <u>Wahrscheinlichkeiten.</u>

Hier haben wir es mit objektiver Unschärfe zu tun. Im Sprachgebrauch wird dies oft verwischt, weil die Terminologie auch im Falle "subjektiver Wahrscheinlichkeiten" benutzt wird, z.B. wenn man sagt "nach dem Studium heirate ich wahrscheinlich". Diesen subjektiven Aspekt wollen wir aber im Moment hier ausklammern, er ist nicht Gegenstand der Statistik. Für diese ist vielmehr vor allem der Häufigkeitsaspekt zentral, der Aussagen in vielen Modellen betrachtet und Überlegungen über die asymptotische Trefferquote anstellt. Wir wollen aber anmerken, daß die "Bedeutung" statistischer Aussagen durchaus ein Diskussionsgegenstand ist, so klar der mathematische Formalismus auch sein mag. Im folgenden werden einige elementare Kenntnisse aus der Wahrscheinlichkeitstheorie vorausgesetzt.

Der einfachste Ansatz, die Gültigkeit von Hypothesen unter Voraussetzung gewisser Beobachtungen zu beschreiben, benutzt den Begriff der bedingten Wahrscheinlichkeit:

$$P(A \mid B) = \frac{P(A \wedge B)}{P(B)}$$

In einer realen Situation haben wir Ereignisse $H_1, \ldots, H_n$ vorliegen, von denen wir nicht wissen, welches eingetreten ist und welche die Alternativen für unsere Hypothesen sind. Ein Hinweis auf die $H_1, \ldots, H_n$ kann nun eine Beobachtung E sein. Die Wahrscheinlichkeit solch einer Hypothese $P(H_i)$ nennt man auch die *a-priori* Wahrscheinlichkeit von H_i; die bedingte Wahrscheinlichkeit $P(H_i \mid E)$ wird auch die *a-posteriori* Wahrscheinlichkeit von H_i nach Eintreten des Ereignisses E bezeichnet. Zwischen den a-priori- und den a-posteriori Wahrscheinlichkeiten besteht ein mathematischer Zusammenhang.

2. Satz von Bayes:

Es sei $H_1, \ldots, H_n$ eine Partition des gesamten Ereignisraumes und es sei weiter E ein Ereignis; es sei $P(E) > 0$ sowie $P(H_i) > 0$ für jedes i. Dann gilt

$$P(H_i \mid E) = \frac{P(H_i)\, P(E \mid H_i)}{\sum_{j=1}^{n} P(H_j)\, P(E \mid H_j)}$$

für jedes i, $1 \leq i \leq n$. Weil dieser Satz grundlegend und der Beweis ganz elementar ist, wollen wir ihn vorführen: Es gelten zunächst

$$P(H_i | E) = \frac{P(H_i \wedge E)}{P(E)} \quad ; \quad P(E | H_i) = \frac{P(E \wedge H_i)}{P(H_i)}$$

daraus erhalten wir zum einen

$$P(H_i | E) = \frac{P(H_i) \cdot P(E | H_i)}{P(E)}$$

sowie die Gleichungen

$$P(E) = P(\bigvee_{i=1}^{n}(E \wedge H_i)) = \sum_{i=1}^{n} P(E \wedge H_i) = \sum_{i=1}^{n} P(E | H_i) \cdot P(H_i) \, ,$$

woraus sich das gewünschte Resultat ergibt.

Als nächstes wollen wir die Signifikanz dieses Satzes diskutieren. Dazu nehmen wir an, daß bei einem Zufallsexperiment das Ereignis E bereits eingetreten sei, und wir uns auf dieser Basis für eine der Hypothesen H_i zu entscheiden haben. Dazu verwenden wir das Maximum - Likelihood - Prinzip: Es ist dasjenige Ereignis (von den Hypothesen), dem die größte Wahrscheinlichkeit zukommt, auch eingetreten. Sind nun in der Bayesschen Formel die Größen der rechten Seite bekannt, also sowohl die a-priori Wahrscheinlichkeiten als auch die $P(E | H_i)$, so lassen sich dann auch die gesuchten a-posteriori Wahrscheinlichkeiten $P(H_i | E)$ ausrechnen. Falls auch noch alle H_i die gleiche a-priori-Wahrscheinlichkeit haben, ist $P(H_i | E)$ sogar proportional zu $P(E | H_i)$. Ein Beispiel möge dies erläutern. Wir stehen auf einem Bahnsteig, warten auf den Zug und haben die Alternativen:

H_1 = Der Zug kommt zu spät,

H_2 = Der Zug ist pünktlich.

Die a-priori Wahrscheinlichkeiten seien $P(H_1) = p$ und also $P(H_2) = 1-p$. Desweiteren steht uns die Zugansage Z zur Verfügung. Von ihr kennen wir die Wahrscheinlichkeiten $P(Z = \text{zuverlässig}) = 0,9$ und $P(Z = \text{nachlässig}) = 0,1$; bei einer zuverlässigen Ansage ist die Nachricht absolut richtig und bei einer nachlässigen kann sie richtig oder falsch sein. Die bedingte Wahrscheinlichkeit, daß die Nachricht richtig ist, obwohl die Ansage unzuverlässig ist, möge weiter als q bekannt sein. Es soll nun die Ansage kommen " Der Zug hat Verspätung "; diese Zugansage nennen wir das Ereignis E. Unter der Bedingung E interessiert uns jetzt, ob das Ereignis H_1 eintritt. Die bedingten Wahrscheinlichkeiten $P(E | H_i)$ ergeben sich zu

$P(E | H_1) = P(Z = \text{zuverlässig}) + P(Z = \text{nachlässig}) * q = 0,9 + 0,1 * q,$

$P(E | H_2) = P(Z = \text{nachlässig}) * (1-q) = 0,1 * (1 - q).$

213

Die Formel von Bayes ergibt dann

$$P(H_1 | E) = \frac{0{,}9p + 0{,}1pq}{0{,}9p + 0{,}1pq + 0{,}1(1\text{-}p)(1\text{-}q)}$$

Auf dieses Beispiel werden wir gleich unter (C) noch zurückkommen.

Die Formel von Bayes gestattet es, a-posteriori Wahrscheinlichkeiten auf a-priori Wahrscheinlichkeiten zurückzuführen. A-posteriori Wahrscheinlichkeiten werden von Menschen auf Grund von Erfahrungswissen häufig geschätzt. Dies sind dann subjektive Unsicherheiten, weil man z.B. in der Diagnostik in komplexen Situationen gar keine Häufigkeiten ansammeln kann, denn man sieht ja fast niemals genau die gleiche Sachlage zweimal. Hier liegen dann aber auch wieder Möglichkeiten für Fehler; eine häufige Quelle dafür ist die Vernachlässigung der a-priori Wahrscheinlichkeiten $P(H_i)$ in der Formel von Bayes. Bezeichnend dafür ist folgendes Experiment: Probanden wurde eine Personenbeschreibung einer Person aus einer Gruppe von 100 Kandidaten vorgelegt, die entweder Rechtsanwälte oder Ingenieure sind; die Aufgabe bestand darin, aus der Beschreibung die Berufszugehörigkeit zu erschließen. Eine Zusatzinformation bestand darin, daß die Gruppe 70 Ingenieure und 30 Rechtsanwälte umfaßte. Das Interessante an der Sache bestand nun darin, daß das Ergebnis nicht wesentlich anders war als bei einer Variation, in der die Gruppe 30 Ingenieure und 70 Rechtsanwälte umfaßte.

Überlegungen dieser Art werden in der Entscheidungstheorie nicht nur für solche Hypothesen angestellt, die Elemente des Ereignisraumes angehen, sondern auch für sehr viel komplexere Hypothesen, z.B. welche Verteilung überhaupt zugrunde liegt. Die statistische Entscheidungstheorie ist eines der Fundamente für entscheidungs-unterstützende Systeme.

(C) <u>Die Evidenztheorie von Dempster und Shafer.</u>
Die hier behandelten "Evidenzen" lassen sich bereits partiell subjektiv interpretieren. Betrachtet werden insgesamt unbekannte Sachverhalte, für die aber gewisse, objektiv richtige Teilinformationen vorliegen. Diese Informationen wollen wir *Evidenzen* nennen, aufgrund deren ein induktiver Schluß auf den Sachverhalt gemacht werden soll. Eine Schwäche des Ansatzes der Wahrscheinlichkeitstheorie ist nun, daß die Werte für eine Aussage und ihre Negation gekoppelt sind: Es muß $P(A) + P(\neg A) = 1$

gelten. Man kann also nicht beiden Aussagen einen kleinen Wert zuordnen, obwohl man vielleicht über beide gleich wenig weiß. Das liegt daran, daß durch die Wahrscheinlichkeiten *Unsicherheit* modelliert wird, aber nicht *Unwissenheit*.

Wir gehen von einer Menge $A = \{A_1, \dots, A_n\}$ von Alternativen aus. Dabei ist die grundlegende Voraussetzung:

(1) Die Alternativenmenge ist vollständig.

(2) Die Alternativen schließen sich gegenseitig aus.

Für diese Alternativen mögen nun gewisse, mehr oder weniger deutliche Hinweise ("Evidenzen") vorliegen. Dabei kommt es vor, daß ganze Gruppen von Alternativen eine Evidenz haben, ohne daß die einzelnen Alternativen dieser Gruppe in irgendeiner Weise ausgezeichnet sind. In dem früheren Beispiel aus (A) von verdächtigen Personen kann etwa ein Hinweis dafür vorliegen, daß der Gesuchte die Blutgruppe B hat. Dies gibt einen simultanen Verdacht auf $M = \{\text{Karl, Ludwig}\}$, aber eine weitere Differenzierung ist nicht möglich, da die beiden Personen bezüglich dieses Merkmals ununterscheidbar sind. Die Evidenz für M soll nun in einem Zahlenwert ausgedrückt werden, was zu folgendem Begriff Anlaß gibt. Dabei bezeichne $\mathcal{P}(A)$ die Menge der Teilmengen (die Potenzmenge) von A.

3. Def.: Ein *Basismaß* für A ist eine Abbildung

$$m : \mathcal{P}(A) \rightarrow [0, 1]$$

$$\text{mit } m(\emptyset) = 0 \text{ und } \sum_{X \subseteq A} m(X) = 1$$

Das *nichtssagende* Basismaß m_0 ist durch $m(A) = 1$ und $m(X) = 0$ für $X \neq A$ bestimmt: Es spiegelt die leere Information wieder. Als nächstes wollen wir die *akkumulierte Evidenz* dafür modellieren, daß die richtige Alternative in der Menge X liegt, wir sie aber eventuell sogar genauer lokalisieren können. Dies soll mittels einer " B - Funktion " (vom Englischen für "Believe") ausgedrückt werden :

$$B = B_m : \mathcal{P}(A) \rightarrow [0, 1]$$

$$\text{mit } B(X) = \sum_{Y \subseteq X} m(Y)$$

Wenn m das nichtssagende Basismaß ist, dann ist $B_m = m$; wir wollen dies die nichtssagende B-Funktion nennen. Die Funktion B_m ist in Abhängigkeit von m erklärt worden; man hätte solche Funktionen auch direkt beschreiben können. Man kann nämlich zu jeder Funktion B mit

(1) $B(\emptyset) = 0$

(2) $B(A) = 1$

(3) $B(X_i \cup X_j) \geq B(X_i) + B(X_j) - B(X_i \cap X_j)$ für alle $X_i, X_j \subseteq A$

sich das zugehörige Basismaß ausrechnen; etwa ist

$$m(\{A_1, A_2\}) = B(\{A_1, A_2\}) - B(\{A_1\}) - B(\{A_2\});$$

das entspricht auch genau der Intuition.

Es schließen sich noch einige nützliche Begriffe an. Dazu bezeichne $A\backslash X$ für $X \subseteq A$ das Komplement von X in **A**.

4. Def.:

(i) Der *Zweifel* an X ist $Zw(X) = B(A\backslash X)$.

(ii) Die *obere Wahrscheinlichkeit* von X ist $B^*(X) = 1 - Zw(X)$.

(iii) X ist *fokal* , falls $m(X) > 0$; die Vereinigung aller fokalen Elemente heißt auch der Kern von B.

Die Differenz zwischen $B(X)$ und $B^*(X)$ kennzeichnet die Unwissenheit über X. Die fokalen Mengen sind die einzigen, die zu $B(X)$ einen positiven Wert beitragen und $B(X)$ gleich 1 gilt genau dann, wenn X den Kern enthält. Betrachten wir noch den Fall einer B-Funktion, für die $B^*(X)$ stets mit $B(X)$ zusammenfällt. Dies läßt sich auch durch die Gleichung

$B(X) + B(A\backslash X) = 1$ für alle $X \subseteq A$

charakterisieren. Ebenfalls charakteristisch ist, daß in der obigen Beschreibung der B-Funktionen unter (3) statt "$\geq$" das Gleichheitszeichen gilt. Eine solche B-Funktion heißt auch eine *Bayes-B-Funktion.*.

In einem Schlußfolgerungssystem interessieren wir uns nun für die Weiterverwendung von Aussagen mit einer gewissen Evidenz. Solche Inferenzen können von zweierlei Art sein:

(a) Akkumulierung mit anderen Evidenzen

(b) Verwendung in Regeln, die entweder ganz sicher oder ebenfalls nur mit einer Evidenz versehen sind.

Als erstes betrachten wir zwei Evidenzen über unserer Alternativenmenge, die durch ihre Basismaße m_1 und m_2 gegeben seien. Weil unsere Alternativenmenge A nach der Grundannahme nur sich gegenseitig ausschließende Alternativen enthält, liegt folgender Ansatz für die Akkumulation der beiden Evidenzen nahe:

$$m_1 \text{ "+" } m_2 \,(H) = \sum_{H = X \cap Y} m_1\,(X) * m_2(Y)$$

Es würde dann in der Tat

$$\sum_{X,Y} m_1\,(X) * m_2\,(Y) = \sum_{X \subseteq A} m_1\,(X) * \sum_{Y \subseteq A} m_2\,(Y) = 1$$

gelten. Dieser Ansatz ist jedoch deshalb noch nicht ganz befriedigend, weil z.B. $m_1\,(X) > 0$ und $m_2\,(Y) > 0$ und gleichzeitig $X \cap Y = \emptyset$ sein können; so etwas heißt ein Konflikt zwischen m_1 und m_2. Damit wäre aber die akkumulierte Evidenz auf der leeren Menge positiv. Wir modifizieren daher die Summe "+" entsprechend, wobei wir dann aber zusätzlich noch einen Normierungsfaktor einführen müssen. Die *direkte Summe* $\oplus$ berechnet sich dann nach *Dempsters Regel:*

$$m_1 \oplus m_2(\emptyset) = 0$$

$$m_1 \oplus m_2\,(H) = m_1 \text{ "+" } m_2 * \frac{1}{1-K} \ , \text{ für } H \neq 0,$$

$$\text{wobei } K = \sum_{X \cap Y = \emptyset} m_1(X) * m_2(Y)$$

Dabei muß $1 - K \neq 0$ vorausgesetzt werden, worauf weiter unten eingegangen wird.

Als Beispiel betrachten wir wieder unsere verdächtige Personengruppe. Für m_1 seien die fokalen Mengen erklärt:

$$m_1(\text{braun}) = 0,6, \ m_1\,(A) = 0,4.$$

Man fragt sich hier, ob es sinnvoll ist, der gesamten Alternativenmenge ein kleineres Maß als den Braunhaarigen zuzuordnen. Die Intuition für $m(A)$ ist, daß diese Zahl ausdrückt, welchen Anteil man noch auf ganz A schieben kann, ohne daß man eine genauere Spezifikation vornehmen kann. Je mehr Information man hat, desto kleiner wird $m(A)$.

Die Evidenz m_2 möge hingegen liefern:

$$m_2\,(\text{Blutgruppe} \neq 0) = 0,7, \ m_2\,(A) = 0,3.$$

Daraus erhalten wir nun für die direkte Summe $m_1 \oplus m_2$ folgende Tabelle:

$$m_1 \oplus m_2\,(A) = 0,4 * 0,3 = 0,12$$

$m_1 \oplus m_2$ (braun) $= 0,6 * 0,3 = 0,18$

$m_1 \oplus m_2$ (Blutgruppe $\neq 0$) $= 0,4 * 0,7 = 0,28$

$m_1 \oplus m_2$ (Ludwig, Karl) $= 0,6 * 0,7 = 0,42$

Wir sehen hier, was die akkumulierte Evidenz bewirkt: die Menge {Ludwig, Karl} (dies ist ein Block im Sinne von (A)) erhält jetzt eine positive Evidenz, der Täter wird so langsam eingekreist. Interessant wäre nun aber noch folgender Fall: Es seien m_3 und m_4 gegeben durch m_3(braun) $= 1$ und m_4 (Blutgruppe A) $= 1$. In diesem Falle würde Dempsters Regel nämlich wegen $K = 1$ gar kein Basismaß liefern! Wir hätten es hier mit widersprüchlichen Evidenzen zu tun.

5. Def.: m_1 und m_2 heißen *unvereinbar*, wenn

$$\sum_{X \cap Y = \emptyset} m_1 (X) * m_2 (Y) = K = 1$$

gilt.

Wir verabreden, daß für unvereinbare Evidenzen ihre Akkumulation nicht definiert ist. Die Größe $\mathrm{Kon}(m_1, m_2) = - \log(1 - K)$ heißt auch das Gewicht des Konfliktes zwischen m_1 und m_2. Falls sich m_1 und m_2 nicht im Konflikt befinden, ist $\mathrm{Kon}(m_1, m_2) = 0$, falls sie unvereinbar sind, ist $\mathrm{Kon}(m_1, m_2) = \infty$.

In einem weiteren Beispiel kommen wir auf die oben in (B) erwähnte Situation mit den Zugverspätungen zurück. Die Zugansage gibt uns eine positive Evidenz für die Verspätung, aber keine für die Pünktlichkeit, was sich in einer B-Funktion B ausdrückt:

B(verspätet) $= 0,9$; B(pünktlich) $= 0$; B({verspätet, pünktlich}) $= 0,1$.

Dies sind andere Werte, als sie die Bayes-Formel uns liefert. Wenn wir die dort verwendeten zusätzlichen Wahrscheinlichkeiten als Evidenzen deuten und verwenden würden, gäbe es verschiedene Probleme, weil die letzteren gar nicht in unseren Alternativenraum passen würden, mit der Wahrscheinlichkeitsrechnung würden wir dann besser fahren. Anders wird es jedoch, wenn man den Charakter der angegebenen Wahrscheinlichkeiten hinterfragt. Für die a-priori Wahrscheinlichkeit p der Zugverspätungen ist eine Häufigkeitsrelation sicherlich noch adäquat. Anders ist das aber bei der bedingten Wahrscheinlichkeit q. Sie paßt nur dann ins Häufigkeitsbild, wenn wirklich verschiedene Quellen für die Ansage mit objektiven Häufigkeiten vorliegen, nicht aber die subjektive Meinung über den Ansager die Zahl q bestimmt. Diese Erörterung soll andeuten, wie vorsichtig man hier mit der Interpretation von

Berechnungen sein muß.

Nun wollen wir die Propagierung von Evidenzen mittels Regeln verfolgen. Dazu werden Regeln betrachtet, die selber nicht unbedingt wahr sind, sondern für die auch nur eine gewisse Evidenz vorliegt. Die erste Schwierigkeit ist, eine gemeinsame Oberstruktur für Aussagen und Regeln zu finden, in der sich ihre jeweiligen Evidenzen kombinieren lassen. Hier bietet es sich an, Regeln als Elemente des kartesischen Produktes "Prämissen×Konklusionen" anzusehen. Ganz allgemein betrachten wir zwei Alternativenmengen $A = \{A_1, \ldots, A_n\}$ und $B = \{B_1, \ldots, B_k\}$. Ein Basismaß m für A können wir nun auf $A \times B$ erweitern, in dem wir für $X \subseteq A \times B$ festsetzen:

$$m_0(X) = m(\pi_1(X))$$

Dabei ist $\pi_1(X)$ die Projektion von X auf A; wir können dies so interpretieren, daß der A-Anteil von X nur die Evidenz der Prämisse liefert. Der Einfachhheit halber werden wir diese Erweiterung auch wieder mit m bezeichnen. Die Idee der Propagierung besteht nun darin, die Evidenz auf A nach ihrer Erweiterung mittels Dempsters Regel mit einer Evidenz über eine Regel zu akkumulieren und anschließend auf die Alternativenmenge B herunterzuprojizieren. Damit haben wir dann eine Evidenzpropagierung der Form:

WENN   Vorbedingung V mit Evidenz E_1

            und Regel R mit Evidenz E_2

DANN   Konklusion mit Evidenz E_3.

Mit dieser Propagierung kann man dann ein Regelwerk anreichern. Die wesentliche Einschränkung der Anwendbarkeit ist durch die Forderung nach einer vollständigen und sich gegenseitig ausschließenden Alternativenmenge gegeben. In konkreten Fällen ist daher stets zu prüfen, inwieweit dies Kriterium wenigstens approximativ erfüllt ist.

(D) <u>Fuzzy - Werte und Fuzzy - Wahrscheinlichkeiten.</u>

Die Grundidee des Fuzzy-Ansatzes ist die Bewertung von subjektiver Vagheit, welche durch eine Abbildung nach $[0, 1]$ modelliert werden soll. Wichtig ist nun, solche subjektiven Einschätzungen im weiteren Verlauf der Überlegungen sauber von objektiven Einflüssen zu trennen. Weiter gibt es auch bei den subjektiven Vagheiten verschiedene Typen, die wir auseinander halten wollen.

Wir betrachten ein (der Einfachheit halber einstelliges) Prädikat P(x), welches wir über einem Universum U interpretieren wollen. Es sei $A = \{a \in U \mid a \text{ erfüllt } P(x)\}$.

Die Menge A läßt sich dann durch ihre charakteristische Funktion

$$I_A : U \to \{0, 1\}$$

vertreten, die durch $I_A(a) = 1$ für $a \in A$ und $I_A(a) = 0$ sonst erklärt ist. Falls man nun der Ansicht ist, daß man sich nicht in allen Fällen so klar über das Prädikat P äußern kann, weil der durch P repräsentierte Begriff (der sich auf der kognitiven Ebene aufhält) selbst etwas unklar ("verschwommen") ist, man aber doch mit ihm gewisse rationale Aspekte verbindet, kann man versuchen, diese Aspekte durch eine verallgemeinerte charakteristische Funktion zu beschreiben.

6. Def.:

    (i)   Eine *Fuzzy - Teilmenge* von U ist eine Funktion

$$\mu : U \to [0, 1],$$

            wobei [0, 1] das reelle Einheitsintervall ist.

    (ii)   Eine *Fuzzy - Interpretation* eines Prädikates P über U ordnet P eine Fuzzy Teilmenge von U zu. Eine Belegung der Variablen x mit $a \in U$ erfüllt P(x) mit dem Grad d, falls $d = \mu(a)$. Statt dessen sagt man auch : Die Gültigkeit von P(a) wird mit $\mu(a)$ akzeptiert.

Um den Zusammenhang zwischen P und μ deutlich zu machen, schreibt man auch μ_P für μ. Ein Beispiel ist etwa die Modellierung der Begriffe "hohes Fieber" und "leichtes Fieber". Auch wenn wir eine genaue Fiebermessung voraussetzen, möchten wir doch diese Begriffe nicht gerne scharf abgrenzen. Eine denkbare Fuzzy - Interpretation wäre etwa:

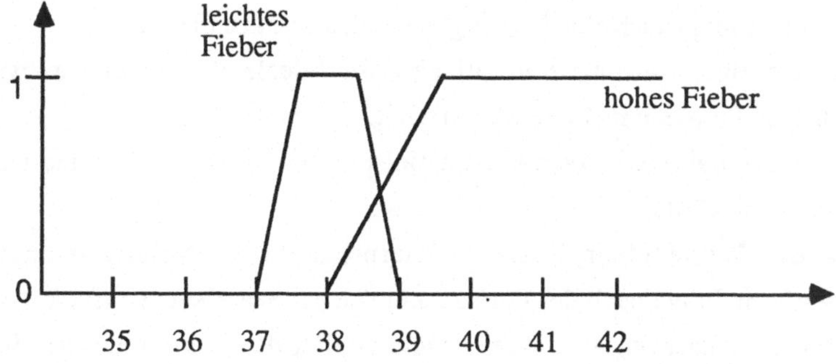

Bezeichnend ist hier die Existenz eines Bereiches, in dem eine gewisse Ambiguität herrscht. In diesem Bereich sind die Akzeptanzen für beide Aussagen positiv. Wenn nun aber nur eine dieser Aussagen gemacht werden kann, dann soll dies mit den

Fuzzy-Mengen in einem Zusammenhang stehen. Wir machen die

Rationalitätsannahme: Im Zweifelsfalle wird die Äußerung mit dem höchsten Akzeptanzgrad gemacht.

Hintergrund dieser Annahme ist die Feststellung, daß man gewöhnlich recht sicher in der relativen Einschätzung zweier Alternativen über denselben Sachverhalt ist. Andererseits sollte man den Gebrauch von Zahlenzuweisungen über nicht direkt korrelierte Fragen aber auch sehr kritisch betrachten. So wird ein Arzt beispielsweise Fuzzy - Werte für Fieberangaben sicher sehr vernünftig gebrauchen, diese sind aber wohl kaum in Abgleich mit Werten etwa für den Akzeptabilitätsgrad seiner Lieblingsspeise zu bringen.

Es ist nun nicht sinnvoll, völlig beliebige Funktionen zur Modellierung von unscharfen Aussagen heranzuziehen. Deshalb wollen wir einige einschränkende Bedingungen machen.

7. Def.: Für $T \subseteq \mathbb{R}$ heißt $\mu: T \to [0, 1]$ regulär, falls gilt :

   (i) μ ist stückweise stetig

   (ii)   Wenn $x,y \in T$ und $\lambda \in [0, 1]$,
          dann ist $\mu(\lambda x + (1 - \lambda)y) \geq \min(\mu(x), \mu(y))$

   (iii) Es gibt ein x in T mit $\mu(x) = 1$

Die Bedingung (i) fordert, daß man seine Meinung im allgemeinen nicht ständig sprunghaft ändert. Ausnahmesprünge sollten hingegen erlaubt sein, allein schon um den klassischen 0 - 1 - Fall (der ja auch eine Unstetigkeit enthält) mit zu überdecken.

Mit (ii) erreicht man eine Konzentration auf gewisse "ideale Werte" hin; es wird ausgeschlossen, daß die Funktion mehrere Maxima hat.

Schließlich besagt (iii), daß man jedenfalls ein Beispiel hat, wo man die sonst vage Aussage voll akzeptieren würde.

Die Auffassung der Werte einer Fuzzy - Interpretation als verallgemeinerte Wahrheitswerte wirft die Frage nach der Fortsetzung solcher Wahrheitswertfunktionen auf zusammengesetzte Aussagen auf: Wie berechnet sich der Wahrheitswert einer Konjunktion, Disjunktion oder Negation aus den Werten der einzelnen Komponenten ? Dies kann man nun nicht einfach mathematisch festsetzen, sondern sollte sich nach der intendierten "Bedeutung" der Aussagen richten. Wenn wir uns unter einer Konjunktion vorstellen, daß beide Glieder ihren Anteil zu einer Entscheidung beitragen, so kann man ganz klar sagen, daß man dies sicher nicht mit einer universellen Funktion von zwei Variablen beschreiben kann. Beide Teile gehen je nach Fragestellung mit ihren individuellen Gewichten in die Entscheidung ein. Wir wollen jetzt erstmal eine (relativ simple) Möglichkeit zur Berechnung der Wahrheitswerte vorstellen und sie anschließend diskutieren. Dazu benötigen wir drei Funktionen $[0, 1] \rightarrow [0, 1]$, und zwar k für die Konjunktion, d für die Disjunktion und n für die Negation:

$$k (x, y) = \min (x, y)$$

$$d (x, y) = \max (x, y)$$

$$n (x) \;\; = 1 - x.$$

Für den klassischen Fall der zweiwertigen Logik ergibt dies genau unsere alten Wahrheitswertfunktionen. Für eine Diskussion ist eine mathematische Betrachtung hilfreich. Sehen wir uns folgende Anforderungen an die Funktionen k und d an:

(1)   k und d sind kommutativ

(2)   k und d sind assoziativ

(3)   Zwischen k und d gelten die Distributivgesetze, also etwa $k (x, d (y, z)) = d (k (x, y), k (x, z))$.

(4)   Wenn $k_y (x) = k (x, y)$ und $d_y (x) = d (x, y)$ für $y \in [0, 1]$, dann sind k_y und d_y stetige und monotone Funktionen.

(5) $k (x, x)$ und $d(x, x)$ sind streng monotone Funktionen

(6) $k (x, y) \leq \min (x, y)$ und

$d (x, y) \geq \max (x, y)$

(7) $k (1, 1) = 1$ und

$d (0, 0) = 0$

Die speziellen Funktionen $k = \min$ und $d = \max$ erfüllen natürlich die Bedingungen (1) - (7). Es gilt aber auch:

8. Satz: Wenn k und d die Bedingungen 1) - 7) erfüllen, dann ist $k (x, y) = \min (x, y)$ und $d (x, y) = \max (x, y)$.

Unsere Frage reduziert sich also darauf, die Bedingungen (1) - (7) zu diskutieren. Für alle diese Punkte können wir zunächst sehr leicht Beispiele angeben, in denen die Bedingung nicht erfüllt ist:

Zu (1): Wenn x und y unterschiedliche Einflußgrößen für eine Entscheidung sind, so kann man ihre Werte natürlich nicht vertauschen, denn der eine Wert kann ja eine viel größere Rolle spielen als der andere. Weiter spielt bei dem "und" häufig eine zeitliche Reihenfolge mit: erst das eine und dann das andere.

Ähnliche Beispiele kann man sich für (2) und (3) überlegen.

Zu (4): Die Folgerung der Stetigkeit würde gewisse Schwellwertbetrachtungen ausschließen, an denen man plötzlich Sprünge macht.

Gegen (5) ist eigentlich wenig zu sagen, ebenso wie gegen (7).

Dagegen bleibt (6) zunächst einmal unmotiviert.

Generell kann man sagen, daß in Fällen objektiver Unschärfe die der Situation innewohnenden Gesetzmäßigkeiten auch die Funktionen k und d bestimmen und dabei natürlich auch gelegentlich min und max herauskommen kann. Wir wollen uns jetzt aber daran erinnern, daß wir in der einleitenden Motivierung für die Fuzzy-Werte von subjektiver Wahrheit gesprochen haben. Wenn solch eine subjektive Akzeptanz dazu da ist, eine Äußerung zu tun oder zu unterlassen, und dabei noch die Rationalitätsannahme zugrundeliegt, so können wir uns die Akzeptanzgrade auf folgende Weise vorstellen:

- Für die Konjunktion: Beide Äußerungen gleichzeitig zu tätigen (im Vergleich mit Alternativen).

- Für die Disjunktion: Wenigstens eine Äußerung zu tätigen.

Für diese Vorgehensweise sind nun die Forderungen 1) - 7) durchaus einleuchtend und deshalb wollen wir für die weitere Diskussion auch stets $k = \min$ und $d = \max$ voraussetzen.

Die problematischste der drei betrachteten logischen Verknüpfungen ist wieder die Negation. In §5 hatten wir über verschiedene Motivationen gesprochen, die man mit einer Negation verbinden kann, und diese führen natürlich auch zu verschiedenen Konsequenzen bei der Berechnung des Wahrheitswertes. Gerade bei der Betrachtung subjektiver Unschärfe ist es besonders wichtig, sich auf einen speziellen Aspekt festzulegen. Die spezielle Berechnungsvorschrift $n(x) = 1 - x$ verknüpft zudem die Wahrheitswerte einer Aussage und ihrer Negation so, daß ihre Summe schon 1 ist; gerade diesen Effekt wollte man aber in der Evidenztheorie ausschalten. Zusammen mit der Festlegung $k(x, y) = \min(x, y)$ ergibt sich folgende merkwürdige Konsequenz: wenn etwa $x = 0,5$, so ist auch $n(x) = 0,5$ und also $k(x, n(x)) = 0,5$; ein ganz offensichtlicher Widerspruch wird also mit einem recht hohen Wahrheitswert belegt. Abgesehen davon wäre es, selbst wenn man zwischen einer Aussage und ihrer Negation völlig unentschieden ist, nicht sehr rational, beide gleichzeitig zu äußern. Wir wollen deshalb hier keine einheitliche Empfehlung für die Berechnung des Wahrheitswertes der Negation aussprechen, sondern vielmehr vorschlagen, sich über die intendierte Art der

Negation genaue Rechenschaft abzulegen (etwa welche Form von Ablehnung involviert ist, (vgl. wieder §5) und dann dementsprechend eine angemessene Berechnungsvorschrift aufzustellen.

Wir wenden uns jetzt dem Problem zu, daß in vielen realen Situationen subjektive und objektive Unschärfen vermischt erscheinen. Dabei interessiert uns besonders der Fall, daß sich subjektive Vagheiten und statistische Unsicherheit überlagern, wobei die letzteren aus strukturellen Eigenschaften des interessierenden Bereiches resultieren. Hierbei ist es nun besonders wichtig zu wissen, wie sich in einem erschlossenen Endergebnis diese beiden Anteile wiederfinden lassen, d.h. wie subjektiv oder objektiv dieses Ergebnis denn nun ist. Dieses führt uns nun zunächst auf den Begriff der unscharfen Zufallsvariablen. Wir gehen von einem Ereignisraum Ω aus und erwähnen noch einmal, daß eine gewöhnliche Zufallsvariable eine Abbildung $\zeta: \Omega \to \mathrm{I\!R}$ ist. Die Idee bei einer unscharfen Zufallsvariable ist, daß sie keinen genauen Zahlenwert, sondern eine Fuzzy-Teilmenge von $\mathrm{I\!R}$ liefert. Dazu stellen wir uns zunächst vor, daß wir $\mathrm{I\!R}$ in endlich viele Teilmengen partitioniert haben (etwa in ein nach links halboffenes Intervall, dann eine endliche Menge von Intervallen, und dann wieder in ein nach rechts halboffenes Intervall), und daß wir zwei Ereignisse, die in ein- und dasselbe Intervall fallen, nicht unterscheiden können. Dann ist es für $\omega \in \Omega$ nicht sinnvoll, die "Zahl" $\zeta(\omega)$ zu betrachten, denn diese können wir ja nicht identifizieren. Sinnvoll ist vielmehr die Festlegung einer neuen zufälligen Variablen Y durch

$$Y(\omega) = A \text{ genau dann, wenn } \zeta(\omega) \in A ,$$

wobei A eine der partitionierenden Mengen ist. Hierbei liegt natürlich die Vorstellung zugrunde, daß wir einen scharfen Teilmengenbegriff haben; lassen wir endlich viele unscharfe Teilmengen zu, so kommen wir zu unserer endgültigen Begriffsbildung.

9. Def.: Eine unscharfe diskrete Zufallsvariable X ist eine Funktion, die jedem $\omega \in \Omega$ eine reguläre Funktion (im oben erklärten Sinne) zuordnet. Als Definitionsbereich der regulären Funktionen legen wir wieder ein einheitliches $T \subseteq \mathrm{I\!R}$ zugrunde.

Statt $X(\omega)$ schreiben wir auch X_ω; es ist also X_ω eine Funktion und für $x \in T$ ist erst $X_\omega(x)$ ein reeller Zahlenwert. Den obigen Fall der intervallwertigen Funktionen subsumieren wir dadurch, daß man für $X(\omega)$ die charakteristische Funktion eines

Intervalls wählt.

Wenn wir unser Beispiel mit der Fiebermessung betrachten, so ist das zufällige Ereignis ω der Patient und $\zeta(\omega)$ ist seine Temperatur. Falls man eine Partition der Temperaturskala in drei Intervalle "kein Fieber", "leichtes Fieber" und "hohes Fieber" hätte, würde dies Anlaß zu einer mengenwertigen zufälligen Größe $Y(\omega)$ geben; wir nennen $\zeta(\omega)$ ihr *Original*. Sind nun aber die Begriffe wie im Beispiel unscharf, so ergibt sich die unscharfe Zufallsvariable $X(\omega)$, deren Wert z.B. der jetzt unscharfe Begriff "hohes Fieber" sein können. In dieser Situation muß wieder von der Rationalitätsannahme Gebrauch gemacht werden, die entscheidet, welche der unscharfen Mengen der Wert von $X(\omega)$ ist. Im vorliegenden Beispiel war das Original $\zeta(\omega)$, nämlich die Fiebermessung am Patienten, vorgegeben und bekannt. Ganz anders ist die Sache aber gelagert, wenn man dem Patienten die unscharfe Eigenschaft "Blässe" zuerkennt; hierfür liegt keine numerische Messung und dementsprechend kein scharfes Original vor. Der Fuzzy-Funktion $f(x)$ für "Blässe" geben wir die Interpretation

"Der Ausgeprägtheitsgrad X für die Blässe wird mit dem Grad $f(x)$ akzeptiert".

Allgemein ist also mit X eine Akzeptanz $\alpha_{\zeta(\omega)}$ assoziert:

$$\alpha_{\zeta(\omega)}: A\,\zeta(\omega) \to [0,\ 1]$$

$$\alpha_{\zeta(\omega)}\,(a\,\zeta(\omega)\,(x)) = X_\omega(x),$$

wobei $a_{\zeta(\omega)}(x)$ die Aussage "x ist Ausgeprägtheitsgrad von ζ_ω" (oder: "x ist Kandidat für $\zeta(\omega)$") und $A_{\zeta(\omega)}$ die Menge aller solcher Aussagen ist, und, wohlgemerkt, das Original $\zeta(\omega)$ gar nicht vorliegen muß.

Es kann nun eine unscharfe Erscheinung wie "Blässe" ein Indiz für eine Krankheit K sein, die selber wieder unscharf ist; es interessiert uns hier das Fuzzy-Analogon der bedingten Wahrscheinlichkeit. Für zwei Funktionen ξ und ζ bestimmen wir als erstes die Akzeptabilität der Konjunktionen $a_{\xi(\omega)}(x) \wedge a_{\zeta(\omega)}(x)$ als

$$\alpha_{\xi,\zeta}(a_{\xi(\omega)} \wedge a_{\zeta(\omega)}) = \min\,\{\alpha_\xi(a_{\xi(\omega)}(x)),\ \alpha_\zeta(a_{\zeta(\omega)}(x))\}.$$

Wenn nun U und V zwei weitere Funktionen $\Omega \to \mathrm{I\!R}$ sind, so bedeutet die Konjunktion der Aussagen

$$a_{\xi(\omega)}\,(U(\omega)) \wedge a_{\zeta(\omega)}(V(\omega))$$

für alle $\omega \in \Omega$ gerade "U ist Kandidat für ξ und V ist Kandidat für ζ", was wir mit $a(U, V)$ abkürzen wollen. Die Akzeptabilität dieser Aussage rechnet sich aus zu

$$\alpha_{\xi,\zeta}(a(U,V)) = \inf_{\omega \in \Omega} \min\,\{X_\omega(U(\omega)),\ X'_\omega(V(\omega))\}$$

wobei ξ das Original von X und ζ das Original von X' ist.

Für konkrete U und V ist für $A, B \subseteq \mathrm{I\!R}$ in Analogie zur üblichen bedingten Wahrscheinlichkeit

$$P(U \in A \mid V \in B) \;=\; \frac{P(U \in A \wedge V \in B)}{P(V \in B)}$$

für $P(V \in B) > 0$ definiert.

Wir erklären noch $a_{A|B}(x)$ als "x ist Kandidat für $P(\xi \in A \mid \zeta \in B)$" und setzen die zugehörige Akzeptabilitätsfunktion $\alpha_{A|B}$ als

$$\alpha_{A|B}(\,a_{A|B}(x)) = \sup(\alpha_{\xi,\zeta}(a(U,V) \mid P(U \in A \mid V \in B) = x),$$

wenn x im Bild der $P(U \in A \mid V \in V)$ liegt. Das führt nun schließlich zur Definition der bedingten Fuzzy - Wahrscheinlichkeit.

10. Def.: $P_{A|B} : [0,1] \to [0,1]$ ist erklärt durch

$\quad\quad P_{A|B}(x) = \alpha_{A|B}(a(x))$ falls x im Bild der $P(U \in A \mid V \in B)$ ist; sonst sei
$\quad\quad P_{A|B}(x) = 0.$

In dieser Definition kommen zwei Begriffe zur Behandlung von Unschärfe zusammen:
(a) Eine objektive Wahrscheinlichkeit, die man sich etwa durch eine Häufigkeitstabelle verschaffen kann: Wie oft wurde A behauptet unter der Voraussetzung, daß bereits B behauptet wurde?
(b) Eine subjektive Vagheit über individuelle Akzeptabilitäten.
$P_{A|B}$ spiegelt beide Aspekte wieder.

(E) <u>Sicherheitsfaktoren</u>

Hier handelt es sich um die Zuordnung von numerischen Werten zu Aussagen und einen einfachen Mechanismus zu ihrer Propagierung in Regelsystemen. Gedacht ist dies für Fälle objektiver Unsicherheit, in denen aber keine Anhaltspunkte für die Wahrscheinlichkeitsverteilung vorliegen. Wir gehen wieder vom Vorliegen einer Evidenz E, also einer Beobachtung oder Messung aus und interessieren uns für Hypothesen H_i. In Anlehnung an die Terminologie der bedingten Wahrscheinlichkeiten werden folgende Begriffe eingeführt:

$x = \mu_B(\,H_i \mid E)$ ist das "Maß der Glaubwürdigkeit von H_i nach Vorliegen von E"
$y = \mu_D(\,H_i \mid E)$ ist das "Maß des Zweifels an H_i nach Vorliegen von E"
("Measure of Belief", "Measure of Disbelieve")
Dabei sind x und y reelle Zahlen : $0 \leq x, y \leq 1.$

Der Sicherheitsfaktor (Certainty Factor) von H_i bei gegebenem E ist dann

$$CF(H_i \mid E) = \mu_B(H_i \mid E) - \mu_D(H_i \mid E).$$

Es gilt also $-1 \leq CF \leq 1$ mit der Intention

CF = 0 : keine Information

CF > 0 : mehr positive als negative Argumente

CF < 0 : mehr ablehnende als zustimmende Argumente

CF (H $\mid$ E) soll dabei den Einfluß der Evidenz E auf den Glauben an H ausdrücken. Dies ließe sich auch durch bedingte Wahrscheinlichkeiten ausdrücken, was wir uns etwas näher anschauen wollen; dazu betrachten wir die Situation des Satzes von Bayes. Es sei H, $\neg$H die Partition unseres Raumes; nach der Definition der bedingten Wahrscheinlichkeit gilt:

$$\frac{P\,(H \mid E)}{P\,(\neg H \mid E)} = \frac{P\,(E \mid H)}{P\,(E \mid \neg H)} \cdot \frac{P\,(H)}{P\,(\neg H)}$$

Mit

$$O\,(X) = \frac{P\,(X)}{1 - P\,(X)} \quad \text{und} \quad \lambda\,(H, E) = \frac{P(E \mid H)}{P(E \mid \neg H)}$$

erhalten wir

$$O\,(H \mid E) = \lambda\,(H, E) \cdot O\,(H),$$

wobei λ(H $\mid$ E) gerade die Änderung der relativen Chancen für H unter dem Einfluß von E beschreibt; λ wäre also ein erster Kandidat für einen Sicherheitsfaktor. Was noch fehlt ist eine Normierung auf $[-1, +1]$, weil λ noch den Wertebereich $[0, \infty)$ hat. Die Normierung erfolgt durch

$$CF'(H \mid E) = \begin{cases} \dfrac{\lambda\,(H, E) - 1}{\lambda\,(H, E)} & \lambda \geq 1 \\[2ex] \lambda\,(H, E) - 1 & \lambda < 1 \end{cases}$$

was gleichwertig ist zu

$$CF'(H \mid E) = \begin{cases} \dfrac{P(H \mid E) - P(H)}{P(H \mid E)\,(1 - P(H))} & P(H \mid E) > P(H) \\[2em] \dfrac{P(H \mid E) - P(H)}{P(H)\,(1 - P(H \mid E))} & P(H) \geq P(H \mid E) \end{cases}$$

Wir können nun CF' als ein Beispiel für den Sicherheitsfaktor CF nehmen. Das Problem ist aber, daß die Wahrscheinlichkeiten in der Definition für CF' unbekannt sind und man sie allenfalls schätzen kann. Solche Schätzungen sind auch der Ausgangspunkt im Gebrauch von Sicherheitsfaktoren. Natürlich sind solche Zahlenzuordnungen unzuverlässig, aber man kann sie für ein Sachgebiet dadurch verbessern, daß man die geschätzten Worte auf richtige Konsequenzen hin abtestet und gegebenenfalls verbessert. Der Umgang mit Sicherheitsfaktoren wird nun durch bestimmte Anforderungen geregelt; diese Anforderungen sind für CF' stets erfüllt.

<u>Anforderungen an CF</u>:

(1) $CF\,(H \mid E_1 \wedge E_2) = CF\,(H \mid E_2 \wedge E_1)$

$CF\,(H \mid E_1 \wedge (E_2 \wedge E_3)) = CF\,(H \mid (E_1 \wedge E_2) \wedge E_3)$

Diese Gleichung soll ausdrücken, daß der Sicherheitsfaktor von der Reihenfolge und Zusammenfassung der Beobachtungen unabhängig ist. Es handelt sich hier also nicht um die logische Konjunktion, sondern um ein zeitliches Nacheinander.

(2) Wenn $CF\,(H \mid E) = 0$, dann $CF\,(H \mid E \wedge E_1) = CF\,(H \mid E_1)$.

(3) Wenn $1 \neq CF\,(H \mid E_1) = -CF\,(H \mid E_2) \neq -1$, dann $CF\,(H \mid E_1 \wedge E_2) = 0$.

Wenn $CF\,(H \mid E_1) = 1$ und $CF\,(H \mid E_2) = -1$, dann ist $CF\,(H \mid E_1 \wedge E_2)$ undefiniert.

Jetzt betrachten wir die Kombination von Evidenzen, wobei von

$$E_1 \xrightarrow{\;CF(\,E \mid E_1)\;} E \xrightarrow{\;CF\,(H \mid E),\ CF\,(H \mid \neg E)\;} H$$

auf

$$E_1 \xrightarrow{\;CF\,(H \mid E_1)\;} H$$

geschlossen werden soll.

(4)   Wenn $CF(E \mid E_1) = 1$, dann $CF(H \mid E_1) = CF(H \mid E)$.

   Wenn $CF(E \mid E_1) = -1$, dann $CF(H \mid E_1) = CF(H \mid \neg E)$.

   Wenn $CF(E \mid E_1) = 0$, dann $CF(H \mid E_1) = 0$.

Im allgemeinen Fall wird verlangt

$$CF(H \mid E_1) = F(CF(E \mid E_1), CF(H \mid E), CF(H \mid \neg E)),$$

wobei die Funktion F monoton und stetig in $CF(E \mid E_1)$ sein soll. Wie diese Funktion genau auszusehen hat, ist dadurch natürlich noch nicht entschieden. Eine Ausprägung ist durch die explizite Angabe von CF' gegeben, falls die entsprechenden Wahrscheinlichkeiten bekannt sind. Entsprechend muß noch eine Funktion G festgelegt werden für

$$E_1 \wedge E_2 \xrightarrow{\;G(CF(H \mid E_1), CF(H \mid E_2))\;} H$$

Wir geben einen Vorschlag für F und G, der einerseits numerisch einfach auszuwerten und andererseits sehr anschaulich ist :

$$CF(H \mid E_1) = \begin{cases} CF(E \mid E_1) \cdot CF(H \mid E) & \text{für } CF(E \mid E_1) \geq 0 \\ -CF(E \mid E_1) \cdot CF(H \mid \neg E) & \text{für } CF(E \mid E_1) < 0 \end{cases}$$

$$CF(H \mid E_1 \wedge E_2) = \begin{cases} x + y - xy & \text{für } x \geq 0,\, y \geq 0 \\ \dfrac{x + y}{1 - \min(|x|, |y|)} & \text{für } x * y < 0 \\ x + y + xy & \text{für } x < 0,\, y < 0. \end{cases}$$

wobei

$$x = CF(H \mid E_1) \text{ und } y = CF(H \mid E_2).$$

Um die Zuverlässigkeit dieser Evidenzpropagierung zu testen, kann man versuchen, für bekannte Fälle die Abweichungen zu CF' graphisch aufzuzeichnen. In Fällen, wo das Endergebnis der Schlußfolgerungen bekannt ist, kann auch dies mit zu Rate gezogen werden. Im allgemeinen sind, wie nicht anders zu erwarten, die Fehler umso größer, je länger die Folgerungsketten sind und je mehr die Einzelevidenzen voneinander abhängig sind. Zu empfehlen ist diese Methode also im Falle sehr zahlreicher Beobachtungen, die einzeln keine überragende Bedeutung haben und die nicht in langwierige Verarbeitungen eingehen. In jedem Falle haben diese Vorgehnsweisen nur heuristischen Wert; sie beruhen (anders als beim Asnsatz von Bayes) nicht auf exakten Modellvorstellungen.

Der Einsatz von Sicherheitsfaktoren, Evidenzen, Wahrscheinlichkeiten und Fuzzywerten in einem Diagnosesystem steuert nun zum einen den gesamten Ablauf, weil die Hypothesen mit hohen Faktoren dadurch eine gewisse Priorität haben und zum anderen wird dadurch auch ein Abbruchkriterium gegeben. Dies ist nun wieder auf verschiedene Weise möglich; denkbar ist z.B., daß alle Hypothesen, die einen gewissen Schwellwert überschreiten, als Kandidaten für die Diagnose gelten, oder daß nur die höchstqualifizierteste dafür in Frage kommt.

Eine generelle Problematik bei der Akkumulation von Unsicherheiten ist ist die Abhängigkeit von den Ereignissen, die Anlaß zu Evidenzen geben. Insbesondere die Regeln für die Berechnung von Unsicherheitsfaktoren können in solchen Fällen auch qualitativ beliebig falsch werden. Betrachten wir dazu folgendes Beispiel: Jemand möchte ein Haus in einer ihm unbekannten Stadt in einer möglichst guten Wohnlage kaufen und befragt dazu Experten. Der erste Experte bekommt die Information, daß das Haus am Wald liegt und beurteilt die gute Wohnlage mit dem Faktor 0,9. Der zweite Experte beurteilt den Sicherheitsfaktor für diesen Sachverhalt ebenfalls mit 0,9; diesmal auf der Basis der Information, daß das Haus am See liegt. Der dritte Experte bekommt beide Informationen und beurteilt die Chance für eine gute Wohnlage nur noch mit 0,1. Der Grund dafür ist, daß Wald und See an genau der Stelle zusammenstoßen, wo die unangenehme Kläranlage ist.
Um solche unangenehmen Probleme zu umgehen ist es üblich, die Unabhängigkeit von Ereignissen anzunehmen. Diese allgemeine Vorgehensweise ist jedoch oft aus prinzipiellen Gründen zweifelhaft. Nehmen wir etwa eine diagnostische Situation (vgl §20a), wo gewisse Symptomwerte auf Krankheiten hinweisen sollen. Nun sind entweder die Symptome aus einer gemeinsamen Krankheitsursache erklärbar, dann sind sie nicht unabhängig, oder aber die Symptomwerte sind unabhängig, dann können sie nicht zu einer gemeinsamen Krankheitsdefinition herangezogen werden. Es bedarf also in jedem Falle einer genauen Analyse der Abhängigkeiten; die Rechenregeln dürfen nicht unkritisch bvenutzt werden.

Übungen:

<u>Aufgabe 1)</u>

Sei ein Bereich $U = \{1, \ldots, n\}$ von natürlichen Zahlen gegeben. Für $x, y \in U$ gelte $x \approx y$ genau dann, wenn $|x - y| = k$ oder wenn x und y die gleichen Primteiler haben. Man berechne für $M(i, j) = \{i, i + 1, \ldots, j\} \subseteq U$ die untere und obere Approximation

(a)   mit einem Pascalprogramm;

(b)   mit Constraintpropagierung.

<u>Aufgabe 2)</u>

In einer Datenbank eines Krankenhauses sind die Krankheiten mit den dabei beobachteten Symptomen der vergangenen Jahre abgelegt. Gegeben sei folgender (repräsentativer) Auszug:

Krankheit \ Symptom	E_1	E_2	E_3	E_4	E_5	E_6	E_7	E_8	E_9
H_1	X		X		X				
H_2		X		X	X		X		
H_3	X		X			X		X	
H_4		X		X	X		X		
H_3	X		X					X	
H_5					X				X
H_3	X		X			X			
H_2		X		X			X		

(a)   Bestimmen Sie die a-priori-Wahrscheinlichkeiten $P(H_i)$

(b)   Bestimmen Sie die die a-posteriori-Wahrscheinlichkeiten der Krankheiten H_i bei Feststellung des Symptoms E_4.

<u>Aufgabe 3)</u>

Geben Sie für die durch folgende Basiszuordnungen m_i definierten Funktionen Bel_i mit:

$$Bel_i(A) := \sum_{B \subseteq A} m_i(B)$$

an, ob Bel_i eine Bayes-B-Funktion ist.

(i) $A = (H_1, H_2, \ldots, H_1$

     $m_1(A) = 0.4, \quad m_1(\{H_1, H_3\}) = 0.4, \quad m_1(\{H_2, H_6\}) = 0.1, \quad m_1(\{H_8\}) = 0.1,$
     $m_1(\{H_{10}\}) = 0.2.$

(ii) $A = (H_1, H_2, \ldots, H_{10})$

     $m_2(\{H_1\}) = 0.1, \quad m_2(\{H_4\}) = 0.2, \quad m_2(\{H_6\}) = 0.4, \quad m_2(\{H_8\}) = 0.1,$

$m_2(\{H_9\}) = 0.2, \quad m_2(\{H_{10}\}) = 0.2.$

Aufgabe 4)

Im Dezember besuchte Nikolaus völlig niedergeschlagen den Weihnachtsmann. Auf die besorgte Frage berichtet Nikolaus unter Tränen, keines der Kinder, denen er Geschenke gebracht habe, hätte sich gefreut, vielmehr hätten alle hämisch darauf verwiesen, daß für sie sowieso nur der vom Weihnachtsmann zu erwartende Homecomputer zähle. Der verblüffte Weihnachtsmann fragt sich: Zählt für die Kinder tatsächlich nur noch ein Homecomputer (H) oder macht es der heutigen Jugend einfach Spaß, dem Nikolaus seelische Grausamkeiten zuzufügen (G)? Andererseits ist an der Sache vielleicht auch gar nichts dran, weil ihm Nikolaus als weinerlicher Geselle bekannt ist. Die Möglichkeiten, an die der Weihnachtsmann glauben kann, werden durch die Menge $A = \{GH, G\neg H, \neg HG, \neg H\neg G\}$, G und H wie oben, beschrieben. Weiter ist $A = A' \times A''$ mit $A' = \{G, \neg G\}$ und $A'' = \{H, \neg H\}$. Der Weihnachtsmann glaubt tendentiell schon, daß Nikolaus Geschichte vielleicht stimmt, wobei er aufgrund seiner schlechten Erfahrungen mit undankbaren Kindern G leicht präferiert. Er drückt dies durch eine einfache Basiszuordnung m_1 auf A mit zugehöriger B-Funktion Bel_1 aus: $m_1(\{G\neg H\}) = 0,3$; $m_1(\{GH, \neg GH, G\neg H\}) = 0,5$; $m_1(A) = 0,2$.

Andererseits hat der Weihnachtsmann gehört, daß Homecomputer tatsächlich sehr beliebt sind; dies schlägt sich in einer einfachen Basiszuordnung m_2 auf A'' mit zugehöriger B-Funktion Bel_2 nieder:

$\qquad m_2(\{H\}) = 0,9; \; m_2(A'') = 0,1.$

(a)   Wie sieht die Fortsetzung von m_2 auf A aus? (Dies sei m_2')

(b)   Konstruieren Sie $m_1 \oplus m_2' =: m_3$. Enthält m_3 einen Konflikt? Wenn ja, welches Gewicht hat er?

(c)   Welche B-Funktion wird durch m_3 auf A' induziert?

Aufgabe 5)

Gegeben seien folgende Regeln mit Sicherheitsfaktoren:

R1   Informatiker mögen KI   (CF = 0,2)

R2   Wer KI mag, ist intelligent   (CF = 0,7)

R3   Rocker sind intelligent   (CF = -0,4)

Wie sicher können wir für eine Person X, von der wir nur wissen, daß sie Informtiker ist, sagen, daß sie intelligent ist? Wie ändert sich dieser Sicherheitsfaktor, wenn X stattdessen ein KI-liebender Rocker ist?

Hintergrundbemerkungen zu §14

Unsicherheiten, Unschärfen und Vagheiten durchziehen Naturwissenschaften und andere Disziplinen seit Anbeginn. Man hat sie nicht auf einige wenige Grundphänomene zurück- führen können, sondern muß mit einer Vielzahl von Ausprägungen leben. Einzelne Ansätze behandeln immer nur bestimmte Aspekte der Unsicherheit, und es ist sehr wichtig fetszustellen, welcher Mechanismus zu einer bestimmten Problematik überhaupt paßt. In einem der ersten großen Expertensysteme, nämlich MYCIN, wurde die Unsicherheit sehr ausführlich behandelt; von dorther stammen die in (E) behandelten Sicherheitsfaktoren; vgl. [Bu-Sh84] sowie [He86]. Die Methode der groben Mengen findet man in [Pa84]. Informationen über Expertensysteme in der Statistik stehen in [Ha85]. Weitergeführt wird dieses Thema in [Kr-Me87], wo man gleichzeitig Grundtatsachen über Fuzzymengen findet. Die grundlegende Arbeit über Fuzzywahrscheinlichkeiten ist [Kw78]; bedingte Fuzzy-Wahrscheinlichkeiten findet man in [Be91], hier wird auch eine generelle Analyse von Unschärfe in der Diagnostik vorgenommen. Der Ansatz von Bayes wird in [Kl81] untersucht; von dort stammt auch die angeführte Untersuchung über die Berufsgruppen. Die Dempster-Shafer-Theorie wird in [Sha76] abgehandelt, neuere Ergebnisse findet man in [Ko87]. Unsicherheitsfaktoren und Fragen der Abhängigkeit werden in [Ha-Va90] untersucht.
Man sagt häufig, unscharfe Wahrheitswerte seien in der Prädikatenlogik nicht auszudrücken. Das ist erst einmal insofern einsichtig, als es sicherlich nicht mit Hilfe der Wahrheitswerte geht, denn da kennt die klassische Logik nur zwei Ausprägungen. Ähnlich wie im Falle der Situationen (vgl. §9) kann man aber versuchen, jedes Prädikat um eine Argumentstelle zu erweitern, welche z.B. durch eine Wahrscheinlichkeit belegt werden kann. Es fragt sich hier zum einen, ob dies besonders zweckmäßig wäre und zum anderen, welche Teile der Wahrscheinlichkeitstheorie im Rahmen der Prädikatenlogik so überhaupt modelliert werden können.
Insgesamt ist festzustellen, daß sich das Gebiet der Modellierung von Unschärfe eines ständig steigenden Interesses erfreut. Die Entwicklung wird vermutlich noch dadurch verstärkt werden, daß Expertensysteme, entscheidungsunterstützende Systeme und Methoden des Operation Research in Zukunft verstärkte Symbiosen eingehen werden. Das bedingt aber mehr und mehr die Abkehr von ad-hoc Methoden.

15 Suchverfahren

Früher hatten wir die Konflikte als den Preis für die Annehmlichkeiten des deklarativen Programmierens bezeichnet. In Regelsprachen wie Prolog oder OPS5 gab es feste Mechanismen zur Konfliktlösung, im Falle eines Mißlingens der Vorgehensweise wurde dann ein neuer Versuch gestartet. Dieser Prozeß kann eventuell durch gewisse Backtrackingverfahren gesteuert werden; spezielle Vorkehrungen, ihm besondere inhaltlich gestützte Aufmerksamkeit zu schenken, waren jedoch nicht vorgesehen. Den hiermit zusammenhängenden Fragen wollen wir uns jetzt zuwenden.

Ein schrittweise vorgehender Problemlösungsmechanismus hat in der Regel mehrere mögliche nächste Schritte, die er unternehmen kann, zur Auswahl. Dieser Indeterminismus birgt stets die Gefahr einer kombinatorischen Explosion in sich. Deshalb sind Methoden von Interesse, die solche Auswahlen einschränken und auf möglichst effiziente Weise nach der richtigen Lösung suchen. Um die Lösung zu finden, macht man sich einen Plan, konstruiert damit also ein neues Objekt. Die Schwierigkeit ist stets, eine Abschätzung dafür zu geben, ob man überhaupt einer Lösung näher gekommen ist, ob man sich einer guten Lösung genähert hat und ob man sich ihr schnell nähert. Es sind zwei Bewertungen vorzunehmen:

(1) Wie gut war der bisherige Teil der Lösung ?
(2) Wie kann man die Qualität des noch fehlenden Teils abschätzen ?

Die (formale) Beschreibung von Problemlösemechanismen bedient sich Modellvorstellungen von zweierlei Art, die jedoch stets gekoppelt werden müssen :
-- Das erste Modell betrifft die betrachtete Domäne selbst, unabhängig davon, welche Überlegungen man hier anstellt.
-- Das zweite Modell betrifft den Vorgang des Problemlösens, also die *Diskurswelt,* in der argumentiert wird.

Um diesen Diskurs, also das Suchen nach einer (optimalen) Lösung, zu modellieren, wollen wir uns folgender abstrakter Grundvorstellungen bedienen:
(a) Das Bergsteigermodell: Wir bewegen uns in einem Gebirge mit dem Ziel, den höchsten Gipfel zu erklimmen; die erreichte Höhe gibt dabei den Gütegrad unserer bisherigen Lösung oder Teillösung an.
(b) Das Graphensuchmodell: Hier denken wir uns die noch zu lösenden Teilprobleme an

den Knoten eines Graphen angeheftet, wobei ein Schritt entlang einer Kante uns der Lösung näher bringt, uns also ein neues (hoffentlich reduziertes) Teilproblem liefert.

Diese beiden Modellvorstellungen stehen nicht in Konkurrenz zueinander, sondern sie ergänzen sich. Bei (a) wird die Art der Bewertung modelliert und in (b) lassen sich Buchführungsmethoden über das Fortschreiten überhaupt beschreiben. Hierfür benötigen wir eine Basisterminologie. Dazu betrachten wir einen gerichteten beschrifteten Graphen G :
-- Die Knoten von G sind mit Teilproblemen (oder Kodierungen davon) beschriftet.
-- Die Kanten sind mit Operationen beschriftet, die zur Problemlösung zur Verfügung stehen. Dabei geht eine mit op indizierte Kante genau dann von A nach B, wenn die Operation op das Problem A auf das Problem B reduziert :

$$A \to_{op} B$$

Wir gehen dabei von der Annahme aus, daß unser Graph endlich verzweigt ist, wir also in jedem Einzelschritt nur endlich viele Wahlmöglichkeiten haben. Man kann dabei durchaus zulassen, daß jede dieser Möglichkeiten noch einen Parameter beinhaltet; dieser wird jedoch dann gesondert optimiert. Die Beschriftung der Knoten und Kanten hat in einer formalen Sprache zu erfolgen, deren Natur für die Überlegungen in diesem Abschnitt aber nicht von Bedeutung ist. Ein Beispiel wären Ausdrucksweisen der Prädikatenlogik; dann hätten wir es mit Modellierungen wie in der Modallogik (vgl. §9) zu tun. Das einzige was hier aber interessieren könnte, ist der Aufwand für die Berechnung der Beschriftungen.

Beim Fortschreiten im Graphen (was einer sukzessiven Problemlösung entspricht) haben wir nun die folgenden Bezeichnungen :

1. Def.:

    (i)   Ein Knoten heißt *erzeugt*, wenn die Beschriftung seines Elternknotens berechnet ist.

    (ii)   Ein Knoten heißt *expandiert*, wenn alle seine Nachfolgerknoten erzeugt sind.

    (iii)   Die OPEN - Liste (falls sie angelegt wird) ist eine Liste der erzeugten, aber noch nicht expandierten Knoten.

    (iv)   Die CLOSED - Liste (falls sie angelegt wird) ist eine Liste der expandierten Knoten.

    (v)   Der *Startknoten* ist ein ausgezeichneter Knoten, an dem das Anfangsproblem steht, an *terminalen* Knoten steht das leere Problem (das entspricht der erfolgreichen Problemlösung), und sie haben keine Nachfolger.

Ein Pfad vom Startknoten zu einem terminalen Knoten beschreibt also einen kompletten Lösungsweg. Von den terminalen Knoten kann es aber viele geben, und diese können in Bezug auf zusätzliche Bewertungen unterschiedlich gut sein. Es ist daher erwünscht, auch einen optimalen terminalen Knoten zu finden; im Falle mehrerer konkurrierender Bewertungskriterien wirft dies grundsätzliche Probleme auf.

Beim Fortschreiten im Graphen haben wir es nun mit zwei Arten von Knoten zu tun:

(1) Die Verzweigung beschreibt alternative Vorgehensweisen: Hier sprechen wir von einem ODER - Knoten.

(2) Die Verzweigung beschreibt die Aufspaltung in Teilprobleme, welche alle gelöst werden müssen: Hier haben wir es mit einem UND - Knoten zu tun.

Falls UND - Knoten vorhanden sind, beschreiben gewöhnliche Pfade nicht mehr angemessen den Fortschritt beim Problemlösen. Eine vernünftige Begriffsbildung ist:

2. Def.:

Ein *Hyperpfad* P in einem UND - ODER - Graphen G ist ein Teilgraph von G, so daß

(i) jeder UND - Knoten in P, der einen Nachfolger in P hat, auch alle anderen Nachfolger in P hat;

(ii) P mit je zwei Knoten auch einen ganzen Hyperpfad zwischen ihnen enthält.

(iii) Lösungsgraphen enthalten den Startknoten und einen terminalen Knoten.

Es gibt nun zwei Arten, Suchverfahren einzuteilen:
Einmal danach, ob sie total determiniert und exakt sind, d.h. die Lösung theoretisch immer finden (auch wenn man das vielleicht nicht mehr erlebt), oder nicht, und zum andern danach, welche Art der Information über die behandelte Problemklasse sie benutzen:

(a) Keine spezielle Information

(b) Information über den Einzelfall

(c) Statistische Information über die Problemklasse.

Die Information der Art (b) drückt sich in Form von Heuristiken aus. Gute Heuristiken und statistische Verfahren haben oft den Verlust mathematischer Vollständigkeit zur

Folge, was aber bei großen Suchräumen nicht so stört. Die Frage der Exaktheit wird uns deshalb hier am wenigsten interessieren.

Wir wollen uns jetzt, veranschaulicht im nächsten Bild, die Situation eines Knotens in einem reinen ODER - Graphen im Bergsteigermodell anschauen. Dabei bezeichnet f die Bewertungsfunktion (für die echten Kosten oder eine Schätzung derselben), die von zwei Argumenten abhängt; die Höhenlinien geben die Werte von f an. Der gegenwärtige Knoten ist x, und Terminalknoten (durch ein STOP ausgezeichnet) seien die relativen Maxima, hier m und M. Die Pfeile deuten einige der möglichen Schritte an. Wir können nun an diesem Bild bereits zwei elementare Strategien erklären.

<u>Die BERGSTEIGER - Strategie</u> (engl. Hill-climbing):
(a) Gedächtnislose Version : Hier wird der Knoten x expandiert und derjenige Nachfolgerknoten y mit größtem f(y) wird ausgewählt. Man geht also in Richtung des

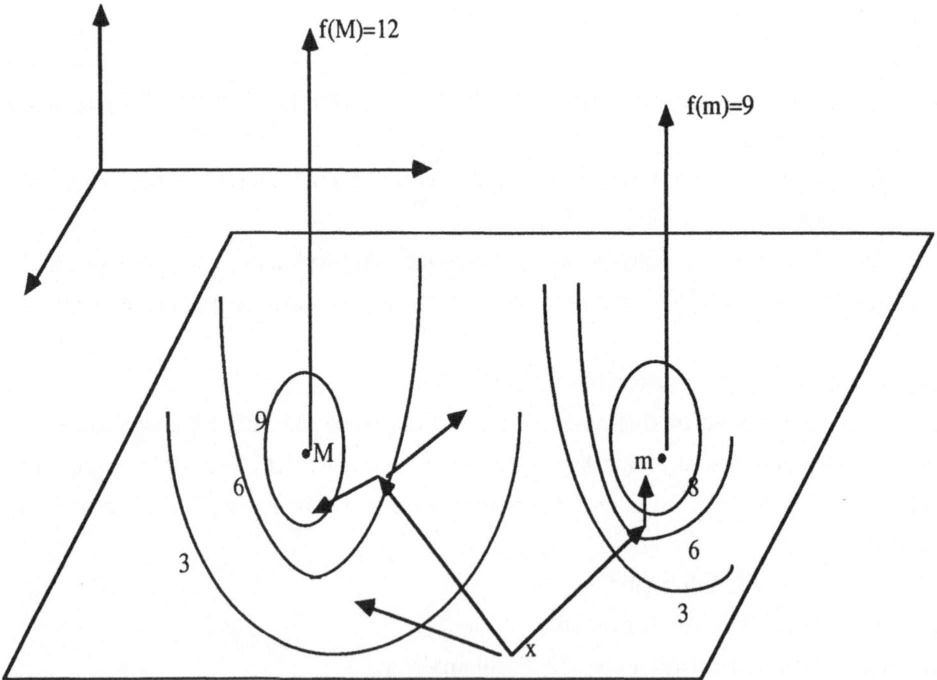

steilsten Anstieges. Dieses Verfahren ist sehr schnell, aber nur für bestimmte Probleme geeignet. Insbesondere braucht dieses Verfahren nicht zu terminieren, etwa wenn man sich auf einem Plateau oder "dem Rand eines Kraters" befindet. Nur eine sehr kluge Bewertungsfunktion kann hier helfen.

(b) Version mit Buchführung : Um nicht in diese Schleifen zu laufen, kann man die CLOSED - Liste anlegen und damit verbieten, Knoten zweimal zu erzeugen. Es bleibt dann aber das zweite Problem dieser Strategie, nämlich daß man u.U. von einem lokalen Maximum (hier: m) nicht mehr wegkommt. Dies ist eine Eigenschaft aller Strategien, die in jedem Einzelschritt nur lokal verbessern wollen.

Die MONTE - CARLO - Methode:

Hier stellen wir uns vor, daß wir vom Startknoten aus alle anderen Knoten erzeugen können. Diese werden nun mittels eines Zufallsgenerators erzeugt in der Hoffnung, daß man das Maximum eines Tages trifft oder wenigstens gut annähert. Es handelt sich um eine blinde Suchmethode, in der kein Schritt auf einem anderen aufbaut; im Prinzip könnten auch alle parallel erfolgen. Diese Vorgehensweise sieht nicht besonders sinnvoll aus, jedoch muß man zwei Dinge dabei beachten. Einmal verursacht solch ein zufälliger Schritt nur wenig Kosten, bei beschränkten Ressourcen muß eine solche Suche also nicht unbedingt ganz schlecht sein. Zum anderen, und das ist der Hauptpunkt hier, ist diese Methode aber ausbaufähig und kann mit anderen Methoden kombiniert werden.

Dies waren Beispiele für je eine simple heuristische bzw. zufallsgesteuerte Strategie. Beide Typen können nun sehr stark verfeinert und ausgebaut werden. Wir werden als erstes die heuristischen Strategien abhandeln. Die Heuristiken versuchen dabei, während der Problemlösung "gute" Ansätze von "schlechten" zu unterscheiden, indem sie die "Kosten" bewerten, etwa durch numerische Zuordnungen. Dies entspricht der Funktion f im Bergsteigerbild, nur stellt man sich hier auf den Standpunkt, daß man zwischen der wirklichen, aber unbekannten Funktion und ihrer Schätzung unterscheidet. Um eine genaue Analyse zu ermöglichen, werden diese Kosten in einen bereits bekannten Teil (nämlich soweit, wie sie aus der Partiallösung anfallen) und einen unbekannten Rest aufgespalten. In der folgenden Terminologie wird der obere Index "*" stets für die im günstigsten Fall auftretenden Kosten verwandt. Ein weiterer Unterschied zum Bergsteigermodell ist terminologischer Art: Wir wollen jetzt die Kosten *minimieren*, was im Bergsteigermodell dem Auffinden eines Minimums gleichkommen würde.

Bezeichnungen:

K = Knotenmenge, T = Menge der Terminalknoten, s = Startknoten, $\gamma(n)$ = ein Pfad von s zum Knoten n; Succ(n) = Menge der Nachfolger von n;

g*(n) = Kosten des billigsten Pfades von s zum Knoten n;

g_γ(n) = Kosten des Pfades γ von s zu n;

g(n) = Kosten des billigsten bisher bekannten Pfades von s zu n;

k(n, n') = billigste Kosten von n zu m; dies bleibt undefiniert, falls kein Pfad von n nach m existiert;

h*(n) = Kosten des billigsten Pfades von n zu einem Knoten aus T;

K* = h*(s) = minimale Kosten überhaupt;

h(n) = Schätzung der Kosten des billigsten Pfades von n zu einem Knoten aus T,

f = g + h Schätzung des billigsten Pfades durch n zu einem Knoten aus T;

f* = g* + h* optimale Kosten eines Pfades durch n zu einem Knoten aus T.

Wir haben sofort   g(n) $\geq$ g*(n) und f*(s) = K*.

Dabei ist g(n) keine Schätzung, sondern der bisherige Erfahrungswert, der durch eine bessere Lösung des Teilproblems von s zu n eventuell verbessert werden könnte. Aber h(n) ist eine echte Schätzung, und in der Güte von h liegt der Wert der Problemlösung verborgen, h beinhaltet auch das "Wissen". Die Differenz |h*(n) - h(n)| ist die Abweichung der Schätzung vom Wert der wirklichen Restkosten, und sie sollte deshalb möglichst klein gehalten werden. Bei der Schätzung kann man im Prinzip zwei Strategien verfolgen:

3. Def.:

    (i)   *Pessimistische* Strategie des vorsichtigen Hausvaters : h*(n) $\leq$ h(n) für jeden Knoten n;

    (ii)   *Optimistische* Strategie: h(n) $\leq$ h*(n).

Dazwischen kann es jedoch noch beliebige Mischungen geben. Häufig wird man auch über die Art der Abweichung gar keine genauen Aussagen machen können.

Für praktische Anwendungen ist es aber sicherlich wichtig, zum einen die Differenz |h*(n) - h(n)| möglichst klein zu halten und zum anderen wenigstens tendenzmäßig zu wissen, ob man vorsichtig oder optimistisch schätzt. Für methodische und theoretische Überlegungen eignen sich jedoch die optimistischen Schätzungen weitaus besser. Deshalb werden wir sie in unserer Darstellung auch bevorzugen.

Eine grundlegende Klasse von Algorithmen wird unter dem Namen A* - Algorithmus (oder besser: die A* - Algorithmen) zusammengefaßt, welcher die Schätzfunktion h und die Kostenfunktion g als Parameter hat. Für optimistische Schätzungen hat er spezielle Eigenschaften. Der Algorithmus gibt dabei nicht nur die Auswahl des nächsten Knotens an, sondern führt auch in einer Liste WEG(n) Buch über den Weg, der bis zum jeweils aktuellen Knoten n führte. Mit "+" bezeichnen wir dabei sowohl die Addition als auch die Listenkonkatenation; das Streichen des Elementes n aus LISTE notieren wir durch LISTE \ (n).

<u>Der A* - Algorithmus:</u>

(1)   Setze g(s) = 0 , CLOSED = [ ] , OPEN = [s] , WEG(s) = [s] und berechne h(s) sowie   f(s) = g(s) + h(s).

(2)   Wenn OPEN = [ ], dann STOP mit negativem Ausgang (d.h. es wurde keine Lösung gefunden).

(3)   Wähle n aus OPEN mit f(n) minimal, setze OPEN = OPEN \ [n], CLOSED = [n] + CLOSED.

(4)   Wenn $n \in T$, dann STOP mit positivem Ausgang (mit Gesamtkosten g(n)).

(5)   Wenn $n \notin T$, dann betrachte alle $n' \in$ Succ(n) :

(a)   Wenn n' weder auf OPEN noch auf CLOSED, dann setze WEG(n') = [n']+ WEG(n), OPEN = [n] + OPEN, g(n') = g(n) + k(n, n') und berechne f(n') = g(n') + h(n').

(b)   Wenn n' auf OPEN oder CLOSED und g(n) + k(n, n') < g(n'), dann setze WEG(n') = [n'] + WEG(n) und g(n') = g(n) + k(n, n'). Falls speziell $n' \in$ CLOSED, dann setze OPEN = [n'] + OPEN und CLOSED = CLOSED \ (n').

(6)   Gehe zurück zu (2).

<u>Kommentar</u>: An den Knoten sind nur Informationen über die verbleibenden Restprobleme notiert, weshalb ein Knoten auch auf verschiedene Weise (mehr oder weniger umständlich) erreicht werden könnte. Man kann also einen in 5) neu erzeugten Nachfolgerknoten eventuell auch schon auf OPEN oder CLOSED finden. Der Wert g(n) wird dynamisch berechnet und hängt von den bisher untersuchten Wegen zu n ab. Realisiert man die Listen OPEN und CLOSED als Stacks, dann werden die neuen Knoten jeweils oben auf dem Stack abgelegt. Das bedingt aber in 3) bzw. gegebenenfalls auch in 5) ein Durchsuchen des Stacks und das Entfernen eines anderen als des obersten Stackelements. Es kann daher zweckmäßig sein, bei Vorliegen einer bestimmten Funktion f die Listen OPEN und CLOSED in anderer Reihenfolge aufzubauen; Stack ist für eine Prioritätswarteschlange eine ungeeignete Datenstruktur.

Es wurde bereits erwähnt, daß der A* - Algorithmus die Funktionen g und h als Parameter enthält. Wir wollen versuchen, anhand von Beispielen ein Gefühl für die hierin verborgene Bandbreite zu erhalten.

<u>Die Breitensuche in einem Baum:</u> Man wähle k(n, n') = 1 und h(n) = 0 für alle n und n' $\in$ Succ(n). Dann sind die Kosten g(n) gerade die Tiefe des Knotens n und die Knoten gleicher Tiefe werden zuerst untersucht. Eine leichte Verallgemeinerung der Breitensuche besteht darin, daß die Forderung k(n,n') = 1 aufgegeben wird. Dann werden zuerst alle diejenigen Knoten abgearbeitet, die mit den gleichen Kosten von der Wurzel aus erreicht werden können. Man spricht hier auch von der Strategie der *uniformen Kosten.*

<u>Die Tiefensuche in einem Baum</u>:
Hierzu müssen wir den A*-Algorithmus leicht modifizieren. Wir setzen dabei nicht
f(n) = g(n) + h(n), sondern berechnen für n' $\in$ Succ(n) die Funktion f als
f(n') = f(n)-1, wobei noch f(s) = 0 gesetzt wird.

<u>Backtracking</u>:
Dies ist eine weitere Modifikation der Tiefensuche. Sie wurde essentiell bei der Interpretation von PROLOG-Programmen benötigt. Wir beschreiben sie nur informell, vgl. aber Aufgabe 5). Dabei betrachten wir gleich den Fall, daß die Suche nach der Tiefe noch beschränkt sein soll, also eine Schranke S hierfür angegeben ist. Die Funktion f mißt wieder die Tiefe (diesmal mit negativen Zahlen). Es wird nun der erste Knoten n aus OPEN gewählt; wenn seine Tiefe S überschreitet oder alle von ihm ausgehenden Zweige untersucht wurden, wird er von OPEN entfernt. Sonst wird ein (neuer) Knoten n' $\in$ Succ(n) gewählt; auf WEG wird seine Relation zu n vermerkt. Wenn n' Zielknoten ist, hat man einen positiven Abbruch; falls dies nicht der Fall ist, wird n' bei Succ(n') = $\emptyset$ von OPEN entfernt und die Prozedur rekursiv aufgerufen, bei Succ(n')$\neq\emptyset$ wird ein Nachfolger ausgewählt.

<u>Das n^2-Puzzle</u>:
Bestandteile sind ein n $\times$ n-Schachbrett sowie $n^2 - 1$ Steine $\{1, 2, \dots , n^2 - 1\}$, welche auf die Felder verteilt werden, wobei das freie Feld durch "x" gekennzeichnet ist. Vorgegeben ist eine beliebige Verteilung der Steine auf die Felder, die gesuchte Zielverteilung ist dargestellt am Beispiel n = 3:

Die erlaubten Züge sind Verschiebungen eines Steines nach rechts, links, oben und unten auf das freie Feld, etwa

$$\boxed{5}\,\boxed{x} \longrightarrow \boxed{x}\,\boxed{5}$$

Die Funktion $g(n)$ zählt an einem Knoten (d.h. bei einer erreichten Situation im Puzzle-Spiel) die Anzahl der bisher erfolgten Züge. Für $h^*(n)$ geben wir zwei Schätzungen an:

(1) $h_1(n)$ = Anzahl der Steine auf falschen Feldern

(2) $h_2(n)$ = Summe der horizontalen und vertikalen Abstände der einzelnen Steine

von den korrekten Zielfeldern.

Beide Funktionen sind optimistische Schätzungen von h^* und es gelten für jeden Knoten n die Ungleichungen $h_1(n) \le h_2(n) \le h^*(n)$. Eine Frage ist, ob die Erzeugung von h_1 und h_2 bestimmten Gesetzen genügt; wir werden darauf noch zurückkommen. Oben hatten wir theoretische Annehmlichkeiten für optimistische Schätzfunktionen.

Was ist nun der Unterschied zwischen diesen Vorgehensweisen? Eine offensichtliche Unterscheidung ist, daß beim n^2-Puzzle bestimmte Details des Problems selbst eingehen, es ist gewissermaßen *informiert*. Die anderen beiden Strategien sind im Unterschied dazu von der speziellen Problematik gänzlich unabhängig.

Oben hatten wir theoretische Annehmlichkeiten für optimistische Schätzfunktionen $h(n) \le h^*(n)$ in Aussicht gestellt. Der nächste Satz zeigt dies:

4. Satz: Wenn überhaupt eine Lösung existiert (d.h. $T \ne \emptyset$), dann terminiert der A^*-Algorithmus mit einem $t \in T$. Für optimistisches h liefert der Algorithmus bereits eine optimale Lösung.

<u>Beweis:</u> Wir nehmen einen Knoten $t \in T$ und einen billigsten Pfad γ von s zu einem $t \in T$ und betrachten den A^*-Algorithmus zu einem beliebigen Zeitpunkt. Die erste

Überlegung ist, daß stets ein Knoten $n \in$ OPEN auf γ liegt. Das folgt durch Induktion über die Anzahl der Schritte von A^*. Daraus folgt bereits, daß A^* höchstens an einem $n \in T$ terminieren kann, weil sonst OPEN = [ ] sein müßte. Die zweite Überlegung ist, daß für den ersten solchen Knoten n_0 auf γ (für den also alle früheren bereits auf CLOSED liegen) stets $g(n_0) = g^*(n_0)$ gilt. Dies folgt aus der Bedingung (5) in der Definition von A^*. Damit gilt dann

$$f(n_0) = g^*(n_0) + h(n_0) \leq g^*(n_0) + h^*(n_0) = f^*(n_0).$$

Weil nun γ ein optimaler Pfad war, gilt, daß seine Kosten gerade K^* sind; es folgt daher $f^*(n_0) = K^*$. Jetzt nehmen wir an, A^* terminiere mit $t \in T$ und $f(t) = g(t) > K^*$. Nach Definition erfüllte t bei seiner Wahl die Bedingung $f(t) \leq f(n)$ für alle $n \in$ OPEN. Das widerspricht aber unserer gerade angestellten Überlegung. Die Terminierung von A^* erfolgt deshalb, weil sonst ein Knoten unendlich oft wieder geöffnet werden müßte.

Eine andere Formulierung der dem letzten Beweis zugrundeliegenden Überlegungen ist in folgenden Eigenschaften zusammengefaßt, die man sich im einzelnen klarmachen möge:

(1)   Wenn ein Knoten n expandiert wird, dann gilt $f(n) \leq K^*$.

(2)   Jeder Knoten $n \in$ OPEN mit $f(n) < K^*$ wird auch tatsächlich expandiert.

(3) A^* schaltet Knoten n mit $f(n) > K^*$ endgültig aus.

Im allgemeinen wird die Schätzfunktion natürlich nicht so gut informiert sein, daß sie den richtigen Weg weist. Man sollte sich aber die Überlegungen beim Beweis des letzten Satzes noch einmal (für den Fall eines Baumes) so klar machen: Wenn am Knoten n zwei Nachfolger n' und n" so existieren, daß n' auf einen nicht optimalen Knoten nopt und n" auf einen optimalen opt führt, dann merkt man man spätesten bei der Betrachtung von nopt, daß man besser n" expandiert hätte.

Der sicherste Weg, optimistisch zu schätzen, ist, stets $h(n) = 0$ zu setzen. Das geschieht jedoch auf Kosten eines hohen Arbeitsaufwandes, denn h beinhaltet keinerlei Informationen über das Suchproblem.

5. Def.:   Für zwei optimistische Schätzfunktionen h_1 und h_2 heißt h_2 *besser informiert* als h_1, falls $h_1(n) < h_2(n)$ für jeden Knoten $n \in T$ gilt.

Sagt man jedoch, daß h_2 nicht schlechter informiert ist als h_1, wenn stets $h_1(n) \leq h_2(n)$ gilt, so war beim Beispiel des n^2-Puzzles h_2 nicht schlechter informiert als h_1. Wir vermerken noch, daß es bei großen Anzahlen auf wenige Knoten i.allg. nicht ankommt;

man verallgemeinert die Begriffsbildungen dann derart, daß sie im statistischen Mittelwert gelten.

Diese Definition hat ein erwartetes Resultat zur Folge:

6. Satz:

Wenn $A_1^* = A_1^*(h_1)$ und $A_2^* = A_2^*(h_2)$ zwei A^*-Algorithmen mit den optimistischen Schätzfunktionen h_1 und h_2 sind, wobei h_2 besser informiert ist als h_1, dann wird jeder Knoten, der von A_2^* expandiert wird, auch von A_1^* expandiert (A_2^* arbeitet also in diesem Sinne nicht schlechter als A_1^*).

<u>Beweis</u>: Das erste Argument ist, daß ein Knoten n beim A^*-Algorithmus sicher dann expandiert wird, wenn es einen Weg γ von s zu n gibt, so daß für jeden Knoten m auf γ die Ungleichung $f(m) < K^*$ gilt. Andernfalls betrachtet man den ersten Knoten m von OPEN, für den das nicht der Fall ist und erhält einen Widerspruch. Der zweite Punkt ist, daß es für die Expansion von n auch einen Pfad γ geben muß, auf dem für jeden Knoten m wenigstens $f(m) \leq K^*$ gilt. Dies erledigt man durch Induktion über die Knoten auf der Liste WEG(n). Damit haben wir aber auch sofort die Behauptung bewiesen.

Eine Kritik an dieser ganzen Betrachtungsweise ist, daß es eigentlich nicht auf die Anzahl der expandierten Knoten, sondern auf die Anzahl der Expansionen selbst ankommt. Das ist nicht dasselbe, weil ein Knoten mehrmals expandiert werden kann. Eine sinnvolle Begriffsbildung ist jetzt möglich:

7. Def.: h heißt *monoton*, falls stets $h(n) \leq k(n, n') + h(n')$ für $n' \in \text{Succ}(n)$ gilt.

Die Monotonie setzt sich, wie man durch Induktion zeigt, auch auf die Kosten von n nach n' längs beliebiger Pfade fort. Es gilt:

8. Satz: Monotone Schätzfunktionen sind optimistisch.

<u>Beweis</u>: Man nehme einen Knoten $m \in T$ und erhält

$$h(n) \leq k(n, m) + h(m) = k(n, m) = h^*(n).$$

Die Betrachtung monotoner Schätzfunktionen hat, wie die der optimistischen, ein methodisches Motiv: Man kann ihr Verhalten besser kontrollieren. Ihre wesentlichen

Eigenschaften lassen sich wie folgt zusammenfassen:

9. Satz: Für $A^* = A^*(h)$ mit monotonem h gilt:

    (i) $g(n) = g^*(n)$ für alle $n \in$ CLOSED;

    (ii)   wenn n nach m expandiert wurde, dann gilt $f(n) \geq f(m)$;

    (iii)   wenn n expandiert wurde, dann gilt $g^*(n) + h(n) \leq K^*$;

    (iv)   jeder Knoten mit $g^*(n) + h(n) < K^*$ wird expandiert.

<u>Beweis</u>: Wir gehen wie beim Beweis von Satz 4 vor und verwenden einige der dort gemachten Erkenntnisse. Für (i) betrachten wir einen optimalen Pfad γ zu n und nehmen an, es sei $g(n) > g^*(n)$. Dann muß OPEN mindestens einen weiteren Knoten von γ enthalten; es sei m der erste solche Knoten. Für m gilt dann $g(m) = g^*(m)$ und wir erhalten aus der Monotonie

$$f(m) = g^*(m) + h(m) \leq g^*(m) + k(m, n) + h(n)$$
$$= g^*(n) + h(n) < g(n) + h(n) = f(n).$$

Das widerspricht aber der Tatsache, daß der Knoten n expandiert wurde. Für (ii) nehmen wir an, n sei direkt nach m expandiert. Wenn sich n und m beide bereits auf OPEN befanden, ist die Behauptung klar. Andernfalls muß $n \in \mathrm{Succ}(m)$ sein und die Monotonie liefert

$$f(n) = g(m) + k(m, n) + h(n) \geq g(m) + h(m) = f(m).$$

(iii) ist eine unmittelbare Folge von (i) und den Überlegungen zu Satz 4. Zu (iv) betrachten wir wieder einen optimalen Pfad γ zu n; m sei der Vorgänger von n auf γ. Wir erhalten

$$g^*(n) + h(n) = g^*(m) + k(m, n) + h(n) \geq g^*(m) + h(m).$$

Wenn also $g^*(n) + h(n) < K^*$ ist, so gilt die entsprechende Ungleichung auch für m und durch Induktion schließlich auf ganz γ.

Wir kommen jetzt zu dem Problem zurück, eine möglichst gut informierte optimale Schätzfunktion h zu finden. Die Vorgehensweise, die wir zu diesem Zweck besprechen wollen, hat im Prinzip einen sehr allgemeinen Charakter; sie heißt die Methode der *relaxierten Modelle*. In jedem Modell M sind unter gewissen, in der Beschreibung von M festgelegten Voraussetzungen Inferenzen oder Aktionen möglich. Lockert man diese Voraussetzungen, so erhält man ein anderes Modell M', welches (relativ zu M gesehen) *relaxiert* heißt. Der vernünftige Gebrauch dieser Vorgehensweise besteht darin, M' berechnungsmäßig einfacher, aber nicht zu trivial zu wählen. Wenn man etwa bei einem Constraintnetz bereits mit abgeschwächten Constraints eine Inkonsistenz feststellt, so ist ganz sicher das ursprüngliche Netz auch widersprüchlich; stellt man so keine Inkonsistenz fest, hat man aber das Problem wenigstens reduziert.

Im Graphenmodell bedeutet die Annahme eines relaxierten Modells, daß neue Kanten eingeführt werden, denn es sind ja gelegentlich neue Übergänge möglich. Den erweiterten Graphen wollen wir auch als relaxiert bezeichnen; seine Verwendung im A^*-Algorithmus (oder seiner Variation davon) geschieht nun so:

Die im relaxierten Graphen (echten) billigsten Kosten $h'(n)$ von n zu einem Knoten aus T werden als Schätzung für $h^*(n)$ im ursprünglichen Graphen verwandt.

Im relaxierten Graphen haben wir auch eine neue Kostenfunktion $k'(n, m)$, für die natürlich $k'(n, m) \leq k(n, m)$ gilt. Außerdem gilt $h'(n) \leq k'(n, m) + h(m)$, weil es sich im relaxierten Modell M' um die tatsächlich optimalen Kosten handelt, woraus wir schließlich

$$h'(n) \leq k(n, m) + h(m)$$

erhalten, h' ist also eine monotone Schätzfunktion! Häufig wird man aber auch h' selbst nur schätzen können, dann ist die Monotonie natürlich nicht mehr garantiert.

Eine konkrete Axiomatisierung des n^2-Puzzles kann für jedes n in einer STRIPS-artigen Notation (vgl. §9) erfolgen. Man benötigt dabei drei Grundprädikate:

ON(x, y):   Stein x ist auf Feld y;

CLEAR(y):   Feld y ist leer;

ADJ(x, y):   Die Felder x und y sind adjazent (d.h. grenzen aneinander).

Die Liste VORDED für die Aktion "Stein x von Feld y nach Feld z ziehen" heißt dann:

ON(x, y), CLEAR(z), ADJ(y, z).

Relaxierte Modelle erhält man dadurch, daß man je eine oder je zwei dieser Vorbedingungen aufgibt. Man überlege sich, was dies inhaltlich bedeutet und auf welche Weise man die oben erwähnten Schätzfunktionen h_1 und h_2 erhält. Dazu vergleiche man auch Aufgabe 3).

Bei einer komplexeren Konfigurationsaufgabe könnte man nun auf folgende Weise vorgehen:

(1)   Man schätze die Kosten für die noch zu konfigurierenden Teile ab. Dazu benötigt man eine Liste für die minimalen erforderlichen Kosten; diese definiert das relaxierte Modell und liefert eine optimistische Schätzfunktion h.

(2)   Man informiere h dadurch besser, daß man Constraints aufgrund bisher

getroffener Entscheidungen zusammenstellt, welche bestimmte (billige, aber nicht mehr zugelassene) Lösungen ausschalten.

Wir kehren jetzt wieder zum Bergsteigermodell zurück, um an ihm den Einsatz statistischer Methoden zu erörtern. Eine genauere Betrachtung der Methode des steilsten Anstieges ergibt zwei Problematiken:

(a)   Bei festgehaltener Schrittlänge kann es passieren, daß man stets über den Gipfel "hinwegsteigt", wenn man sich in seiner Nähe befindet.

(b)   Man kann sich auf ein Suboptimum verirren und kommt von dort nicht mehr weg; bei einem Plateau kann sogar die Terminierung in Gefahr geraten.

Die Gefahr sowohl für (a) als auch für (b) ist bei folgender Topographie gegeben:

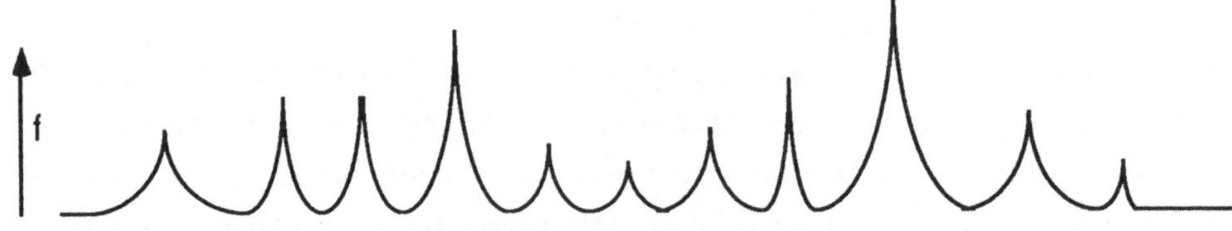

Grundsätzlich liegen hier zwei Verhaltensweisen nahe:

(1)   Bei größeren f-Werten verkleinere man die Schrittweiten.

(2)   Man erlaube gelegentlich wieder sehr große Schritte oder sogar solche, die bergab führen.

Bei einem diskreten Problem gibt es eine kleinste Schrittweite und man kann im Prinzip ohne (1) auskommen, nur muß man dann eventuell viele Schritte in eine "falsche" Richtung erlauben. Wenn die Topographie nicht genau bekannt ist, liegt es nahe, die Schritte einem (gewichteten) Zufallsprozeß zu unterwerfen, also wieder Elemente der Monte-Carlo-Methode ins Spiel zu bringen. Eine Möglichkeit ist nun, den Ausgangspunkt der Suche zufällig zu bestimmen, dann einen deterministischen Lauf der Methode des steilsten Anstieges zu starten und dieses Verfahren eine gewisse Anzahl oft durchzuführen.

Wir wollen eine andere Methode vorstellen, die unter dem Namen *Simulated Annealing* bekannt ist. Wir legen dabei wie bei den Graphensuchproblemen eine Kostenfunktion $E(x)$ zugrunde, die es zu minimieren gilt (d.h. wir suchen im Bergsteigermodell einen minimalen Punkt). Es sei also eine Menge X und $E: X \to \mathbb{R}$ gegeben, es gilt E zu minimieren. Im Travelling Salesman Problem (vgl. Aufgabe 1), 2)) ist X bei n Städten die Anzahl der Rundreisen, also $|X| = (n + 1)!$. Falls in einem Graphen mit n Knoten eine Knotenmenge mit bestimmten Eigenschaften (z.B. eine maximale Clique) gesucht wird, so besteht X aus allen Folgen $(a_1, \dots, a_n)$, $a_i \in \{0, 1\}$; es ist also $|X| = 2^n$ (jede solche Folge repräsentiert eine Teilmenge von Knoten).

Zu jedem $x \in X$ seien die Nachbarn $N_x \subseteq X$ von x die Menge der Punkte von X, die im ursprünglichen kombinatorischen Problem in einem Schritt von x aus erreichbar sind. Dabei wird vorausgesetzt, daß je zwei Punkte von X durch eine Kette von Nachbarn verbunden sind. Es spielen nun zwei Wahrscheinlichkeiten im Algorithmus eine Rolle:

(i) $p(x, y)$ sei die Wahrscheinlichkeit, daß y als Nachfolgerpunkt für x vorgeschlagen wird; wir setzen voraus

$$p(x, y) > 0 \iff y \in N_x;$$

p sei außerdem symmetrisch.

(ii) $q(x, y)$ sei die Wahrscheinlichkeit, daß y als Nachfolger für x akzeptiert wird. Für q sei vorausgesetzt:

(a) $q(x, y) = 1$, falls $E(x) > E(y)$;

(b) $0 < q(x, y) < 1$, falls $E(y) > E(x)$;

(c) $q(x, z) = q(x, y) \cdot q(y, z)$ für alle $x, y, z \in X$.

Das besagt, daß Übergänge zu Punkten mit geringeren Kosten stets akzeptiert werden, zu solchen mit höheren Kosten aber nur mit einer gewissen Wahrscheinlichkeit. Die gesamte Übergangswahrscheinlichkeit von x zu y ist

$$t(x, y) = \begin{cases} q(x, y) \cdot p(x, y) & \text{für } x \neq y \\ 1 - \displaystyle\sum_{z \neq x} q(x,z) * p(x,z) & \text{für } x = y \end{cases}$$

Wir können damit von jedem x zu jedem y (mit aber eventuell sehr geringer Wahrscheinlichkeit) kommen, also auch jedem lokalen Minimum entwischen. Um aber umgekehrt zu verhindern, daß wir uns auch dem wirklichen Optimum zu oft entfernen, lassen wir die Wahrscheinlichkeit q noch von einem Kontrollparameter $c > 0$ abhängen, haben also $q = q_c$. Für die q_c wird verlangt:

(ii)   (d) $q_c(x, y) < q_d(x, y)$ für $c < d$ und $E(x) < E(y)$

        (e)   Wenn $c \to 0$, so $q_c(x, y) \to 0$ für $E(x) < E(y)$.

Bei großem c geht man also eher bergauf als bei kleinem c. Die Idee ist nun, eine absteigende Folge $c_1 > c_2 \dots > 0$ zu benutzen; mit solch einer Folge und zwei weiteren

Kontrollparametern n, k (n > 0, k > 0, natürliche Zahlen) können wir jetzt einen (probabilistischen) Algorithmus formulieren.

<u>Ein Annealing-Algorithmus</u>:

(1)   Wähle $x \in X$ beliebig.

(2)   Setze i:= 1, x_1 := x, j :=1; r:= 1, s:= 1.

(3)   Setze c:= c_j, q:= q_c.

(4)   Setze u = x_i;

   wähle $y \in N_u$ mit Wahrscheinlichkeit p(u, y);

   akzeptiere z:= y mit Wahrscheinlichkeit q(u, y)

   oder z:= u mit Wahrscheinlichkeit 1 - q(u,y);

   setze s:= 1 falls z = y und s:= s + 1 falls z = u;

   setze i:= i + 1 und x_i:= z;

   setze r:= r + 1.

(5)   Wenn s = n, dann **stop** mit Ausgabe x_i;

   wenn s < n :

   wenn r < k gehe zu (4),

           wenn r = k, setze j:= j + 1 und gehe zu (3).

Der Algorithmus stoppt also, wenn sich n-mal dasselbe Element $x \in X$ behaupten konnte. Alle k Schritte wird der Kontrollparameter c_j erniedrigt. Die Werte von k, n und c_j sind dabei so zu nehmen, daß man eine gute Chance hat, aus den lokalen Minima herauszukommen; ihre Festlegung erfordert also eine gewisse Kenntnis der Topologie.

Im Travelling Salesman Problem ist $y \in N_x$ genau dann, wenn y und x gerade zwei bestimmte Städte in anderer Reihenfolge besuchen. Damit ist $K = | N_x |$ für alle x gleich, und es ist sinnvoll, $p(x,y) = K^{-1}$ als gleichverteilt anzunehmen. Die übliche Wahl für q ist

$$q_c(x,y) = \min (1, \exp ((E(x) - E(y)) \cdot c^{-1}).$$

Ein weiteres Beispiel wird in Aufgabe 6) behandelt.

Übungen:

Aufgabe1

Geben Sie für das Travelling Salesman Problem eine optimistische Schätzfunktion h an und führen Sie den A^*-Algorithmus für folgende Entfernungsmatrix durch:

Städte : Amsterdam, Berlin, Paris, Rom und Madrid.

<u>Entfernungen:</u>

	Amsterdam	Berlin	Paris	Rom	Madrid
Amsterdam	0	675	516	1771	1770
Berlin	675	0	1098	1471	2352
Paris	516	1098	0	1437	1254
Rom	1771	1471	1437	0	2106
Madrid	1770	2352	1254	2106	0

Aufgabe 2

Betrachtet man die Komplexität des A^*-Algorithmus, so ergibt sich diese als $O(2^N)$, wobei N die Anzahl expandierter Knoten des Suchraumes ist. Dieses sehr ungünstige Verhalten läßt sich jedoch bei der Verwendung einer monotonen Schätzfunktion h auf die Komplexität O(N) reduzieren, so daß sich die Verwendung des Algorithmus im Normalfall vertreten läßt.

Anm.1:

Die lineare Komplexität des Algorithmus bezüglich des Suchraumes soll nicht über die Komplexität des Problems hinwegtäuschen. Der Suchraum ist in der Regel exponentiell bezüglich der Problemgrößen.

Um ein auch im nicht-monotonen (bitte nicht mit dem genauso genannten Begriff von §11 verwechseln!) Fall akzeptables Verhalten des Algorithmus zu erhalten, kann folgende Modifikation vorgenommen werden:

In einer globalen Variablen F wird das Minimum der Funktionswerte f aller Knoten der CLOSED-Liste gespeichert. Falls sich in der OPEN-Liste Knoten mit einem geringeren Schätzfunktionswert befinden, wird aus diesen der Knoten n mit dem größten Funktionswert g(n) gewählt. Dieser Knoten wird auf die CLOSED-Liste gesetzt und der Funktionswert f(n) der Variablen F zugewiesen.

Anm. 2:

Andernfalls wird nach dem üblichen Schema des A^*-Algorithmus verfahren. Dieser modifizierte Algorithmus hat die Komplexität $O(N^2)$.

(a) Zeigen Sie daß der derart modifizierte Algorithmus weiterhin eine optimale Lösung liefert, falls eine solche existiert.

(b) Geben Sie ein Beispiel an, bei dem der modifizierte Algorithmus höchstens die Hälfte der Knoten expandiert, die vom ursprünglichen Algorithmus expandiert werden.

Aufgabe 3

Geben Sie mit Hilfe einer STRIPS-artigen Notation (vgl.§9) eine Axiomatisierung des Travelling Salesman Problem an. Reduzieren Sie die Vorbedingungsliste derart, daß das relaxierte Problem einen minimalen spannenden 1-Baum berechnet.

Anm.:

Ein 1-Baum ist ein Baum (zusammenhängender, zykelfreier Graph), der eine zusätzliche Kante enthält. Einen minimalen spannenden 1-Baum erhält man, wenn zu einem berechneten minimalen spannenden Baum eines Graphen die billigste Kante aus der Menge der noch nicht im Baum benötigten Kanten ausgewählt wird.

Es ist leicht einzusehen, daß die Lösung des TSP einen 1-Baum liefert, und daher ein solcher minimaler spannender 1-Baum eine optimistische Kostenabschätzung des TSP's darstellt.

Aufgabe 4

Ein Springer soll auf einem unendlichen Schachbrett von der Startposition $s = (0,0)$ zu einer Zielposition $z = (x,y)$ bewegt werden. Für einen Zug von n nach n' seien die Kosten $k(n,n') = 1$. Finden sie eine optimistische Schätzfunktion $h(x,y)$, deren absoluter Fehler $|h(x,y) - h^*(x,y)|$ durch eine Konstante beschränkt ist und geben Sie diese Konstante an.

Aufgabe 5

Man formuliere das Backtrackingverfahren als Algorithmus in Analogie zur Darstellung des A^*-Algorithmus. Man diskutiere weitere Modifikationen, die die Suche einschränken können.

Aufgabe 6

In $\mathbb{R}$ sei ein Gitter der Maschenweite $\delta < 1$ und der Gesamtlänge $2N$ mit dem Mittelpunkt $(0, 0)$ gegeben; es sei X die Menge der Gitterpunkte.

Die Nachbarn von (x_1, x_2) sind $(x_1 \pm \delta, x_2)$ und $(x_1, x_2 \pm \delta)$, sie seien mit gleichverteilter Wahrscheinlichkeit gewählt.

$$\text{Auf } X \text{ sei } E \text{ definiert durch } E(x_1, x_2) = n - \frac{1}{10} \cdot \delta \text{ für } \max(|x_1|, |x_2|) = n + \delta, n > 0$$

und ganzzahlig, sonst sei $E(x_1, x_2) = \max(|x_1|, |x_2|)$.

Das Minimum für E liegt dann in $(0, 0)$, man bestimme es mit der Annealing-Methode. Dazu halte man zuerst ein $c > 0$ fest. Wenn für $u, v \in X$ die Differenz

$\Delta E = E(u) - E(v) < 0$ ist, dann werde der Übergang von u nach v mit Wahrscheinlichkeit

$$q_c(u, v) = \exp(-\Delta E \cdot \frac{1}{c})$$

akzeptiert. Wie ist c zu wählen, sodaß man leicht aus einem lokalen Minimum herauskommt, aber sonst nur mit geringer Wahrscheinlichkeit bergauf geht?

Hintergrundbemerkungen zu §15 :

Suchverfahren sind traditionell eine Domäne des Operations Research, sie haben sogar mit am Anfang dieser Disziplin gestanden. Die uninformierten Suchverfahren wurden traditionell in der Graphentheorie behandelt. Heuristische Verfahren wurden nicht nur im Operations Research sondern mehr und mehr auch in der Künstlichen Intelligenz entwickelt. Frühe Untersuchungen wurden von Newell, Shaw und Simon in den 50er Jahren vorgenommen. Der A*-Algorithmus geht auf Hart, Nilsson und Raphael zurück (vgl. [Ha-Ni-Ra68]). Eine gute Übersicht gibt das Buch von J.Pearl [Pe84]. Einen statistischen Ansatz erhält man, wenn man die Schätzfunktion h(n) als eine zufällige Größe auffaßt, die mit $h^*(n)$ in gewisser Weise korreliert ist; auch hierzu vgl. man [Pe84]. Die Idee des Annealing Algorithmus, lokale Suche mit der Monte-Carlo-Methode zu verbinden, geht in die 50'er Jahre zurück. Wir sind dem Aufbau von [Lu-Me86] gefolgt, wo man auch weitere Konvergenz- und Gleichgewichtsbetrachtungen findet. Es besteht eine Analogie zu thermodynamischen Gleichgewichtszuständen, wo der Kontrollparameter c die Temperatur ist. Die sukzessive Erniedrigung von c bedeutet dann eine Abkühlung, daher stammt der Name der ganzen Methode. In neuronalen Netzen wird dieselbe Grundidee unter den Stichworten "Boltzmannsmaschine" und "Hopfieldnetz" verfolgt. Eine Übersicht über neueste Ergebnisse für Suchverfahren in der Künstlichen Intelligenz ist in [Ka-Ku88] gegeben.

16   Modellierung zeitlichen Verhaltens

Alle Ereignisse in der Welt finden in der Zeit statt. Oft kann der zeitliche Gesichtspunkt in Beschreibungen vernachlässigt werden und zwar genau dann, wenn die betrachteten Phänomene ganz oder nahezu zeitlich invariant sind. Dies ist etwa der Fall bei geometrischen Untersuchungen oder der Erstellung der Statik für ein Haus. Bei den meisten Prozessen und Aktionen ist die Sache jedoch ganz anders gelagert. Man muß wissen, was *früher* und *später* ist, man muß *Zeitdauern* erörtern, gelegentlich *Zeit einplanen* und dergleichen mehr. Für alle diese Dinge ist es zweckmäßig, ein Zeitmodell zu haben, ganz unabhängig davon, ob man es nun explizit im System repräsentieren möchte oder nicht. Dabei sollte jedoch das Zeitmodell stets adäquat für die intendierte Anwendungsklasse sein, d.h. es sollte alle interessierenden Aspekte zu modellieren gestatten, aber nach Möglichkeit auch nicht unnötig mehr.

Als erstes bemerkt man, daß die Zeit mit einer Halbordnung versehen ist, und einiges in diesem Zusammenhang haben wir schon bei den Zeitlogiken in §9 erörtert. Bereits bei der Diskussion dieser Halbordnung ergeben sich eine ganze Reihe von alternativen Vorgehensweisen. Betrachten wir die Ordnungsstruktur :

Total geordnete Zeitachse

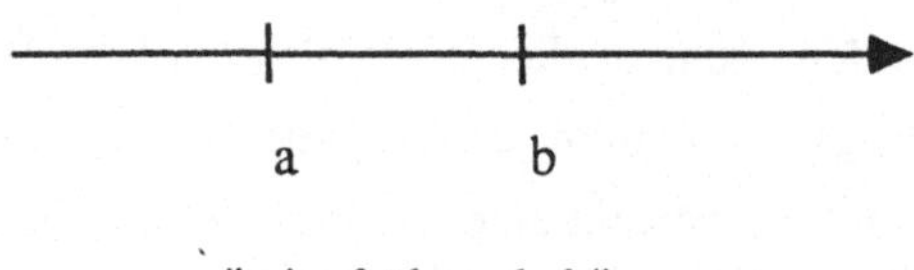

"a ist früher als b"

Partielle Ordnung mit Verzweigung in die Zukunft   :

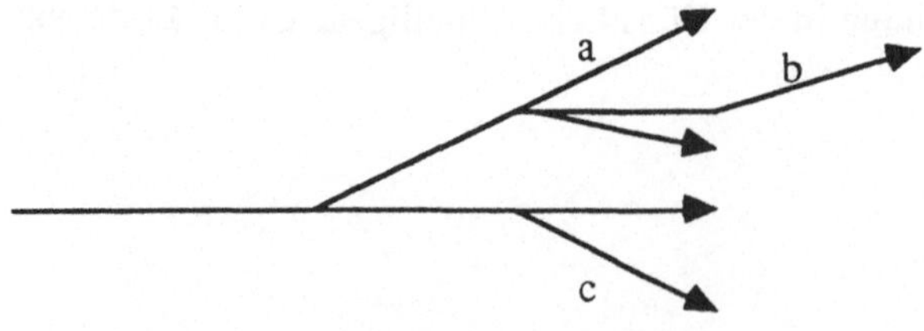

a, b und c unvergleichbar

Die Verzweigungen in die Zukunftsrichtung entsprechen den möglichen zukünftigen Welten. Analog kann man (etwa bei verlorener Information) auch in die Vergangenheit hinein verzweigen. Rein parallele Teilachsen kommen bei parallelen Prozessen ohne gemeinsame Uhr vor ; diese Vorstellung wird z.B. bei den Petrinetzen modelliert.

Die nächste Alternative ist, ob die Halbordnung kontinuierlich oder diskret sein soll; im diskreten Falle ergibt sich noch die Frage, ob man noch zusätzlich Punkte einfügen darf. Diese Vorstellung läßt sich sowohl für den Fall der totalen als auch der partiellen Ordnung modellieren.

Wenn wir von Ereignissen sprechen, die in der Zeit stattfinden, so finden sie in einer gewissen Zeitspanne statt, von der es meist sinnvoll ist anzunehmen, daß sie ein Intervall ist. Intervalle lassen sich in einer partiell geordneten Struktur definieren :

$$I = I(a,b) = \{ x \mid a \leq x \leq b \}$$

ist das Intervall mit den Endpunkten a und b. Man sollte aber sorgfältig zwischen Ereignissen und der Zeit, in der sie stattfinden, unterscheiden. Zwei zusammenfallende Zeitintervalle sind identisch, aber nicht zwei Ereignisse, die zur gleichen Zeit stattfinden. Manche Ereignisse sind homogen, d.h. die Menge der Zeitpunkte, zu der das Ereignis stattfindet ist ein Intervall. Andere Ereignisse, wie z.B. das Blinken einer Lichtquelle, finden nur in gewissen Teilen eines Intervalles statt. Auf Ereignisse, und zwar solche, die in Messungen resultieren, wird weiter unten eingegangen.

Manchmal ist es nun zweckmäßig, überhaupt nur über Intervalle zu sprechen, und man fragt sich, ob man die Intervalle unabhängig vom Punktbegriff beschreiben kann, wie man von daher wieder zu den Punkten zurückfindet und wann welche Beschreibung zweckmäßiger ist. Wir wollen uns daher erst einmal der axiomatischen Behandlung der Intervalle zuwenden, welche man gemeinhin *Allen's Zeitlogik* nennt.

Ausgangspunkt ist eine Menge **I**, genannt *Menge der Intervalle* (aber dies ist jetzt bloß eine Bezeichnung, es handelt sich eigentlich um eine abstrakte Menge). Auf dieser Menge wollen wir eine Reihe von Relationen betrachten, die einen anschaulichen Hintergrund haben, der sich anschließend in gewissen Rechenregeln ausdrückt. Diese Relationen sind :

Relation	Symbol	Inverses	Veranschaulichung
x vor y	<	>	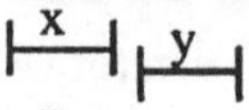
x gleich y	=	=	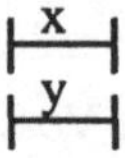
x an y	m	mi	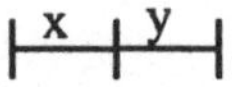
x überlagert y	o	oi	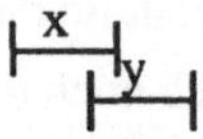
x während y	d	di	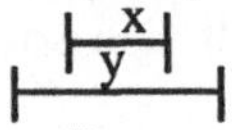
x startet y	s	si	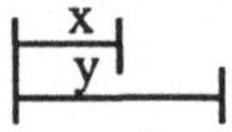
x beendet y	f	fi	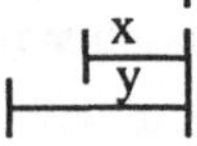

Die Symbole verstehen sich entweder von selbst oder durch Abkürzungen aus dem Englischen: meets, overlaps, during, starts, finishes. Die Veranschaulichung gibt die Interpretation in einem linear geordneten Modell (etwa der reellen Achse) wider; hier sind diese 13 Relationen kanonisch gegeben. Als Bezeichnung führen wir ein:

$$\mathbb{R} = \{<, =, m\ o, d, s, f, >, mi, oi, di, si, fi\ \}$$

Die Anschauung motiviert nun auch folgende Frage:

Wenn xRy und ySz für $x,y \in I$ und $R,S \in \mathbb{R}$ gelten, in welcher Relation $p(R,S)$ stehen dann x und z?

Die Antwort ist offenbar nicht immer eindeutig bestimmt, und es liegt nahe, die Möglichkeiten als Disjunktion, dargestellt durch eine Klause, auszudrücken. Eine vollständige Übersicht über alle Fälle bei einer linearen Ordnung gibt die nachfolgende Tabelle. Hierbei benutzen wir als Abkürzungen noch $dur = \{d,s,f\ \}$ und $con = \{di,si,fi\ \}$ sowie "no info" für die nichtssagende Menge $\mathbb{R}$ selbst.

y S z / x R y	<	>	d	di	o	oi	m	mi	s	si	f	fi
"before" <	<	no info	< o m d s	<	<	< o	<	< o m d s	<	<	< o m d s	<
"after" >	no info	>	> oi mi d f	>	> oi mi d f	>	> oi mi d f	>	> oi mi d f	>	>	>
"during" d	<	>	d	no info	< o m d s	> oi mi d f	<	>	d	> oi mi d f	d	< o m d s
"contains" di	< o m di f	> oi di mi si	o oi dur con =	di	o di fi	or di si	o di fi	oi di si	di fi o	di	di si oi	di
"overlaps" o	<	> oi di mi si	o d s	< o m di fi	< o m	o oi dur con =	<	oi di * si	o	di fi o	d s o	< o m
"overlapped-by" oi	< o m di fi	>	oi d f	> oi mi di si	o oi dur = con	> oi mi	o di fi	>	oi d f	oi > mi	oi	oi di si
"meets" m	<	> oi mi di si	o d s	<	<	o d s	<	f fi =	m	m	d s o	<
"met-by" mi	< o m di fi	>	oi d f	>	oi d f	>	s si =	>	d f oi	>	mi	mi
"starts" s	<	>	d	< o m di fi	< o m	oi d f	<	mi	s	s si =	d	< m o
"started-by" si	< o m di fi	>	oi d f	di	o di fi	oi	o di fi	mi	s si =	si	oi	di
"finishes" f	<	>	d	> oi mi di si	o d s	> oi mi	m	>	d	> oi mi	f	f fi =
"finished-by" fi	<	> oi mi di si	o d s	di	o	oi di si	m	si oi di	o	di	f fi =	fi

Weil als Werte von p Teilmengen von $\mathbb{R}$ auftreten, ist es nötig, das Relationenprodukt p auch auf Klausen, d.h.Teilmengen von $\mathbb{R}$ auszudehnen. Für X,Y $\subseteq \mathbb{R}$ setzen wir:

$$p(X,Y) = \bigcup (p(R,S) \mid R \in X, S \in Y)$$

Neben dem Relationenprodukt haben wir als zweite Operation zwischen Klausen von Relationen die Durchschnittsbildung. Aus zwei Informationsquellen über die möglichen Relationen zwischen Intervallen x und y, die in Klausen C und D resultieren, können wir die Klause C ∩ D als Eingrenzung der Relationen zwischen x und y inferieren.
Damit haben wir nun eine abstrakte Beschreibung unserer Zeitintervalle gewonnen durch (I, $\mathbb{R}$, p, ∩), wobei die Axiomatisierung von p durch die Tabelle gegeben ist. Dabei operieren p und ∩ auf einer endlichen Menge, nämlich den 2^{13} Klausen. Logisch gesehen stehen in der Tabelle Implikationen, die als Vorwärtsregeln benützt werden.
Man fragt sich nun, ob diese Regeln die intuitive Fragestellung wirklich vollständig

modellieren. Man müßte dann etwaige Inkonsistenzen in einer Klausenbeschreibung feststellen können, dies müßte sogar durch die Resolution machbar sein, weil es sich da schließlich um einen vollständigen Kalkül handelt. Wir stellen jedoch fest, daß mangels irgendwelcher negativer Literale nicht eine einzige Resolventenbildung möglich ist! Die Sache wird durch ein weiteres Axiom behoben:

In der Klause $\mathbb{R}$ ist immer genau eine Relation wahr.

Eine Umwandlung dieses Axioms in Klausenschreibweise produziert natürlich eine große Anzahl von Negationen; dieses Axiom zusammen mit den Regeln der Tabelle ist in der Tat genau die genau die Axiomatisierung unserer Theorie. In §2 haben wir ein Beispiel einer Theorie kennengelernt, wo es zweckmäßig war, die Resolution zu umgehen. Hier liegt wieder ein solcher Fall vor; im Prinzip ist das Konsistenzproblem mit den üblichen Mitteln zu erledigen. Wir bentzen jedoch die speziellen Operationen p und ∩ auf unserer Klausenmenge, wodurch insbesondere Negationen überflüssig werden. Die Negation einer Klause entspricht dem Komplement in $\mathbb{R}$; zwei Klausen sind widersprüchlich, wenn ihr Durchschnitt leer ist.

Die beiden angegebenen Operationen erlauben also, Inferenzen aus gegebenen temporalen Relationen zu ziehen. In einem Beispiel betrachten wir technische Prozesse A, B, C, D, die den im folgenden Diagramm ausgedrückten zeitlichen Bedingungen unterliegen:

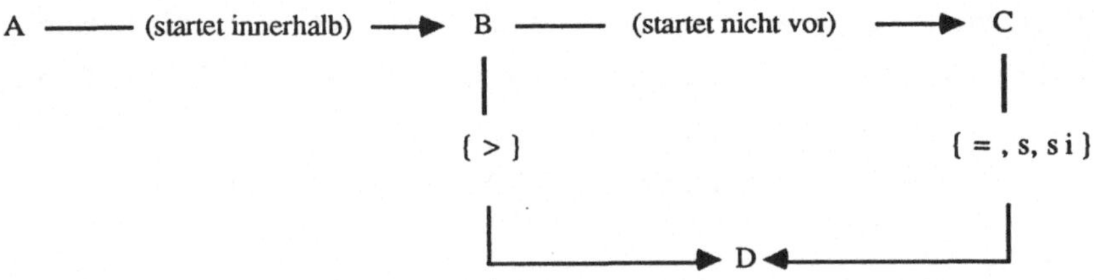

Dabei sind

    (startet vor) = {<, m, di, o, fi}

    (startet nicht vor) = {=, s, si, >, mi, oi, f, d}

    (startet innerhalb) = {=, s, si, d, oi, f}.

Wir interessieren uns für die Relationen, die zwischen A und C bestehen können.

Es gilt: p(startet innerhalb, startet nicht vor) = $\mathbb{R}$, d.h. die uninformative Relation

    A -------- $\mathbb{R}$ -------→ C

wissen wir vorerst. Weiter haben wir

$$D \;\text{--------}\; \{=, s, si\} \;\text{-------}\!\rightarrow\; C,$$

denn diese Klause ist selbstinvers. Außerdem gilt

$$B \;\text{--------}\; p(\{>\}, \{=, s, si\}) \;\text{-------}\!\rightarrow\; C,$$

d.h.

$$B \;\text{--------}\; \{>, oi, mi, d, f\} \;\text{-------}\!\rightarrow\; C$$

sowie

$$A \;\text{-------}\; p(\text{startet innerhalb}, \{>\}) \;\text{--------}\!\rightarrow\; D,$$

d.h.

$$A \;\text{--------}\; \{>\} \;\text{-------}\!\rightarrow\; D.$$

Daraus folgt schließlich

$$A \;\text{--------}\; p(\{>\}, \{=, s, si\}) \;\text{--------}\!\rightarrow\; C,$$

also

$$A \;\text{--------}\; \{>, oi, mi, d, f\} \;\text{--------}\!\rightarrow\; C.$$

Das ist nun die minimale Relationenmenge, die zwischen A und C gilt. Was wir gerade gesehen haben, ist ein Beispiel für die Propagierung von Constraints. Zur formalen Beschreibung benötigen wir einige Begriffsbildungen.

1. Def.: (i) Ein *Zeitnetz* ist ein gerichteter Graph $G = (V,E)$ mit

    - die Knotenmenge V besteht aus Elementen von **I**;

    - die Kanten sind Klausen.

(ii) Ein *Modell* eines Zeitnetzes ist eine Abbildung

$$M: \text{Knoten} \rightarrow \text{reelle Zeitintervalle},$$

sodaß für jede Kante R von x nach y die Intervalle $M(x)$ und $M(y)$ in der Relation R stehen.

(iii) Ein Zeitnetz ist konsistent, wenn es ein Modell hat.

Bedingung (iii) steht im Einklang mit den pürinzipiellen Definitionen aus Teil I. Ein Netz ist sicher dann inkonsistent, wenn an einer Kante die leere Klause steht oder wenn diese mit unseren Inferenzschritten abgeleitet werden kann. Das Vorgehen des Resolutionsverfahrens legt nahe, auch hier die Inferenz der leeren Klause als Test auf Inkonsistenz zu wählen. Wie bei jeder Inferenz kann man auch in diesem Graphen die Constraintpropagierung sowohl zur Ermittlung neuen Wissens als auch zur Konsistenzüberprüfung verwenden.

Die beiden Inferenzschritte sind in dem Sinne korrekt, als jede abgeleitete Klause in der Tat eine Obermenge der wirklich zwischen den betreffenden Intervallen bestehenden

Relationen ist; das geht sofort aus ihrer Definition hervor. Es muß hingegen nicht unbedingt für jede Kante auf diese Weise die minimale zu gehörende Klause abgeleitet werden. Daher können so Inkonsistenzen unentdeckt bleiben. Das liegt daran, daß man stets die Disjunktionen selbst mitführt, ohne sich für ein konkretes Disjunktionsglied zu entscheiden (vgl. auch §5!). In §8a hatten wir (in der dualen Form der Constraintnetze) schon Konsistenzprüfungen betrachtet und verschiedene Formen der lokalen Konsistenz eingeführt. Eine bestimmte lokale Konsistenzprüfung (auf die Form der Pfadkonsistenz, wo jeweils drei Zeitintervalle beteiligt sind) läßt sich mit folgendem Algorithmus vornehmen:

$\text{Rel}(x, y) \subseteq \mathbb{R}$ sei für $x, y \in \mathbf{I}$ die aktuell zwischen x und y bekannte Relationenmenge; dabei sei $|\mathbf{I}| = n$. Auf einer Hilfsliste HILF sind am Anfang die nichttrivialen vorgegebenen Klausen $R(x, y)$ gespeichert, die es auf Konsistenz zu prüfen gilt. Die Listenkonkatenation wird wieder mit "+" bezeichnet, "\" entfernt ein Listenglied; weiter tritt auch "=" in zwei Bedeutungen auf.

Der *Propagierungsalgorithmus*:
    (1)   Initialisierung:
            Setze $\text{Rel}(x, y) = \mathbb{R}$ für $x \neq y$
            und $\text{Rel}(x, y) = \{=\}$ für $x = y$.
    (2)   Wenn HILF = [ ], dann **stop** mit Ausgabe "Kein Widerspruch".
            Wenn HILF = [R(x, y)] + HILF',
            dann setze
            HILF := HILF'
            und gehe mit R(x, y) nach (3).
    (3)   Für jedes $z \in \mathbf{I}$ führe (a) und (b) aus:
    (a)   Wenn $\text{Rel}(x, z) \neq \text{Rel}(x, z) \cap p(R(x, y), \text{Rel}(y, z))$
            dann setze
            HILF := HILF \ Rel(x, z),
            $\text{Rel}(x, z) := \text{Rel}(x, z) \cap p(R(x, y), \text{Rel}(y, z))$
            HILF := [Rel(x, z)] + HILF.
            Wenn $\text{Rel}(x, z) = \emptyset$, dann **stop** mit Ausgabe "Widerspruch".
    (b)   Wenn $\text{Rel}(z, y) \neq \text{Rel}(z, y) \cap p(\text{Rel}(z, x), R(x, y))$
            dann setze
            HILF := HILF \ Rel(z, y)
            $\text{Rel}(z, y) := \text{Rel}(z, y) \cap p(\text{Rel}(z, x), R(x, y))$

HILF:= [Rel(z, y)] + HILF.

Wenn Rel(z, y) = Ø, dann **stop** mit Ausgabe "Widerspruch".

Gehe zu (2).

Die Analyse des Algorithmus beginnt mit der Feststellung, daß Rel(x, y) für jedes Paar (x, y) höchstens 13 Mal geändert werden kann. Deshalb können in HILF nur $O(n^2)$ neue Einträge geschehen, was auch auf $O(n^2)$ viele Operationen führt. Für jeden solchen Eintrag gibt es noch 4n Operationen, die in (3a) und (3b) von den Tests verlangt werden. Das führt insgesamt auf $O(n^3)$ viele Operationen. Aus dem Algorithmus geht ferner hervor, daß immer nur eine lokale Konsistenz für je drei Intervalle garantiert wird (vgl. dazu Aufgabe 3 in §2 und die konstruktive Constraintpropagierung in §8a).

Wie steht es nun mit der Komplexität einer globalen Konsistenzprüfung ? Ohne Beweis vermerken wir :

2. Satz: Die globale Konsistenzprüfung ist NP - hard.

Um die Komplexität dennoch zu reduzieren, kann man versuchen, nicht alle 2^{13} Klausen zur Diskussion zuzulassen. Dadurch schränkt man die zu behandelnde Problemklasse ein, und das kann in der Tat auf verschiedene Weise geschehen. Zu diesem Zweck beschreiben wir unsere Relationen noch einmal alternativ mittels der Lage der Endpunkte der Intervalle. Für Punkte haben wir die Grundrelationen "<" , ">" und "=" (wir verwenden wieder dieselben Zeichen). Weiter seien A(x) und E(x) Anfang und Ende des Intervalles x. Man sieht zunächst, daß Formeln über Intervallrelationen in solche über Anfangs- und Endpunkte übersetzt werden können und umgekehrt:

Punktbeschreibung	Intervallbeschreibung
A(x) < A(y)	x { <, m, o, fi, di } y
A(x) = A(y)	x { s, =, si } y
A(x) > A(y)	x { d, f, oi, mi, > } y
A(x) < E(y)	x {<,m,o,d,=,di,oi} y
A(x) = E(y)	x { mi } y
A(x) > E(y)	x { > } y
E(x) < A(y)	x { < } y
E(x) = A(y)	x {m } y
E(x) > A(y)	x {o,di,=,d,oi,mi,>} y
E(x) < E(y)	x { <, m, o, s, d } y
E(x) = E(y)	x { fi, =, f } y
E(x) > E(y)	x { di, si, oi, mi, > } y

Umgekehrt:

Intervallbeschreibung	Punktbeschreibung
$x < y$	$E(x) < A(y)$
$x = y$	$A(x) = A(y) \land E(x) = E(y)$
$x \, m \, y$	$E(x) = A(y)$
$x \, o \, y$	$A(x) < A(y) \land A(y) < E(x) \land E(x) < E(y)$
$x \, d \, y$	$A(y) < A(x) \land E(x) < E(y)$
$x \, s \, y$	$A(x) = A(y) \land E(x) < E(y)$
$x \, f \, y$	$A(y) < A(x) \land E(x) = E(y)$

Die inversen Relationen ergeben sich durch Vertauschen von x und y. Als generelles Axiom, das für jedes Intervall x gilt, müßten wir der Vollständigkeit halber eigentlich noch $A(x) < E(x)$ vermerken. Bei der Übersetzung von Intervallbeschreibungen in Punktbeschreibungen fällt auf, daß wir in den letzteren nur Konjunktionen von atomaren Relationen erhalten. Für die Übersetzung mancher Klausen ist dies auch noch der Fall, etwa entspricht " $x \, \{<, o, m\} \, y$ " der Konjunktion $(A(x) < A(y)) \land (E(x) < E(y))$. Für alle Klausen stimmt es jedoch nicht, daß man eine reine Konjunktion erhält, und ein typisches Gegenbeispiel ist $\{<, >\}$. Die äquivalente Punktbeschreibung ist $(E(x) < A(y)) \lor (E(y) < A(x))$, was sich nicht gleichwertig in eine reine Konjunktion von Gleichungen und Ungleichungen umformen läßt.

Nach dem Vergleich der elementaren Objekte stellt sich jetzt die Frage nach den Gegenstücken zu den Operationen "p" und "∩" in der Punktbeschreibung. Die hierzu benötigten Operationen für atomare Punktbeschreibungen sind:

    (1)   Die Konjunktion "∧" kombiniert zwei Informationen über zwei Punkte a und b.

    (2)   Das Relationenprodukt "p'" kombiniert eine Information über a und b mit einer Information über b und c zu einer Information über a und c.

Diese Operationen geben wir wieder in Tabellenform an. Es ist dabei zweckmäßig, die leere Konjunktion T (die immer wahr sein soll) und die elementaren Relationen aufzunehmen; sie entspricht der leeren Information "no info". Weiter bedeutet F die falsche Formel, also ein Widerspruch.

Konjunktion "∧":

$xRy \wedge xSy$	<	>	=	T
<	<	F	F	<
>	F	>	F	>
=	F	F	=	=
T	<	>	=	T

Relationenprodukt "p' ":

$\dfrac{ySz}{xRy}$	<	>	=	T
<	<	T	<	T
>	T	>	>	T
=	<	>	=	T
T	T	T	T	T

Wir überlassen es dem Leser, erweiterte Tabellen aufzustellen, in denen noch $\leq, \geq$ und $\neq$ als Grundrelationen auftreten.

Für mehrfache Konjunktionen wird "∧" iteriert und bei " p' " wird in genauer Analogie zu " p " vorgegangen, nur daß die resultierenden Mengen wieder als Konjunktionen interpretiert werden. Dies versetzt uns nun in die Lage, den Propagierungsalgorithmus für Intervallrelationen auf Punktrelationen formal dadurch zu übertragen, daß einfach "∩" durch "∧" und "p" durch "p'" ersetzt werden. Der Algorithmus läuft wieder in der Zeitkomplexität $O(n^3)$, wobei n diesmal die Anzahl der betrachteten Zeitpunkte ist. Er ist in dem Sinn korrekt, daß jede inferierte Relation eine logische Konsequenz der Ausgangsrelation ist. Es gilt jedoch noch mehr; ohne Beweis vermerken wir:

3. Satz: Der Propagierungsalgorithmus für konjunktive Punktbeschreibungen in <, >, =, $\leq$, $\geq$, $\neq$ und T ist eine vollständige globale Konsistenzprüfung.

Dieser Satz erlaubt es nun, auch für gewisse Relationen zwischen Intervallen eine globale Konsistenzprüfung in polynomialer Zeit vorzunehmen. Die Bedingung ist gerade, daß die betreffenden Klausen bei der Übersetzung in die Punktbeschreibung in Konjunktionen der zugelassenen Grundrelationen übergehen. Zwei Beispiele solcher Klausenmengen sind:

(1)   Die Klausen, die den Abschluß der Ausgangsrelationen unter der Operation p bilden, inklusive der Ausgangsrelationen. Dies ist eine Unteralgebra der Algebra aller Klausen mit der Operation p. Diese Unteralgebra hat 27 Elemente; es handelt sich genau um diejenigen, welche Punktbeschreibungen mit Konjunktionen in <, > und = haben.

(2)   Die Klausen, die konjunktive Punktbeschreibungen haben, wo als zusätzliche Grundrelationen noch ≤ und ≥ erlaubt sind. Hier handelt es sich um 82 Relationen, die ebenfalls eine Unteralgebra bilden.

Die in (2) zugelassenen Klausen lassen sich noch auf eine andere, sehr anschauliche Weise beschreiben. Dazu schauen wir uns als Beispiele die beiden Klausen C ={<,o} und D = {<, m, mi, >} an. Betrachten wir für zwei Intervalle die mögliche Relationen in den folgenden Darstellungen:

(1)

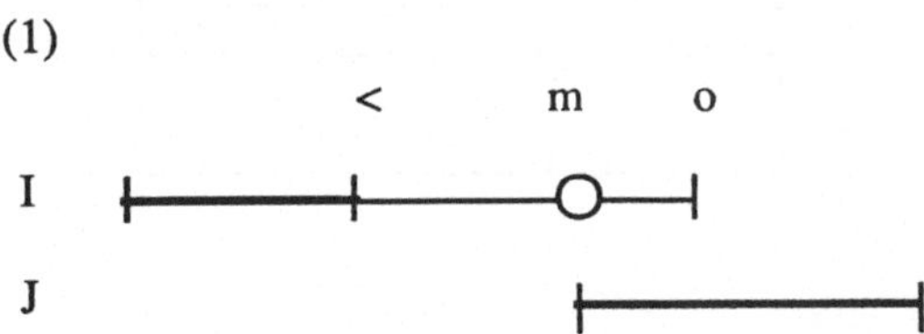

I und J stehen hier in der Relation <. Man kann aber den rechten Eckpunkt von I so stetig verschieben, daß schließlich die Relation o erreicht wird. Dabei kommt man aber stets an eine Stelle, wo die Relation m gilt, welche nicht in C ist. Man kann also feststellen, daß C "unter bestimmten stetigen Verschiebungen" nicht abgeschlossen ist. Hier haben wir nur einen Endpunkt verschoben; sinnvoll ist es, auch Deformationen von zwei Endpunkten zu betrachten.

(2)

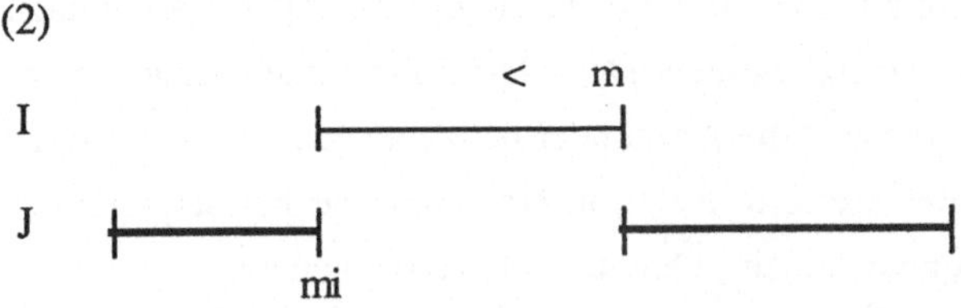

Hier benötigt man die Verschiebung von zwei Endpunkten, um eine Relation von D in eine beliebige andere Relation von D zu überführen. Bei solchen Transformationen treten aber zwischendurch auch andere Relationen als nur die in D auf (welche?). Die hier angedeutete Abschlußeigenschaft wollen wir Konvexität nennen. Die genaue Definition ist (wir identifizieren hier Zahlenpaare mit Intervallen):

4. Def.   (i) Wenn *M* eine Menge von Modellen eines Zeitnetzes ist, I ein Knoten und [a,b] ein reelles Zeitintervall sind, dann ist die *Restriktion* von *M* auf I →

[a,b]   die Menge Rest $(M, I, a, b) = \{\ M \in M \mid M(I) = [a, b]\ \}$.

(ii) Eine Menge $X \subseteq IR \times IR$ heißt *intervallkonvex*, wenn gilt:

Wenn (a_1, b_1), $(a_2, b_2) \in X$, $a, b \in IR$ mit

$(a_1 \leq a \leq a_2 \ \vee\ a_2 \leq a \leq a_1) \wedge (b_1 \leq b \leq b_2 \ \vee\ b_2 \leq b \leq b_1) \wedge (a < b)$,

dann folgt $(a,b) \in X$.

(iii) Eine Klause D heißt *konvex*, wenn für alle I und J reelle Zahlen a und b existieren, sodaß für M = Rest (N, I, a, b), N die Menge aller Modelle eines Zeitnetzes mit der Kante D von I nach J, die Menge $\{M(J) \mid M \in M\}$ intervallkonvex ist.

Die Definition der Konvexität ist anschaulich plausibel, die der konjunktiven Punktbeschreibung eignet sich hingegen mehr für Komplexitätsbetrachtungen. Für viele Zwecke sind die konvexen Beschreibungsformeln sogar die einzig natürlichen ("die Natur macht keine Sprünge"). Es ist jedoch etwas Vorsicht geboten, weil solche Fragen stark von der behandelten Anwendungssituation abhängig sind. In Schedulingfragen ist es nämlich teilweise gerade umgekehrt. Dort hat man häufig Anforderungen wie $(x_1 < x_2) \vee (x_2 < x_1)$, wenn es sich nämlich darum handelt, daß während des Intervalls x_k eine bestimmte Maschine mit dem Vorgang k belegt wird und nur eine Maschine vorhanden ist. Dort treten also nicht-konvexe Klausen auf.

Bei den Grundrelationen zwischen den Intervallen ist noch eine weitere Tatsache auffällig. Die Relationen zerfallen nämlich in zwei Gruppen.

1. Gruppe: Die Relation bleibt erhalten bei einer hinreichend kleinen Verschiebung der Zeitintervalle;

2. Gruppe: Die Relation wird bei jeder noch so kleinen Verschiebung der Intervalle zerstört.

Zu der letzteren Gruppe gehören gerade diejenigen Relationen, bei denen zwei Zeitpunkte exakt aufeinander fallen. Es erscheint, als ob dies eine Idealisierung ist, die in keiner Relation konkret nachzuprüfen wäre. Hierbei müssen wir jedoch die Relationen noch auf zwei ganz andere Arten unterscheiden. Diese Art der Einteilung nimmt Bezug auf die zugrundeliegenden Ereignisse und die Art, wie man die zeitliche Relation feststellt.

Gruppe 1': Relationen, welche durch unabhängige Beobachtungen und Zeitmessungen festgestellt werden.

Gruppe 2': Relationen, welche durch abstrakte Definitionen axiomatisch gefordert werden.

Die besten Beispiele für die Gruppe 2' sind solche mit der Relation m ("meets") : Fällt ein Stein ins Wasser, so ist das Intervall, in dem er in der Luft ist, genau dann zu Ende, wenn er anfängt, das Wasser zu berühren; das alte Jahr ist genau dann zu Ende, wenn das neue anfängt etc. Man diskutiere hier auch die Zeitrelation aus Aufgabe 3).

Zu den Übersetzungen zwischen Intervall- und Punktbeschreibungen ist generell noch hinzuzufügen, daß sich diese auf der Basis der Vorgabe einer Zeitachse abspielte, auf der die Punkte bereits gegeben waren und man mittels der Ordnung dann auch die Intervalle hatte. Eine ganz andere Frage ist es, ob man sich rein aus einer axiomatischen Beschreibung, in der die Intervalle als undefinierte Grundbegriffe auftreten, die Punkte wieder verschaffen kann. Auch dies ist möglich, wird hier aber nicht weiter behandelt. Desweiteren kann man auch einige der Relationen zwischen Intervallen durch andere definieren, wenn man hinreichend starke Axiome zur Verfügung hat; so genügen etwa allein die Relationen "meets" und " = " zur Definition aller anderen Relationen.

Die bisherigen, relativ abstrakten Überlegungen über temporale Relationen sind kein Selbstzweck. Sie spielen in vielen Anwendungsproblemen eine große Rolle. Das kommt immer dann vor, wenn man sich für das (zeitlich) dynamische Verhalten eines Objektes interessiert, was sowohl in vielen Planungs- als auch Diagnosesituationen der Fall ist. Bei manchen Planungsproblemen ist dies ganz offensichtlich, weil dort gerade ein geeignetes zeitliches Verhalten Gegenstand der Planung ist (vgl. hierzu §20b).
Wir haben bei den folgenden Ausführungen physikalisch-technische Objekte und die auf ihnen ablaufenden Prozesse im Auge. Dabei wird von dem genauen zeitlichen Ablauf abstrahiert, man betrachtet nur mehr bestimmte zeitliche Relationen, z.B. die aus Allen's Zeitlogik. Wie sich dies in den allgemeinen Kontext der Abstraktion und des qualitativen Schließens einordnet, beschreiben wir in §17. Gewisse Konsistenzprüfungen sind auch nach dem Muster des Beispiels zu den Zeitrelationen zu erledigen.
Man konzentriert sich nun hauptsächlich auf
--   die Repräsentation aller möglicher Ausprägungen eines Prozesses und der Ablauffolgen eines Systems, eventuell auch ihrer Simulation;
--   die dynamische Konsistenzüberprüfung eines Systems (was die Existenz dynamischer Constraints voraussetzt) und seine Verifikation.
Wird das System geplant, so soll sichergestellt werden, daß es sich wie gewünscht verhält. Ber der Fehlerdiagnose können bestimmte Zeitverläufe auf bestimmte Fehlerquellen hinweisen; in der Wartung können Verschleißerscheinungen häufig aus zeitlichem Verhalten prognostiziert werden. Wir wollen nun die Frage des Hinweises in Zeitverläufen auf eine Fehlerdiagnose etwas genauer untersuchen.

Um solche Fragestellungen anzugehen, benötigen wir etwas Terminologie. Grundsätzlich ist unser Ausgangspunkt eine Zeitachse $\mathbb{T}$, welche eine durch "<" totale, dicht geordnete Menge ohne erstes und letztes Element ist, also den Axiomen DO aus §2 genügt.

Wenn $s \in \mathbb{T}$ ist, dann sei

$$\mathbb{T}_s = \{x \in \mathbb{T} \mid s \leq x\},$$

diese Menge hat also s als kleinsten Zeitpunkt. Den Anfangszeitpunkt halten wir für das folgende fest. Weiter sind halboffene Intervalle von der Form $[a, b) = \{x \mid a \leq x < b\}$, wobei $b = \infty$ zugelassen ist.

Als nächstes benötigen wir Meßgrößen.

5. Def.:

    (i)   Eine *Meßgröße* M hat einen Wertebereich W(M), meist eine Teilmenge von $\mathbb{R}$ (Diese Teilmenge kann auch qualitative Werte im Sinne von §17 repräsentieren).

    (ii)   Ein (zeitlicher) *Meßwertverlauf* ist eine Funktion

$$f_M: \mathbb{T}_s \to W(M).$$

6. Def.:   Ein Meßwerteverlauf heißt *diskret*, wenn eine Partitionierung

$$\mathbb{T}_s = \bigcup(I_j \mid 1 \leq j \leq n)$$

von $\mathbb{T}_s$ in paarweise disjunkte, halboffene Zeitintervalle existiert, so daß f_M auf jedem Intervall I_j konstant ist.

Ein diskreter Meßwerteverlauf wird also durch eine Treppenfunktion beschrieben. Die Intervalle I_j heißen dabei die *Episoden* des Verlaufs. Neben den diskreten Verläufen sind generell noch die differenzierbaren von Interesse. Auf die Möglichkeiten qualitativer Beschreibungen hinreichend oft diffenzierbarer Funktionen gehen wir in §17 ein, hier bleiben wir bei den diskreten Verläufen.

Jeder Meßwertverlauf hat bisher seinen eigenen Definitionsbereich $\mathbb{T}_s$, und es besteht natürlich der Wunsch, zwei derartige Zeitachsen in Beziehung zu setzen.

7. Def.:   Eine *Datierung* ist eine strikt ordnungserhaltende Abbildung

$$d: \mathbb{T}_s \to \mathbb{R}.$$

Datierungen entsprechen den oben erklärten Moedelle. Sie bilden halboffene Intervalle (z.B. Episoden) von $\mathbb{T}_s$ in solche von $\mathbb{R}$ ab; sie ordnen ferner Meßwertverläufen f_M reelle Funktionen $f_{M,d}$ zu:

$$f_{M,d}: d(\mathbb{T}_s) \to \mathbb{R}$$
$$f_{M,d}(t) = f_M(d^{-1}(t)).$$

Weiter läßt sich für zwei Datierungen d und d' von $\mathbb{T}_s$ bzw. $\mathbb{T}_{s'}$ die Relationenmenge $R_{d,d'} = \{<_{d,d'}, \leq_{d,d'}, >_{d,d'}, \geq_{d,d'}, =_{d,d'}, \neq_{d,d'}\}$ auf $\mathbb{T}_s \cup \mathbb{T}'_{s'}$ erklären; für $x \in \mathbb{T}_s$ und $y \in \mathbb{T}'_{s'}$ sei

$$x <_{d,d'} y \Leftrightarrow d(x) < d'(y);$$

die anderen Relationen werden analog definiert.

8. Def.: Eine *Datierungsbedingung* für zwei Meßwertverläufe und zwei Datierungen d und d' ist von der Form

$$X(I_1) \ R \ Y(I_2),$$

wobei I_1, I_2 Episoden der Meßwertverläufe sind, $X(I)$ und $Y(I)$ der Anfang $A(I)$ oder das Ende $E(I)$ der Episoden sind und R eine der Relationen von $R_{d,d'}$ ist.

Mittels Datierungsbedingungen lassen sich also konjunktive Punktbeschreibungen für Episoden und damit auch bestimmte, oben beschriebene Klausen der Allen-Relationen für Episoden ausdrücken. Die Datierungsbedingungen erzwingen die richtige Verzahnung des zeitlichen Ablaufs von Messungen.

9. Def.: Eine *Historie* H besteht aus

(i) Einer Menge $\{f_{M(i)} \mid 1 \leq i \leq n\}$ von Meßwertverläufen;

(ii) einer Menge $\{d_i \mid 1 \leq i \leq n\}$ von Datierungen für diese Verläufe.

10. Def.: Eine *Historienbedingung* B(H) für eine Historie H ist eine Datierungsbedingung für zwei Meßwertverläufe von H und die zugehörigen Datierungen.

Wenn man formal korrekt sein wollte, müßte man eigentlich in den Historienbedingungen Variable für die Datierungen nehmen, die dann durch konkrete Datierungen belegt werden können. Auf diese Weise haben wir dann den Begriff

"eine Historie erfüllt eine Folge von Historienbedingungen"

eingeführt. In völliger Analogie zu OPS 5 (vgl. §4c) können wir neue Regeln der Form

$$B_1(H) \wedge \ldots \wedge B_m(H) \to A$$

einführen, wobei A eine Aktion oder ein Hinweis, etwa in einem Diagnosekontext, sein kann. Anstelle der Datenelemente von OPS 5 treten hier die konkreten Historien, d.h. die datierten Meßwertverläufe und die Bedingungen entsprechen den Historienbedingungen. Sind die Historien vollständig bekannt, so haben wir damit unsere Aufgabe, zeitliche Verläufe als Vorbedingungen für Regeln zu nehmen, gelöst.

Es tritt in Expertensystemen an dieser Stelle jedoch wieder das Problem der unvollständigen Information auf: Die Historien sind i.a. nicht vollständig bekannt. Einmal kann die zur Historienbestimmung nötige Überwachung der Vergangenheit Lücken gehabt haben; in diesem Fall kann die Information nicht mehr beschafft werden. Zum anderen ist es u.U. aber möglich, die Information noch durch zukünftige Messungen zu komplettieren. In beiden Fällen geht zum ersten Mal in die Betrachtung der Zeit ihr "vorwärts fließender" Charakter ein, man kann die Zeit nicht umkehren und anhalten; man beschreibt sie nicht nur, sondern steht in ihr. Was jedenfalls anstatt einer Historie gewöhnlich bekannt ist, ist eine Folge von Beobachtungen über die Meßgröße.

11. Def.:

    (i)   Eine *Messung* ist ein Tripel (M, x, t), wobei M eine Meßgröße, $x \in W(M)$ und $t \in \mathbb{R}$ ist.

    (ii)   Eine *Beobachtungsfolge* ist eine endliche Folge von Messungen.

    (iii)   Eine Beobachtungsfolge ist mit einer Historie H verträglich, wenn

        (a) alle Meßgrößen der Beobachtungsfolge auch in der Historie vorkommen und

        (b) für jede Messung (M, x, t) der Beobachtungsfolge $f_{M,d}(t) = x$ gilt, wobei d die zu M in H gehörende Datierung ist (insbesondere ist $f_{m,d}$ an t überhaupt definiert).

Wenn wir nun Historien durch Beobachtungsfolgen ersetzen wollen, um Historienbedingungen zu erfüllen, so ist ein vernünftiges notwendiges Kriterium dafür:
Wenn eine Beobachtungsfolge B eine Historienbedingung BH erfüllt, dann gibt es eine mit B verträgliche Historie H die BH erfüllt.
Dies Kriterium ist aber keineswegs hinreichend, denn die leere Beobachtungsfolge würde dann jede nicht widersprüchliche Historienbedingung erfüllen; man kann das Kriterium aber zur Feststellung des Nichterfüllens benutzen. Um positive Kriterien zu finden, geben wir zwei Möglichkeiten an, die auftreten können:
(1)   Man nutze aus, daß das Ereignis "Messung während einer Episode" homogen ist

und messe nur am Anfang und am Ende der Episode; die Homogenität sichert dann per Definition die Konstanz des Meßwertes. Das kann man z.B. dann machen, wenn man die Änderung eines Meßwertes selbst veranlaßt.

(2) Man repräsentiere die Meßverläufe durch hinreichend dichte Meßpunkte (insbesondere sehr kleine Episoden durch einen Meßpunkt), was praktisch häufig ausreicht.

Ein sehr schwieriges Problem ist hier, Messungen (effizient) so zu planen, daß eine Historienbedingung entweder bestätigt oder widerlegt werden kann. Dies Thema ist grunglegend in den Naturwissenschaften, auf diese Weise versucht man, Aufschluß über Naturgesetze zu erhalten.

Übungen :

Aufgabe 1

In dem Satz "John was not in the room when I touched the switch to turn on the light." wird eine Aussage über drei Intervalle gemacht:

- x = das Intervall, in dem John im Raum war,

- y = das Intervall, in dem das Licht eingeschaltet war,

- z = das Intervall, in dem der Schalter gedrückt war.

(a) Stellen Sie die aus dem Satz zu entnehmenden möglichen Relationen zwischen x und z bzw. zwischen z und y als Graph gemäß Allens Zeitlogik dar.

(b) Ermitteln Sie aus den Transitivitätseigenschaften der 13 Allen- Relationen die möglichen Relationen zwischen y und x.

(c) Zusätzlich zu dem obigen Satz gelte nun noch: "But John was in the room later when the light went out." Benutzen Sie diese Information, um die möglichen Relationen zwischen y und x weiter einzuschränken. Welche Konsequenzen ergeben sich daraus für die ursprünglichen Relationen zwischen x und z ?

Aufgabe 2

Man finde eine inkonsistente Menge von Disjunktionen und Zeitrelationen, die der Propagierungsalgorithmus nicht als inkonsistent nachweist.

Aufgabe 3

Man beschreibe einen Überholvorgang zwischen zwei Autos A und B vollständig durch Einführung gewisser Ereignisse wie "A hinter B" oder "A neben B" mittels bestimmter Zeitrelationen. Dazu benutze man einmal die Intervallbeschreibungen und ein anderes Mal die Punktbeschreibungen.

Aufgabe 4

Gegeben sei die Menge { A, B, C, D, E, F, I_n, J_n | n ∈ N} von Intervallen auf der reellen Achse. Es sollen die folgenden Beziehungen gelten:

AmB, BmC, CmJ_0, DmE, EmF, FmC, I_0mA, I_0mD sowie $I_{n+1}mI_n$, J_nmJ_{n+1} für alle n ∈ N.

Inwieweit ist die Lage dieser Intervalle untereinander dadurch bestimmt?

Aufgabe 5

Gestattet man die Einführung von Hilfsintervallen zusätzlich zu den Intervallen, deren gegenseitige Lage man beschreiben möchte, so lassen sich alle 13 Relationen auf die Relation "m" zurückführen. Geben Sie als Beweis für jedes S ∈ ℝ und je zwei Intervalle x und y eine zu xSy äquivalente Beschreibung an, die nur "m" benutzt, aber Hilfsintervalle verwenden darf.

Aufgabe 6

a) Beweisen Sie die Behauptungen aus dem Text, daß es 27 Klausen gibt, die konjunktive Punktbeschreibungen in <, > und = haben und daß es 82 konvexe Klausen gibt.

b) Wieviele Klausen mit konjunktiven Punktbeschreibungen in <, >, =, ≤, ≥ und ≠ gibt es ? Beweisen Sie ihre Behauptung !

Aufgabe 7

Setzen Sie die 13 Zeitrelationen in Beziehung zu den grammatikalischen Bezeichnungen wie "Futur" und "Präsenz" für die deutsche Sprache.

Hintergrundbemerkungen zu §16

Zeitlogiken sind traditionell fast ausschließlich als Ausprägung und Variationen der
Modallogik aufgefaßt worden, ihre Diskussion nimmt in der philosophischen Literatur
einen breiten Raum ein. In der Informatik haben die temporalen Logiken ihren Einzug im
Zusammenhang mit den Fragen der Korrektheit von Programmen genommen; vgl.
hierzu §9. Die Analyse zeitlicher Beziehungen hat einen weiteren Pfeiler in der
Linguistik und der Formalisierung natürlicher Sprachen. So finden sich etwa in [Br72]
bereits die Relationen von Allen. Die systematische Untersuchung dieses Ansatzes findet
sich in [Al84] und [Vi-Ka84]. Einen polynomialen Algorithmus zur lokalen
Konsistenzprüfung zwischen je vier Intervallen gibt [vB89].Der Begriff der Konvexität
sowie die hier vorgelegte Darstellung des Historienbegriffes stammt aus [Nö90], wo
sich weitere Algorithmen zum Einsatz temporalen Schließens für diagnostische Zwecke
finden. Dort wird auch die Relevanz für diagnostische Expertensysteme abgehandelt. Die
Behandlung der Zeit mit qualitativen und nicht numerischen Konzepten läßt sich auch als
eine Form von "Common-Sense-Reasoning" auffassen, man vgl. hierzu [Neu87]. Es
gibt noch viele weitere Aspekte der Zeitproblematik, die hier nicht einmal angerissen
wurden.

17 Abstraktion und qualitatives Schließen

Einem System ohne die Fähigkeit zur Abstraktion wird man sicherlich kaum
"intelligentes Verhalten" zubilligen können. Das Gegenstück zur Abstraktion ist die
Konkretisierung, beide Begriffe sind nur zusammen genommen sinnvoll. Wir wollen ein
Abstraktum auch ein Muster und ein Konkretum auch ein Beispiel nennen. Sie bedingen
sich in dem Sinne, daß Muster stets Muster von Beispielen und Beispiele stets Beispiele
von Mustern sind. Auch sind diese Begriffe relativ, denn Muster können wiederum
Beispiele anderer Muster sein. Wir wollen die Muster -Beispiel Relation zunächst auf
zwei festen Ebenen studieren. Diese Ebenen seien :

$$\text{Abstrakte Musterebene} \quad E_1$$

$$\text{Konkrete Beispielebene} \quad E_2$$

Auf diesen Ebenen sind nun Informationen über einen bestimmten Sachverhalt gegeben,
die sich durch ihren "Abstraktionsgrad" unterscheiden. In einfachen Fällen können wir
das durch Abbildungen modellieren. Dazu betrachten wir folgendes Grundmodell :
Auf der Musterebene sei eine

$$\text{Beschreibungsvariable } e \text{ mit dem Wertebereich } W(e)$$

gegeben; auf der konkreten Ebene seien

$$\text{Beschreibungsvariable } e_i \text{ mit den Wertebereichen } W(e_i)$$

vorgelegt; zwischen diesen betrachten wir Abstraktions- und
Konkretisierungsabbildungen:

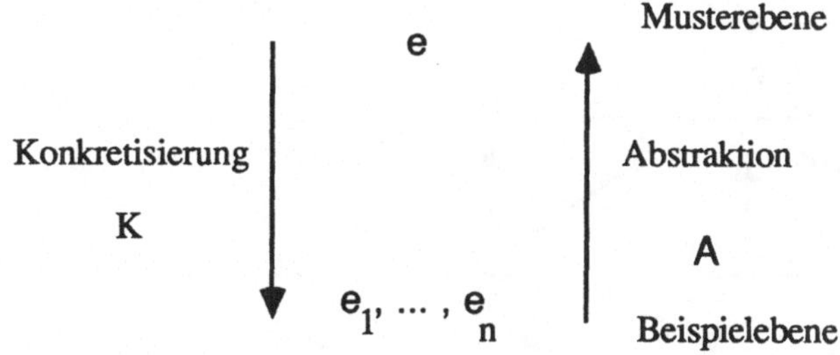

wobei

$$A: W(e_1) \times \ldots \times W(e_n) \to W(e)$$
$$K: W(e) \to W(e_1) \times \ldots \times W(e_n)$$

Dabei sind A und K *kompatibel* (oder auch: K *gehört zu* A), wenn

$$A\,(K\,(x)) = x$$

für alle $x \in W\,(e)$ ist. Im allgemeinen ist aber natürlich

$$K\,(A\,(x_1, \dots , x_n)) \neq (x_1, \dots , x_n).$$

Man kann eine Abstraktionsabbildung auch als ein Regelpaket von inhaltlich zusammengehörenden Regeln mit n Bedingungsteilen auffassen, wodurch man einen wichtigen Modularisierungsaspekt erhält. Häufig lassen sich diese Pakete übersichtlich in Tafeln zusammenfassen, besonders dann, wenn sie nur partiell interessant sind. Das könnte z.B. so aussehen:

e_1	x_1			x_7
e_2	y_1	y_2		
e_3	z_1		$\bullet\ \bullet\ \bullet$	z_5
e	u_1	u_2		u_4

Die zweite Spalte hieße dann $A(x, y_2, z) = u_2$ für alle x, z und die letzte Spalte besagte $A(x_7, y, z_5) = u_4$ für alle $y \in W(e_2)$. Ausführliche Beispiele findet man in §20a.

Die einzelnen Abstraktionsebenen eines Systems sind nun nicht isoliert, sondern die Werte einer Abstraktionsabbildung werden Argumente von anderen sein. Dadurch entsteht eine hierarchische Gliederung der einzelnen Ebenen in einem Ebenenmodell:

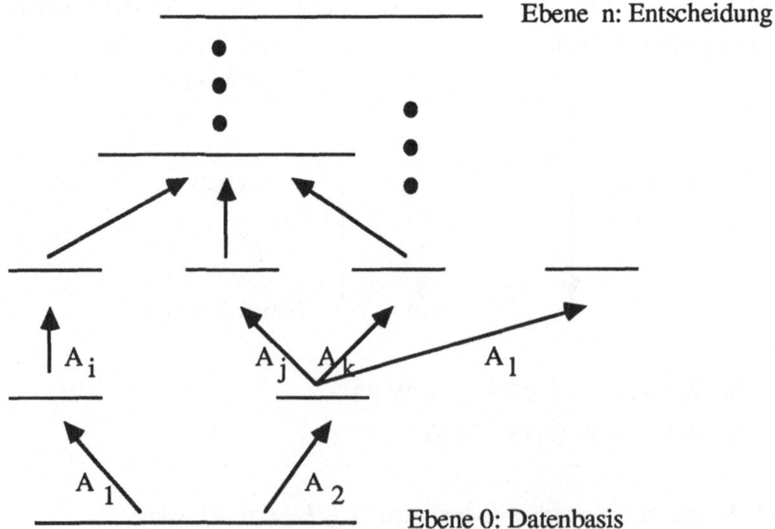

Auf der obersten Ebene stehen dann die Entscheidung, die Diagnose oder was immer gerade ansteht. Der Prozeß der Entscheidungsfindung wird also als ein iterierter Abstraktionsvorgang aufgefaßt: Die komplexen Eingangsdaten werden zu einer (einfachen) Entscheidung abstrahiert. Das Ebenenmodell strukturiert diesen Vorgang. Die Tatsache, daß hier nur Abstraktionsabbildungen auftreten, darf aber nicht zu dem Schluß verleiten, daß man nur von unten nach oben vorgeht. In der Regel findet ein auf und ab statt; letzteres wird durch Konkretisierungsabbildungen erledigt.

Zu jeder Abstraktionsabbildung gehören im allgemeinen viele Konkretisierungsabbildungen; in den Anwendungen hält man normalerweise die Abstraktionsabbildung fest und variiert die Konkretisierung K. Die Intention dabei ist, daß der Wertebereich $W(e)$ im ganzen einfacher strukturiert ist als der Bereich $W(e_1) \times \ldots \times W(e_n)$. Die Kontrollstruktur des Systems bestimmt, wann welche Konkretisierung erfolgt.

Nun induziert eine solche Abstraktionsabbildung A auf ihrem Definitionsbereich eine Relation $\approx_A$ durch

$$a \approx_A b \text{ genau dann, wenn } A(a) = A(b).$$

Beim Übergang zur abstrakten Schicht werden dann a und b nicht mehr unterscheidbar. Wenn umgekehrt eine Ununterscheidbarkeitsrelation $\approx$ (vgl. §14) vorgegeben ist, dann kann man durch eine geeignete Abstraktion auf eine Ebene gehen, auf der die Beschreibungsmöglichkeiten gerade so eingeschränkt sind, daß nur noch Sachverhalte ausgedrückt werden können, die bezüglich $\approx$ auch noch unterschieden werden können. Die Abstraktionsabbildung beseitigt also Unschärfe, allerdings auf Kosten geringerer Informationsmöglichkeiten. Schwierig wird dies, wenn $\approx$ nicht transitiv ist.

Neben der Tatsache, daß eine Abstraktion *simplifiziert* kommt es auch häufig vor, daß sie gleichzeitig *spezialisiert*. Dies ist nämlich dann der Fall, wenn sie sich auf einen bestimmten Aspekt oder Blickwinkel ("View") einschränkt. Formal bedeutet das, daß die Abstraktionsabbildung gar nicht von allen Argumenten echt abhängt, z.B. könnte die Abstraktion nur noch die finanziellen Gesichtspunkte berücksichtigen.

Bisher haben wir folgende Aspekte der Abstraktion festgestellt:
(a) Modularisierung durch Regelpakete als Abstraktionsabbildungen;
(b) Verringerung der Komplexität durch Übergang zu einfacheren Beschreibungen;
(c) Behandlung von Unschärfe durch Identifizierung nicht unterscheidbarer Objekte;
(d) Einschränkung auf Aspekte.

Allgemein können noch relativ beliebige hierarchische Gliederungen auftreten, etwa solche, wie wir sie vom objektorientierten Ansatz her kennen. Dabei steht dann die Konkretisierung in Korrespondenz sowohl zur Instanzenbildung als auch zur Spezialisierung; sie umfaßt beide. Normalerweise können bei einer Konkretisierung keine Eigenschaften der abstrakten Ebene nach unten vererbt werden; man kann i.a. auf der unteren Ebene nur einige Eigenschaften finden, die denen auf der abstrakten Ebene *entsprechen*.

Falls die Abstraktionsabbildung $A: E \to F$ durch eine transitive Ununterscheidbarkeitsre-

lation induziert ist, ordnet A jedem x den Block der von x ununterscheidbaren Elemente zu; auf diese Weise findet eine Dekomposition des Definitionsbereiches E von A in Blöcke statt. Wenn E nun noch eine Struktur trägt, sollte A diese Struktur reflektieren. Wir machen uns das am Beispiel einer (irreflexiven) partiellen Ordnung $(E,<)$ klar; dabei sei $(F, <_1)$ ebenfalls (irreflexiv) partiell geordnet.

1. Def.:

    (i) $X \subseteq E$ heißt *unabhängig*, falls für jedes $x \in E \setminus X$ gilt:

        (a) Wenn ein $y \in X$ mit $x < y$ existiert, so gilt $x < z$ für alle $z \in X$.

        (b) Wenn ein $y \in X$ mit $y < x$ existiert, so gilt $z < x$ für alle $z \in X$.

    (ii)   Eine Abbildung $A: E \to F$ heißt $<$- homomorph, falls für alle $x, y \in E$ gilt:

        (a) $x < y \Leftrightarrow A(x) <_1 A(y)$

        oder

        (b) $A(x) = A(y)$.

Die unabhängigen Mengen und die $<$- Homomorphismen bedingen sich in folgendem Sinne gegenseitig:

(1)   Wenn A ein $<$- Homomorphismus ist, dann ist für jedes x die Menge

    $[x]_A = \{y \mid A(x) = A(y)\}$ unabhängig:

    Es sei etwa $z \notin [x]_A$, $z < x$ und $y \in [x]_A$; dann haben wir $A(z) < A(x) = A(y)$, also gilt $z < y$.

(2)   Wenn durch $F = \{X_i \mid i \in I\}$ eine Partition von E in unabhängige Mengen gegeben ist, dann ist auf F eine Relation $<_1$ durch $X_i <_1 X_j \Leftrightarrow$ es existieren $x \in X_i$ und $y \in X_j$ mit $x < y$ gegeben, und die Abbildung $A(x) = X_i \Leftrightarrow x \in X_i$ ist ein $<$- Homomorphismus.

Die partielle Ordnung kann man sich z.B. als die Relation technologischer

Abhängigkeiten, etwa bei einer Bauplanung, denken; $x < y$ heißt dann soviel wie: Vorgang x *muß* vor Vorgang y stattfinden; wenn x und y bezüglich "<" unvergleichbar sind, können sie technologisch auch partiell durchgeführt werden (falls nicht andere Restriktionen wirksam werden).

Ein sehr wichtiger Fall ist, wenn der Definitionsbereich von A die reellen Zahlen IR sind.

Betrachten wir ein Beispiel:

$W(e_1) = IR, \ W(e) = \{Eis, 0, Wasser\}$;

die Abstraktionsabbildung A ist dabei erklärt durch:

$A(x) = Eis$ für $x < 0$

$A(0) = 0$

$A(x) = Wasser$ für $x > 0$.

In solch einem Falle nennt man die konkrete Ebene wie gesagt auch die *quantitative* Ebene und die abstrakte Ebene die *qualitative* Ebene. Damit auf der abstrakten Ebene auch Schlußweisen möglich sind, muß natürlich mindestens ein Teil der Struktur der konkreten Ebene auf die abstrakte Ebene (in der ja Information verloren geht) hinüber gerettet werden. Nehmen wir wie oben als qualitative Werte für die reelle Zahlenmenge $Q = \{+, -, 0\}$. Auf Q können wir dann die Addition add und die Multiplikation mult (die vielleicht in diesem Beispiel nicht viel Sinn macht) auf natürliche Art wie folgt erklären:

add	0	+	-		mult	0	+	-
0	0	+	-		0	0	0	0
+	+	+	?		+	0	+	-
-	-	?	-		-	0	-	+

Im Falle der Multiplikation ist die Abstraktionsbildung das, was man in der Algebra einen Homomorphismus nennt. Die Addition (add) ist auf Q nicht vollständig definiert, weil der qualitative Wert in zwei Fällen von den genauen, konkreten Werten abhängt (in der Algebra sagt man, die Partition in qualitative Werteklassen ist für die Addition keine Kongruenzrelation). Trotzdem kann man versuchen (und das ist in der Mathematik eine Standardtechnik), Gleichungen zunächst auf der einfacheren qualitativen Ebene zu lösen, um dann gegebenenfalls zur quantitativen Ebene überzugehen. Dies ist für die

Beschreibung physikalischer Phänomene von besonderem Interesse. Dabei leitet uns folgende Vorstellung:

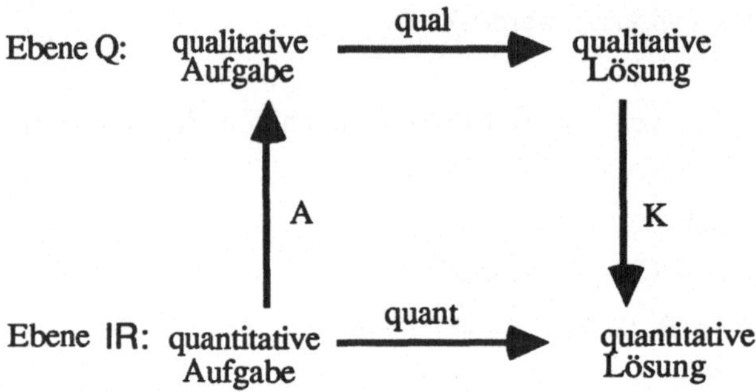

Wir möchten also die quantitative Lösungsoperation quant in der Form

quant = K ∘ qual ∘ A gewinnen, wobei K eine noch zu findende mit A verträgliche Konkretisierung ist. Die Abstraktionsabbildung A geben wir für eine Problemklasse fest vor.

Auf Q können wir die "qualitative" (partiell definierte) Operation benutzen; gewöhnlich nimmt man an, daß Q ebenfalls ein geordneter Wertebereich ist. Die Ordnung auf Q sei auch durch "≤" bezeichnet und man verlangt, daß A ein sogenannter *schwacher Homomorphismus* ist, d.h. aus $x \leq y$ folgt $A(x) \leq A(y)$.

Eine solche Vorgehensweise kann nun eventuell zwei angenehme Eigenschaften haben:

(1)   Vollständigkeit: Jede quantitative Lösung ist als quant = K ∘ qual ∘ A darstellbar.

(2)   Korrektheit: Für jede qualitative Lösung qual gibt es eine geeignete Konkretisierung K, so daß K ∘ qual ∘ A eine quantitative Lösung ist.

Der Übergang zur qualitativen Ebene bedeutet aber nicht nur eine Vereinfachung, sondern auch einen Informationsverlust und wir dürfen uns nicht wundern, daß sowohl (1) wie auch (2) verletzt werden können. Bei einer Präzisierung der Begriffe konstatieren wir zunächst eine gewisse Leichtfertigkeit, mit der wir von einer "Lösung" eines Problems auf der qualitativen Ebene gesprochen haben. Dieser Begriff ist unklar, weil in Q Operationen teilweise undefiniert sein können; wir unterscheiden zwei Varianten durch die Einführung der ad-hoc Bezeichnungen starke und schwache Lösungen. Es sei in Q ein Gleichungssystem G (in den Operationen von Q) gegeben.

(a)   Eine *starke Lösung* von G ist eine Lösung im üblichen Sinne, d.h. den Variablen werden Elemente von Q zugewiesen, so daß alle in G auftretenden Operationen definiert sind und G eine Lösung hat.

(b)   Bei einer *schwachen Lösung* ist zusätzlich erlaubt, daß eine Seite einer Gleichung von G undefiniert ist.

Die Grundschwierigkeiten werden bereits durch die Betrachtung relativ trivialer Beispiele anhand des oben eingeführten $Q = \{+, -, o\}$ klar:

(1) $x + y = z$, $y < 0$, $z > 0$ in $\mathbb{R}$ führt auf $A(x)$ add $(-) = +$ in Q. Eine starke Lösung in Q gibt es nicht, wohl aber eine schwache mit $A(x) = +$.

(2) $x = y$, $x > 0$, $x + u = y$, $u > 0$ hat in $\mathbb{R}$ keine Lösung. In Q hingegen haben wir die Gleichungen $A(x) = A(y)$, $A(x) = +$, $A(x) + A(u) = A(y)$, $A(u) = +$, welche durch $A(y) = A(x) = +$ gelöst werden.

Eine Umformulierung des Gleichungssystems in $x + y = 0$, $x > 0$, $x + u = y$, $u > 0$ hat in Q keine starke Lösung, wohl aber eine schwache mit $A(y) = -$.

(3) $x + y = 0$, $x > 0$ hat schließlich in Q erwünschtermaßen eine schwache Lösung $A(y) = -$, aber leider keine starke Lösung.

Wir sehen an diesen Beispielen außerdem, daß die Lösungen in Q nicht invariant gegenüber äquivalenten Umformulierungen in $\mathbb{R}$ sind. Durch verfeinerte Überlegungen kann man so etwas natürlich vermeiden; die qualitativen Überlegungen spielen dann die Rolle von (u.U. sehr nützlichen) Heuristiken. Als zusätzlichen Freiheitsgrad hat man noch die genaue Gestalt der Abstraktionsabbildung A, die auf eine Einteilung von $\mathbb{R}$ in Intervalle hinausläuft. Die "richtige" Einteilung ist dabei ein wesentlicher Bestandteil des Wissens über die betrachtete Problemklasse; das wird noch klarer, wenn wir uns den qualitativen Verlauf von Funktionen zuwenden. In der Physik beschreiben Funktionen u.a. Bewegungsvorgänge, deren Verlauf wiederum durch Differentialgleichungen geregelt ist. Bewegungsvorgänge sind im Sinne von § 16 kontinuierliche zeitliche Verläufe. Qualitative Beschreibungen mit wachsender Genauigkeit sind aus der Differentialrechnung bekannt. Eine Hierarchie von Beschreibungen des Funktionsverlaufes im Intervall [a, b] erhalten wir für hinreichend oft differenzierbare Funktionen f mit endlich vielen Nullstellen in [a, b] mittels der qualitativen Werte $Q = \{+, -, 0\}$ wie folgt:

Das Intervall wird durch Zwischenpunkte $a_0 = a, a_1, \ldots, a_n, a_{n+1} = b$ aufgeteilt, wodurch man eine qualitative Argumentmenge D erhält, die die Punkte a_i und die offenen Intervalle (a_i, a_{i+1}) als Elemente enthält (diese Punkte a_i werden im englischen "landmarks" genannt).

1. Stufe: Die a_i sind die Nullstellen von f; f wechselt dann in (a_i, a_{i+1}) das

Vorzeichen nicht. Die Beschreibung von f enthält die Paare $(a_i, 0)$, $1 \le i \le n$, (a_o, q_o), (a_{n+1}, q_{n+1}), $((a_i, a_i + 1), q_i)$, wobei die q_i die entsprechenden qualitativen Werte von f sind.

2. Stufe: Die a_i enthalten zusätzlich die Nullstellen der Ableitung f'. Die Beschreibung enthält jetzt Tripel, wobei die dritte Komponente den qualitativen Wert von f' für das entsprechende Argument darstellt.

Dieses Verfahren läßt sich nun soweit iterieren, wie man Kenntnis über die Ableitungen von f hat. Aus den Beschreibungen dieser Art erhält man weitere Erkenntnisse über f, etwa über monotones Verhalten, Konvexität oder Konkavität usw. Für praktische Zwecke wird man aber kaum über die dritte Ableitung hinausgehen. Dieses Wissen kann man sehr leicht in Regeln ausdrücken. Auch lassen sich Constraints formulieren, welche die qualitativen Beschreibungen aus Stetigkeitsgründen einschränken, z.B. ist $((a_3, a_4), +, +), (a_4, -, 0)$ unmöglich (warum?). Eine vollständige Axiomatisierung (etwa in Regelform) ist bisher noch nicht geschehen, wäre aber sehr nützlich. Bei hinreichend genauer Einteilung kann man etwaige Differentialgleichungen für f durch Differenzen- gleichungen ersetzen und so versuchen, eine qualitative Übersicht über ein unbekanntes f zu gewinnen. Es sei jedoch angemerkt, daß die mathematische Theorie der Differentialgleichungen sowieso weitgehend qualitativ ist und man sich von naiven Ansätzen nicht allzuviel versprechen sollte. Generell kann man sagen, daß man das vorliegende Problem stets soweit verstanden haben sollte, daß man die qualitativen Bereiche bereits kennt. Diese müssen wiederum nicht unbedingt numerisch bekannt sein; für ihre symbolische Manipulation genügt meist die Kenntnis gewisser relativer Lagen zueinander.

Qualitative Beschreibungen werden sehr wesentlich für komplexe technische Apparaturen und ihr Verhalten verwendet. Ein Techniker bezieht sich in seiner Ausdrucksweise sehr selten auf die (ihm auch häufig unbekannte) Detailbeschreibung, sondern er bewegt sich auf abstrakten Ebenen. Um eine Maschine auf einer solchen Ebene zu beschreiben, müssen wir die statischen und dynamischen Aspekte trennen.
Eine *statische Beschreibung* der Maschine umfaßt alle Teile, Parameter und Aspekte, die sich beim Lauf der Maschine nicht ändern, die also *dynamisch invariant* sind. Diese Beschreibung enthält ferner Variable für die dynamisch veränderlichen Parameterwerte; diesen Variablen können Constraints zugeordnet sein. Die statische Beschreibung orientiert sich meist an dem Komponentenaufbau der Maschine, deshalb werden solche

Beschreibungen auch *komponentenorientiert* genannt.

Die komponentenorientierte Darstellung läßt sich auf zweifache Weise interpretieren:
- Die technische Interpretation sieht den Aufbau des technischen Objektes über Baugruppen, Teile, Unterteile usw.
- Die Informatikinterpretation sieht den Aufbau über die Beschreibungen in der Form von Moduln, Teilmoduln usw.
Wir verwenden im folgenden die technische Sicht. Da wir uns für einen hierarchischen Aufbau interessieren, gibt es kleinste, sog. atomare Komponenten und zusammengesetzte Komponenten. Bei letzteren ist von Interesse, welche Teile sie haben und wie diese verbunden sind. Von der Informatiksicht übernehmen wir, daß Komponenten einerseits ein "Innenleben" und andererseits Schnittstellen nach außen haben. Diese Schnittstellen werden auch *Ports* genannt; sie sind durch die nach außen sichtbaren Größen bestimmt. Diese Größen sind meßbar und werden durch Portvariable repräsentiert. Die folgende Definition, die sich an diagnostischen Fragen orientiert, ist nur exemplarisch zu lesen.

2. Def.:

(i) Eine *atomare* oder *komplexe* Komponentenbeschreibung enthält:

(a) Die *Portvariablen* und Zusatzinformationen wie Meßkosten, Typ oder Richtung (etwa bei Strom).

(b) Eine *Verhaltensbeschreibung* in Form von Constraints oder Regeln über Portvariablen, Typ, Meßkosten etc.

(c) Beschreibung der *typischen Fehlverhalten*.

(d) a priori *Ausfallswahrscheinlichkeiten*.

(e) *Nachbarn*; das sind die mit dieser Komponente verbundenen Ports.

(f) *Lokalität*; sie beschreibt, wo sich die Komponente in der Maschine befindet.

(ii) Die Beschreibung einer komplexen Komponente enthält außerdem:

(g) Namen der *Teilkomponenten* mit eventuellen Zusatzinformationen.

(h) *Verbindungen* zwischen Komponenten in Form von Paaren von Portvariablen.

Die Komponenten können dabei wieder auf verschieden abstrakten Ebenen beschrieben werden. Sinnvoll ist die Darstellung in der Klassen-Instanzen Sicht, wie sie in §8b (z.B. im Fall von Smalltalk) eingeführt wurde. Dann untescheidet man zwischen der Klasse einer Komponente, die dann z.B. noch keine Lokalität hat, und einer konkreten Instanz dieser Komponente.

Eine *Zustandsbeschreibung* der Maschine ist durch eine mit den Constraints verträgliche Belegung der Variablen (für die dynamisch veränderlichen Parameterwerte) gegeben. Eine *Prozeßbeschreibung* ist eine (diskrete oder kontinuierliche) Folge von Zuständen. Solche Folgen können wiederum durch Constraints eingeschränkt sein.

Zu einer statischen Beschreibung eines Motors gehört etwa, daß ein Kolben da ist und wovon er angetrieben wird; Zustände sind dann "Kolben unten" oder "Kolben oben". Der Verlauf der Werte eines dynamischen Parameters wird häufig durch qualitative Funktionsbeschreibungen gegeben. Die Regeln für die Verhaltensbeschreibung erlauben, für jeden Zustand die möglichen Folgezustände anzugeben. Eigentlich ist in einem physikalischen System der Folgezustand eindeutig bestimmt, aber durch die Unvollständigkeit der Beschreibung und die qualitative Darstellung kann die Eindeutigkeit verloren gehen. Jedenfalls erlaubt dies eine *qualitative Simulation* des Maschinenverhaltens, die man in einem Graphen beschreiben kann:
1) Im Startknoten steht die Ausgangssituation, also der Initialzustand.
2) Die Folgeknoten eines jeden Zustandes sind die möglichen Folgestände dieses Zustandes.
Da physikalische Systeme meistens durch Gleichungen und Differentialgleichungen bestimmt sind, werden die Folgezustände gewöhnlich durch die qualitative Betrachtung von Funktionen mit ihrem positiv-negativ Verhalten, ihren Nullstellen, dem Verhalten ihrer Ableitungen etc. wie weiter oben erklärt beschrieben. Bei der Mehrdeutigkeit der Folgezustände ist noch zwischen solchen zu unterscheiden, die bei geeigneter Präzision wirklich möglich wären, und solchen, die unmöglich sind (z.B. weil sie unausgesprochenen physikalischen Gesetzen widersprechen). Diese letzteren werden in der Literatur auch *spurious behavior* genannt.

Prozesse können wichtig werden für die Diagnose von Maschinenfehlern, wo einzelne Werte für die Diagnose nicht ausreichen. Dazu geben wir ein einfaches Beispiel:

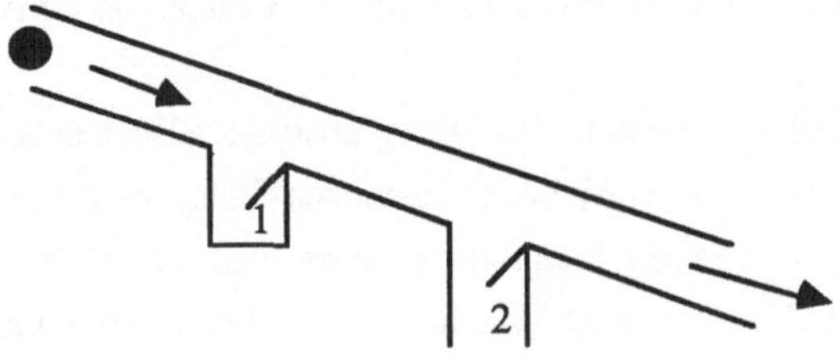

Eine Kugel rollt durch ein Rohr; wenn die Klappen (1) und (2) geschlossen sind, erscheint die Kugel wieder am anderen Ende des Rohres. Mögliche Zustände für die Klappe sind "auf" und "zu". Ist eine der Klappen auf, so fällt die Kugel hinein; bei Klappe (1) füllt die Kugel jedoch den vorhandenen Raum aus und die nächste Kugel kann ordnungsgemäß passieren:

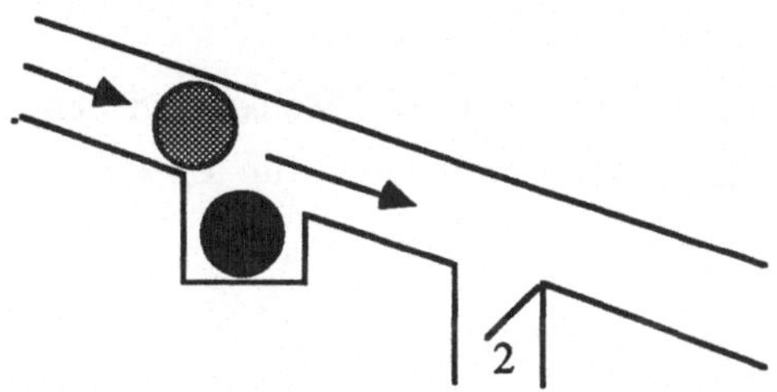

Es gibt weiter Mechanismen M_1 und M_2, die (1) und (2) geschlossen halten; erscheint eine Kugel nicht am Rohrende, muß einer dieser Mechanismen defekt sein. Näheren Aufschluß kann man nur durch das Rollen von zwei Kugeln erhalten (vgl. Aufgabe 3).
In diesem Beispiel sehen wir auch, daß wir für Diagnosezwecke u.U. mehrere mögliche Modelle zu betrachten haben: Neben dem korrekten Modell auch verschiedene *pathologische Modelle*. Zeitliche Verläufe können dabei als Vorbedingungen von Regeln auftreten; vgl. dazu § 16. Abschließend vermerken wir noch die Tatsache, daß längst nicht alle Begriffe und nicht alles Wissen auf einer Ebene höherer Abstraktion durch Abstraktion von konkreteren Ebenen her gewonnen wird, sondern oft dort auf unabhängige Weise entstanden ist. Deutlich wird dies am Beispiel des Kaffeemahlens oder allgemeiner der Mühlenprobleme. Es handelt sich hier im Prinzip um einfache mechanische Vorgänge, die aber in großer Zahl auftreten. Die Kenntnisse darüber sind *makroskopisches* Wissen und nicht Abstraktion *mikroskopischer* Vorgänge, man erhält sie nicht aus dem Wissen über die elementaren "Bruchvorgänge".

Übungen:

Aufgabe 1

Gegeben seien folgende Beschreibungsmerkmale mit den angegebenen Wertebereichen für die Auswahl des Mittagessens in der Mensa:

- Preis (in DM): {0.00 .. 10.00}

- Nährwert: {hoch, mittel, niedrig}

- Essensart: {biologisch-ökologisch, normal, plastikartig-chemisch}

- Geschmack: {schrecklich, unangenehm, naja, gut, Lieblingsgericht}

- Wartezeit (in Min.): {0 .. 60}

Stellen Sie für diese fünf Merkmale eine Abstraktion "Essensakzeptanz" auf, die folgenden Wertebereich hat:

> {unerträglich, unangenehm, akzeptabel, gut, spitze}

Geben Sie dazu drei Tafeln an: eine, die Ihre persönliche Meinung wiedergibt; eine für eine/n "eilige/n Gut-und-Viel-Esser/in" und eine für eine/n "preis- und gesundheitsbewußte/n Esser/in".

Aufgabe 2

Für die Menge ("Vorzeichen") = {0,+,-} seien die angegebenen Operationen add und mult wie oben erklärt. Gegeben sei folgendes Gleichungssystem über VZ:

(1) add(x,y)=z; (2) add(x,u)=w; mult(y,w)=z; mult(x,z) =w..

Diese Gleichungen (als Constraints aufgefaßt) sollen in der angegebenen Reihenfolge untersucht werden und für die Variablen im Konfliktfalle ein möglicher Wert festgelegt werden.

(a) Zeigen Sie anhand ungünstiger Auswahl der Werte die Nachteile eines einfachen Backtrackings.

(b) Benutzen Sie bei gleicher Auswahl der Werte eine Backtrackingstrategie, welche die Ineffizienzen aus a) vermeidet.

(c) Ermitteln Sie alle Lösungen des Gleichungssystems.

Aufgabe 3

Man erweitere VZ zu $VZ_1 = \{o, +, -, ?\}$ und stelle die die Operationstafeln für add, mult, div (Division), min (Minus) auf. Dabei verwende man "?" für "unbekannt" (wie oben) und benutze ein Zeichen U, wenn die Operation div schon in $\mathbb{R}$ nicht erklärt ist. Ferner erlaube man in VZ_1 eine positive ganzzahlige Exponentiation a^b, $a \in VZ_1$, $b > 0$, $b \in \mathbb{N}$.

(a)   Gelten in VZ die folgenden Regeln (im Sinne starker Lösungen) ?

    (i)   add(s, a) = add(t, a) $\Rightarrow$ s = t

    (ii)   add(s, t) = a $\Rightarrow$ s = a min (a,t)

    (iii) mult(s, a) = mult(t, a) $\Leftrightarrow$ s = t

(b)   Für welche Werte von a gilt

(i) $\text{mult}(s, a) = t \Leftrightarrow s = \text{div}(t, a)$

(ii) $\text{mult}(\text{add}(s, t), a) = b \Rightarrow \text{add}(s, t) = b \text{ mult}(b, a)$

(c)   Man faktorisiere eine quadratische Form

$$\text{add}((\text{mult}(a_2, x^2), (a_1 \text{ mult } x), a_0)$$

in ein Produkt von Linearformen. (Anm.: Dieser Prozess ist nicht ganz simpel!).

Aufgabe 4

Betrachten Sie ein qualitative Wertemenge mit den Werten $\{+,-,0,$ unendlich klein (positiv und negativ), unendlich groß (positiv und negativ)$\}$. Versuchen Sie, eine sinnvolle Definition für Addition und Multiplikation zu finden und stellen Sie eine möglichst vollständige Beschreibung von Beziehungen zwischen diesen Größen auf.

Aufgabe 5

Man gebe für das obige Beispiel ("Rohr mit Kugeln") formal eine Maschinenbeschreibung und mögliche Zustands- und Prozeßbeschreibungen an und zwar sowohl für das korrekte Modell als auch die pathologischen Varianten. Man formuliere Diagnoseregeln und beweise sie formal aus der Modellbeschreibung.

Aufgabe 6

Geben Sie eine qualitative Beschreibung einer einfachen Achterbahn an, welche genau einen Looping dreht. Teilen Sie dabei den Weg des Wagens so in Intervalle ein, daß Sie qualitativ schließen können.

Hintergrundbemerkungen zu §17

Der Begriff der Abstraktion hat zwei wesentliche Motivationen. Die eine kommt von den kognitiven Wissenschaften her: Menschen organisieren ihre Überlegungen auf bestimmten allgemeinen Ebenen, die meistens schon durch den Sprachgebrauch vorgegeben sind; etwas dazu findet man in §24.

Die zweite Motivation ist schon eine technische Sublimierung des obigen Aspektes : Abstraktion in Form von "Zusammenfassung von Objekten" ist in der Mathematik eine Standardtechnik, sie tritt dort in der Gestalt von Quotientenbildungen auf: Die Abstraktionssabbildungen heißen in der Algebra Homomorphismen. Eine andere Form der Abstraktion ist in der Mathematik die Lokalisierung, wo Objekte von einem bestimmten Blickwinkel oder "an einer bestimmten Stelle" betrachtet werden. So kann man eine Zahl dadurch studieren, daß man sie bezüglich ihrer Teilbarkeitseigenschaften durch eine Primzahl p untersucht oder man kann eine Funktion f partiell beschreiben durch ihren Wert an einer Stelle a. Zentral ist dabei, ob und wie weit das ganze Objekt durch seine Lokalisierungen bestimmt ist. Anwendungsrelevant ist die Homomorphie im Operations Research geworden; besonders interessant ist hier die Dekompositionstheorie von Möhring und Radermacher (vgl.[Mö-Ra84]).

Viele der qualitativen Überlegungen finden sich in der Literatur zur Intervallarithmetik, vgl. etwa [Ni75]. Ausführlicheres zum qualitativen Schließen mit weiteren Literaturangaben steht in [Str87]. Qualitative Prozeßbeschreibungen wurden in [deK-Br84], [Vo86] und [Ku86] vorgestellt, ihre Problematik wird in [Str87] und [Sch87] erörtert. In [Ku86] wird das System QSIM zur qualitativen Simulierung physikalischer Systeme vorgestellt. Weitergeführt und wesentlich verbessert wurden solche Systeme durch MAKE und QUASIMODIS, die in [Re91] beschrieben werden; insbesondere schaltet QUASIMODIS gegenüber QSIM viele Arten des "spurios behavior" aus. Die Algebra VZ_1 aus Aufgabe 3 ist aus [Wi88], wo auch Zusammenhänge mit der reellen Algebra diskutiert werden. Insgesamt ist das qualitative mathematische Wissen eines Ingenieurs noch nicht annähernd axiomatisiert und schon gar nicht operationalisiert. Welche Vorsicht beim qualitativen Schließen geboten ist, zeigen z.B. die Phänomene der Katastrophentheorie oder das chaotische Verhalten mancher dynamischer Systeme mit mehreren Attraktoren.

18 Erklärung

In §10 hatten wir induktive Schlüsse diskutiert, deren Resultate Begründungen für Beobachtungen abgaben. Solche Begründungen erklären die Beobachtungen in gewisser Hinsicht; den Terminus "Erklärungen" hatten wir jedoch dort mit Absicht vermieden. Erstens können Erklärungen auch von anderer Art sein, vor allem aber beinhaltet der Erklärungsbegriff mehr als eine logische oder kausale Begründung, er enthält eine starke Komponente der Kommunikation.

Erklärung und Wissensakquisition sind die beiden Kanäle bei Expertensystemen, über die es mit der Außenwelt kommuniziert, wenn man einmal vom interaktiven Eingreifen absieht; gerade hierfür sind aber auch wieder Erklärungen vonnöten. Der Begriff der "Erklärung" ist, wie viele andere hier diskutierte, umgangssprachlicher Natur und wird dementsprechend in vielen Bedeutungsvariationen benutzt. Die Erklärung soll jedenfalls das Wissen des Benutzers insoweit erweitern, daß er bestimmte Behauptungen eher akzeptiert (man sagt auch er "versteht mehr"). An einer Erklärung sind beteiligt:

  - Der Erklärer;
  - das im System repräsentierte Wissen, es ist die Quelle der Erklärung,
  - der Benutzer, er ist das Ziel der Erklärung.

Über die Modellierung und die Repräsentation des Wissens haben wir schon hinlänglich gesprochen; es bleibt aber noch, den Einfluß von Repräsentationsformen auf die Erklärung zu diskutieren. Modellierungen des Benutzers haben wir aber noch nicht behandelt; genauer gesagt handelt es sich auch um ein Partnermodell von System (als Erklärer gesehen) und Benutzer.

Die Rolle des Benutzers ist insofern nicht ganz kalkulierbar, als man zwar seinen Typ festlegen kann, aber nicht sein genaues Verhalten, weil man z.B. nicht vorher weiß, welche der vielen Tatsachen er vergessen haben könnte. Das bedingt, daß der Erklärer mit ihm in eine Kommunikation eintreten muß. Nun verläuft der Prozeß aber etwas einseitig, weil nur der Benutzer an einer Erklärung interessiert ist. Es ist daher zweckmäßig, den Informationsaustausch in Form eines Frage - Antwortspiels ablaufen zu lassen, dessen Formalisierung wir partiell in §12 diskutiert haben und worauf wir Bezug nehmen. Verschiedene Formen von Fragen sind dabei zu verschiedenen Erklärungsarten korreliert. Einige wichtige Formen der Erklärung wollen wir jetzt kurz vorstellen.

1) <u>Konzeptuelle Erklärungen</u>: Hier soll die Bedeutung eines Begriffs erklärt werden. Man kann sie einmal als die Beantwortung einer extensionalen Frage verstehen ("Was ist die Hauptstadt von Frankreich?"), aber auch als Beantwortung einer Beschreibungsfrage ("Was ist ein Vektorattribut?").

2) <u>Begründende Erklärungen</u>: Sie geben "Gründe" an und beantworten bestimmte Warum-Fragen. Wir können zwischen Einzelfallerklärungen und allgemeinen Gesetzeserklärungen unterscheiden. Weiter kann man einen Grund (unter mehreren) als Erklärung angeben oder aber auch eine vollständige Ursachenliste.

3) <u>Handlungserklärungen</u>: Sie beantworten Wie-Fragen ("Wie kam es zu dieser Situation?").

4) <u>Zweckerklärungen</u>: Sie beantworten ebenfalls bestimmte Warum-Fragen, zielen aber in eine andere Richtung als die begründenden Erklärungen.

Die gewünschte Erklärung kann nun in Abhängigkeit von der Art, in der das Wissen dargestellt ist, verschieden schwierig sein. Einige dieser Aspekte wollen wir vorstellen; dabei betrachten wir Regeln, Constraints, Funktionen und Hierarchien.

a) <u>Regeln</u>: Wir unterscheiden Vorwärts- und Rückwärtsregeln.

a1) Rückwärtsregeln wie bei Prolog: Hier wird für das gestellte Problem ein Beweis erstellt. Ein solcher Beweis läßt sich auch als eine Erklärung für die Konklusion auffassen. In dieser Sicht ist eine Erklärung eine Sequenz der instantiierten Klausen, die im Beweis auftreten. Es besteht also ein enger Zusammenhang mit begründenden und Erklärungen, weil dort gerade Rückwärtsorientierung verlangt wird. Hingegen lassen sich Zweckerklärungen (die eben nach vorne und nicht zurück orientiert sind) und konzeptuelle Erklärungen hier nur schwer einordnen.

a2) Vorwärtsregeln wie bei OPS5: Diese Regeln erzeugen Aktionen und sind deshalb besonders für Handlungserlärungen geeignet. In einfacher Form erzeugt ein Parsingprozeß solch eine Erklärung, er zählt einfach alle erfolgten Handlungen auf. das ist sicherlich für den Benutzer noch unbefriedigend, aber ein guter Ausgangspunkt. Ebenso kann man die Vorwärtsregeln aber auch für Zweckerklärungen verwenden, weil dafür die erreichten Teilziele eine Motivation sind.

b) <u>Constraints</u>: Constraints vertreten Regeln, die in beiden Richtungen angewandt werden können. Eine wichtige Funktion der Constraints liegt bei begründenden Erklärungen und zwar besonders bei der Beantwortung von Warum-nicht-Fragen, weil nämlich gerade Constraints unerwünschte Lösungen ausschalten können. Constraints auch für die Beantwortung positiver Warum-Fragen und Zweckfragen dienen. Für konzeptuelle Erklärungen sind sie weniger geeignet, ebenso für Handlungserklärungen, weil ihre Semantik schwer nachvollziehbar ist.

c) <u>Funktionen</u>: Sie beschreiben funktionale Abläufe, die sich reproduzieren lassen. Deshalb sind sie zu Handlungserklärungen geeignet. Weil sie die Abläufe aber nicht begründen, bieten sie sich für begründende Erklärungen nicht an und auch die anderen Erklärungsformen sind hiermit nicht verknüpft.

d) <u>Hierarchien</u>: Hierarchien ordnen Begriffe und sind deshalb besonders für konzeptuelle Erklärungen geeignet ("Ein Vektorattribut ist ein Attribut mit den folgenden Eigenschaften..."), weil sie eben auch gerade Begriffe in eine Hierarchie einordnen. Diese Zielgerichtetheit vom allgemeinen zum speziellen läßt sich manchmal auch für Zweckerklärungen ausnutzen, während zu den anderen Formen der Erklärung kein direkter Zusammenhang besteht.

Bestimmte Inferenzmechanismen favorisieren also bestimmte Erklärungsformen. Die Relation zwischen Erklärungs- und Inferenzkomponente ist aber grundsätzlich diffizil. Dazu ist zuerst zu beachten, daß der Begriff "Erklärungs*komponente*" bereits etwas irreführend ist. Unter einer Komponente in einem Programmsystem verstehen wir nämlich einen Modul, dessen innere Struktur die Außenwelt nicht interessiert, für den nur sein Ein - Ausgabeverhalten Bedeutung hat. Das würde hier bedeuten, daß die Erklärungskomponente rein auf das Resultat der Inferenz zugreifen müßte und sich dazu eine Erklärung zusammenzubasteln hätte. Das hat zwei Problematiken. Zum einen können bei der Inferenz gewisse Informationen verloren gehen, und es fragt sich, welche man sich merken soll. Zum anderen erfolgt die Erklärung auf einen Benutzerwunsch hin; dabei interessiert den Benutzer nur wenig, wie schwierig die Beantwortung einer Frage aufgrund systemimmanenter Probleme ist. Die Frage, welche Erklärungen geliefert werden, erfolgt denn auch nicht aus der Sicht der Wissensbasis, sondern aus der des Benutzermodells.

Zur Erläuterung dieser Sicht wollen wir als Beispiel einen gewissen Fragenkatalog vorstellen, der von qualifizierten Benutzern bei der Vorführung eines konkreten Expertensystems erstellt wurde. Gegenstand dieses Expertensystems ist die Konstruktionsplanung im Maschinenbau in der Konstruktionsphase, wir gehen darauf näher in §20b ein. Jetzt muß man nur wissen, daß der Auftraggeber für eine zu konstruierende Maschine bestimmte Anforderungen an ihre Funktionalität vorgibt, welche die Maschine dann realisieren soll. Diese Wunschliste an die Erklärungskomponente ist wie folgt strukturiert:

(I)   Erklärungen zum System:
      (a)   Was bewirkt eine Eingabe?
      (b)   Warum wird die Eingabe benötigt?
      (c)   Welche Alternativen bestehen für die Eingabe?

(II)   Methodische Erklärungen zum funktionalen Ablauf:
      (a)   Was kann als nächstes ausgeführt werden?
      (b)   Welche Funktion sollte als nächste detailliert und bearbeitet werden?
      (c)   Warum erscheint diese Reihenfolge dem System sinnvoll?

(III)   Erklärungen zur Performanz und Statistik (nur für die Wartung und Verbesserung des Systems erforderlich):
      (a)   Welche Funktionen wurden am häufigsten aufgerufen?
      (b)   Welche Reihenfolge bei der Bearbeitung wurde in der Regel von einem bestimmten Anwender bevorzugt?
      (c)   Welche Werte für Randbedingungen wurden besonders häufig spezifiziert? (Dies ist interessant für das Setzen neuer Defaultwerte).
      (d)   Welche Randbedingungen führten zu Problemen bei der Detaillierung? (Hier liegen sachliche Informationsdefizite beim Benutzer vor).

(IV)   Erklärungen zu Objekten der Konzeption:
      (a)   Warum wurde eine Lösung ausgewählt?
      (b)   Warum ist eine Lösung besser als eine andere?
      (c)   Warum wurde eine Lösung nicht ausgewählt?
      (d)   Welche Randbedingungen gelten für ein Objekt?
      (e)   Woher kommen diese Randbedingungen?
      (f)   Wie wurde eine Struktur hergeleitet?

(V)   Dazu kommen noch Wünsche nach sachlichen Erklärungen über die Lösungsträger und Funktionen.

Eine Analyse dieser Wünsche bringt beträchtliche Unterschiede zu Tage. Strukturell am einfachsten zu behandeln sind die extensionalen Fragen, die wir in §12 abgehandelt haben. Hierzu zählen die Fragen (Ic), (IIa), (III) und (IVd).

Sehr einfach ist z.B. die Frage (IVd) durch folgende Angaben zu formalisieren:

-- Alternativen: Sind in einer Liste aufgezählt.

-- Wahrheitsanforderung: Ist in jeder Instantiierung nachzuprüfen; das Ergebnis ist ein klassischer Wahrheitswert 0 oder 1.

-- Vollständigkeitsanforderung: Alle.

Schwieriger ist es schon bei den Fragen der Gruppe (III):

-- Alternativen:

(IIIa): Sind in einer Liste aufgezählt,

(IIIb), (IIIc): Hier müssen begleitende Listen für die bearbeiteten Fälle erstellt werden. Eine solche Buchführungsprozedur ist im System i.allg. nicht automatisch vorgesehen und bildet daher einen Zusatz.

(IIId): Diese Frage muß erst einmal so spezifiziert werden, daß klar ist, was "Problem" heißt. Eventuell wird hier der Benutzer gefragt, was ein "interaktiven Eingriff" bedeutet. Außerdem wird hier ein subjektives Element ins Spiel gebracht.

-- Wahrheitsanforderung:

(IIIa), (IIIb), (IIIc): Gefragt sind objektive statistische Aussagen, deren Genauigkeitsgrad vom Benutzer zu erfragen ist.

(IIId): Es gehen subjektive Vagheiten ein. Zu prüfen ist die Verwendung der Methode der groben Mengen.

Der nächste große Block von Fragen sind die "Warum-Fragen", die nach dem Zweck einer Aktion fragen. Wir unterscheiden die positiven und die negativen "Warum-Fragen":

Positiv sind die Fragen (Ib), (IIc), (IVa). Dabei ist (IVa) eine Begründungsfrage, die sich auf die Vergangenheit bezieht. Die Frage (IVb) ist nicht ganz unter das positiv-negativ Schema zu fassen. Sie verlangt einen Vergleich von zwei pragmatischen Argumenten, der im Prinzip verschieden geführt werden kann. Man kann zweierlei Dinge fragen:

-- Was hat mehr positive Argumente für sich?

-- Was hat mehr negative Argumente gegen sich?

Zum Dritten besteht noch die Möglichkeit, positive gegen negative Argumente aufzuwiegen.

Eine negative Warum-Frage ist schließlich (IVc).

Eine klare Wie-Frage ist (IVf); (IVe) fällt ebenfalls in diese Kategorie, weil ja nach einer

Herleitung gefragt wird. Es bleiben schließlich die Fragen (Ia) und (IIb) übrig. In einem gewissen Sinne könnte man sie unter die extensionalen Fragen zählen. In beiden Fällen ist die Alternativenmenge noch angebbar, obwohl (Ia) nicht klar ist; sollen etwa alle im System erlaubten Aktionen zur Debatte stehen? Die Wahrheitsanforderung ist noch unklarer:

-- Sollen bei (Ia) auch alle indirekten Auswirkungen mitgezählt werden? Wir haben hier das Problem, daß neben der Wahrheitsfrage die Frage nach der *Wichtigkeit* auftritt.

-- Bei (IIc) spielt die Frage der Wichtigkeit sogar eine ganz dominierende Rolle: Die Wahrheitsfrage wird durch die Pragmatikfrage in den Hintergrund gedrängt. Ebenfalls pragmatisch sollte die Vollständigkeitsanforderung bestimmt werden.

Unsere Aufstellung zeigt bereits eine ganze Reihe von Problemen auf, die über die logische Analyse, wie sie in §12 aufgestellt wurde, hinausgehen. Das liegt hauptsächlich daran, daß sich die Logik wesentlich mit Wahrheitsfragen und ähnlichem, aber z.B. nicht mit Nützlichkeitserwägungen beschäftigt. Mehr oder weniger klar ist hauptsächlich die Behandlung der extensionalen Fragen. Einige lassen sich ohne weiteres einem fertigen System einfügen; bei anderen muß die Inferenz insofern modifiziert werden, als einige, für die Inferenz nicht wichtige, Zwischenergebnisse aufgelistet werden müssen. Schließlich ist die Beantwortung mancher Fragen nur durch eine Erweiterung der Wissensbasis möglich; man muß u.U. zur Erklärung mehr wissen als zur Inferenz. Wir wollen uns jetzt der Analyse der Wie- und Warum-Fragen zuwenden.

In beiden Fällen ist entscheidend, daß eine genügend vollständige Antwort weder erwünscht noch im allgemeinen überhaupt möglich ist. Es sind, jedenfalls prinzipiell, zu viele Dinge beteiligt; von den meisten wird aber stillschweigend angenommen, daß der Frager sowohl ihre Wirkungsweise als auch ihre Zweckbestimmung kennt. Das Hauptproblem liegt nun darin, daß der Erklärer sich ein Bild

(a) über den Wissensstand und

(b) über die Bedürfnisse

des Benutzers machen muß. Für völlig beliebige Benutzer ist dies wohl schlecht zu bewerkstelligen; man wird sich auf eine Benutzerklasse einschränken müssen.

Unsere Beispielsituation legt folgende Annahmen über *Benutzerkenntnisse* nahe:

-- Beherrschung des allgemeinen Vokabulars, der generellen Vorgehensweise und der (meisten) Standardsituationen;

Benutzerdefizite sind in erster Linie in folgenden Bereichen zu vermuten:

-- Vollständige Kenntnis von Einzelheiten und Daten;

-- Kenntnis seltener Fälle und Ausnahmeregelungen;

-- Konsequenzen des kombinatorischen Zusammenspiels mehrerer Möglichkeiten.

Die *Bedürfnisse* des Benutzers sind aus zwei Gründen schwer zu fassen:

-- Es sollen nicht alle Informationsdefizite ausgeglichen werden, sondern nur solche, die dem Benutzer wichtig erscheinen;

-- sowohl die Defizite als auch die Einschätzung ihrer Wichtigkeit hängen vom speziellen Benutzer ab.

Benutzerkenntnisse und Benutzerdefizite lassen sich meist noch recht gut beschreiben, da sie sich auf die vorhandene Wissensbasis beziehen. Schwierig zu fassen sind die Benutzerbedürfnisse. Sie beziehen sich auf nicht vorhandenes und sind von der subjektiven Einschätzung der Wichtigkeit abhängig.

Als Leitlinie für die Erklärung bietet sich generell eine *sparsame* Beantwortung an:

-- Keine Routinemaßnahmen kommentieren;

-- Ausnahmefälle hervorheben wie Verletzung von Defaultannahmen und plausiblen Hypothesen;

-- Ermöglichung von Nachfragen.

Diskussion der Wie-Fragen und der begründenden Warum-Fragen
Wir beschränken uns auf einen Inferenzprozeß. Eine komplette Beantwortung einer Wie-Frage bestünde dann in einem Protokoll aller erfolgten und versuchten Inferenzschritte. Um den Erfordernissen einer sparsamen Beantwortung gerecht zu werden, werden eine Reihe von Informationen benötigt:

(1) Bei jeder verwendeten Methode, Regel, allgemeinen Inferenzart und jedem Faktum ist gegebenenfalls zu vermerken, ob hier mit hoher Wahrscheinlichkeit ein Informationsdefizit vorliegt. Weil dies selten vorkommt, sollte es ein Dämon kontrollieren.

(2) Verletzung von Defaultwerten sollte mit Angabe des neuen Wertes vermerkt werden.

(3) Eine Modularisierung der Inferenzschritte sollte die Zusammenfassung von

"Routineblöcken" ermöglichen, die im Protokoll nur mit ihrem Namen erscheinen.

(4)   Hypothesen- und Teilzielwechsel sollten vermerkt werden.

(5)   Bei Constraints, die auf speziellen Benutzerwünschen beruhen, sollte dies vermerkt werden. Bei einem Hypothesenwechsel und auch bei einer Warum-nicht-Frage sollte die Liste solcher beteiligter Constraints erscheinen.

(6)   Für jeden Parameter sollte eine gewisse Bandbreite vermerkt werden, die der Benutzer als *normal* empfindet. Wird im Inferenzprozeß ein Parameter außerhalb dieser Grenzen festgelegt, so sollte die Liste der beteiligten und auf einem Benutzerwunsch beruhenden Constraints ebenfalls im Protokoll erscheinen. Man könnte diese Constraints ebenfalls noch in die Klassen "normal" und "ungewöhnlich" aufteilen.

Die Punkte (1), (2), (5) und (6) setzen dabei eine Partnermodellierung voraus.

Diskussion der Warum-Fragen:

Wir setzen die Situation voraus, daß in einem Inferenzprozeß eine bestimmte Aktion, vornehmlich eine Nachfrage beim Benutzer, erklärt werden soll. Eine restlos vollständige Erklärung würde wiederum verlangen:

-- die Angabe aller denkbaren Hypothesen samt ihrer Prioritätsordnung;

-- die Angabe aller Wege zur Bestätigung oder Zurückweisung der wichtigen Hypothesen;

-- die Angabe der fehlenden aber benötigten Informationen zu diesem Zweck.

Eine sparsame Beantwortung basiert im wesentlichen auf folgenden Informationen:

(1)   Die Angabe der aktuellen Hypothesen und etwaiger Alternativen samt einer Kurzform, wie diese erreicht wurde (s.o.).

(2)   Die Feststellung, ob diese Hypothese eine ursprüngliche ist oder eine Alternative zu einer (welcher?) früheren.

(3)   Die Beantwortung der Frage, ob es sich um eine Standardvorgehensweise zur Klärung der Hypothese oder um einen Sonderfall handelt. Sonderfälle können vorliegen, wenn es sich um Verletzung eines Defaults handelt oder wenn ein explizit als solcher gekennzeichneter Fall eingetreten ist.

Die Partnermodellierung setzt im wesentlichen bei Punkt (3) ein. (1) und (2) können bereits bei einer sorgfältigen Protokollierung der Hypothesenbildung miterfaßt werden; insbesondere ist hier ein Abhängigkeitsnetz von Vorteil. Dabei ist besonders von Interesse, ob es sich bei dem Benutzer um einen Anfänger oder eine Experten handelt. Das zur Erklärung benötigte Wissen, welches über das zur Inferenz wichtige hinaus geht, betrifft im wesentlichen die Partnermodellierung. Generell ist für die gesamte Erklärung noch das Problem der Wahl einer geeigneten *Präsentationsform* wichtig; man kann etwa fragen, wann Text oder ein Menue oder eine Graphik angebracht ist. Das soll hier aber nicht weiter diskutiert werden. Ebenso wollen wir nicht auf die sehr wichtige Rolle der natürlichen Sprachen und der allgemeinen Strategie der Dialoge in diesem Kontext eingehen.

Übungen

Aufgabe 1

Es ist ein Miniatur-Expertensystem zur Fehlerdiagnose bei Fahrzeugen zu entwickeln. Die Implementierung soll in PROLOG erfolgen. Hierzu empfiehlt sich eine hierarchische Darstellung des Autos mit Hilfe der "is-part-of"-Relation. Bei dieser Hierarchie kann exemplarisch folgende Struktur angenommen werden:

Das Auto besteht aus dem Motor und dem Getriebe;

das Getriebe besteht aus einem Zahnrad;

der Motor besteht aus einer Zündkerze und dem Vergaser.

(Die starke Vereinfachung ergibt sich aus der Beschränkung auf die Teile, in denen das Expertensystem Fehler erkennen soll).

Auf diese Weise läßt sich das Fehlverhalten eines Teils aus dem Fehlverhalten seiner Bauteile erklären. Fehler werden über einzelne beobachtbare Symptome erkannt und durch Nachschauen verifiziert. Daher muß noch eine Liste der beobachteten Symptome und der möglichen Fehler angelegt werden. Hierbei sollen folgende Zusammenhänge vom Expertensystem zur Diagnose verwendet werden:

Ein verschmutzter Vergaser führt zum Symptom "Stottern";

ein ausgeschlagenes Zahnrad führt zum Symptom "Knirschen";

eine verschmutzte Zündkerze führt zum Symptom "Stottern".

(1) Implementieren Sie das oben geschilderte System. Folgende Anfrage sollte vom System mit Hilfe von Fragen an den Benutzer beantwortet werden:

      :-fehler(auto,Fehler).

In der Variablen Fehler wird vom System der Fehler zurückgegeben.

(2) Zur besseren Einsicht in das System fordert der Kunde eine Erklärung der Fragen, die vom Expertensystem gestellt werden. Hierzu soll vom System sowohl die Kenntnis über die Struktur des Autos als auch die Verbindung der Symptome mit den möglichen Ursachen benutzt werden.

Beispiel:

System:	Wurde Symptom "Stottern" beobachtet?
Kunde:	Warum?
System:	Der Fehler Schmutz im Vergaser führt zum Symptom "Stottern".
Kunde:	Warum?
System:	Der Vergaser ist ein Teil des Motors.
Kunde:	Warum?
System:	Der Motor ist Teil des Autos.
Kunde:	Warum?
System:	Das sollten Sie wissen!

Die letzte Antwort des Systems beinhaltet die Tatsache, daß der Kunde die Anfrage nach dem Fehler im Auto selbst gestellt hat.

Hintergrundbemerkungen zu §18:

Erklärungen sind in deklarativen Sprachen grundsätzlich besser zu geben als in prozeduralen Sprachen. Das liegt eben daran, daß die Sachverhalte bei den letzteren kodiert werden müssen, während man bei den ersteren die Chance hat, sie adäquat auszudrücken, was an sich schon eine Erklärung ist. Das Ergebnis eines Parsingprozesses in einer deklarativen Sprache ist weitaus informativer als in einer prozeduralen.

Eine Erklärungskomponente spielte bereits in einem der ersten großen Expertensysteme, nämlich MYCIN (s. [Bu-Sh84]), eine wichtige Rolle und trug mit zur Popularität des Systems bei. Dort durfte der Benutzer Wie-Fragen und Warum-Fragen ("Warum muß ich diese Daten eintragen?") stellen. Eines der Defizite in MYCIN besteht in der Unfähigkeit, kausale Beziehungen aufzuzeigen; die Erklärungen von MYCIN bestanden im wesentlichen in einem intelligenten und benutzerfreundlich aufbereitetem Parsingergebnis. Das System XPLAIN (vgl. [Sw83]) macht auch inhaltliches Wissen über den Bereich verfügbar. Eine Weiterentwicklung ist EES ("Explainable Expert System", vgl. [Sw-Sm87]. Hier kommt u.a. auch Wissen über Konzepte und Begriffsklassen zum Einsatz. Eine relativ umfassende Sicht von Erklärungskomponenten findet sich in [Sp91].

In der Reihenfolge dieser und anderer Systeme ist generell zu bemerken, daß sich das Benutzerprofil wandelt: Man geht weg vom Systemprogrammierer und hin zum durchschnittlichen Anwender, der im wesentlichen nur noch Fachwissen, aber keine EDV-Kenntnisse hat. Diese Tendenz wird in Zukunft auch mehr und mehr den Einsatz natürlichsprachlicher Komponenten erfordern; sie wären nicht zuletzt für die wünschenswerte Dialogfähigkeit nötig. Allerdings müssen die natürlichsprachlichen Hilfsmittel aber Anforderungen an kurze Reaktionszeiten erfüllen, die heute noch nicht gegeben sind. Um Dialoge flexibel führen zu können, sollten auch die Untersuchungen auf dem Gebiete der Kognitionstheorie weiter getrieben werden.

Es wäre auch von Interesse, Erklärungen hierarchisch anzuordnen, die bei Nachfragen zunehmend konkreter werden können; sie sollten dabei die Abstraktionsebenen des Expertensystems reflektieren.

Zusammenhänge zwischen Wissensakquisition und Erklärung sind bisher noch nicht ausgenutzt worden. Es besteht jedoch ein innerer Zusammenhang zwischen ihnen, denn der befragte Fachmann gibt nicht nur für die Inferenz wichtiges Wissen an, sondern er kommentiert es in der Regel noch in so vielfältiger Weise, daß man weiß, was wichtig und unwichtig, normal und überraschend ist, usw.; das alles ist für Erklärungen von hohem Interesse.

19 Wissensakquisition und Lernen

Der umgangssprachliche Begriff des Lernens ist wie die meisten solcher Konzepte sehr allgemein und umfaßt eine große Vielfalt von Ausprägungen, die je nach Lage und Intention sehr verschieden ausfallen können. Einige von ihnen werden wir konkret diskutieren. Wir betrachten ein System, in dem in einer bestimmten wohldefinierten Sprache gewisse Einträge stehen, die sowohl extern manipuliert werden können (durch Löschen und Modifizieren alter Einträge, durch Hinzufügen neuer Einträge) als auch auf dieselbe Weise intern mit Mitteln des Systems verändert werden können. Die externe Manipulation ist die Wissenseingabe und die interne eine Inferenz. In beiden Fällen findet beim System ein *Lernprozeß* statt, denn es "weiß" hinterher mehr als vorher.Bei einer Eingabe ist das Lernen aber von recht trivialer Natur und verdient diesen Namen eigentlich nicht. Nichtdestoweniger findet auch in diesem Zusammenhang ein Lernen statt, nämlich beim Benutzer bzw. beim Ersteller des Systems. Er hat das zu kodierende Wissen bei einem Experten zu erfragen, zu verstehen und dann geeignet zu repäsentieren. Diesen Vorgang nennt man Wissensakquisition. Er läßt sich als Teil eines Softwareengineeringprozesses auffassen und bildet bei der Expertensystementwicklung ein als "Flaschenhals" bekanntes Problem. Zur Bewältigung dieser Aufgabe sind zum einen Methoden zu Unterstützung des Wissensakquisition selbst entwickelt worden und zum anderen versucht man, durch maschinelle Lernverfahren den selbständigen Wissenserwerb des Systems zu fördern.

(A) <u>Lernen durch externe Eingabe und die Akquisition von Wissen.</u>

Die Eingabe selbst ist wie erwähnt der triviale Teil des Problems. Man fragt sich, wie das zu geschehen hat, welche Strukturen unter Umständen schon vorgegeben sein müssen und vor allem, wie man das Wissen, das man eingeben will überhaupt erwirbt.

Wenn wir uns auf den Standpunkt stellen, daß wir bereits eine dem Problem adäquate Expertensystemshell zur Verfügung haben, vereinfacht sich einerseits die Sache, weil die relevanten Strukturen bereits vorgegeben sind und man nur die Freiheiten des Systems ausnutzen kann. Auf der anderen Seite hat man es aber auch wieder schwerer, weil der Formalismus der Shell nicht mit der üblichen Ausdrucksweise koinzidieren muß. Wir wollen aber keine vollständig vorbestimmte Struktur voraussetzen, einiges wie Datenstrukturen oder Inferenzmechanismen kann jedoch vorhanden sein.

Das allgemeine Scenario hat drei Beteiligte:

(a)   Der erste Beteiligte ist der Experte in der Domäne.

(b)   Als zweites ist ein Mittelsmann, oft "Wissensingenieur" genannt, mit von der Partie: Dieser hat in der Regel weder die Kenntnisse noch die Erfahrung des Experten; ein gewisses Grundverständnis ist jedoch ganz unbedingt vonnöten.

(c)   Der eigentlich "Lernende" ist das System selbst. Dieses erhält das vom Wissensingenieur gefilterte und geeignet aufbereitete Wissen eingegeben, es dieses u.U. geeignet weiterverarbeiten.

Vom äußeren Vorgehen her gesehen findet als erstes die *Wissenserhebung* statt. Die Techniken hierzu sind teilweise älteren Datums und wurden im Computerzeitalter wiederentdeckt. Man unterscheidet im wesentlichen drei Arten.

(a) *Interviewtechniken:* Das Führen von Interviews ist auf weitgehende Weise strukturalisiert und formalisiert worden. Hier findet ein Dialog mit dem Fachmann statt.

(b) Das *Beobachten von Experten:* Hier nimmt der Beobachter eine eher passive Rolle ein. Die Beobachtung wird in Protokollen festgehalten und sowohl das Erstellen eines Protokolls wie auch dessen Analyse ist einer Formalisierung zugänglich.

(c) *Indirekte Techniken:* Hier werden keine ganz gezielten sondern (scheinbar) neutrale Fragen gestellt, aus deren Beantwortung man Rückschlüsse auf die eigentlichen Sachverhalte ziehen möchte. Als ein Beispiel wollen wir das *Konstruktgitterverfahren* anführen. Es ist wie die meisten dieser Verfahren recht simpel: Der Experte hat zunächst eine Reihe von Begriffen des fraglichen Bereiches aufzuzählen. Dann werden Tripel dieser Begriffe gebildet, und der Experte muß zu jedem dieser Tripel ein Attribut aufzählen, das auf die ersten beiden Begriffe zutrifft, auf das dritte aber nicht. Man hat hier aber darauf zu achten, daß man nicht nach unsinnigen Fallunterscheidungen fragt (dadurch erwirbt man kein Wissen, sondern macht sich nur unbeliebt).

Die meisten dieser Verfahren lassen sich recht einfach implementieren und können mit einer guten Oberfläche versehen ganz nützlich sein.

Durch die Form der Erhebung ist aber noch keine Vorgehensweise vorgegeben. Die am meisten verbreitete Form der Expertensystementwicklung ist durch das Schlagwort *Rapid Prototyping* gegeben. Hier wird auf der Basis einer zunächst kleinen Menge von Fallbeispielen ein Prototyp des Systems entwickelt, der durch weitere Erhebungen sukzessive erweitert und verfeinert wird, bis die gewünschten Anforderungen erfüllt sind. Diese Methode hat verschiedene Vorteile, die sich im wesentlichen dahingehend zusammenfassen lassen, daß man die getroffenen Entscheidungen schnell überprüfen kann. Die Hauptgefahren liegen vor allem darin begründet, daß leicht eine Vermengung der verschiedenen logischen Schritte bei der Wissensakquisition erfolgt, was wiederum eine Unsystematik zur Folge hat, die sich später oft schlecht korrigieren läßt. Da der erstellte Prototyp aber auch sehr unbefriedigend sein kann, ist eine wichtige Konsequenz dieser Methode die Bereitschaft, den Prototyp notfalls ganz aufzugeben, anstatt an einem falschen Ansatz "herumzudoktorn".

Ein in letzter Zeit verfolgter systematischer angelegter Ansatz läuft unter dem Namen KADS (Knowledge Acquisition and Documentation Structuring), dessen Hauptpunkte wir skizzieren wollen.

Ziel ist eine allgemeine Methodologie für den Entwurf von Expertensystemen. Es werden verschiedene Modellierungsstadien unterschieden, die man zweckmäßigerweise bestimmten "Ebenen" zuordnet. Wir unterscheiden drei solche Ebenen, (vgl. dazu §0):
- Die kognitive Ebene, auf der man informell argumentiert;
- die Repräsentationsebene, auf der formale Sprachen erscheinen;
- die Implementationsebene, auf der ablauffähige Programme geschrieben werden.

Auf der kognitiven Ebene wird zunächst das sog.*konzeptuelle Modell* erstellt. Es orientiert sich nicht an Maschinen, sondern an der menschlichen Denkweise und enthält Modellierungen aller interessierenden Aspekte (z.B. von zu planenden oder zu diagnostizierenden Geräten, von Vorgehensweisen etc.).

Als zweites haben wir das *Designmodell*, es beschreibt die intendierte Vorgehensweise. Es ist auch noch auf der kognitiven Ebene angesiedelt, hat aber auf der Repräsentationsebene ein formales Abbild (das oft auch als Designmodell bezeichnet wird). Damit dies möglich ist, kann es nicht völlig beliebig sein und muß sich an vorhandenen Repräsentationsformalismen orientieren. Das gewählte Designmodell hängt auch von externen Anforderungen ab (z.B. "Realzeit" oder "Sicherheit").

Das Abbild des Designmodelles auf der Implementationsebene ist dann das *Datenmodell* und das Programm. Es entsteht aus dem Designmodell durch Transformations- und Compilationsschritte.

Im Vergleich hierzu werden beim Rapid Prototyping das konzeptuelle und das Designmodell übersprungen, aus der Wissenserhebung wird direkt das Programm erstellt. Beim KADS-Ansatz geht die Wissensanalyse vor der Implementierung, die Wissensakquisition geschieht modellbasiert und alle vorkommenden Wissensarten werden zunächst explizit dargestellt. Es werden dabei auf eine weitere Weise Ebenen unterschieden:

- Auf der *Domänenebene* werden die grundlegenden Begriffe des Gegenstandsbereiches dargestellt, etwa die Teile, aus denen eine Maschine besteht und deren wechselseitige Beziehungen.

- Auf der *Inferenzebene* werden die Begriffe für die Vorgehensweise bei der Problemlösung dargestellt, etwa was am meisten zu beachten ist.

- Auf der *Taskebene* werden einzelne Problemlösungsschritte kombiniert (vgl. dazu das Topleveldiagramm für die Diagnose in §20).

- Auf der *Strategieebene* erscheinen strategische Informationen, die zur Auswahl der speziellen Vorgehensweise geführt haben.

Eine solche Strukturierung hat den Vorteil, sauber und klar zu sein. Sie ist aber an die Voraussetzung geknüpft, daß die Wissensinhalte auf den einzelnen Ebenen auch unabhängig sind. Das ist in realen Situationen oft nicht gegeben; trotzdem hat man durch KADS ein erstes vernünftiges Leitbild gewonnen.

(B) <u>Maschinelle Lernverfahren.</u>

Ein Lernverfahren ist genau gesehen ein Inferenzverfahren, denn es fügt dem System selbständig neues Wissen zu, es transformiert implizites in explizites Wissen. Wir müssen also die Lernverfahren unter den Inferenzmechanismen identifizieren können, oder wir haben die letzteren noch zu ergänzen. Ingesamt unterscheiden wir drei Arten von Lernverfahren.

(B$_1$) <u>Lernen als Erkenntnis von Gesetzen oder Regelmäßigkeiten.</u>

Dies ist eine Art von Lernen, die das System selbst als eine Inferenz durchführt, und zwar handelt es sich hierbei um eine induktive Inferenz. Wir verweisen im wesentlichen auf §10 und machen zu diesem Punkt hier nur einige ergänzende Bemerkungen.

Die induktiven Schlüsse schließen von gewissen Daten, die das System bereits selbst hat, auf eine Gesetz- oder Regelmäßigkeit dieser Daten. Dabei ist die Situation die, daß das System selber nur eine gewisse partielle Kenntnis des Weltmodells hat, aus dem die Daten stammen. Im Fall von OPS5 (vgl.§4c) stellten wir die Möglichkeit von Generalisierungen als das Ersetzen von Konstanten durch eine Variable dar; diese mußten allerdings vom Programmierer vorgenommen werden.

Unter den vielen denkbaren Schlüssen werden die besten Schlüsse ausgezeichnet. Eine Methode, welche die besten Schlüsse findet, beinhaltet in der einen oder anderen Form stets ein Suchverfahren; wir könnten hier auch von einer Optimierungsaufgabe reden. Ähnlich wie bei der Constraintpropagierung unterscheiden wir auch hier zwei Richtungen des Vorgehens:

(1) Die *destruktive Vorgehensweise* beginnt mit sehr allgemeinen Gesetzmäßigkeiten, von denen die vorgelegten Beobachtungen ganz sicher Beispiele sind. Dann versucht man diese Gesetze so einzuschränken, daß sie nur noch auf die vorgelegten Beobachtungen zutreffen und die beste Begründung darstellen.

(2) Die *konstruktive Vorgehensweise* geht von speziellen Begriffen aus, die noch nicht alle Beobachtungen erklären und erweitert diese dann sukzessive.

Gelegentlich kann man für die besten Schlüsse einen Algorithmus angeben, nach einem solchen war in Aufgabe 1) von §10 gefragt. Als ein weiteres Beispiel hierfür kann man die Erzeugung eines vollständigen Reduktionssystems (vgl. §3) auffassen; dies trifft auch noch dann zu, wenn der Vervollständigungsalgorithmus divergiert und man versucht, das vollständige System auf andere Weise zu "raten".

Ein etwas anderes Beispiel für die Methode des Lernens als Erkennen von Gesetzmäßigkeiten ist das Verbessern von Strategien. Bewertungen von Strategien sind Prädikate, welche solche Strategien selbst zum Argument haben, z. B. kann $P(S)$ bedeuten: S ist optimal oder $Q(S_1, S_2)$ könnte heißen: S_1 ist S_2 überlegen. Die Prämissen, die etwa einen solchen Schluß $Q(S_1,S_2)$ ermöglichen, wären dann etwa gespielte Beispielpartien. Je mehr solche Beispielpartien gespielt werden (und diese kann das System z. B. auch mit sich selber spielen, also die Beispiele selber inferieren), desto andersartig wird unter Umständen die erschlossene Hypothese ausfallen.

(B$_2$) <u>Lernen durch Analogie.</u>

Hierbei betrachtet man Situationen, in denen vom System eine Aktion verlangt wird, die gewissen Bedingungen unterliegt, und welche dem System deshalb eine Schwierigkeit bereitet, weil es diese noch niemals durchgeführt hat.

Man versucht nun, sich dadurch zu helfen, daß man eine ähnliche oder analoge Situation sucht, in der die betreffende Aktion bereits erfolgreich durchgeführt wurde. Im Falle des "Schließens" würde man hier von einem Analogieschluß sprechen. Auch die Analogieschlüsse oder die analogen Verhaltensweisen beinhalten selbst wieder eine große Vielfalt von Möglichkeiten, von denen wir zwei Extremsituationen herausgreifen wollen.

Die erste ist, daß man nur einen Fall sucht, der "ungefähr so ähnlich" gelagert war und dessen dort erfolgreich angewandte Methoden einen ersten Anhaltspunkt für die Vorgehensweise im aktuellen Fall liefern sollen. Hier liefert also das analoge Vorbild Heuristiken oder unsichere Regeln für die aktuelle Situation. Natürlich möchte man dabei ganz falsche Empfehlungen vermeiden, also insbesondere solche, die sich gerade auf den Unterschied beziehen, welche die analoge Situation von der aktuellen separiert.

Der zweite Fall soll ganz spezielle Schwierigkeiten herausheben, die in bestimmten Situationen einer Lösung im Wege stehen. Hier würde man nach Situationen suchen, die sich gerade bezüglich dieser Schwierigkeiten genauso oder wenigstens sehr ähnlich verhalten, während sie sonst von der aktuellen Situation beliebig abweichen dürfen. Hier dient die Analogiebetrachtung also dazu, spezielle Sachverhalte von im allgemeinen ganz unähnlichen Situationen zu übertragen.
In beiden Fällen beobachten wir zweierlei:
(i) Analoges Schließen ist unsicher und kann Revisionen zur Folge haben, führt also in den Bereich der Fragen von §14 und §11.
(ii) Analoges Schließen analysiert Gemeinsamkeiten; so etwas haben wir in §5 bei der

Beziehungslogik erwähnt.

Zentral für Analogiebetrachtungen ist der Ähnlichkeitsbegriff. Die Ähnlichkeit ist eine Relation zwischen den Objekten unseres Systems (die z. B. auch Situationen sein können), welche in Bezug auf Merkmalsausprägungen dieser Objekte festzulegen ist. Der Ähnlichkeitsbegriff kann einmal durch Aufzählung der ähnlichen Objekte oder eine formale Definition haben. Die Beurteilung einer denkbaren Definition von "Ähnlichkeit" läßt sich nur im Hinblick auf seine intendierte Verwendung, d.h. auf die beabsichtigten Analogieschlüsse und Analogiehandlungen machen. Die nachfolgende, sehr allgemeine Begriffsbildung ist dabei naheliegend (für die Abstraktion verweisen wir auf §17).

1. Def.: X ist ähnlich zu Y, wenn es Teile X' von X und Y' von Y sowie eine Abstraktionsabbildung A gibt, sodaß A (X') und A (Y') isomorph sind.

Wir haben dabei bewußt auf eine Präzisierung von "Teil" wie auch überhaupt des behandelten Objektbereiches verzichtet. Den mathematischen Isomorphiebegriff verwenden wir in dem Sinne, daß es eine Bijektion zwischen den Größen und Parametern, die A(X') und denen, die A(Y') beschreiben, gibt, die alle bestehenden Relationen und Strukturen dazwischen erhält. In algebraischen Strukturen könnte man "Teil" als "Unteralgebra" oder "Reduktion auf eine Teilsignatur" nennen; in einem technischen System käme vordringlich "Komponente" in Frage.
Im Bild stellt sich der Sachverhalt so dar:

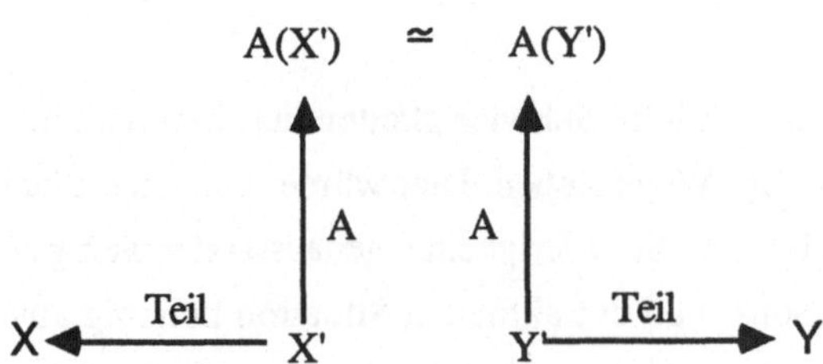

Die Erzeugung des abstrakten Objektes A(X') setzt hier die Abstraktionsabbildung A voraus, die man sich aber u.U. erst verschaffen muß. Das könnte mit einem induktiven Schluß geschehen.
In der bisherigen Diskussion war die Ähnlichkeit eine Relation zwischen Objekten,

was den graduellen Charakter dieser Beziehung außer acht läßt. Wollen wir "Grade der Ähnlichkeit" mit einbeziehen, dann liegt es nahe, von einer binären Ähnlichkeitsrelation zu einer zweistelligen Funktion

$$sim(x,y) \rightarrow [0,1]$$

überzugehen, die den Bedingungen $sim(x,x) = 1$ und $sim(x,y) = sim(y,x)$ genügt. Wenn sim die Ähnlichkeit mißt, dann ist die duale Operation dazu der Abstand $d(x,y)$, der entsprechende Eigenschaften haben sollte. Wir sagen, daß zwei Funktionen sim und d zueinander korrespondieren, wenn es eine ordnungsinvertierende Funktion f von $[0,1]$ auf sich gibt mit $sim(x,y) = f(d(x,y))$. Zu einem Ähnlichkeitsmaß sim können wir dann eine vierstellige Relation

$$R_{sim}(x,y,u,v) \leftrightarrow sim(x,y) \geq sim(u,v)$$

sowie davon abgeleitet

$$S_{sim}(x,y,z) \leftrightarrow R_{sim}(x,y,x,z)$$

erklären. Diese letzte Relation ist sehr nützlich, denn mit ihr können wir das zu x ähnlichste y mittels

$$\forall z(S_{sim}(x,y,z)$$

definieren. Auch hier spielt der absolute Zahlenwert der Ähnlichkeit wieder nur eine Nebenrolle; es dominieren die relativen Ähnlichkeiten, für die man intuitiv auch meist das bessere Gefühl hat.

In einer taxonomischen Hierarchie von Objekten in einem Framesystem ist eine natürliche Abstraktion gegeben. Zu zwei Objekten aus derselben Hierarchie existiert dann sogar der kleinste gemeinsame Oberbegriff ("die beste Abstraktion"). Ein Beispiel ist:

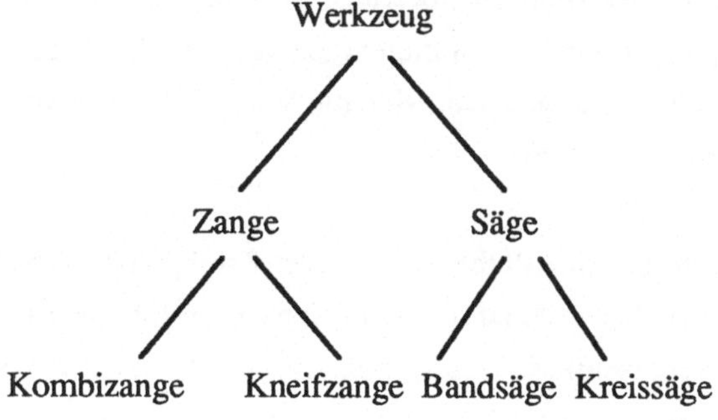

Im vorliegenden Falle sind Kneifzange und Kombizange durch den kleinsten gemeinsamen Oberbegriff Zange verbunden. Das Beispiel gibt nun zu zwei Überlegungen Anlaß:

(1) Wir können hier ausdrücken, daß die beiden Zangen untereinander ähnlicher sind als jede von ihnen zu einer Kreissäge ist.

(2) Man kann offenbar alle Eigenschaften von der einen Zangenart auf die andere übertragen außer denjenigen, die Bezug nehmen auf Inhalte von Slots, die in den beiden Fällen verschieden gefüllt sind.

Eine Formalisierung von (1) erfordert eine Abstandsdefinition, in der wir nur auf die Grapheneigenschaften der Hierarchie Bezug nehmen:

Wir setzen $l(X,Y)$ als die Anzahl der Knoten zwischen X und Y (bzw. ∞, falls X und Y unvergleichbar sind) sowie

$$d(A, B) = \min (\ \max (\ l(A, C), l(B, C) \mid C \text{ Oberknoten von A und B}))$$

bjekte mit geringerem Abstand werden dann als ähnlicher angesehen als solche mit größerem.

Für ähnliche Objekte können wir in einem solchen Fall den Begriff des *Analogieschlusses* oder allgemeiner der *analogen Ausführung einer Regel* erklären. A und B seien zwei solche ähnlichen Objekte.

Voraussetzung ist:
Eine Regel R sei für das Objekt A ausführbar, d.h. die Vorbedingungen von R treffen auf A zu. Man suche nun eine Transformation T: Objekte $\rightarrow$ Objekte mit T(A) = B; solch eine Transformation überführt an den Stellen, wo Differenzen auftreten, die Slotbelegungen von A in diejenigen von B. Die Transformation T wird nun auch auf die Regel R angewandt; sind die Vorbedingungen von T(R) an B erfüllt, so wird T(R) dort ausgeführt.

An diesem Beispiel lassen sich eine Reihe wesentlicher Kritikpunkte anbringen:
(1) Der eingeführte Abstandsbegriff ist nur dann sinnvoll, wenn die Taxonomie eine inhaltliche Hierarchie repräsentiert. Häufig müssen aber in einer Taxonomie auch Merkmale wie Länge, Breite und Höhe untergebracht werden, die sich in ihrer

Wichtigkeit gar nicht unterscheiden, und die deshalb auch keine Ähnlichkeiten gewichten können. Zudem würde die Hierarchie dann unnötige Duplizierungen aufweisen; so müßte etwa zu jeder Länge wieder jede Breite erscheinen usw. Abhilfe kann hier schaffen, die relevanten Parameter zu gewichten und damit einen Abstand zu erklären.

(2) In Situationen mit komplexem Kontext läßt sich die Zulässigkeit einer Aktion nicht auf das Nachprüfen weniger Vorbedingungen reduzieren (das "Qualifikationsproblem" aus §11!). Deshalb muß die durch Analogie übertragene Aktion häufig erst noch auf sehr individuelle Weise modifiziert werden.

(3) Bei "kleiner Ähnlichkeit" (z.B. bei großem Abstand) unterscheiden die verglichenen Objekte sich meist noch in anderen als den gerade diskutierten Parametern. Dann ist häufig weder die Art der analogen Übertragung präzise festgelegt noch die Gültigkeit des übertragenen Schlusses gesichert.

(4) Viele Analogiebetrachtungen geschehen ohne die Kenntnis eines abstrakten Oberbegriffes; in diesem Falle fehlt ein gemeinsamer Bezugspunkt für die aktuelle und die frühere analoge Situation.

Zum Begriff des Ähnlichkeitsmaßes ist zu sagen, daß seine Wahl aus der Vielfalt der Möglichkeiten von der intendierten Anwendung abhängt. Wann sollen etwa zwei Autos ähnlich heißen? Wollen wir sie in die gleiche Garage stellen, dann würden wir vergleichbare Außenmaße verlangen. Haben wir aber eine Einteilung für Autorennen im Sinn, so könnten wir uns für vergleichbare Straßenlagen interessieren, was zu einem ganz anderen Ähnlichkeitsmaß führen würde. Im letzteren Falle haben wir noch die typische Schwierigkeit, daß wir diesbezügliche Kriterien als Konstrukteur gar nicht zur Verfügung haben. Das typische daran ist, daß ein vernünfiges Ähnlichkeitsmaß a posteriori Kriterien und nicht a priori Kriterien genügt, daß also die Ähnlichkeit sichn auf die Problemlösung bezieht, was erst im nachhjnein feststellbar ist.

Dem Punkt (4) wollen wir noch mehr Aufmerksamkeit schenken. Man legt hier eine Reihe von Beispielfällen zugrunde, in denen man sich auskennt und von denen aus man auf Lösungen in neuen unbekannten Fällen schließt. Die bekannten Fälle sollten nach Möglichkeit die "typischen Situationen" abdecken (aber auch nicht unnötig mehr); sie bilden feste Inseln im Meer aller Situationen. Diese im menschlichen Bereich häufig anzutreffende Vorgehensweise heißt *fallbasiertes Schließen*.

Zum Zwecke einer Formalisierung des fallbasierten Schließens interessieren wir uns für die Aufgabe, Eigenschaften E von Voraussetzungen V auf neue Ziele Z zu übertragen, wir hätten also gern $E(V) \rightarrow E(Z)$ erschlossen. Als weitere Voraussetzung sei uns bekannt, daß dieser Schluß für $E = P$ gültig ist; der uns aktuell interessierende Fall sei aber $E = Q$. Die Möglichkeit des Analogieschlusses von P nach Q wird nun durch eine *Determiniertheitsrelation* $\succ$ ausgedrückt. Damit können wir jetzt als *Analogieregel*

$$(P(V) \wedge P(Z) \wedge Q(V) \wedge P \succ Q) \rightarrow Q(Z)$$

erklären. Die Relation $\succ$ selbst kann einmal axiomatisch gegeben sein (wenn sie z. B. zum nicht näher motivierten Erfahrungsschatz eines Fachmanns gehört), oder aber sie kann mittels allgemeiner Prinzipien definiert sein. Ein Beispiel für letzteres ist die *statistische Determinierung* $\succ_F$, wobei $0 \leq F \leq 1$ ist. Dabei ist

$$F = \frac{|\{x \mid P(x) \wedge Q(x)\}|}{|\{x \mid P(x)\}|}$$

ein Sicherheitsfaktor (er ersetzt eine unbekannte bedingte Wahrscheinlichkeit), der auch in der Analogieregel auftritt:

$$(P(V) \wedge P(Z) \wedge Q(V) \wedge P \succ_F Q) \rightarrow Q(Z) \text{ mit F.}$$

Wir haben jetzt also eine quantitative Regel erhalten. Vom Faktor F können wir natürlich wieder eine qualitative Abstraktion bilden, und können eine gewöhnliche Regel generieren, wenn F einen Schwellwert überschreitet.

Der Vorteil von Analogieregeln auf statistischer Basis ist, daß das System sie aufgrund der eigenen Erfahrung lernen und mit fortschreitendem Einsatz verbessern kann. Insbesondere kann man dabei vermeiden, einmal gemachte Fehler zu wiederholen.

In allen Fällen haben Analogieschlüsse einen nichtmonotonen Charakter. Werden sie zu etwas anderem als nur zum Auffinden eines schnellen Lösungsweges benutzt, bedarf es eines Abhängigkeitsnetzes und eines Revisionsmechanismus (s.§11).

(B$_3$) <u>Deduktives Lernen.</u>
Ein deduktiver Lernschritt ist ein Deduktionsschritt im klassischen Sinne von §2. Man fragt sich natürlich, wieso man das als "Lernen" bezeichnen kann, wo es sich doch um logische Konsequenzen handelt. Hier erinnern wir uns an die Aufspaltung des (direkten) Wissens in explizites und implizites Wissen, die wir in §13 vorgenommen hatten. Explizites Wissen ist bereits repräsentiert, implizites Wissen ist durch Deduktion erhältlich. Eine gegebene Aufspaltung kann nun für verschiedene Zwecke

unterschiedlich nützlich sein. So ist man einerseits daran interessiert, das explizite Wissen klein zu halten, um ein schnelles Suchen zu ermöglichen; auf der anderen Seite will man aber auch lange Inferenzketten, die implizites Wissen herleiten, vermeiden. Eine Umformung des expliziten Wissens mittels eines Deduktionsvorganges (begleitet vom Löschen nicht mehr benötigten Wissens) kann daher zu einer "besseren" Repräsentation führen, und dies kann durchaus als ein intelligenter Lernvorgang angesehen werden. Als Beispiel betrachten wir das *erklärungsbasierte Lernen*. Hierzu gehört dreierlei:

1) Eine Hintergrundtheorie, etwa: Verlust(X) $\leftrightarrow$ (Ausgaben(X) - Einnahmen(X) > 0), dazu die arithmetischen Gesetze;

2) Ein Konzept, etwa: Zahlt-keine-Steuern(X) $\leftrightarrow$ (Verlust(X) $\vee$ Steuerbefreit(X));

3) Ein Beispiel, etwa: Ausgaben(willi) = 120, Einnahmen(willi) = 100.

Das Beispiel soll nun typisch für die intendierten Anwendungen sein, und man möchte das Konzept so umformen, daß es auf solche Beispiele leicht anzuwenden ist. Dazu beweist man zunächst, daß das Beispiel zum Konzept gehört, also daß Zahlt-keine-Steuern(willi) gilt. Der Beweis erfolgt mittels der Formel Ausgaben(willi) > Einnahmen(willi) $\rightarrow$ Verlust(willi), was sich zu Ausgaben(X) > Einnahmen(X) $\rightarrow$ Verlust(X) verallgemeinern läßt. Diese Verallgemeinerung setzt man ins ursprüngliche Konzept ein und erhält so eine Beschreibung

$$(\text{Ausgaben}(X) > \text{Einnahmen}(X)) \rightarrow \text{Zahlt-keine-Steuern}(X).$$

Diese Beschreibung hat man (deduktiv) aus dem Beispiel gelernt.

Übungen

Aufgabe 1

Gegeben seien zwei Probleme aus der Geometrie:
a) Die Punkte R,O, N Y liegen auf einer Geraden und für die Strecken RO und NY gelte RO = NY. Man zeige RN = OY.
b) Das Dreieck BAC sei kongruent zum Dreieck DAE. Man zeige, daß dann auch Dreieck BAD kongruent zum Dreieck CAE ist. Dazu übertrage man den Beweis von a) mittels einer Analogiebetrachtung.

Man diskutiere für diese Probleme geeignete Ähnlichkeitsmaße!

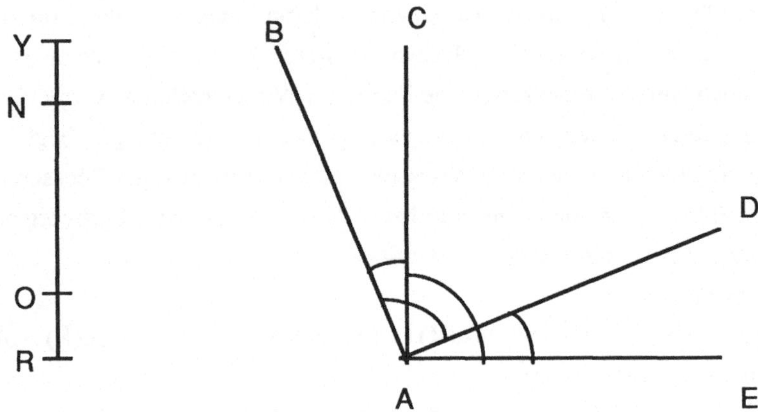

Hintergrundbemerkungen zu §19 :

Die Wissensakquisition wird mit Recht als ein "Flaschenhals" bei der Entwicklung von Expertensystemen angesehen. Bei allem Komfort durch eventuelle Unterstützung durch Werkzeuge bleibt aber festzuhalten, daß es sicherlich nicht einfacher sein kann, ein System Wissen erlernen zu lassen, als das für einen ganz gewöhnlichen Menschen der Fall ist. Die Methoden der Wissensakquisition sind keine Alternative zum Fachstudium sondern setzen es voraus. Seit einer Reihe von Jahren existieren Akquisitionswerkzeuge, die Wissenserhebungstechniken anbieten. Ein Beispiel für ein anwendungsunabhängiges System ist KRITON. Auf einen Problemlösungstyp ist SALT festgelegt (Konfiguration). Daneben gibt es auch ganz anwendungsspezifische Systeme wie OPAL (für die Krebstherapie). Eine gute Übersicht über die Methoden der Wissensakquisition findet man in [Ka-Li90]. Der Begriff des Lernens als das Erstellen von induktiven Schlüssen (oder allgemeiner begründenden Schlüssen) führt auch die Abkürzung EBL (= " Explanation Based Learning"). Für Analogieschlüsse und fallbasiertes Schließen gibt es viel allgemeine Literatur (vgl. etwa [Ho-Gi80], [Le87]), aber in Expertensystemen wenig Vorbilder. Anwendungen auf ein technisches Diagnosesystem werden in [Al88] und[Ri-We91] diskutiert. Faßt man fallbasiertes Schließen als den Umgang mit "typischen Beispielen" auf, so wird diese Vorgehensweise in der Prädikatenlogik durch den Satz von Herbrand gestützt : Man kann die Allgemeingültigkeit einer Aussage bereits an endlich vielen Beispielen erkennen.

20   Analytische und synthetische Systeme

In einem Analysesystem werden existierende Objekte untersucht, in einem Synthesesystem werden vorher noch nicht existierende Objekte zusammengesetzt. Eine typische Analysesituation besteht bei der Diagnose, während etwa eine Konstruktion oder allgemeiner eine Planung eine echte Syntheseaufgabe ist. Das diagnostische Problem besteht darin, die richtige Hypothese aus der Menge der Konkurrenzkandidaten zu selektieren. Die richtige Diagnose zeichnet sich dadurch aus, daß sie *wahr* ist, wohingegen die Alternativen nicht zutreffen. Bei dem Ergebnis einer Konstruktion kann man nicht davon sprechen, daß es wahr ist, sondern höchstens, daß es gewisse Bedingungen erfüllt und darüber hinaus etwaigen Optimalitätskriterien genügt.

Nun gibt es in der Realität in komplexen Situationen weder reine Analyse- noch reine Syntheseaufgaben. Bereits bei einer Diagnose können außer dem Wahrheitsbegriff noch andere Phänomene hereinspielen, wie etwa die Frage der Vollständigkeit einer Diagnose; bereits dadurch kann es bessere und schlechtere Diagnosen geben. Umgekehrt kann bei einer Planungsaufgabe ein diagnostischer Teil vorkommen, etwa wenn ein potentieller Schritt auf mögliches Fehlverhalten hin geprüft wird. In den nächsten beiden Teilabschnitten werden diese Zusammenhänge genauer untersucht.

20a   Diagnosesysteme

Diagnose ist kein Selbstzweck, sondern die Basis einer nachfolgenden Handlung, etwa einer Therapie oder einer Reparatur. Therapien und Reparaturen dienen der Erhaltung oder Wiederherstellung eines Wertes und u.U. stehen hier verschiedene Wertvorstellungen zur Debatte, die wiederum die Diagnosefindung beeinflußen können. Auch ist die Diagnose selbst ein eventuell sehr komplexer Prozeß, der geplant werden will. Bei der Planung der Diagnose haben wir es dann wieder mit einer Synthese zu tun. Dabei ist es auch möglich, daß der Diagnoseprozeß mit den nachfolgenden Aktionen in Konkurrenz steht, z.B. wenn man sich zu entscheiden hat, ob man die Diagnosefindung weiterführen oder zugunsten einer vorzeitigen Therapie abbrechen soll.

Die Arbeitsweise eines einfachen Diagnosesystems wollen wir anhand eines Beispiels aus dem medizinischen Bereich erläutern. Dieses System wird in seinen Grundzügen vorgestellt, und wir wollen sehen, welche Probleme in welcher Weise auftreten, wie sie behandelt werden und was schließlich in anderen und komplizierteren Situationen getan werden müßte. Wir wollen dabei auch lernen, wie man grundsätzlich an das Design eines Diagnosesystems herangehen kann.

Warnung : Die Einfachheit der vorliegenden Beschreibung eines nicht besonders komplexen Anwendungsbereiches sollte nicht zu falschen Schlüssen verleiten. Die Entwicklung eines Expertensystems ist gewöhnlich ein aufwendiges Unternehmen, sowohl im strukturellen Design als auch in der Implementierung. Unser Beispielsystem hat hauptsächlich didaktischen Charakter, in der vorliegenden Form könnte man es schließlich auch ganz und gar im prozeduralen Stil schreiben.

Der Bereich, mit dem sich unser System befaßt (Krankheiten des Innenohrs) wird dabei nicht explizit diskutiert, aber gewisse strukturelle Eigenheiten dieser Domäne, die die Aufgaben des Systems erleichtern, kommen stark zum Tragen. Dazu gehören vor allem :

    (1)   Der Bereich bildet weitgehend ein abgeschlossenes System.

    (2)   Die auftretenden Datenmengen sind relativ klein.

    (3)   Die meisten Krankheitsbilder ändern sich zeitlich sehr langsam.

Daß bedeutet nicht, daß die Diagnose im ganzen einfach sein muß. In der Tat liegen hier die Krankheitsbilder oft recht nah beieinander und sind dann schwer zu trennen. Bei der folgenden Erarbeitung unseres Beispiels orientieren wir uns an der in §19 vorgestellten Vorgehensweise von KADS für die Wissensakquisition. Sie sieht als erstes die Erstellung des konzeptuellen Modelles vor, was alles das beinhaltet, was für den Diagnoseprozeß von Bedeutung ist, ohne zunächst eine bestimmte Vorgehensweise zu favorisieren.

Die Beschreibung des Beispiels und seine Diskussion:

Wir haben es mit drei verschiedenen Arten von *Grundobjekten* zu tun:

(1) *Symptome:* Dieses sind meßbare oder erfragbare Größen über den Gesundheitszustand, welche sich zahlenmäßig ausdrücken lassen. Für einen bestimmten Patienten haben sie bestimmte Werte. Es gibt eine feste Anzahl von n Symptomen, und für jedes i, $1 \leq i \leq n$, haben wir

(a) eine *Symptomvariable* s_i

(b) einen Wertebereich $r_i \subseteq \mathbb{R}$.

Der Wertebereich ist typischerweise ein reelles Intervall [a, b] oder die zweielementige Menge {0, 1}. Im letzteren Falle sprechen wir von einem Boole'schen Symptom. Die Elemente von r_i heißen auch die möglichen *Symptomwerte.*

(2) *Tests*: Tests sind Untersuchungen, Messungen oder Anfragen, welche in Symptomwerten resultieren. Ein Test kann dabei die Werte von mehreren Symptomvariablen liefern. Zur Vereinfachung wollen wir hier Tests mit Mengen von Symptomvariablen identifizieren; dabei wird also der Fall, daß Werte von Symptomvariablen von zwei verschiedenen Untersuchungen herrühren können, nicht berücksichtigt.

(3) *Krankheiten:* Für jede Krankheit werden die Bedingungen beschrieben, unter denen sie akzeptiert oder zurückgewiesen wird. Diese Beschreibungen erfolgen in Termini von Symptomen, was bedeutet, daß sie nur vom Ausgang der Testergebnisse abhängen. Formal entsprechen jeder Krankheit K dabei zwei Formeln K^+ und K^-. Diese Formeln sind wie folgt aufgebaut:
(a) Atomformeln sind von der Form $s_i \leq a$, $s_i \geq a$ bzw. $s_i = a$, wobei s_i eine Symptomvariable ist, und a eine Konstante aus r_i ist.
(b) Formeln sind Konjunktionen von Disjunktionen von Atomformeln.
Im Prinzip können wir solche Definitionen auch als komplexe (prädikatenlogische) Vorbedingungen für eine Regel auffassen, die die (Approximationen der) Diagnose erzeugt.

Diskussion:
Diese drei Arten von Grundobjekten kommen in jeder Diagnosesituation vor. Sie können jedoch wesentlich komplexer strukturiert sein, als das hier der Fall ist.
Die Behandlung der Negation in Form der Aufspaltung von K in zwei Formeln in K^+ und K^- ist eine der Formen der konstruktiven Beschreibung der Negation, welche wir in §5 diskutiert haben. Unvollständiges medizinisches Wissen spiegelt sich darin wider, daß $K^+ \vee K^-$ nicht immer wahr sein muß, während andererseits eine Inkonsistenz der Datenbasis in der Formel $K^+ \wedge K^-$, die aber selbst nicht widersprüchlich ist, resultieren kann. In aller Regel handelt es sich aber hierbei auch um unvollständiges Wissen, weil es häufig einen verborgenen Parameter gibt, der die beschriebene Situation für K^+ und K^- doch noch unterscheidet. Eine solche Formel sollte dann Anlaß zu einer Warnmeldung geben, führt aber nicht, wie sonst in einem logischen System, zu seinem Zusammenbruch.

Eine Formel der Gestalt $s_i \le a$ ist im Prinzip gleichwertig zu einer Abstraktion, die nur zwei Werte kennt, welche durch die Intervalle $(-,a]$ und $(a,-)$ beschrieben sind, d.h. wir gehen von einer quantitativen zu einer qualitativen Ebene über (vgl. §17). Es ist nun klar, daß die Definitionen der Krankheiten im allgemeinen wesentlich komplizierter sein können. Es ergeben sich aber auch grundsätzliche Fragen.

Das erste Problem ist, daß die Krankheitsdefinitionen häufig nicht exakt sind: Man möchte etwa die Grenze für "hohes Fieber" nicht gerne scharf angeben. Hier muß dann einer der Mechanismen für Unsicherheit oder Vagheit in Kraft treten (vgl. §14); in unserem System wird dies auch zum Tragen kommen.

Ein weiteres Problem ist, daß die eigentlichen "Fehlerdefinitionen" auf nicht beobachtbaren Größen beruhen können, eine derartige Beschreibung wäre aber sinnlos. Die Fehlerdefinitionen haben also grundsätzlich in Termini von beobachtbaren Größen zu erfolgen. Dabei ist nun zu beachten, daß solche exakten Definitionen nicht immer erhältlich sind und man nur Hinweise von beobachtbaren Größen auf Fehlerursachen oder Krankheiten hat. Das ändert aber an der grundsätzlichen Vorgehensweise wenig: Man befindet sich sowieso in einem Zustande unvollständiger Information, nur daß er eben dann nie ganz behoben wird.Auf der anderen Seite gibt es bei der Auffassung von Krankheitsdefinitionen als Vorbedingungen für Regeln auch viele einfache Situationen, in denen man solche Regeln (von denen es vielleicht sehr viele gibt) ganz einfach direkt hinschreiben kann. Man würde dann eine der Regelsprachen zum Programmieren dieser "Fehlerauswirkungen - Fehlerursachen" Relationen wählen.

Die Grundobjekte stehen in einem Zusammenhang, der sich durch ein einfaches semantisches Netz ausdrücken läßt:

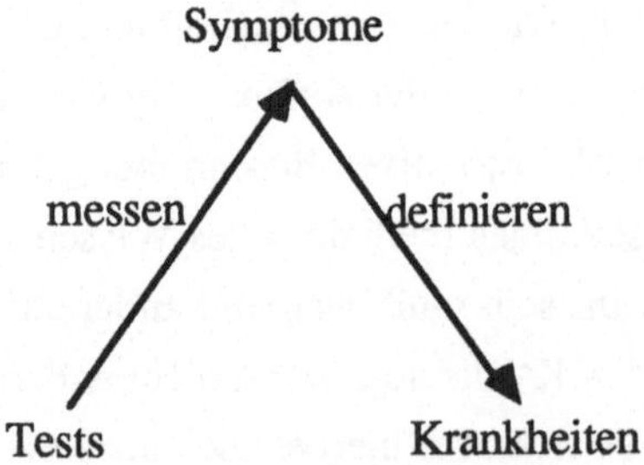

Der nächste Schritt ist eine grobe Sicht der funktionalen Arbeitsweise des Systems :

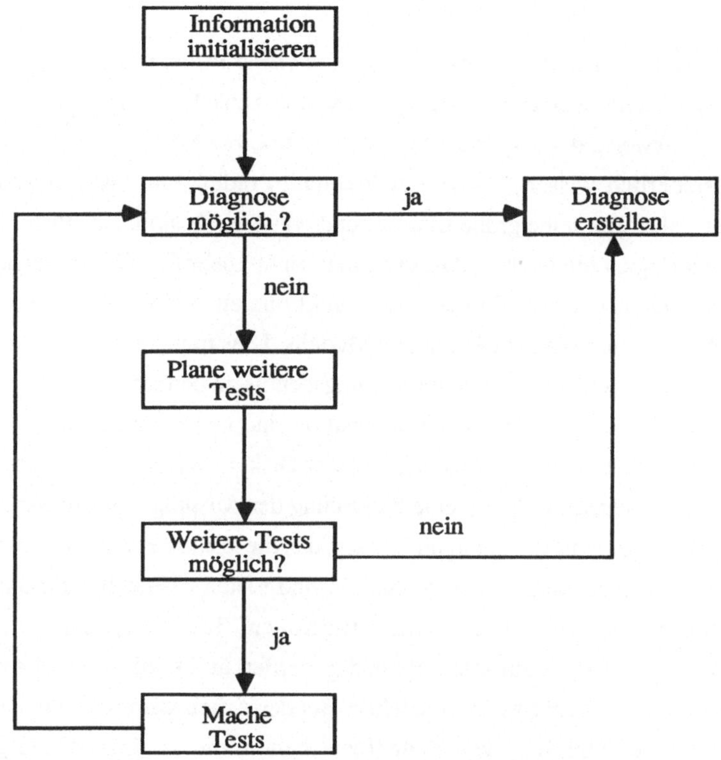

Diskussion: Diese simplifizierende Sichtweise drückt aus, daß wir es mit einer Situation mit unvollständiger Information zu tun haben, die durch weitere Untersuchungen so weit komplettiert werden soll, bis eine Diagnose möglich ist. Falls dies aber nicht möglich ist, muß eine Diagnose notfalls auch so erfolgen. Für die formale Beschreibung von Problemen mit unvollständiger Information haben wir in §9 über Modalitäten den Begriff des Informationsgraphen eingeführt. In diesem Graphen bewegen wir uns jetzt :

Die Knoten sind mit den Informationsvektoren beschriftet, und die mit den Untersuchungen indizierten Pfeile kennzeichnen den Informationsgewinn.

Es ist jetzt jedoch zu beachten, daß, wie bereits erwähnt, außer der reinen Informationsbetrachtung noch andere Gesichtspunkte bei einer Diagnose eine Rolle spielen.

Das Diagramm läßt sich als die Toplevelbeschreibung der funktionalen Beschreibung (der Spezifikation) des Systems auffassen. Neben den Grundobjekten eines Systems sollte dies ebenfalls ein erstes Ergebnis der Wissensakquisition sein; entsprechend der genaueren Analyse der Objekte sollte eine Verfeinerung der Spezifikation in den folgenden Schritten erfolgen.

Welche Schritte der Wissensakquisition sind bisher erforderlich ?

Bei der Erstellung eines Expertensystems ist es zunächst nötig, sich mit der prinzipiellen Vorgehensweise des Experten, also seiner *Diskurswelt,* vertraut zu machen. Dazu muß man sicherlich wissen, "wovon er überhaupt redet" und "was er ganz grob gesehen macht", also was seine große Linie ist und was Details sind. Das Resultat der bisherigen Wissensakquisition ist dann das, eventuell schon mehr detaillierte, semantische Netz der Grundobjekte und der Toplevel der funktionalen Beschreibung; es entspricht einer Grobbeschreibung des konzeptuellen Modells. Dies muß jetzt verfeinert werden. Wichtig ist es, hier noch nicht an Implementierungsdetails zu denken!

Die nächsten Schritte der Wissensakquisition sind von zweierlei Art:

(a) Detailliertere Strukturierung der Diskurswelt samt Erstellung der zugehörigen Begriffswelt und eine Sammlung der Ausprägungen dieser Begriffe.

(b) Entwurf des Designmodelles, das die konkrete Vorgehensweise angibt.

Für (a) ist hier schon allerhand zu tun: Es sind Listen zu erstellen für Symptome und ihre Wertebereiche, für Krankheitsdefinitionen, für Tests und ihre gegenseitigen Beziehungen. Dies kann sehr aufwendig werden und wird sich meist über die gesamte Dauer der Arbeit am System hinziehen. Bei der Arbeit wird man zunächst eine teilweise ungeordnete Sammlung von Begriffen erhalten, die es einzuordnen gilt. Weil unsere Begriffswelt so klein ist, können wir das Resultat in Form einer Wissensbasis, welche ein- und zweistellige Attribute enthält und selber nicht strukturiert ist, angeben. Diese Einteilung ist bei größeren Attributmengen nicht sinnvoll, widerspricht sie doch sehr stark der Forderung nach der Erhaltung von Strukturen bei einer Wissensrepräsentation (auf der kognitiven Ebene hat man sein Vokabular wohl kaum nach Stelligkeit sortiert). Die Einteilung in statische und dynamisch veränderliche Attribute hat jedoch großen Einfluß auf die zu verwendenden Datenstrukturen, darauf kommen wir noch zurück.

Die Wissensbasis :

Einstellige Attribute : (Erinnerung: Es stehen s,t und K für Symptome, Tests und Krankheiten)

Value(s) (dynamisch)   Wert des Symptoms. Value(s) hat den Wert "unbekannt", falls noch kein Test auf das Symptom s durchgeführt wurde.

Range(s) (statisch)   Wertebereich des Symptoms

Parity(s) (dynamisch)   Aufgrund der Symmetrie des menschlichen Körpers können viele Symptome auf beiden Körperhälften vorkommen, zum Beispiel "Schmerz im Innenohr". Parity(s) kann die Werte "unbekannt", "rechts" oder "links" annehmen.

Parity(t) (dynamisch)   Das Gleiche gilt für einen Test.

Risk(t)   (statisch)   Medizinisches Risiko bei Durchführung des Tests

Time(t)   (statisch)   Für den Test benötigte Zeit

Pain(t)   (statisch)   Schmerz des Patienten bei Durchführung des Tests

Cost(t)   (statisch)   Kosten und Aufwand, der für den Test betrieben werden muß

Access(t) (statisch)   Zugang zu dem Test

Done(t)   (dynamisch)   Zeigt an, ob der Test schon ausgeführt wurde. Done(t) springt während einer Diagnose höchstens einmal von "falsch" auf "wahr" um.

Definition(K)(statisch)   Die Definition der Krankheit K besteht aus den Formeln K^+ und K^-, die Kriterien für die Annahme beziehungsweise Ablehnung der Hypothese angeben, daß K vorliegt.

Formula(K^+)(dynamisch) Die (bisher partiell ausgewertete) Formel K^+

Formula(K^-)(dynamisch) Entsprechend die (bisher partiell ausgewertete) Formel K^-

State(K)   (dynamisch)   Beweisstatus

Plus(K)   (dynamisch)   Anzahl der bisher zu "true" ausgewerteten Teilformeln von K^+

Minus(K)(dynamisch)   Anzahl der bisher zu "true" ausgewerteten Teilformeln von K^-

Uncertainty(K)(dynamisch) Anzahl der Teilformeln von K^+, die nur zu "ungefähr wahr" ausgewertet wurden

Parity(K)(statisch)   Körperhälfte ("rechts" oder "links")

Urgency(K)(statisch)   Dringlichkeit einer Therapie bei Auftreten von K

Effect(K)(statisch)   Gefahren der Krankheit K

Probability(K)(statisch) A-priori-Wahrscheinlichkeit für das Auftreten von K

Cost(K)   (statisch)   Durchschnittliche Kosten für eine gängige Therapie für K

Zweistellige Attribute :

Refinement (s_i, s_j) (statisch)   Die Symptome sind in einer partiell geordneten Struktur angeordnet. Refinement(s_i, s_j) sagt aus, daß s_i eine Verfeinerung von s_j ist.

Neighbour(s_i, s_j)   (statisch) s_i und s_j sind inhaltlich benachbart

eval(s, t)   (statisch)   Der Test t mißt den Wert des Symptoms s.

contra(s, t)	(dynamisch)	Zeigt eine Kontraindikation an; das heißt wenn s einen bestimmten Wert hat, darf t nicht durchgeführt werden.
Occurs(s, K)	(statisch)	s kommt in K^+ oder K^- vor
Relevant(s, K)	(dynamisch)	s kommt in Formula(K^+) oder Formula(K^-) als bisher noch unbekannt vor, das heißt für s wurde bisher noch kein Test durchgeführt und der Wert von s ist noch von Bedeutung
Pointer(s,K)	(statisch)	Das Symptom s weist deutlich auf K hin
Key(s, K)	(statisch)	s ist Schlüsselsymptom für K
Covers(s, K)	(statisch)	Falls K vorliegt, ist s hinreichend erklärt.
Diff(K_1, K_2)	(statisch)	K_2 ist Differentialdiagnose von K_1: Wenn der Nachweis von K_1 fehlschlägt, dann ersetzt K_2 die Hypothese K_1.
Compl(K_1, K_2)	(statisch)	K_2 ist eine Komplikation von K_1
Needed(t, K)	(dynamisch)	t wird zum Nachweis von Formula(K^+) oder Formula(K^-) benötigt.

Diese Wissensbasis und ihre Erstellung wollen wir jetzt diskutieren. Dabei wird auch erörtert, wo es sich um fachspezifisches Expertenwissen handelt.

-- Value(s) und Range(s) treten in jedem Diagnosesystem auf.

-- Parity(s), Parity(t) und Parity(K) sind typisch für spezielle medizinische Bereiche, sie kommen in technischen Situationen (etwa bei der Motordiagnose) normalerweise nicht vor. Dafür können aber dann andere Symmetriebegriffe eventuell eine Rolle spielen, die es herauszufinden gilt. Fachspezifisch ist, welche der Begriffe benötigt werden und wozu, dies ist aber meist recht einfach.

-- Risk(t), Time(t), Pain(t), Cost(t) und Access(t) spielen in modifizierter Form fast stets eine Rolle. Diese Begriffe beschreiben, daß die Tests in der Regel *nicht umsonst* ausgeführt werden können, sie haben ihre *Preise*. Die Preise können vielfältiger Art sein, wie Lärm, Umweltschaden, Risiko für den Testenden usw. Der Sinn der Ermittlung dieser Preise besteht darin, sie gegen den Nutzen abzuwägen, der in dem möglichen Informationsgewinn nach Durchführung der Untersuchung besteht. Letzteres kann recht vertiefte Kenntnisse erfordern.

-- Done(t) ist manchmal von komplexerer Natur. Dies ist etwa dann der Fall, wenn das Ergebnis von t selbst strukturiert und nur unvollständig bekannt ist, z.B. bei einem zeitlich nur partiell dokumentierten Verlauf.

-- Formula(K^+) und Formula(K^-) entstehen aus Definition(K) durch folgenden Auswertungsprozeß :

    (1)   Ersetze nach einem Test eine Variable s_i durch den Meßwert $t(s_i)$ und werte die entsprechenden Atomformeln (etwa $s_i \leq a$) zu "true" bzw. zu "false"

aus.

    (2)   Werte ($\Phi \lor$ true) zu true und ($\Phi \lor$ false) zu Φ aus (für beliebige Φ).

    (3)   Werte ($\Phi \land$ true) zu Φ und ($\Phi \land$ false) zu false aus (für beliebige Φ).

Formula(K) beschreibt also die noch zu untersuchende Restformel. Wir haben hier eine wichtige Analogie zu den Betrachtungen in §15 : Die Restformel beschreibt die noch zu leistende Arbeit, deren Kosten wir dort durch die Funktion h beschrieben haben. Eine Schätzung von h würde hier auf der Basis einer Schätzung der noch zu zahlenden Preise (im gerade diskutierten Sinne) zu erfolgen haben. Es gilt hier aber nicht, diese Kosten zu minimieren, sondern gegen den zu erwartenden Nutzen aus dem Informationsgewinn abzuwägen. Im Prinzip müßte dann noch der Kosten-Nutzen Quotient minimiert werden.Solches Wissen ist in hohem Grade fachspezifisch.

- State(K) beschreibt den gegenwärtigen Zustand unvollständiger Information. Wir beziehen uns dabei auf den Informationsgraphen aus §9 und die modalen Ausdrucksweisen. Deren Sinn ist es, die gerade diskutierte Kostenabschätzung für Formula(K) dadurch zu unterstützen, daß man die verbleibenden Pfade im Informationsgraphen auf ihren Informationsgewinn hin abschätzt. Einige praktische Ausdrucksweisen haben wir zusammengestellt.

Zustand	Definition
möglich	$\Diamond H^+ \land \Diamond H^-$ aber (noch) nicht Φ für irgendeine Teilformel Φ von H^+
verdächtig	$\Diamond H^+ \land \Diamond H^- \land \Phi$ für eine Teilformel Φ von H^+
bestätigt	$\Box H^+ \land \Diamond_r H^-$
zurückgewiesen	$\Diamond_r H^+ \land \Box H^-$
unbeweisbar	$\neg \Diamond_r H^+ \land \Diamond H^-$
nicht widerlegbar	$\Diamond H^+ \land \neg \Diamond_r H^-$
wahr	$\Box H^+ \land \neg \Diamond H^-$
falsch	$\neg \Diamond H^+ \land \Box H^-$
kontrovers	$\Box H^+ \land \Box H^-$

indifferent	$\neg\Box H^+ \wedge \neg\Box H^-$
Kontraindikation	$\Diamond H^+ \wedge \Diamond H^- \wedge \neg\Diamond_r H^+ \wedge \Phi$ für eine Teilformel Φ von H^+

Unter "Teilformel" verstehen wir ein Konjunktionsglied (die Formeln waren Konjunktionen von Disjunktionen von Atomformeln). Der Index r hat die Bedeutung, daß wir nicht den allgemeinen Informationsgraphen, sondern den real vorliegenden, patientenabhängigen Graphen meinen, in dem bestimmte Untersuchungen verboten sein können. Der allgemeine Informationsgraph ist also der Defaultwert für den realen Graphen. Es ist aber zu beachten daß der reale Graph selbst dynamisch sein kann: Gewisse Verbote von Tests können solange bestehen, bis ein anderes Testergebnis das Verbot aufhebt. "Kontraindikation" besagt, daß eine Kontraindikation eine Bestätigung einer verdächtigen Hypothese unmöglich macht. Das Zustandsattribut State sagt u.a. weiter, wann der Diagnoseprozeß terminiert. In komplexeren Situationen gehört gerade das Wissen um den rechtzeitigen Abbruch der Diagnose zu den hochgradig fachspezifischen Teilen des unformalisierten Erfahrungswissens des Experten. Häufig ist es auch nicht möglich, praktisch brauchbare Modalaussagen zu erhalten. Dann wird auch der ganze Informationsgraph nicht explizit erscheinen sondern nur als Hintergrundmodell dienen.

-- Plus(K) und Minus(K) dienen als ungewichtete Hinweise für die bisherige Glaubwürdigkeit der Hypothese, daß K die gesuchte Krankheit ist. Hier ist noch nicht berücksichtigt, daß gewisse Informationen natürlich mehr oder weniger stark auf eine Hypothese hinweisen können.

-- Uncertainty(K) behandelt das Problem der Unsicherheit, was wir in §14 ausführlich diskutiert haben. Dort haben wir zwischen subjektiver und objektiver Unsicherheit unterschieden und einige Mechanismen zu ihrer Behandlung erörtert. Uncertainty(K) behandelt subjektive Unsicherheit mit einer Mischung der Methode der groben Mengen und des Fuzzy-Ansatzes. Dazu wird wie folgt vorgegangen:

Wenn etwa die Formel $s_i \geq a$ "hohes Fieber" beschreiben soll, dann beschreiben wir dies im Sinne des Ansatzes der groben Mengen durch einen "sicheren Bereich", also etwa $s_i \geq 39$, und eine äußere Approximation, also etwa $s_i \geq 38,5$.

Der Fuzzy-Aspekt liegt darin, daß man sich zweckmäßigerweise merkt, wenn der Wert in dem Randbereich $38,5 \leq s_i \leq 39$ lag; dies wird hier als "Minuspunkt" notiert, aufaddiert und später bei der weiteren Inferenz mit berücksichtigt .

Diese Vorgehensweise ist daran gekoppelt, daß die einzelnen Punkte individuell keine große Rolle spielen. Aspekte objektiver Unsicherheit haben wir in diesem System in Einzelaspekte aufgeschlüsselt und erscheinen bei anderen Attributen. Die Akkumulation von subjektiver und objektiver Unschärfe erfolgt in sehr vereinfachter Weise weiter unten in der Abstraktionstafel "Hinweisstärke".

-- Urgency(K), Effect(K) und Cost(K) sind wieder typisch dafür, daß die Diagnose kein Selbstzweck ist und nachfolgende Handlungen bedingt. Was hier fehlt, sich aber anbietet, wären bereits Hinweise für eine Therapie, die u.U. schon vor Ende des Diagnoseprozesses eingeleitet werden muß. Um so tieferes Fach- und Erfahrungswissen ist nötig, je mehr von letzterem Gebrauch gemacht wird.

-- Probability(K) ist ein grobes Maß für objektive Unsicherheit. Es kann sehr viel mehr verschärft werden durch Einbeziehung von Gesichtspunkten wie Vorgeschichte, zeitliche und örtliche Gegebenheiten und dergleichen, die dann u.U. ein erhebliches fachliches Erfahrungswissen darstellen.

-- Refinement(s_i, s_j) und Neighbour(s_i,s_j) beschreiben Verwandtschaftsbeziehungen zwischen Symptomen. Neighbour ist dabei rein assoziativ, etwa dadurch bedingt, daß die beiden Symptome funktional von demselben Körperteil abhängen oder auch aus unbekannten Gründen häufig zusammen auftreten. Dagegen beschreibt Refinement eine hierarchische Relation zwischen Symptomen, z.B.:

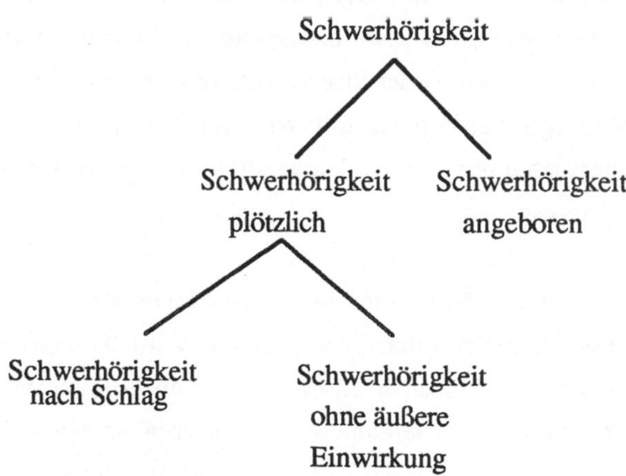

Die Kanten dieses semantischen Netzes sind alles "ist" - Kanten. Die Ordnungsstruktur dieses Netzes ist ein Baum. Die Belegungen der Symptome in einem solchen Baum sind nicht unabhängig voneinander, sondern müssen gewissen Konsistenzbedingungen genügen (deshalb werden sie zweckmäßigerweise auch zum Teil automatisch vorgenommen). Dazu gehören etwa:

(1)   Ist ein Vatersymptom physiologisch (d.h. gutartig) belegt, so auch alle Töchtersymptome.

(2)   Ist ein Tochtersymptom pathologisch belegt, so auch sein Vatersymptom.

(3)   Ist ein Vatersymptom pathologisch belegt, so auch wenigstens eines der Töchtersymptome (dies beinhaltet eine Vollständigkeitsannahme über die Töchtersymptome).

Solche Relationen kommen zwar in den meisten Diagnosesituationen vor, ihre speziellen Ausprägungen sind jedoch fachspezifisch. Dieses Wissen ist meist relativ gut (z.B. in Lehrbüchern) dokumentiert und deshalb leichter erlernbar, auch ein "Wissensingenieur" mit geringerer fachlicher Erfahrung kann es leichter erfragen.

<u>Bemerkung</u>: Für die Repräsentation hierarchischer Ordnungen für Krankheiten oder Tests bieten sich natürlich objektorientierte Darstellungen an. Sind sie, wie in diesem System, nicht vorgesehen, müssen bei dem Diagnoseprozeß zunächst die Formeln für alle Krankheiten ausgewertet werden, weil man sie nicht zu Gruppen zusammenfassen kann. Bei einer größeren Zahl von Krankheiten wäre dies nicht mehr tragbar. Hierarchische Ordnungen für Krankheiten und Tests erfordern zwar mehr Kenntnisse als ihre flachen Beschreibungen, sind aber wieder nicht so erfahrungsabhängig. Eine Strukturierung von Tests erfolgt häufig in der Form einer Zusammenfassung von Einzeltests zu Gruppen. Diese ist besonders bei Fragen üblich, wo diese in strukturierten Fragebögen auftreten, die dann jeweils komplett aufgefüllt werden müssen, also Einheiten bilden. Andere Formen der Strukturierung von Tests sind von örtlichen oder methodischen Bedingungen bestimmt wie der Einteilung in Labortests oder radiologische Untersuchungen. Solche Dinge sind hier nur ganz rudimentär beachtet, etwa im Attribut "Access".

-- Das Attribut contra(s,t) könnte man in verschiedener Weise definieren, abhängig davon, ob man eine defensive oder eine agressive Vorgehensweise bevorzugt. Eine defensive Vorgehensweise (die man im medizinischen Bereich meist bevorzugt) ist, einen Test solange als kontraindiziert anzusehen, wie er nicht positiv freigegeben wurde. Diese Dinge sind wieder fachspezifisch; oft sind sie gut dokumentiert und ein Fehlverhalten gilt sogar als Berufsfehler.

-- Der Gebrauch des Attributes "Relevant" ist im Zusammenhang mit dem Beweisstatus zu sehen, weil ein Symptom für eine Hypothese nur dann als relevant anzusehen ist, wenn von ihrem Ausgang Akzeptanz oder Ablehnung wirklich echt abhängt :

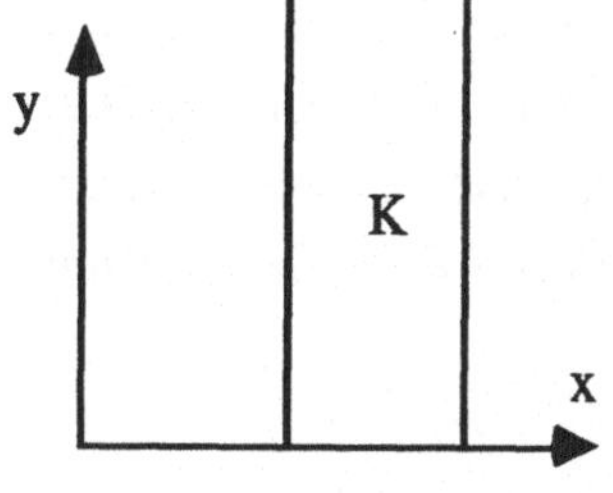

y ist nicht relevant für K

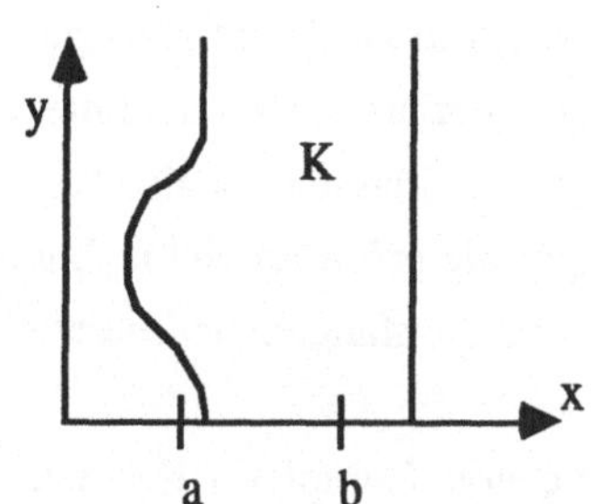

bei Messung von x = a ist y relevant für K,
bei x = b hingegen nicht

-- Bei der Gewichtung der einzelnen Teile einer Krankheitsdefinition unterscheiden wir drei Kategorien :

(1) Symptomausprägungen, die zwar da sein müssen (oder in der Regel da sind), aber auch auf vieles andere hindeuten können;

(2) Hinweise, das sind Symptomausprägungen die einen relativ starken Verdacht auf eine Hypothese geben;

(3) Schlüsselsymptome, bei denen eine pathologische Ausprägung einen sehr starken Verdacht auf eine bestimmte Hypothese gibt. Sie sind beinahe schon ein Beweis.

Hierzu dienen die Attribute "Pointer" und "Key". Es ist zwar so, daß man auch bei anderen "Verdachtssituationen", wie etwa in der Kriminalistik auch nur ähnlich wenige Unterscheidungen macht, doch stellt die Verwendung solcher Begriffe in hohem Grade fachliches und schwer zu erwerbendes Erfahrungswissen dar.

-- Covers(s,K) ist gewissermaßen ein "intelligentes" Attribut. Es besagt, daß bestimmte Ausprägungen von s durch ein Vorliegen von K hinreichend erklärt werden können (obwohl das nicht unbedingt zur Krankheitsdefinition von K gehören muß). Deshalb sollten nach einem Nachweis von K diese Symptomwerte nicht mehr zur Verdächtigung anderer Krankheiten herangezogen werden. Hier handelt es sich meist um sehr fachspezifisches Erfahrungswissen. Der konkrete Einsatz von Covers erfolgt hier so, daß nach einem Beweis von K aus allen weiteren Krankheitsdefinitionen die Teile, welche die entsprechenden Ausprägungen von s betreffen, ersatzlos gestrichen werden.

-- Diff(K_1,K_2) betrifft die Differentialdiagnose. Hierbei hat man es mit einer festen (kleinen) Menge von Alternativen zu tun, unter denen man die richtige vermutet und die sich relativ schwer trennen lassen. Ist also K_1 verdächtig, dann ist auch K_2 verdächtig. Die Differentialdiagnostik erfordert viel fachliches Erfahrungswissen, im medizinischen Bereich gibt es dazu eine umfangreiche Literatur.

-- Die Verwendung von Compl(K_1,K_2) ist, daß man bei einem Nachweis von K_1 anschließend auch K_2 überprüft. In komplexeren Situationen als der hier vorliegenden ist das natürlich oft nicht sinnvoll. Das Fachwissen liegt dann im richtigen Gebrauch eines solchen Attributes.

Damit kann die Diskussion des konzeptuellen Modelles als abgeschlossen betrachtet werden und wir können uns dem Designmodell zuwenden. Dazu ist die Toplevelbeschreibung der funktionalen Sicht des Systems zu verfeinern und in eine Architektur umzusetzen. Dabei sind die einzelnen Blöcke des Diagrammes bei der Ausführung von sehr unterschiedlicher Komplexität. Im vorliegenden Falle konzentriert sich fast die gesamte Arbeit des Systems auf die Testplanung.
Die eigentliche Vorgehensweise des Systems ist dabei zunächst in zwei Phasen aufgespalten :

(1) <u>Die Initialphase</u>: Diese ist datengesteuert und erfolgt durch Vorwärtsregeln. Diese haben als Ergebnis neue Tests, die unabhängig von irgendwelchen Hypothesen erzeugt werden. Charakteristisch für diese Phase ist, daß die Konflikte unproblematisch sind, d.h. man hat die Regeln so zu wählen, das sich stets alle vorgeschlagenen Tests durchführen lassen. Das Ende dieser Phase ist im Normalfall dann gegeben, wenn die Konfliktmengen leer sind. Die Initialphase heißt in der Medizin auch Anamnesephase; es kann jedoch auch im späteren Verlauf der Diagnose die Situation so unklar sein, daß die Initialphase wieder aufgerufen wird. Wir wollen diese Phase hier nicht weiter betrachten, sie ist häufig sehr genau und oft sogar durch Vorschriften geregelt.

(2) Die <u>Finalphase</u>: In ihr werden Hypothesen erzeugt, die dann wiederum den weiteren Verlauf steuern. Diese spiegelt sich in folgendem Schaubild wider :

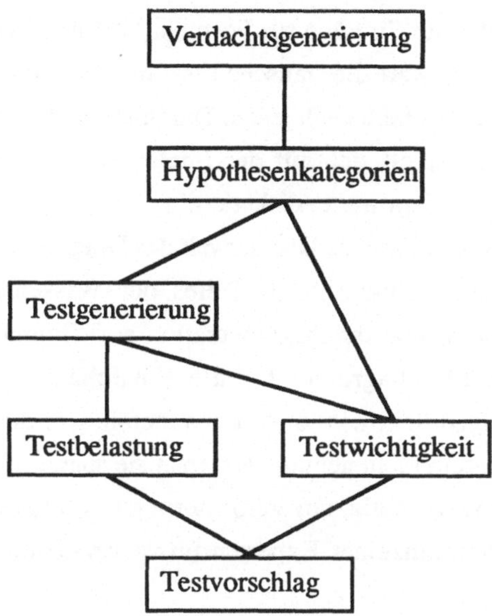

Diese Vorgehensweise entspricht in unserem Falle gut dem tatsächlichen Vorgehen des Experten, wir haben damit dem Kriterium der "Erhaltung von Strukturen" (vgl.§0) zwischen der kognitiven und der Repräsentationsebene Rechnung getragen.

Die Realisierung der einzelnen Einheiten erfolgt hauptsächlich durch Abstraktionstafeln im Sinne von §17 . Die Beschreibungsvariablen erhalten ihre Bezeichnung in Anlehnung an die Namen der Attribute, auf die sie sich beziehen. Die Abstraktionstafeln repräsentieren dabei jeweils zwei Abstraktionsabbildungen: Eine für die Inferenz und eine für deren Begründung. Die Abstraktionen für die Inferenz sind in einem festen Ebenenmodell angeordnet, welches einem Durchlauf der Finalphase entspricht. Nach Ausführung der vorgeschlagenen Untersuchungen wird diese Phase mit neuen Symptomwerten dann wieder aufgerufen. Zwischen die Abstraktionsabbildungen werden dann meist noch Fenster gesetzt, um sich auf die überhaupt betroffenen oder die im wesentlichen interessierenden Objekte einzuschränken. Die Erklärungen werden nur sehr rudimentär behandelt. Es wird praktisch nur ein Stichwort für die erfolgte Inferenz mitgeführt, insbesondere ist kein Dialog mit dem Benutzer vorgesehen. Andererseits ist die Erklärung schon mit der Inferenz verzahnt und besteht nicht einfach darin, daß man diese noch einmal reproduziert.

Um eine Schleife der Finalphase zu durchlaufen, wird auf die Attribute in der Wissensbasis zugegriffen. Dazu benötigt man für die dynamischen Prädikate die Anlage entsprechender dynamischer Listen. Ein Beispiel ist etwa die "dynamische

Krankheitsliste", welche die Einträge für Formula(K^+) und Formula(K^-) enthält. Der Defaultwert für diese Liste wäre die statische Liste mit den Einträgen für Definition(K). Für alle dynamischen Listen muß nach jedem Durchlaufen der Finalphase ein Updating erfolgen. Dieser Prozeß spielt sich auf der Implementierungsebene ab; er ist recht aufwendig, wird aber hier nicht weiter diskutiert.

Insgesamt wird in der Finalphase die Diskurswelt des Diagnostikers modelliert. Insofern ist sie das Resultat des schwierigsten Teiles der Wissensakquisition. Das hier vorgeschlagene Modell spaltet die Argumentation auf: Einmal in die grundsätzliche Struktur, wie sie im Flußdiagramm für die Finalphase und in der Anlage der Abstraktionstafeln ausgedrückt wird und zum anderen, wie diese im Detail aussehen. Sind die Abstraktionstafeln klein genug, kann man sie später mit dem Experten einzeln durchgehen. Dies ist sowohl nötig, um Verbesserungen vorzunehmen als auch, um den individuellen Wünschen einzelner Experten (etwa verschiedener Ärzte) gerecht zu werden.

Wir gehen jetzt die Finalphase im einzelnen durch. Dabei denken wir uns die Initialphase als geschehen. Nach Durchführung dieser Phase seien durch Fensterbildungen dynamische Listen der sog. "interessanten Objekte" angelegt; dazu möge insbesondere die Liste der "interessanten Krankheiten" gehören, welche die Formula(K^+) bzw. Formula(K^-) nur für solche Krankheiten enthält, die auch betroffen sind.

<u>Verdachtsgenerierung</u> :

Im ersten Schritt werden verschiedene Verdachtsmomente für eine Krankheit zusammengetragen und zu einer Hinweisstärke abstrahiert. Die Beschreibungsvariablen (pro Krankheit) sind dabei:

-- %Index : Die Anzahl der bewiesenen Teilkonjunktionen für die Krankheitsformel, wobei diejenigen, wo der Meßwert auf dem Rand lag, nur halb gezählt werden:

$$\%\text{Index} = \frac{\text{Anzahl der erfüllten Teilformeln} - \frac{1}{2}\text{Uncertainty}}{\text{Anzahl der Teilformeln}}$$

-- #Hinweise ist die Anzahl der Pointer auf K.

-- #Schlüssel ist die Anzahl der erfüllten Schlüsselsymptome.

-- #Differentialdiagnose besagt, wie oft eine andere Krankheit K_1, zu der K in der Differentialdiagnosesituation steht, verdächtig war, aber jetzt unbeweisbar ist.

-- #Komplikation zählt auf, wieviel Krankheiten bestätigt wurden, von denen K eine

Komplikation ist.

% Index			≥ 50				≥ 60		≥75
# Hinweise		≥ 1				≥ 2			
# Differentialdiagnose				≥ 1					
# Komplikation					≥ 1				
# Schlüssel								1	1
Hinweisstärke	schwach	deutlich	deutlich	deutlich	deutlich	stark	stark	stark	stark
Grund	--------	Hinweis	Index	Differential diagnose	Kompli kation	Hinweis	Index	Schlüssel	Index hinweis

Diskussion: Die Tafel ist (wie auch die folgenden) so zu lesen : Wenn mindestens ein Hinweis besteht, ist die Hinweisstärke mindestens "deutlich"; wenn mindestens zwei Hinweise bestehen oder %Index ≥ 75 ist dann ist die Hinweisstärke mindestens "stark", usw. Im übrigen ist die Tafel nur partiell ausgefüllt, enthält eigentlich nur Vorschläge für denkbares Vorgehen und soll wie die nachfolgenden als methodisches Beispiel dienen. Ein methodischer Aspekt ist, daß diese Tabelle nur direkt vergleichbare Beschreibungsvariable enthält; weiter ist sie relativ klein. Dadurch kann sie direkt mit dem Experten in einer Sitzung diskutiert werden.

Hypothesenkategorien :

Diese Abstraktionsstufe kombiniert die reine Hinweisstärke für eine Hypothese mit pragmatischen Aspekten, die auch weniger wahrscheinliche Hypothesen in den Vordergrund schieben können, wenn sie im Falle ihrer Wahrheit bedeutende Konsequenzen hätten. An dieser Stelle geht ein, daß die Diagnose an sich kein

Selbstzweck ist, sondern nachfolgende therapeutische Behandlungen bedingt. Im Falle besonderer Eile erfolgen hier auch Warnmeldungen, welche die Diagnose unterbrechen. Die Beschreibungsvariablen und ihren Sinn kann der Leser der Tafel leicht selbst entnehmen.

Hinweisstärke		deutlich	deutlich	stark	deutlich	deutlich
Probability		sehr häufig				selten
Urgency					jetzt	keine
Effect			Leben		Fkts-ausfall	Leben
Cost						
Hypothesen-Kategorie	tertiär	sekundär	sekundär	sekundär	primär	wider-legen
Grund	____	hws prob	hws prob	hws	hws urg effect	hws prob urg effect

Diskussion: Der Defaultwert für die Hypothesenkategorie ist "tertiär". Der Wert "widerlegen" bedeutet, daß augenblicklich keine besondere Dringlichkeit zu einer Aktion besteht, daß dieser Hypothese aber wegen der potentiellen langfristigen Gefährlichkeit der Krankheit irgendwann einmal nachgegangen werden muß. Hier sind vor allem solche Krankheiten gemeint, die nicht therapierbar sind; sie sollen deshalb auch nur ausgeschlossen werden, d.h. K^- soll bewiesen werden (vgl. hierzu die Ausführungen in §10). Die akuten Notfälle haben die Kategorie "primär". Bei den Kosten überlassen wir es dem Leser, diese Spalte auszufüllen und das Ergebnis entsprechend zu modifizieren.

Nach diesen Überlegungen kommen die Tests ins Spiel. Für jede interessante Krankheit werden die Pfade im Informationsgraphen analysiert und die zugehörigen Untersuchungen in einer dynamischen Liste der "interessanten Untersuchungen" erfaßt.

<u>Testbelastung:</u>

An dieser Stelle werden die interessanten Untersuchungen analysiert und zu einer Belastung abstrahiert. Die Namen der Beschreibungsvariablen sprechen wieder für sich. Auch hier möge der Leser die Kostenspalte wieder selbst ausfüllen.

Risk		Strahlen					Verlet-zung
Pain			erträglich		stark		
Time				Stunde		Tag	
Cost							
Belastung	keine	erträglich	erträglich	stark	stark	hoch	hoch
Grund	—	Strah len	Schmerz	Zeit	Schmerz	Zeit	Verlet-zung

Parallel zur Belastung wird die Wichtigkeit einer Untersuchung berücksichtigt.

<u>Wichtigkeit der Untersuchung</u> :

Die Wichtigkeit einer Untersuchung wird an den Hypothesen gemessen, die diese zu ihrer endgültigen Klärung noch benötigen. Dabei gibt etwa "#primäre Hypothesen" an, zu wievielen Hypothesen dieser Kategorie die fragliche Untersuchung gebraucht wird.

#primäre Hypothesen				≥ 1
#sekundäre Hypothesen			≥ 1	
#tertiäre Hypothesen		≥ 3		
Wichtigkeit	unwichtig	wichtig	wichtig	sehr wichtig
Grund	—	tertiär	sekundär	primär

Diskussion: Solche Überlegungen werden besonders dann interessant, wenn viele teure Tests mehrere Ergebnisse gleichzeitig liefern, die für verschiedene Hypothesen wichtig sind.

Aus den vorangegangenen Überlegungen wird jetzt das Ergebnis eines Durchlaufes der Finalphase zusammengestellt.

<u>Testvorschlag</u> :

Die letzte Abstraktionstafel generiert die Vorschläge für die vorzunehmenden Untersuchungen. Die Abkürzung "vk" steht für "Vorschlagskategorie".

Wichtigkeit		wichtig	wichtig	sehr wichtig
Belastung				
Access		nah, weit	hier	
vk	tertiär	sekundär	primär	dringend
Grund	——	Wichtigk. Access	Wichtigk Access	Wichtig-keit

Diskussion: Die Beschreibungsvariable "Access" hätte man auch in der Belastungstafel aufführen können. Es ist jedoch nicht ganz ungerechtfertigt, sie auf der obersten Ebene zu behandeln, weil sie u.U. wegen weiter Entfernungen zu einer Unterbrechung des Diagnosevorganges führen würde. Für Fragen dieser Art benötigt man wieder Erfahrungswissen eines Diagnostikers. Wieder überlassen wir es dem Leser, die Belastung entsprechend zu berücksichtigen.

Damit ist eine Schleife der Finalphase durchlaufen. Sie endet in der Regel mit Vorschlägen für weitere Tests. Es ergeben sich jedoch folgende Sonderfälle:
(1) Die Notfallsituation tritt ein und resultiert in sofortigem Ausstieg.
(2) Die Hypothesenkategorien erlauben bereits eine endgültige oder wenigstens für eine Therapie hinreichende Diagnose. Den letzten Fall werden wir noch erörtern.
(3) Die Vorschlagskategorie hat keine sinnvollen Untersuchungen mehr anzubieten. In diesem Fall muß aus der Hypothesenkategorie eine unvollständige Diagnose entnommen werden.
Um sinnvolles Arbeiten mit dem System zu gewährleisten, muß es möglich sein, einmal durchgeführte Symptombelegungen wieder zu löschen. Dadurch können Eingabefehler verbessert und Mißverständnisse bei der Befragung von Patienten ausgeräumt werden. Wir unterscheiden hier beim Löschen fehlerhafter Belegungen zwischen zwei Fällen:
(1) Die zu löschende Belegung wurde in der aktuellen Initialphase vorgenommen: Hier wird diese sowie alle daraus abgeleiteten Belegungen gelöscht.
(2) Die zu löschende Belegung wurde in einer früheren Initialphase vorgenommen, ist also schon inhaltlich weiterverarbeitet worden: Hier kann der gesamte Bereich der Hypothesen und Vorschläge ungültig werden, deshalb ist ein Recovery nötig. Alle abgeleiteten Informationen werden gelöscht, die eingegebenen Informationen werden so behandelt, als ob sie in einer Initialphase eingegeben worden wären. Damit kann der

Prozeß der Wertfortpflanzung und Hypothesengenerierung erneut gestartet werden.

Damit haben wir auch die Diskussion des Designmodelles beendet. Es wurde auf einer informellen Ebene beschrieben, aber die verwendeten Ausdrucksweisen sind sehr leicht in formale Strukturen zu übersetzen, z.B. in Regeln. Das bedingt natürlich das Vorhandensein solcher Formalismen. Man kann das Designmodell nicht losgelöst von den vorhandenen Repräsentationsmechanismen erstellen, sondern muß (anders als beim konzeptuellen Modell), bereits die Ebene der Datenstrukturen im Auge haben.
Im Verlaufe der Diskussion haben wir bereits mehrmals auf strukturelle Einfachheiten der vorliegenden Situation und auf Unzulänglichkeiten des betrachteten Systems hingewiesen. Das soll nun noch etwas vertieft werden.

In unserem Beispielsystem waren die Wertebereiche der Symptome Mengen von reellen Zahlen. In vielen Fällen ist die Lage aber komplizierter, einige wollen wir erwähnen:

(1) Komplexe Mengen von Signalmengen ("Muster"), die qualitativ analysiert werden müssen. Beispiel : EKG.
(2) Geometrische Deformationen. Beispiel : Analyse von Karosserieteilen nach Unfällen.
(3) Räumliche Anordnungen. Beispiel : Chemische Strukturanalyse.
(4) Zeitliche Verläufe. Dies Thema haben wir schon in §16 untersucht.

Es wurde bereits erwähnt, daß die Hypothesen nicht hierarchisch angeordnet sind. Abstraktionsabbildungen für Hypothesen würden auf den einzelnen Ebenen zu ebenfalls abstrakten Diagnosen führen und also eine Diagnosehierarchie bewirken. Solche Hierarchien können je nach ihrem Zweck verschieden aufgebaut sein, man unterscheidet dabei zwei Hauptarten.

(1) Diagnosehierarchien um Diagnosen schneller treffen zu können: Hier führt man grobe Diagnosen ein, die auf abstrakten Ebenen wegen der geringeren Komplexität schneller zu finden sind und verfeinert diese dann sukzessive bis zur Enddiagnose. Dieses Vorgehen ordnet sich in die allgemeine Methodik des Problemlösens mittels Abstraktion ein. Man hat sich dabei nach den vorliegenden Möglichkeiten zu richten, indem man etwa strukturell oder räumlich verwandte Teile zu Komponenten zusammenfaßt.

(2) Diagnosehierarchien zum Zwecke eines möglichst frühzeitigen Therapiebeginns: In

vielen Fällen kann mit der Therapie nicht bis zum Ende der Diagnosefindung gewartet werden. Ein extremer Fall ist die Symptomtherapie, bei der überhaupt nicht groß überlegt wird und der Patient z.B. erst mal Sauerstoff bekommt. Man kann sich dies auch als eine Grobdiagnose "Patient bekommt keine Luft" denken. Generell ist die Diagnosehierarchie hier so aufgebaut, daß sie mit einer Therapiehierarchie korrespondiert. Die letztere ist in der Regel selbst sehr komplex strukturiert und wird hier nicht im einzelnen diskutiert. Wir greifen nur einen Punkt heraus. Neben der abstrakteren Beschreibung auf einer höheren Ebene ist nämlich zu beachten, daß eine gröbere Diagnose durchaus zu einer ganz konkreten Therapie führen kann, die nur die Eigenschaft hat, daß sie unspezifischer ist. Wir bemerken ferner, daß sich der Diagnoseprozeß selbst letzten Endes als Teil der Therapieplanung auffassen läßt.

Abschließend sollen summarisch die wichtigsten denkbaren Anforderungen an ein Diagnosesystem zusammengestellt werden. Bei der Entwicklung eines konkreten Systems sollte man sich darüber klar werden, ob man sie (evtl. partiell) berücksichtigt oder nicht und wie man sie gegebenenfalls realisiert.

Eingabe:
-- Überprüfung der Eingaben auf Konsistenz und Plausibilität;
-- selbständige Formalisierung konkreter Probleme aus den Eingaben;
-- Verteilung der Eingabe auf mehreren Sitzungen;
-- Aggregation zeitlich veränderlicher Meßwerte;
-- Recovery-Mechanismus zur Korrektur fehlerhafter Eingaben.

Wissensrepräsentation:
-- Adäquate Behandlung von unsicherem, unvollständigem und fehlerhaften Wissen;
-- Möglichkeiten zur Modularisierung und hierarchischen Gliederung von Symptomen, Untersuchungen und Hypothesen;
-- Darstellung zeitlicher Aspekte;
-- Darstellung eines Modelles auf verschiedenen Abstraktionsebenen; Komponentenaufbau des Modelles;
-- Formulierung von Strategien zur Diagnoseplanung;
-- Einbezug von kausalem und anderem Hintergrundwissen.

Diagnosefindung:
-- Unterscheidung ähnlicher Diagnosen (Differentialdiagnostik, Komplikationen);

--   Erkennen mehrfacher Diagnosen;

--   Erkennen untypischer Diagnosen und nicht vorgedachter Fälle;

--   Eventueller Ausschluß von Diagnosen;

--   Einbezug der Therapie, insbesondere Notfalldiagnostik.

<u>Benutzerverhalten</u>:

--   Keine Einschränkung des Benutzers: Er muß gegen das System entscheiden können;

--   aktive Beteiligung des Benutzers an der Diagnosefindung;

--   variable Erklärungskomponenten mit Partnermodell;

--   stete Möglichkeit zum Fragenstellen;

--   Angaben von Alternativen;

--   Angabe von Risiken der Entscheidungsvorschläge.

20b   Planungssysteme

In einem Planverfahren wird mittels einer gewissen fest vorgegebenen Menge von Elementarbausteinen und mit Hilfe einer fest vorgegebenen Menge von Konstruktionsmöglichkeiten das zu planende Objekt erstellt. Es kann im Prinzip beliebig komplex sein, muß aber gewissen Kriterien oder Wertvorstellungen genügen .

Auch wenn wir im Prinzip diese Sichtweise akzeptieren, ist doch zu bemerken, daß der umgangssprachliche Begriff "Planen" eine Unzahl verschiedener und auch begrifflich weit auseinanderliegender Tätigkeiten, die verhältnismäßig wenige innere Gemeinsamkeiten haben, umfaßt. Zur Veranschaulichung lassen wir stichwortartig eine Reihe von Beispielen Revue passieren:

Es begegnen uns etwa Baupläne, Stundenpläne, Maschinenbelegungspläne, Verwaltungs- und Organisationspläne, Arbeitspläne, Prüfpläne, Planungen von Bürovorgängen, Konstruktionspläne, Überarbeitungspläne von Werkstücken, Montagepläne, Fertigungspläne, Planungen von Roboteraktionen, Produktplanungen oder schließlich Notpläne bei Engpässen in Elektrizitätswerken oder bei Verspätungen von Eisenbahnzügen.

Versucht man, die Planungssituationen nach abstrakten Kriterien zu klassifizieren, so sieht man, daß man Einteilungen auf mehrere Arten vornehmen kann. Wir zählen einige auf:

(a) (a_1) Ein statisches Gebilde (ein Gebäude, eine Maschine) oder

 (a_2) ein dynamisches Objekt, eine Aktion, wird geplant.

(b) (b_1) Feste und genaue Zielvorgaben (die Erfüllung von einer oder mehreren Bedingungen; die Optimierung eines oder mehrerer Parameter) sind vorgegeben oder

 (b_2) es existieren nur ungenaue Zielvorgaben und allgemeine Wertvorstellungen.

(c) (c_1) Kein Einfluß der Umwelt auf das zu planende Objekt.

 (c_2) Umwelt- und Kontexteinflüsse, die dabei

 - kooperierend, neutral oder antagonistisch

 - deterministisch, stochastisch oder unvorhersehbar sein können.

In allen Fällen können dabei die Ergebnisse genau nachprüfbar, ungenau und nur sehr aufwendig nachprüfbar oder fast gar nicht nachprüfbar sein.

(d) Man kann verschiedene Formen von Zeitrestriktionen beobachten:

 (d_1) Die Zeit für die Planerstellung ist unabhängig vom Zweck, den das zu planende Objekt zu erfüllen hat.

 (d_2) Die Zeit zur Erstellung des Planes ist Gegenstand der Planung selber und wirkt somit rückkoppelnd auf das Planverfahren ein.

In Aufgabe 1) behandeln wir die Planung von Roboteraktionen. Bei der relativ kleinen vorliegenden Welt kann man sich noch gut eine Programmierung in einer Regelsprache erlauben. Mit zunehmender Komplexität wird die explizite Repräsentation hierarchischer Abhängigkeiten notwendig werden.

Als Beispiel eines Planungssystems wollen wir in groben Zügen ein System zur Konzeption von Fahrrädern betrachten. Die Konzeptionsphase bei der Konstruktion ist diejenige Phase, in der die wichtigsten Entscheidungen des Konstruktionsprozesses getroffen werden. Als Ausgangspunkt hat sie die funktionalen Anforderungen, die an das Konstrukt gestellt werden, also gewissermaßen seine Spezifikation. Erwartet wird von der Konzeptionsphase ein Vorschlag zur prinzipiellen Realisierung des Konstruktes.

Nachfolgende Phasen wie Entwerfen und Ausarbeiten nehmen dann Detailberechnungen, maßstabsgetreue Entwürfe usw. vor.

Demgemäß kennt das System in ganz grober Sicht nur zwei Arten von Grundobjekten:

(1) *Funktionen*:: Diese sollen von der zu konstruierenden Maschine ausgeführt werden können, oder es sind Hilfsfunktionen, die intern ablaufen.

(2) *Lösungsträger* : Das sind die Objekte, die die Funktionen unter (1) dann tatsächlich ausführen.

Sowohl die Funktionen als auch die Lösungsträger können im Prinzip beliebig komplex sein. Es ist deshalb zweckmäßig, die Menge der Grundobjekte etwas zu erweitern:

(3) *Funktionsstrukturen* beschreiben die Möglichkeit der Zerlegung von Funktionen in einfachere; unzerlegbare Funktionen heißen dabei elementar oder auch *primitiv*.

(4) Es gibt im Prinzip zwei mögliche Arten von Lösungsträgern:

    (a) Konkrete technische Realisierung (Bauteile oder Baugruppen);

    (b) Abstrakte technische oder physikalische *Wirkprinzipien*

(5) Funktionsobjekte sind Objekte, auf die eine Funktion einwirkt.

Diese Objekte haben ihnen zugeordnete Eigenschaften. Bei (4) gehen schon qualitative Überlegungen ein: Bauteile und Baugruppen können auf höheren Abstraktionsstufen auch qualitativ beschrieben werden.

(6) Funktionseigenschaften können ergänzende Eigenschaften sein oder in Form von Anforderungen auftreten. Letztere werden auch Randbedingungen genannt. Da die Funktionsstrukturen nur eine Detaillierung der Funktionen darstellen, sind die Funktionsstruktureigenschaften mit den Funktionseigenschaften identisch (abgesehen von der Eigenschaft "Detaillierungsgrad").

(7) Neben ihrer Funktionalität haben Wirkungsprinzipien Eigenschaften, die der Funktionseigenschaft entsprechen; analoges gilt für die Eigenschaften technischer Realisierungen.

(8) Funktionsobjekte haben zum einen Eigenschaften, die eine taxonomische Klassifizierung erzeugen und sodann wieder solche, die denen der Funktionen zugeordnet sind.

Die Relationen zwischen den Grundobjekten werden durch folgendes semantische Netz beschrieben:

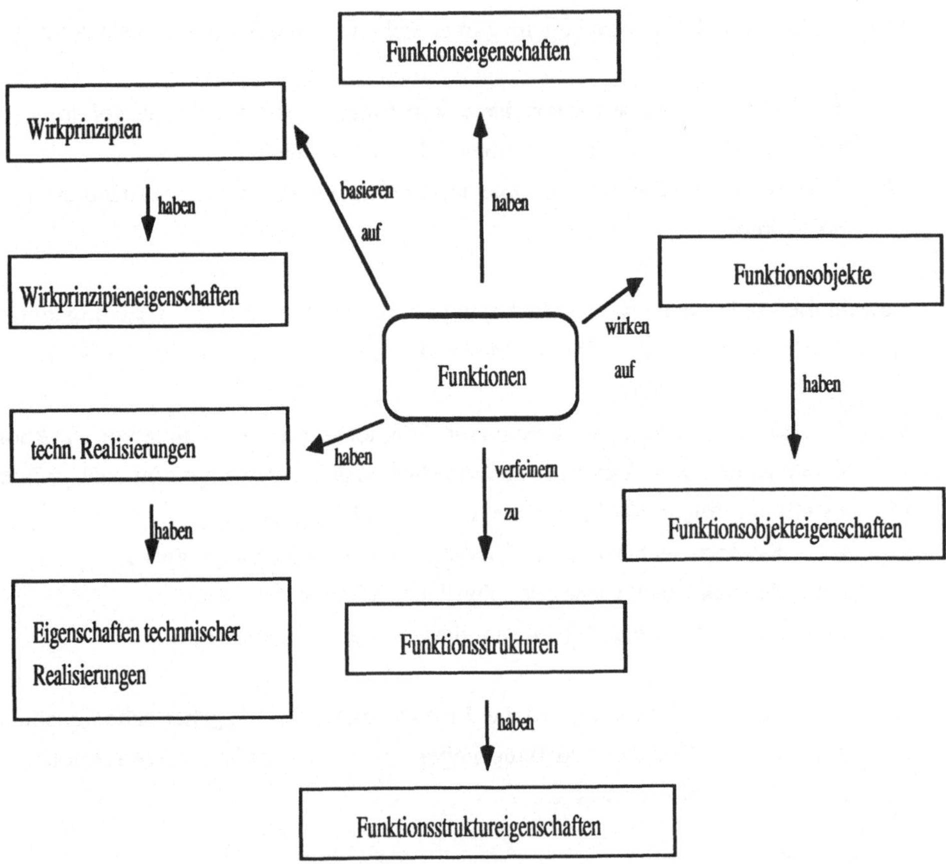

Während es bei der Diagnosefindung die Aufgabe ist, Symptome und (die richtige) Krankheitsbeschreibung zusammenzuführen, müssen wir hier Funktionen und die sie realisierenden Lösungsträger zusammenbringen. Es werden also bestimmte Match- oder Unifikationsprozesse stattfinden müssen. Auf der obersten allgemeinen Ebene können diese in der Regel nicht stattfinden. Das System geht sukzessive zu Details über; zentral für die Systemarchitektur ist die Art und Weise, wie dies geschieht.

Die grobe Arbeitsweise wird aus der Toplevelbeschreibung der funktionalen Arbeitsweise des Systems ersichtlich. Der Begriff "funktional" erscheint bei uns in doppelter Bedeutung, einmal reden wir von der funktionalen Arbeitsweise des Expertensystems und zum anderen von den Funktionen der zu konstruierenden Maschine; das sollte keine Verwirrung stiften.

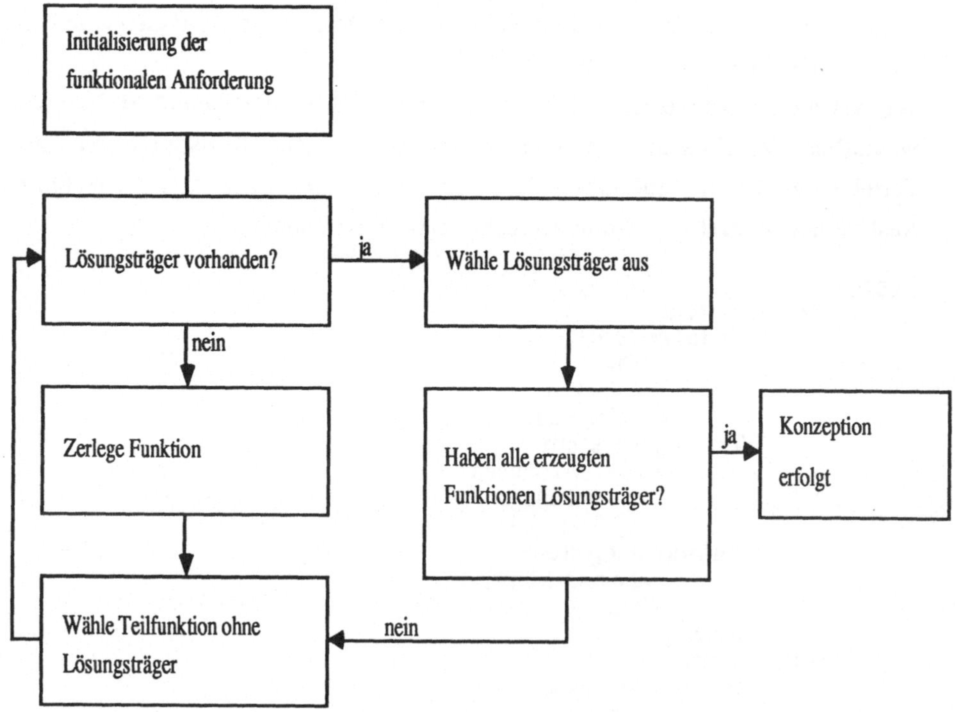

Diskussion: Das (simplifizierende) Diagramm drückt aus, daß die zu realisierenden Funktionen top-down in Teilfunktionen zerlegt werden. Lösungsträger werden dabei auf der höchst möglichen Ebene gesucht. Den Zerlegungsvorgang der Funktionen nennt man auch *Detaillieren*. Es ergeben sich stets zwei Aufgaben:

(a) Wo und wie wird detailliert ? (b)Wie wird die Detaillierung realisiert ?

Dabei ist zu beachten, daß die Art der Detaillierung in den funktionalen Anforderungen selbst nicht immer mit vorgegeben wird, und daß man zudem meist mehrere Lösungsträger zur Verfügung hat. Hier kommen zusätzliche Schritte ins Spiel, die in unserem Diagramm noch nicht auftreten:

(1) Jede Funktion ist mit Randbedingungen versehen; bei der Detaillierung werden diese mit spezifiziert. Die Randbedingungen schränken die möglichen Lösungsträger ein.

(2) Die technisch möglichen Lösungsträger unterliegen außerdem verschiedenen Bewertungskriterien: Sie können, von mehreren Aspekten her gesehen, unterschiedlich gut sein. Obwohl man schließlich nur an der Güte der Gesamtkonstruktion interessiert ist, sollten die Kriterien, soweit sie lokal greifen, auch schon während der Detaillierung eingesetzt werden, um die Anzahl der Alternativen klein zu halten. Es bleibt aber zu beachten, daß die lokale Optimierung natürlich keine globale garantiert.

(3) In manchen Fällen kann die Lösung erst durch weitere Detaillierung beschrieben

werden, während das in anderen Situationen nicht nötig ist. Es hängt also vom Fall ab, ob weiter detailliert werden muß.

Wir beschreiben jetzt einen Teil der Wissensbasis für unsere Rennräder. Es tritt eine wesentliche Vereinfachung gegenüber dem allgemeinen Fall dadurch ein, daß die Terminologie für die funktionale Beschreibung identisch ist mit der der technischen Realisierung. Zunächst die Form der technischen Beschreibung:

<u>Rennrad</u>
    Antriebssystem
        Pedalsystem
            Pedale
            Pedalhaken
            Pedalriemen
        Tretlagersystem
            Tretlager-komplett
                Innenlager
                Tretlager
        Zahnkranzsystem
            Zahnkranzkörper
            Ritzel
        Kette
    Bremssystem
        Bremssatz-komplett
            Bremse
            Bremsgriffe
    Laufradsystem
        Felgen
        Speichen
        Nabensatz-komplett
            Naben
            ...
        Reifen
        Schlauch
    Rahmensystem
        Rahmen
    Sattelsystem
        Sattel
        Sattelstütze
    Schaltungssystem
        Schaltungssatz-komplett
            Umwerfer
            Schaltwerk
            Schaltgriffe
    Steuersystem
        Lenker
        ...
    Zubehörsystem
        Flaschenhalter
        ...

Nun die funktionale Sicht:

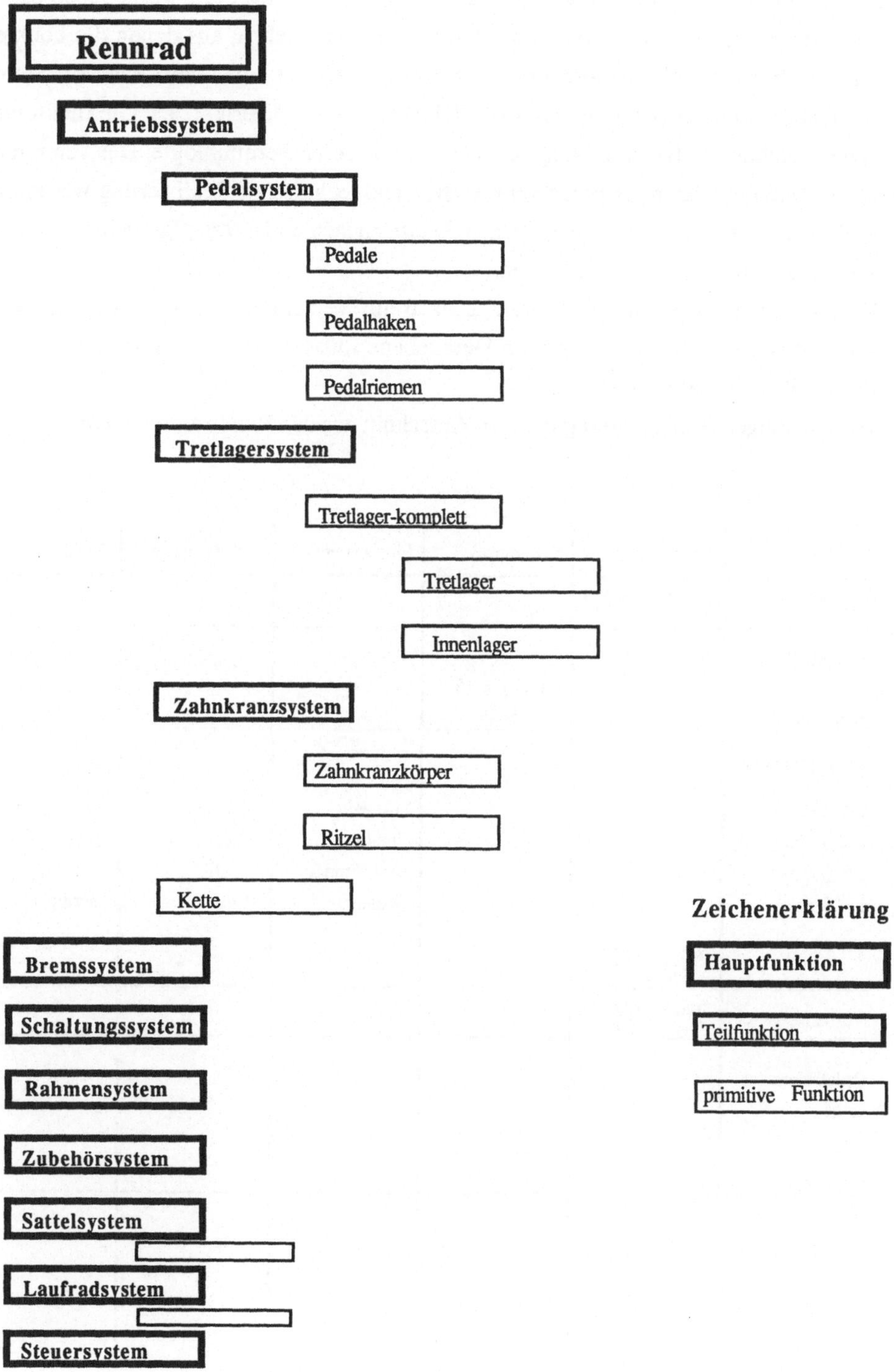

Rennrad

Antriebssystem

Pedalsystem

Pedale

Pedalhaken

Pedalriemen

Tretlagersystem

Tretlager-komplett

Tretlager

Innenlager

Zahnkranzsystem

Zahnkranzkörper

Ritzel

Kette

Bremssystem

Schaltungssystem

Rahmensystem

Zubehörsystem

Sattelsystem

Laufradsystem

Steuersystem

Zeichenerklärung

Hauptfunktion

Teilfunktion

primitive Funktion

Zur technischen Beschreibung ist zu sagen, daß wir nur ihre Form vorgegeben haben. Genauer gesagt, wir haben die einzelnen Klassen angegeben, aus denen die konkrete Beschreibung durch Instanzenbildung erfolgt. So ist etwa zur Klasse "Sattel" anzugeben, welcher Sattel gemeint ist (Fabrikat, Form, Material o.ä.). Die funktionale und die technische Beschreibung benutzen hier dieselbe Terminologie. Das vereinfacht den Prozeß des Matchens zwischen Funktion und technischer Realisierung wesentlich, weil die letztere nur in der angegebenen Klasse zu suchen ist. Im allgemeinen sind hier noch andere Klassen zu durchsuchen.

Wir beachten ferner, daß der Matchprozeß auf verschiedenen Abstraktionsebenen stattfinden kann. Auf der untersten Detailebene müssen primitive Funktionen durch Einzelteile realisiert werden.

Das nachfolgende Diagramm gibt einen Ausschnitt aus den Randbedingungen:

	Körpergröße	Schuhgröße	Einsatzzweck	Selbsteinschätz.	Terrain
Rahmenhöhe (cm)	(kö.g. - 160)*4 + 510				
Pedallänge lang extralang		43 < sg < 45 sg > 45			
Tretkurbellänge 172,5 mm 172,5 mm 175,0 mm 177,5 mm + 2,5 mm	(kö.g.-160)*4 + 510 > 600		Rennen Training not Fitness Rennen	Amateur Profi Profi Profi	bergig hügelig not flach bergig
Vorbaulänge (cm)	(rahmenhöhe - 510) / 2 + 80				
Pedalhaken- länge lang extralang		43 < sg < 45 sg > 45			
....					

Es handelt sich hier praktisch um die Darstellung eines Benutzerprofils. Durch die Angabe der persönlichen Details werden die konkreten Randbedingungen spezifiziert. Da diese die Ausprägungen mehrerer Teile koppeln, kann letztere nicht unabhängig auswählen. Getroffene Entscheidungen müssen u.U. revidiert werden, was einen Backtrackingmechanismus erfordert. Ein generelles Problem in Planungsverfahren ist es, bei der Feststellung einer Inkonsistenz die "schuldige Stelle" zu finden, also etwa von den verschiedenen beteiligten Bedingungen eine solche zu finden, deren Revision am vernünftigsten ist.

Die Repräsentation von Randbedingungen erfolgt in Regelform. Dabei ergibt sich das Problem, daß die Regeln sinnvollerweise nicht in einem unabhängigen Paket zusammengefaßt sind, sondern in die Objekthierarchie eingepaßt werden sollten. Das führt auf die allgemeine Problematik der Verzahnung von Regeln und Hierarchien.

Übungen

Aufgabe 1

Unter Benutzung einer STRIPS-artigen Notation (vgl.§9) betrachten wir eine Klötzchenwelt. Hier hat man benannte Blöcke von gleicher Form und Größe, die in gewissen Beziehungen zueinander und zu ihrer Unterlage, dem Tisch, stehen und eine Roboterhand mit der die Blöcke bewegt werden können. Eine prädikatenlogische Beschreibung der Zustände dieser "blocks world" kann mit Hilfe folgender Prädikate vorgenommen werden:

on(Block1,Block2)   : Block1 befindet sich auf Block2;
clear(Block)   : Block liegt auf dem Stapel;
ontable(Block) : Block liegt auf dem Tisch;
holding(Block) : die Roboterhand hält Block;
handempty   : die Roboterhand ist leer.

Beispiele:

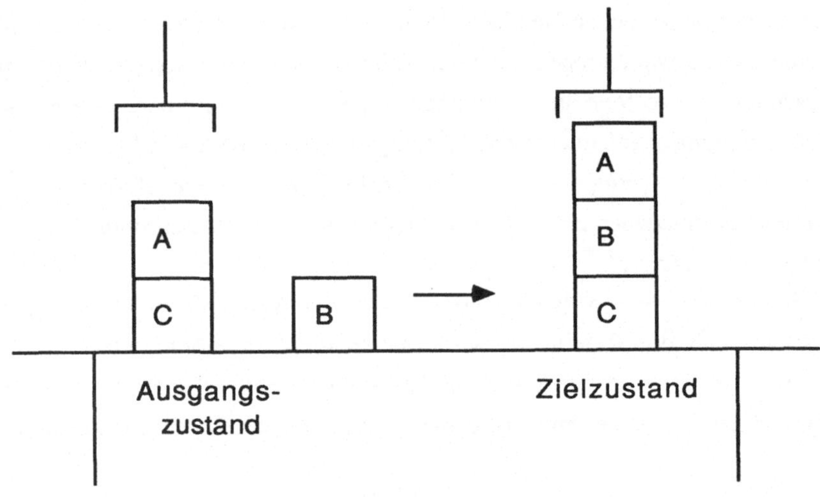

Der Ausgangszustand (1) bzw. der Zielzustand (2) können folgendermaßen mit Hilfe dieser Prädikate dargestellt werden:

(1) ontable(c), on(a,c), clear(a), ontable(b), clear(b), handempty;

(2) ontable(c), on(b,c), on(a,b), clear(a), handempty.

Zur Modifikation eines Zustandes der "blocks world" werden folgende Grundoperationen zugelassen:

pickup(Block)   : aufnehmen eines Blocks vom Tisch;

putdown(Block)   : niederlegen eines Blocks auf den Tisch;

stack(Block1, Block2) : Block1 auf Block2 niederlegen;

unstack(Block1, Block2)   : Block1 von Block2 nehmen.

Diese Grundoperationen können in Produktionsregeln dargestellt werden.

a) Geben Sie eine Beschreibung der Produktionsregeln unter Einhaltung folgender Schreibweise:

Name (der Regel)

VORBED: Bedingungen (Liste von Prädikaten)

DELETE-Liste: zu löschende Prädikate (Liste von Prädikaten)

ADD-Liste: neu hinzuzufügende Prädikate (Liste von Prädikaten)

b) Übertragen Sie die Beschreibung der "blocks world" sowie ihre Grundoperationen in OPS5. Benutzen Sie dabei Ihnen angemessen erscheinende Working-Memory-Elemente.

c) Zur Generierung eines Plans (Folge von Grundoperationen) benötigt OPS5 noch weiteres Wissen. Geben Sie eine informelle Beschreibung dieses Wissens.

d) Programmieren Sie nun ein Planungssystem mit hierarchischer Vorgehensweise in OPS5. Als Eingabe wird ein Ausgangs- und ein Zielzustand der "blocks world" gegeben. Die Ausgabe des Systems soll eine Folge der Grundoperationen sein, die den Ausgangszustand in den geforderten Zielzustand überführt.

Hintergrundbemerkungen zu §20

Das Diagnosebeispiel zu §20a dient zur Diagnose von Erkrankungen des Innenohrs; es ist in ML inplementiert (vgl. [He-Re-Ri-We 85]). Im allgemeinen kann ein Diagnosesystem ganz verschiedenartige Repräsentationsformalismen und Techniken verwenden. Zwei Extreme bilden rein regelbasierte und rein modellbasierte Systeme. In unserem Falle haben wir eine Mischung von Regeln und Abstraktionen benutzt. Eine diagnostische Expertensystemshell ist ausführlich in [Pu 86] beschrieben und eine gute Übersicht über den gegenwärtigen Stand der Diagnosesysteme findet man in [Pu88]. Das Planungssystem von §20b ist eine vereinfachte Fassung des Systems IDA, welches eine Wissensbasis für die Konzeption von Vorrichtungselementen enthält; vgl. dazu [Kr91]. Neben IDA möchten wir im deutschen Bereich die Planungs- und Konfigurationssysteme PLAKON und SYLLOGIST erwähnen, siehe hierzu [Cu90] und [Och87]. Ebenso wie im Diagnosefalle gibt es für Planungssysteme alternative Vorgehensweisen; dabei kommt zum Tragen, wie oben diskutiert, daß Planungsaufgaben von sehr verschiedener Art sein können. In den Anmerkungen zu §4c haben wir bereits das in OPS5 geschriebene System XCON erwähnt. Das PLAKON-Buch [Cu90] enthält eine empfehlenswerte Einführung in die Welt der Konfiguration von technischen Systemen.

TEIL IV

Ergänzungen

21   Entscheidungsunterstützende Systeme

Entscheidungsunterstützende Systeme (auch DSS genannt, vom englischen "Decision Support System") sollen helfen, bessere Entscheidungen zu treffen. Diese Aufgabe hat sowohl mit diagnostischen Klassifikationsaufgaben wie auch mit Planungsaufgaben Gemeinsamkeiten. Wie in einer Diagnosesituation sind mögliche Alternativen gegeben, unter denen die Entscheidung eine auszuwählen hat. Die getroffene Auswahl ist aber im allgemeinen weder "wahr" noch "falsch", sondern kann allenfalls gewissen Bedingungen genügen und darüber hinaus "besser" oder "schlechter" sein. Diese Kriterien sind uns bereits beim Planen begegnet; in der Tat besteht die Entscheidungsfindung oft in der Auswahl oder Bestimmung eines Planes.

Eine weitere Gemeinsamkeit mit unseren bisher betrachteten Fragen besteht darin, daß wir meist Situationen mit unvollständiger Information haben, die es zu vervollständigen gilt. Häufig ist dies nicht zu bewerkstelligen, weil nur unsichere Informationen vorliegen. Dann dann einer der Mechanismen zur Behandlung von Unsicherheit (vgl. §14) zum Einsatz kommen.

Zu den wichtigsten theoretischen Grundlagen der Entscheidungsunterstützung gehört die Entscheidungstheorie und die Theorie des Entscheidungsverhaltens. Sie teilt sich in eine *normative* und eine *deskriptive* Theorie auf. Der normative Ansatz versucht allgemeine Vorschriften für ein rationales Entscheidungsverhalten und Krierien für "besser" oder "optimal" aufzustellen und versucht rein deduktiv Strategien für ein das Verhalten abzuleiten. Das verlangt offenbar eine Skala für "besser". Falls solch ein Maßstab gegeben ist, läuft das Problem auf jedenfalls grundsätzlich klare, wenn auch oft konkret schwierige Optimierungsaufgaben hinaus. Meist existiert solch ein einheitlicher Maßstab aber nicht, und es ergibt sich das Problem, mehrere Kriterien gegeneinander abzuwägen. Ein weiteres Problem ist, die Konsequenzen einer Entscheidung (auf die sich die Optimalitätskriterien gewöhnlich beziehen), einzugrenzen. Im gewöhnlichen Leben kann man keine scharfe Grenze ziehen, weil alle Entscheidungen weitere nach sich ziehen. Es ergibt sich daher die Aufgabe, ein geeignetes Modell anzugeben, was die reale Welt sinnvoll eingrenzt.

Die deskriptive Theorie beschäftigt sich mit der Analyse dessen, wie Menschen Entscheidungen treffen. Es liegen Verhaltensweisen vor, aus denen man Prinzipien extrahieren möchte; wir haben es im Sinne der Inferenz also mit induktiven Schlußweisen zu tun. Hier gehen viele empirische Elemente ein und empirische Wissenschaften wie die Sozialpsychologie spielen eine beträchtliche Rolle. Die Extraktion von Prinzipien ist im Sinne der künstlichen Intelligenz eine Frage der Wissensakquisition (vgl. §19), obwohl in diesem Bereich unabhängig und früher eigene Methoden entwickelt wurden. Es hat sich gezeigt, daß gerade die Bestimmung des konzeptuellen und des Designmodelles beträchtliche Probleme aufwirft. Das liegt nicht zuletzt daran, daß Entscheidungen oft unter Unsicherheit getroffen werden müssen; in diesem Bereich existieren viele anscheinend paradoxe und wenig intuitive Prinzipien.

Konkrete Systeme zur Entscheidungsunterstützung basieren auf entsprechenden solchen Theorien. Sie können viele Elemente von bisher behandelten Expertensystemen enthalten, haben daneben aber auch aus diesen Theorien kommende Begriffe; einige von ihnen wollen wir kurz vorstellen. Die Entscheidungsunterstützung hat einen Adressaten, nämlich einen Entscheidungsträger. Dieser kommt traditionell aus dem politischen oder ökonomischen Bereich, ist also ein sogenannter "Manager". Deshalb spielen Modelle und Formalismen, die speziell für diesen Bereich entwickelt wurden, eine besondere Rolle. Diese Modelle kann man als Formalisierungen gewisser methodischer Vorgehensweisen des "common sense" auffassen, die sich an Vor- und Nachteilen von Entscheidungen orientieren. Solche Aspekte sind in dem mathematischen Begriff der Nutzenfunktion präzisiert.

Genau wie wir nicht versucht haben, ein Expertensystem formal zu definieren, wollen wir dies auch bei einem System zur Entscheidungsunterstützung nicht tun. Es ist hingegen zweckmäßig, auch hier die Situationen zu beschreiben, wo ein solches System erwünscht wäre. Man nennt hier gewöhnlich folgende Punkte:

(1) Die Informationsmengen müssen so groß sein, daß der Mensch sie nicht ohne Unterstützung verarbeiten kann.

(2) Die Entscheidungen müssen zeitlich schnell fallen.

(3) Die Daten müssen für die Entscheidung verarbeitet und aufbereitet werden.

(4) Der Entscheidungsprozeß selbst muß relativ komplex sein.

Ein DSS ist ein Programm, das eine Spezifikation für eine Ein- Ausgabe Relation hat. Zu seiner Erstellung versucht man möglichst große Teile der Problemstellung in mathematischen Modellen zu erfassen. Ein formales *Entscheidungsmodell* (auch

Entscheidungsbasis genannt) besteht aus drei Teilmodellen:

(1) Das Modell der Alternativen beschreibt die Aktionsmöglichkeiten und ihre Abhängigkeiten. In ihm können u.U. die Folgen von Entscheidungen simuliert werden.

(2) Das Informationsmodell beschreibt das erhältliche Wissen.

(3) Das Präferenzmodell beschreibt die Benutzerwünsche (in Form von Bedingungen und Bewertungen).

Eine typische Entscheidungssituation läßt sich dadurch beschreiben, daß die Entscheidung von zwei Dingen abhängt, dem Inhalt gewisser zugänglicher Informationen und dem Ausgang bestimmter zufälliger Ereignisse. Der Ansatz der Entscheidungstheorie beruht nun auf der Gültigkeit der Axiome der Nutzentheorie, die in ihren Grundzügen auf v.Neumann und Morgenstern zurückgeht.

Eine endliche Menge $\{(X_1,p_1),...,(X_n,p_n)\}$ von Ereignissen X_i mit Wahrscheinlichkeiten p_i (wobei $p_1+...+p_n = 1$) nennt man eine *Lotterie*; zusammengesetzte Lotterien können als Ereignisse wieder Lotterien haben. Weiter bezeichne $\succ$ eine Präferenzrelation, die zwischen Ereignissen und Lotterien bestehen kann, und $\sim$ bezeichne die Indifferenzrelation.

Die Axiome der Nutzentheorie sind nun:

(N1) $\succ$ ist eine transitive Ordnung auf den möglichen Ergebnissen der Entscheidungsfindung.

(N2) Aus $X \succ Y$ und $0{\leq}q<p{\leq}1$ folgt $\{(X,p),(Y,1-p)\} \succ \{(X,q),(Y,1-q)\}$.

(N3) Die Gesetze der Wahrscheinlichkeitstheorie sind mit der Präferenzrelation verträglich, ihre Anwendung (z.B. zum Vereinfachen zusammengesetzter Lotterien) beeinflußt die Gültigkeit der Relation $\succ$ also nicht.

(N4) Für alle X,Y,Z mit $X \succ Y \succ Z$ gibt es genau ein p mit $0{\leq}p{\leq}1$ und $\{(X,p), (Z,1-p)\} \sim \{(Y,1)\}$. Y heißt dabei das *sichere Äquivalent* zu $\{(X,p), (Z,1-p)\}$.

(N5) Der Entscheidungsfinder ist indifferent zwischen einer Lotterie und ihrem sicheren Äquivalent.

Die Axiome (N1) und (N2) sind bei rationalem Verhalten in überschaubaren Situationen als stets korrekt anzusehen. In sehr komplexen Fällen mag dies anders sein; so kann man bezweifeln, ob die Transitivität einer Präferenzrelation auch über sehr lange Ketten von Entscheidungen (die vielleicht auch zeitlich auseinanderliegen) erhalten bleibt. Für eine konkrete komplexe Präferenzrelation ergibt sich die Aufgabe, diese Axiome nachzuprüfen. Häufig läuft dies auf die Frage der Erfüllbarkeit eines Constraintsystems (vgl.§8) hinaus. Axiom (N3) kann man zustimmen, solange überhaupt der wahrscheinlichkeitstheoretische Ansatz problemgerecht ist. Die praktische Nachprüfung ist aber hier wieder sehr problematisch. Bei (N4) ist das Problem, wie man das fragliche p finden oder gegebenenfalls approximieren kann. Diese Frage schränkt entweder die Anwendbarkeit des Axioms ein oder macht es falschen oder Überinterpretationen zugänglich. Axiom (N5) ist selbsterklärend. Insgesamt kann man die Axiome als vernünftig bezeichnen. Der Sinn der Axiome ergibt sich nun daraus, daß man bei ihrer Gültigkeit stets eine Funktion (die *Nutzenfunktion*) finden kann, deren Optimierung gerade bedeutet, die im Sinne der Präferenzrelation beste Entscheidung zu treffen. Zur Realisierung der Optimierung kann man dann verfügbare mathematischen Techniken einsetzen; auf dieses weitentwickelte Gebiet kann hier aber nicht eingegangen werden.

Um nun ein Entscheidungsproblem darzustellen und auf dieser Basis zu lösen, benötigt man eine Repräsentationsform. Das wichstigste Darstellungsmittel bestand in der Vergangenheit aus den *Entscheidungsbäumen*. Die Knoten des Entscheidungsbaumes stellen Teilentscheidungen aufgrund von Information oder zufällige Ereignisse dar, die Verzweigungen an den Kanten beschreiben die möglichen Resultate der Entscheidungen oder die verschiedenen Zufallsresultate. Solche Bäume treten im Prinzip auch bei allen Klassifikationsaufgaben, es ist aber klar, daß sie wegen ihrer Größe nur in einfachen Fällen praktikabel sind. Sie enthalten einerseits viel redundante Information in der Form von Wiederholungen von Teilbäumen, machen aber andererseits Abhängigkeiten oder Unabhängigkeiten von Ereignissen nur implizit klar. Genau wie das Auffinden der richtigen Diagnose kann man den Prozeß der Entscheidungsfindung als das Navigieren in dem theoretisch existierenden Entscheidungsbaum auffassen.
Eine etwas kompaktere und übersichtlichere Darstellung der in den Bäumen enthaltenen Information liefern die Einflußdiagramme.

1. Def.: Ein *Einflußdiagramm* ist ein zusammenhängender, azyklischer gerichteter Graph mit

    (i) zwei Arten von Knoten, Entscheidungsknoten und Zufallsknoten;

    (ii) zwei Arten von Kanten, bedingenden Kanten und Informationskanten;

    (iii) einem Wertknoten, der keine Nachfolger hat und ein Zufallsknoten ist.

    Dabei haben bedingende Kanten stets einen Zufallsknoten und Informationskanten stets einen Entscheidungsknoten als Ziel. Der Teilgraph der Entscheidungsknoten muß totalgeordnet sein.

Inhaltlich stehen Entscheidungsknoten für Variable, die der Entscheidungsträger belegt und Zufallsknoten für Zufallsvariable. Bedingende Kanten sollen statistische Abhängigkeiten symbolisieren; Informationskanten können mit relevanter Information beschriftet werden. Als Beispiel betrachten wir die Entscheidung über die Aufnahme eines Kandidaten. Am Anfang steht eine Vorprüfung aufgrund der Papierlage, der bei positiver Entscheidung eine mündliche Prüfung folgt. Bedingende Kanten gehen von den Zufallsknoten "Qualifikation" und "Tagesform" aus. Die Informationskanten, die den indirekten Einfluß der Entscheidungen der Vorprüfung und der Prüfung auf die nachfolgenden Knoten kennzeichnen, sind weggelassen.

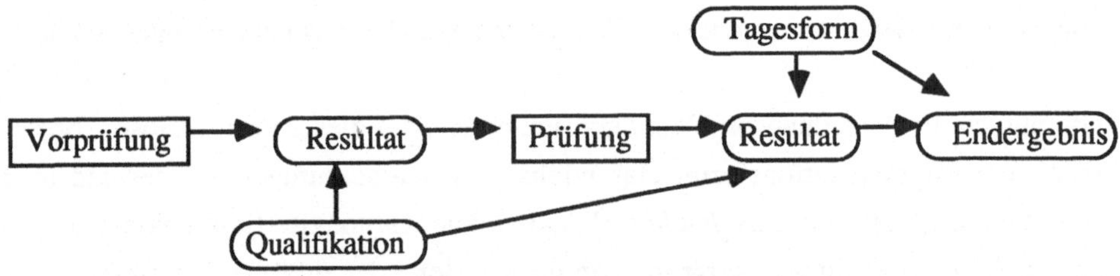

Man sieht, daß ein Einflußdiagramm für einen Entscheidungsprozeß dieselbe Rolle spielt wie ein Flußdiagramm für die Entwicklung eines Programmes. Deshalb ist es auch nicht verwunderlich, daß für den Umgang mit ihnen teilweise dieselben Techniken eine Rolle spielen (wie etwa inkrementelle Entwicklung oder interaktiver Dialog). Einflußdiagramme kann man auch ohne weiteres als Toplevelspezifikationen von Expertensystemen ansehen. Ob man diese dann in ein handhabbares mathematisches Modell auf der Basis der Nutzentheorie umwandeln kann, hängt weitgehend von der Natur des Problems ab. Wir verweisen hier auf die ausführliche Diskussion in §13.

Hintergrundbemerkungen zu §21

Die Entscheidungstheorie und ihre Praxis ist ein außerordentlich weit entwickeltes Gebiet. Als allgemeine Literatur verweisen wir auf [Ho89]. Die Relation zwischen entscheidungsunterstützenden und Expertensystemen ist Gegenstand vieler Diskussionen und Publikationen (vgl. etwa [Mu86]). Eine ausführliche und moderne Einführung in die grundlegenden Fragen der Entscheidungstheorie gibt [Ra89].

22   Expertensysteme und Datenbanken

Eine simplifizierende Annahme ist, daß alles "Wissen" eines Expertensystems schlicht und einfach in einer sogenannten Wissensbasis steht, und man sich um genauere Zugriffsmöglichkeiten, Verwaltung, Fehlerbehandlung, kurz um die Probleme der Datenbanken, nicht zu kümmern braucht. Diese Annahme ist bei kleinen Wissensbasen gerechtfertigt. Bei größeren Datenmengen ist das hingegen keineswegs mehr der Fall. Die Repräsentationsebene eines an der deklarativen Methodik orientierten Expertensystems hat nun grundsätzliche Schwierigkeiten mit der effizienten Verarbeitung großer Datenmengen. Von der kognitiven Ebene her ist hier bei der gegenwärtigen Vorgehensweise keine Unterstüzung zu erhoffen, weil solche Fragen dort gar nicht vorgesehen sind. Gerade die Datenbankebene ist aber extra hierfür da und deshalb sollten ihr auch solche Techniken übertragen werden. In §13 sprachen wir das Interfaceproblem zwischen schnellen Algorithmen (wozu die Datenbankoperationen gehören) und der Wissensrepräsentationsebene an. Die Diskrepanz zwischen diesen Ebenen rührt im Prinzip daher, daß es sich einmal um flexible, aber langsame und zum anderen um schnelle, aber relativ starre Operationen handelt.

Datenbanksysteme verwalten normalerweise große Mengen von Datensätzen, die aus Werten von vorgegebenen Attributen bestehen; die Daten haben eine feste Struktur. Die bereitgestellten Operationen dienen zum Lesen und Ändern von Datensätzen, sie erledigen das mit hoher Frequenz. Die Operationen können recht komplex sein und stellen über das reine "Ablesen" von Daten hinaus auch Inferenzprozesse dar. Diese Inferenzen orientieren sich (was besonders deutlich bei relationalen Datenbanken wird) an den Boole'schen Operationen der Relationenalgebra.

Demgegenüber sind andere, für Expertensysteme typische Operationen wie Vererbung in Datenbanken zunächst nicht vorgesehen. Auch enthalten Datenbanksysteme heute noch kein Zeitkonzept und können deshalb keine dynamischen Abläufe darstellen.Die größte Verwandtschaft zu (relationalen) Datenbanken scheinen Expertensysteme zu haben, die in einer Regelsprache wie OPS5 oder PROLOG implementiert sind (vgl. §4). Die Prädikate stehen dabei in Beziehung zu der tupelorientierten Organisation der Datenbank. Die die Datenbasis verändernden Operationen der Datenbank stehen in einer Beziehung zu den Operationen "assert", "retract" und den Aktionen von OPS5, während Datenbankanfragen eine Ähnlichkeit mit PROLOG-Anfragen haben; aber hier ist der

Unterschied gerade der, daß diese Operationen nicht im Datenbanksinne auf Effizienz ausgelegt sind. Es ergibt sich im wesentlichen die Aufgabe, eine PROLOG-Anfrage in eine Datenbankanfrage (etwa SQL) zu transformieren.

Wir wollen in diesem Abschnitt die Problematik am Beispiel einer Regelsprache, und zwar PROLOG, diskutieren.

Die intendierte Situation soll so sein, daß wir eine sehr große Datenbasis von Fakten und Regeln in unserem Programm haben. Wir interessieren uns daher für den Fall, daß eine *externe Datenbank* vom PROLOG-System selbst getrennt ist und alle (oder gewisse) Grundklausen des Programmes enthält. Es möge sich dabei um eine relationale Datenbank RDB handeln. Die Wissensbasis, auf die das PROLOG-System Zugriff hat, nennen wir im Gegensatz dazu die *interne Datenbank*. Die Regeln oder Fakten sind dann in RDB als Relationen abgespeichert.

Um eine PROLOG-Frage zu beantworten, muß dann eine Datenbankanfrage an RDB abgeschickt werden. Geht man davon aus, daß es in einem PROLOG-Programm viele solcher Anfragen gibt, erhebt sich die Frage nach ihrer Optimierung, wozu dann gewisse Organisationsmechanismen erforderlich sind. Dazu gibt es verschiedene Vorgehensweisen, die wesentlich von der Art des speziellen Programmes bestimmt sind. In jedem Falle ergibt sich eine Änderung des PROLOG-Interpreters (bzw. Compilers) und die Notwendigkeit einer Schnittstelle zwischen dem PROLOG-System und der RDB. Die Schnittstelle kann dabei für den PROLOG-Programmierer in unterschiedlicher Weise sichtbar sein. "Sichtbar" heißt, daß der Programmierer selbst gewisse Anweisungen an die RDB formulieren muß; hierzu bietet sich die Verwendung von bestimmten Meta-Prädikaten an (wie in §4b bereits angesprochen). Zwei extreme Fälle von allerdings geringem Nutzen sind:

(a)   Vor dem Start des PROLOG-Programmes wird der benötigte Teil der externen Datenbank mit einem geeigneten Befehl in die interne Datenbank kopiert.

(b)   Jedesmal, wenn in der internen Datenbank keine geeigneten Fakten oder Regeln gefunden werden (z.B. wenn die interne Datenbank keine enthält), wird automatisch ein RDB-Aufruf generiert.

Wir wenden uns jetzt etwas differenzierteren Vorgehensweisen zu. Dabei werden wir zwei Compileransätze vorstellen.

(A) <u>Der rekursionsfreie Fall.</u>

Die Idee ist, PROLOG-Anfragen zu sammeln, in Datenbankanfragen zu transformieren und diese gesammelten Anfragen dann zu optimieren. Die Beantwortung der PROLOG-Anfragen muß also verzögert geschehen. Zu diesem Zweck wird jede Relation P der externen Datenbank durch eine Regel der Form

$$P: - RDB(P).$$

im Programm vertreten. Damit diese nicht sofort ausgewertet wird, muß die Abarbeitung des PROLOG-Progammes modifiziert werden:

Wenn zur Beantwortung eines Zieles ein RDB-Prädikat benötigt wird, schreibt man dies ans rechte Ende der Anfrage und eliminiert das alte Ziel. So wird etwa aus der Anfrage

$$?- P_1, P_2, P_3.$$

und

$$P_1: - RDB (P_1).$$

die neue Anfrage

$$? - P_2, P_3, RDP(P_1).$$

Steht im Laufe dieses Prozesses in einer Anfrage ganz links ein RDP-Prädikat, so besteht dann die ganze Anfrage bereits aus RDB-Prädikaten. In diesem Falle wird die PROLOG-Anfrage als Datenbankanfrage abgeschickt. Das bedeutet natürlich wiederum einen Eingriff in die PROLOG-Abarbeitung; man kann es als ein temporäres Abbruchkriterium für die Resolventenbildung auffassen. In der Datenbank kann die Anfrage dann jedoch mit Mitteln optimiert werden, die in PROLOG selbst nicht zur Verfügung stehen. Dazu gehören sowohl formale Techniken, die etwa Mehrfachanfragen oder Reihenfolgen betreffen, wie auch semantische Mittel, z.B. funktionale Abhängigkeiten. Man kann also an dieser Stelle wieder in den deklarativen Programmablauf prozedurale Elemente einbringen; die Strategien von PROLOG können erheblich verbessert werden. Auf der anderen Seite müssen diese Vorteile u.U. aber teuer bezahlt werden. Die Hauptrestriktion ist, daß die Generierung rekursiver Anfragen in Datenbanksprachen nicht vorgesehen ist. Daher sollte das Auftreten rekursiver Regeln Abbruchkriterien beinhalten, sofern auf die externe Datenbank zugegriffen werden muß. Was der Programmierer über das Verhältnis zur externen Datenbank wissen muß ist nur, welche Relationen sie enthält, damit er die RDB-Prädikate angeben kann. Es kann aber zweckmäßig sein, mehr zu wissen, etwa welche Programmteile in besonders schnelle Datenbankoperationen übersetzt werden.

Man kann mit gewissem Recht sagen, daß PROLOG hier die Rolle einer Spezifikationssprache für die Datenbank spielt.

(B) <u>Der Rekursionsfall</u>

Die Grundidee ist hier, Rekursionen in Iterationen umzuwandeln. Das kann auf verschiedene Weise geschehen; wir werden eine Methode erläutern. Als erstes Beispiel dient uns das Programm aus §4b zur Berechnung der Vorfahrenrelation als transitive Hülle der Vaterbeziehung. Dazu sei die Vaterrelation auf der externen Datenbank abgelegt.

(a) Durch eine "Join"- Operation erhält man die Großvaterbeziehung und durch eine weitere Vereinigung die Vorfahren bis hin zum Großvater. Die Iteration dieser Vorgehensweise ergibt dann die gesamte Vorfahrenrelation V, die in einem Schichtenaufbau erstellt wird:

V_0 = Vaterrelation,

$V_{i+1} = V_i + \Delta V_i$, wobei ΔV_i gerade durch die Väter bestimmt ist, die noch nicht in V_i sind. Das Abbruchkriterium ist dann $\Delta V_i = \emptyset$, wodurch man einen Fixpunkt der Iteration erreicht. Eine Schwäche dieses Verfahrens ist, daß man stets die gesamte Vorfahrenrelation berechnet, auch wenn sie nur für eine bestimmte Personengruppe interessiert. Dann muß man am Schluß noch eine Selektion vornehmen.

(b) Die Idee, wie man diesem Mangel abhelfen könnte, ist ganz einleuchtend. Sie besteht in der Einführung einer temporären Relation R, welche zu einem Zeitpunkt gerade durch die bis dahin entdeckten Vorfahren für die interessante Personengruppe P bestimmt ist. Der Schichtenaufbau und die Iteration für R geht wie bei V vor sich, nur daß R_0 durch die Väter der Personen aus P bestimmt ist. Um einzusehen, daß sich diese Methode auf interessante Weise ausbauen läßt, wollen wir unser Beispiel etwas erweitern.

"Erweiterte Verwandtschaftsbeziehung":

Wir führen ein neues Prädikat $g(X,Y)$ ein mit der Intention "X und Y sind entweder gleich oder Vettern der gleichen Generation". Grundfakten über g sollen zu Anfang nicht bekannt sein. Die Programmerweiterung lautet so:

r1: $g(X,X)$.

r2: $g(X,Y)$:- $vater(X,Z)$, $g(Z,U)$, $vater(Y,U)$.

Für eine Iteration müssen wir es vermeiden, zuerst wieder die gesamte Vorfahrenrelation zu berechnen. Dazu führen wir wieder eine temporäre Relation R ein, die durch das Prädikat $r(X)$ benannt wird. Das Programm wird so modifiziert, daß r_2 ersetzt wird durch

(i) $r(a)$. (Für alle interessierenden Personen a (d.h. $a \in P$).)

(ii) $r(U)$:- $r(V)$, $vater(V,U)$.

(iii) $g(X,X)$:- $r(X)$.

(iv) g(X,Y):- r(X), vater(X,Z), vater(Y,W), g(Z,W).

Hier werden durch (i) und (ii) wieder die Vorfahren der Personen aus P "bottom up" aufgebaut; die Aufrufe von g geschehen stets so, daß immer ein Argument bereits gebunden ist. Der Leser möge sich überlegen, daß g korrekt berechnet wird und daß das Programm nur noch Iterationen enthält.

(c) Die Vorgehensweise soll jetzt verallgemeinert werden. Dazu stellen wir eine Reihe von Anforderungen an unser Programm, die man aber bei einer Verfeinerung der Methode nicht nötig hätte:

(1) Es sind keine Funktionssymbole vorhanden.

(2) Jeder Regelkopf hat ein rekursives Prädikat.

(3) Es gibt nur lineare Rekursionen, d.h. jeder Regelkörper enthält höchstens ein rekursives Prädikat.

Als methodisches Hilfsmittel führen wir (für ein Programm) den *Ziel-Regel-Graphen* ein.

Dies ist ein gerichteter beschrifteter Graph mit folgenden Knoten und Kanten:

<u>Knoten</u>: Hier stehen Prädikate oder Regelnamen zusammen mit einer Liste von Paaren der Form (X/b) oder (X/f), wobei X die Argumentpositionen der Regel oder des Prädikats durchläuft und b bzw. f inhaltlich für "gebunden" bzw. "frei" stehen.

<u>Kanten</u>: Diese entsprechen den Aufrufen von Regeln und Zielen bei Abarbeitung des Programmes, dabei sollen b und f angeben, ob die entsprechende Variable vor dem Aufruf gebunden oder frei ist.

In unserem Beispiel sieht der Graph so aus:

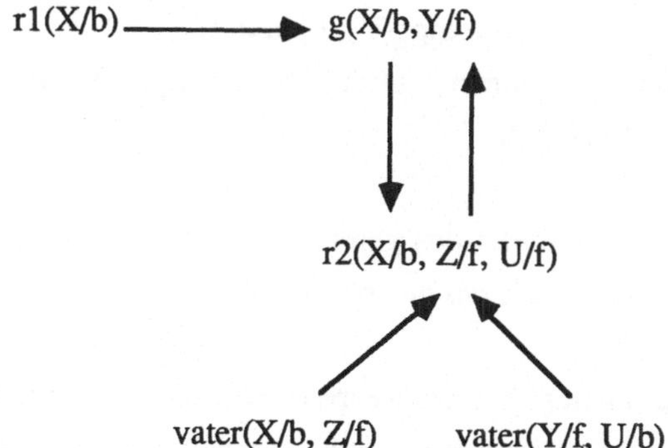

Für eine Person a wird g mit einer Anfrage mit der Bindung von X an a aufgerufen, also bleibt diese Bindung auch bei den Aufrufen von r2 und vater erhalten. Nach Erledigung des Zieles vater ist dann Z gebunden; mit dieser Bindung wird dann g aufgerufen und das Ziel wird durch r1 beantwortet. Mit der resultierenden Bindung von U wird schließlich wieder das Ziel vater aufgerufen.

Man beachte, daß in allen Aufrufen von g immer ein Argument gebunden ist, man das Ziel also direkt beantworten kann. Wir gehen im Folgenden von einem Ziel-Regel-Graphen aus, in dem entsprechendes für jedes rekursive Prädikat gegeben ist; unter unseren allgemeinen Voraussetzungen läßt sich solch ein Graph auch immer herstellen.

Der Ziel-Regel-Graph versetzt uns nun in die Lage, unser ursprüngliches so zu modifizieren, daß man es direkt in eine Datenbankanfrage übersetzen kann. Die Modifikation erfolgt in drei Schritten:

(1) Die ursprünglichen Prädikate werden bei mehrfachem Vorkommen im Graphen unterschieden, ihre neuen Namen seien einfach die Knotennamen.

(2) Für die intendierten temporären Relationen werden neue Prädikate eingeführt. Jeder mit einem Ziel beschriftete Knoten g erhält ein neues Prädikat $temp_g$ zugeordnet, dessen Argumente gerade diejenigen sind, die in der Beschriftung von g als gebunden bezeichnet werden.

(3) Eine im Graphen vorkommende Regel sei von der Form

$$r: \qquad p:\text{-}\, L, q, R \quad ;$$

dabei sei q das rekursive Prädikat. Wir haben dann einen Knoten g für p und einen Knoten h für q:

$$h \longrightarrow r \longrightarrow g$$

Y sei die Liste der Variablen von r, die laut g gebunden sind. Die erzeugte Regel heißt dann

$$g:\text{-}\, temp_g(Y), L, h, R \quad .$$

Dazu kommen dann noch Anfangsregeln der Form $temp_g(a)$, wobei a die Tupel der ursprünglichen Anfrage durchläuft.

Es läßt sich dann zeigen, daß unter den gemachten Voraussetzungen das modifizierte Programm die Anfrage ebenso wie das alte beantwortet.

Falls das Expertensystem kompliziertere Repräsentationsformen benutzt, wird die Lücke zu den Datenbanken naturgemäß größer. Es gibt hier viele Ansätze, auf die wir aber nicht eingehen wollen.

Übungen

Aufgabe1

(a) Man führe die Modifizierung eines rekursiven Programmes am Beispiel des Programmes für die Relation g formal durch.

(b) Man mache dasselbe für ein Programm, in dem r2 ersetzt wird durch

r3:   g(X,Y):- vater(X,Z), vater(Y,U), g(Z,U).

Hintergrundbemerkungen zu §22:

Für realistische Anwendungen ist die Kopplung von Expertensystemen mit Datenbanken von zentralem Interesse. Man kann die Problematik auf verschiedene Weisen angehen; einmal, indem man geeignete Pufferzonen untersucht, zum anderen durch sog. Wissensbankverwaltungssysteme mit neuartigen Strukturen oder auch schließlich durch erhöhte Ausdrucksfähigkeit bewährter Datenbankmethodiken. Das Ziel geht dahin, die strengen Vorschriften etwa in Bezug auf Normalformen aufzulockern und zusätzliche Mechanismen zu integrieren ohne die Tugenden der Effizienz, der Datensicherheit usw. zu verlieren. Wesentliche Erweiterungen gehen dahin, objektorientierte (also mit hierarchischen Strukturen und Vererbung versehene) Datenbanken zu schaffen sowie solche, die mit zusätzlichen deduktiven Schlußweisen versehen sind (sog. deduktive Datenbanken). Als spezielle Modelle sind NF^2 oder MAD zu nennen. Eine gute Übersicht zur allgemeinen Thematik gibt [Reu87] oder [Na91].

Auch und gerade für den Fall PROLOG gibt es eine umfangreiche Literatur. Hier haben sich die compilerorientierten Ansätze gegenüber den interpreterorientierten durchgesetzt.Die von uns betrachteten temporären Relationen wurden in [Ba-Ma-Sa-Ul86] unter dem Namen "magische Mengen" eingeführt.

23 KI-Programmiersprachen

Wir hatten bereits verschiedentlich Programmierstile und Programmiersprachen diskutiert. Es ist dies aber kein Lehrbuch für Programmiersprachen, man kann sie nicht so nebenbei abtun und sollte sie theoretisch wie praktisch richtig erlernen. Dies trifft auch und gerade auf LISP zu. Hier werden wir einige Sprachen nur kommentieren und auf spezielle Aspekte hinweisen. Die einzigen etwas ausführlicher behandelten Sprachen sind die deklarativen und hier vor allem die logischen (vgl. Teil I), weil sie sich organisch aus dem behandelten Stoff ergeben.

Die gängigen Programmiersprachen sind in dem Sinne universell, als sie die Formulierung und Ausführung beliebiger Berechnungen gestatten. Damit kann man auch im Prinzip alle Programmierstile mit ihnen verwirklichen. Dies ist aber nur eine sehr theoretische Aussage. Was wirklich interessiert, ist, welchen Programmierstil eine Sprache durch ihre Konzepte und Konstrukte *unterstützt*. Wenn wir einen Beitrag der Künstliche Intelligenz hier durch eine bestimmte Programmiermethodik gegeben sehen, so sollten wir die Kriterien aufzählen, die sie auszeichnen.

Ausgangspunkt ist der deklarative Standpunkt, der verlangt, möglichst komplexes Wissen einerseits aufzuschreiben und andererseits nutzbar zu machen. Je mehr Wissen explizit verwendet wird, um so weniger muß kodiert werden. Da sich so etwas nur für komplexe Situationen lohnt, hat die Vorgehensweise bereits einen Einfluß auf die verwendeten *Datenstrukturen*. Dabei kann grundsätzlich auf zwei Weisen vorgegangen werden:

> (a) Benutzung einfacher, aber flexibler Datenstrukturen, aus denen sich leicht komplexere auf möglichst übersichtliche Weise erstellen lassen.

Dies ist der Ansatz von LISP. Grundelement ist das geordnete Paar, woraus die Hauptarbeitsstrukturen, nämlich die endlichen Listen, sofort resultieren. Die Schachtelung von Listen erlaubt dann praktisch beliebig komplexe Kombinationen. In gewissem Sinne können z.B. auch Regelsysteme problemlos dargestellt werden. So kann man diesen Ansatz mit den Assemblersprachen der prozeduralen Programmierung vergleichen; LISP wird ja auch gelegentlich als die Assemblersprache der Künstlichen Intelligenz bezeichnet. In LISP sind Daten von Programmen nicht unterschieden, was die Flexibilität weiter erhöht; auch Programme können manipuliert werden oder sich sogar selbst verändern.

> (b) Verwendung komplexer Datenstrukturen mit vielen intern eingebauten Mechanismen.

Für häufig vorkommende Strukturen ist so etwas natürlich empfehlenswert. Ein Beispiel sind Objekthierarchien (vgl. §8b); in einer Sprache wie SMALLTALK sind sie grundlegend und LISP hat sie in Form des FLAVOR-Systems und des Common Lisp Object Systems als Zusatz. Am extremen Ende dieser Skala steht die Benutzung aufwendiger Frames oder frameartiger Strukturen. Sprachen mit solchen Möglichkeiten (wie etwa KL-ONE) sind schon richtige Wissensrepräsentationssysteme, der Übergang ist fließend.

Den nächsten Diskussionspunkt bilden die *Kontrollstrukturen*. Hier ist besonders die Unterstützung der Rekursion von Interesse, denn viele der auftretenden Datenstrukturen sind bereits rekursiv definiert. Am natürlichsten als Kontrollstruktur ist die Rekursion in funktionalen Programmiersprachen. Für die deklarative Programmierung sind weiter die Inferenzmechanismen zur Steuerung des Kontrollflusses, insbesondere die Konfliktlösungsstrategie von erhöhtem Interesse. Weil in realen Problemlagen häufig nicht eine einzige Problemlösungsstrategie genügt, sollte die Kontrollstruktur dies entsprechend flexibel reflektieren; wünschenswert ist etwa die Möglichkeit von Übergängen zwischen logischer und funktionaler Programmierung, worauf wir weiter unten eingehen werden. Eine Attraktivität von LISP ist die Möglichkeit, die Auswertungsfunktion ("Eval") selbst im Programm aufzunehmen.

Einige weitere zu beachtende Aspekte sind:

-- Möglichkeiten zum interaktiven Eingreifen: Gerade bei Situationen mit unvollständigen Informationen muß der Benutzer seine Kenntnisse einbringen können.

-- Die Option möglichst verzögerter Auswertung: Häufig sind die Argumente Datenstrukturen, deren genaue Gestalt erst relativ spät im Programmablauf bekannt wird.

-- Weitreichende Pattern-Matching Mechanismen: Bedingungsteile von Regeln können auf komplexere Strukturen Bezug nehmen, als sie etwa in der Prädikatenlogik ausdrückbar sind (wo die Unifikation, die ja auch schon mehr als ein einfacher Vergleich ist, ausreicht). Ein Beispiel wären zeitliche Abläufe als Vorbedingungsteile, vgl. §16.

-- Dazu kommen die traditionellen Anforderungen bei der Entwicklung großer Softwaresysteme, wie Möglichkeiten zur Modularisierung, Fehleranalyse etc.. Hier spielt eine zentrale Rolle, daß es sich nicht nur um eine Programmiersprache schlechthin, sondern um ein möglichst komfortables Entwicklungssystem handelt. Ob ein solches vorhanden ist (wie bei LISP), hängt aber ganz wesentlich von z.T. zufälligen historischen Entwicklungen und weniger von den Eigenschaften der Sprache selbst ab.

Die beiden wichtigsten Formen der deklarativen Programmierung sind die logische (oder auch "relationale") und die funktionale Programmierung. In beiden Fällen beschreiben die Programme gewünschte Sachverhalte, ohne explizite Berechnungsvorschriften anzugeben. Sie sind anhand eines abstrakten mathematischen Modelles entwickelt und gänzlich unabhängig von einer konkreten Maschinenvorstellung. Damit erhalten sie eine größere Ausdruckskraft und erleichtern die Möglichkeiten zur parallelen Ausführung. Auf der anderen Seite begibt man sich aber bei der Beschränkung auf eine rein deklarative Sprache der Möglichkeit, in Fällen wo dies möglich ist, eine genaue und optimale Abarbeitung des Programmes vorzuschreiben. Was u.U. bleibt, ist eine Nachoptimierung durch Kontrollannotationen.

Die logische Programmierung haben wir im Detail in §4 besprochen. Bei den funktionalen Sprachen nutzt man Eigenschaften über das mathematische Input-Output Verhalten einer Funktion aus. Als sprachliche Mittel hat man dabei zum einen Grundfunktionen mit bekanntem Ein-Ausgabeverhalten zur Verfügung. Sodann ist eine Syntax vorhanden, die es erlaubt, das Verhalten komplexerer Funktionen aus dem einfacherer zusammenzusetzen. In jedem Falle spiegelt eine funktionale Sprache den Aufbau der Welt der rekursiven Funktionen in irgendeiner Weise wider und läßt sich daher als eine Implementierung des λ-Kalküls auffassen. Die Hauptunterschiede zwischen logischer (vertreten durch PROLOG) und funktionaler Programmierung lassen sich in folgende Punkte zusammenfassen:

(1) Ein logisches Programm berechnet Belegungen (wenigstens eine) für jede freie Variable, die den Zielausdruck wahr machen. Die Belegung der Variablen erfolgt durch Unifikation.

Ein funktionales Programm besteht aus einer Menge von Funktionsgleichungen, und die Berechnung besteht in einer Reduktion des vorgegebenen Ausdrucks auf eine Normalform (d.h. auf genau einen Wert), in dem die Gleichungen im Sinne von §3 als gerichtete Ersetzungsregeln verwendet werden. Dies entspricht bei den üblichen rekursiven Definitionen der sukzessiven Einsetzung, bis man schließlich beim Rekursionsanfang angelangt ist.

(2) Für eine Variable in der logischen Programmierung (wie auch in einem Constraintnetz) ist nicht festgelegt, ob sie als Eingabe- oder Ausgabevariable anzuwenden ist. Wir haben hier also einen freien, ungerichteten Informationsfluß in zwei Richtungen. Im Gegensatz dazu erfolgt der Informationsfluß bei der funktionalen

Programmierung nur in einer Richtung, indem der Ausdruck sukzessive reduziert wird. Als Beispiel betrachten wir etwa die Relation "append" aus Aufgabe 3) in §4b. Diese kann sehr verschieden verwendet werden, etwa zur Beantwortung der Frage

(a)   ?-append ([1, 2], [3, 4], L)   (Zusammensetzen von Listen)

(b)   ?-append (L1, L2, [1, 2, 3, 4])   (Aufspalten)

(c)   ?-append ([1], [2, 3, 4], [1, 2, 3, 4])   (Test auf Konkatenation)

In einem funktionalen Programm wäre hingegen für jeden dieser Fälle eine eigene Funktionsdefinition nötig, wobei aber nur das Analogon zu (a) üblich ist.

(3) Logische Programme sind nichtdeterministisch, eine Anfrage kann zu mehreren Lösungen führen. Dies liegt einfach daran, daß es verschiedene Belegungen der Variablen geben kann (wie in (b)), welche den Anfrageausdruck erfüllen und die zu den ausführlich diskutierten Problemen der Konflikte führen. Funktionale Sprachen sind hingegen deterministisch, für jeden Eingabewert gibt es genau einen Ausgabewert.

(4) Funktionale Sprachen enthalten die Möglichkeit der Komposition von Funktionsausdrücken. In der logischen Programmierung müssen zur Übergabe von Werten an andere Relationen neue Variablen eingeführt werden.

Beispiel:

(a)   Funktionale Komposition: member(X, append(L1, L2))

(b)   Relationale Darstellung: append(L1, L2, L), member(X, L)

(5) Die logische Programmierung orientiert sich an der Prädikatenlogik der 1. Stufe. Ausnahmen dafür sind gewisse Erweiterungen wie etwa das besprochene Call-Prädikat. Die meisten funktionalen Sprachen erlauben jedoch Funktionale höherer Ordnung, die ihrerseits Funktionen als Parameter übernehmen oder als Werte zurückliefern können.

Diese Unterschiede bereiten einer Verschmelzung von funktionaler und logischer Programmierung beträchtliche Schwierigkeiten. Auf der anderen Seite wäre eine solche Amalgamierung aber außerordentlich wünschenswert. Man wäre dann in der Lage, eine lokale Entscheidung darüber zu treffen, in welchen Teilen eines Problemes man welchen Programmierstil adäquat verwendet. Die funktionale Programmierung hat durch ihre Gerichtetheit mehr Kontrollinformation, was man dann ausnutzen kann, wenn konkrete algorithmische Vorstellungen über das Programm vorliegen. Je unvollständiger die Information über die vorhandenen Sachverhalte ist, umso leichter tut man sich mit der logischen Programmierung; die partielle Information spiegelt sich darin wider, daß viele logische Variablen noch ungebunden sind.

Auch die funktionalen Sprachen zerfallen noch in viele Teilklassen. Wir wollen nur ein Unterscheidungsmerkmal besprechen. Es besteht in der Reihenfolge der Auswertungen von Ausdrücken, bei der wir zwei grundsätzliche Strategien unterscheiden:

(1) Die Call-By-Value Strategie: Hier beginnt die Auswertung auf der tiefsten Schachtelungsebene, und es werden die jeweils ausgewerteten Ausdrücke an die höheren Ebenen übergeben.

(2) Die Call-By-Name Strategie: Hier werden zuerst die äußersten Funktionsaufrufe ausgewertet und die Argumente unausgewertet in den Funktionsaufruf übergeben. Die Berechnung der Argumente erfolgt erst (und immer wieder) bei Zugriff auf die Argumentnamen. Eine Erweiterung dieser Vorgehensweise ist

(3) die Call-By-Need Strategie, die einen Ausdruck erst dann auswertet, wenn sein Wert tatsächlich benötigt wird und dann diesen Wert überall benutzt, wo sein Name auftritt. Auf diese Weise wird dann eine mehrfache Auswertung des gleichen Ausdrucks vermieden.

Die verzögerte Berechnung von Ausdrücken ist auch unter dem Namen *Lazy Evaluation* bekannt; sie entspricht der sogenannten Normal-Order Auswertung im λ-Kalkül und garantiert, daß eine existierende terminierende Folge von Berechnungsschritten auch stets gefunden wird.

Der funktionale Kern von LISP benutzt die Call-By-Value Auswertung, während die Sprache SASL ein Vertreter für die Lazy Evaluation ist. Das hat einen Einfluß auf die verwendeten Datenstrukturen. Da jeder Ausdruck sofort ausgewertet werden muß, kann es in LISP nur endliche Listen geben. Die Lazy Evaluation hingegen erlaubt die Behandlung unendlicher Datenstrukturen, sofern sie eine endliche funktionale Definition haben. Eine unendliche Liste wird dann stets nur bis zu dem jeweils interessierenden Listenglied ausgewertet, kann aber durchaus als Argument einer anderen Funktion dienen.

Wichtige Zusatzinformationen in den deklarativen Programmen sind hierarchische Abhängigkeiten. In §8b sind wir auf objektorientierte Darstellungen eingegangen, in denen bestimmte hierarchische Aspekte reflektiert werden; ein konkretes Beispiel war SMALLTALK. Diese sind jedoch keineswegs die einzig denkbaren Mittel zur Strukturierung von Hierarchien. Wir wollen hier noch kurz zwei weitere Möglichkeiten vorstellen.

(I) <u>Die Hierarchisierung durch Typen.</u>

Es handelt sich hier um eine Erweiterung der traditionellen Datentypen und steht zu diesen in derselben Relation wie die in §7 bei der Prädikatenlogik höherer Stufe benutzten Typen zu den Sorten aus §1 stehen. Als Beispiel betrachten wir die Typisierung in der Sprache ML.

Dort sind die Typen selbst rekursiv aus Grundtypen erzeugt. Die einfachsten

Grundtypen sind:

-- int (integer): Ganze Zahl

-- real: Reelle Zahl

-- string (token): Zeichenkette

-- bool: Boole'scher Wert

Mit Hilfe von Typoperatoren werden dann weitere Typen erzeugt, und zwar nach folgendem Muster:

Wenn σ und τ Typen sind, dann sind auch folgendes Typen:

-- (σ, τ) "geordnetes Paar"

-- $(\sigma \to \tau)$ "Funktion oder Funktional".

Daneben gibt es in ML noch weitere Typkonstruktoren, die wir hier aber übergehen wollen. Die Typoperatoren $(,)$ und $(\to)$ machen die Typen zu einer algebraischen Struktur, welche von den Grundtypen erzeugt wird. Dies wird nun dahingehend erweitert, daß neben den Grundtypen auch Typvariablen zugelassen sind. Diese Variablen ermöglichen die rekursive Definition von Typen mittels rekursiver Gleichungen, ganz genau wie im Bereich der natürlichen Zahlen. Damit ist es dann möglich, den rekursiven Typ "Liste" auf die gewöhnliche Art zu erklären, nur daß hier nicht eine Datenstruktur, sondern ein Typ definiert wird. Wenn wir nun einen Typausdruck haben, in dem Variablen vorkommen, so beinhaltet er die Gesamtheit aller derjenigen Typen ohne Variablen, die durch Ersetzen der Typvariablen durch einen variablenfreien Typausdruck entstehen. Das ist ganz genau dasselbe, wie es uns bei den Substitutionen in Termen der gewöhnlichen Prädikatenlogik begegnet war. Die Semantik der Typen ist die durch die Bezeichnungen suggerierte. Wenn wir die Semantikfunktion wieder mit I bezeichnen, so gilt insbesondere:

$$I((\sigma, \tau)) = \{(x, y) \mid x \in I(\sigma),\ y \in I(\tau)\}$$
$$I((\sigma \to \tau)) = \{f \mid f: I(\sigma) \to I(\tau)\}.$$

Auf diese Weise erhält jedes Objekt in ML nicht nur einen Typ, sondern es wird gleichzeitig eine Methode mitgeliefert, Objekte höheren Typs aus ihren Komponenten zu konstruieren und umgekehrt diese Komponenten aus dem zusammengesetzten Typ wieder zu selektieren. Die entsprechenden Operatoren nennt man auch "Konstruktoren" und "Selektoren".

Die so entstandene Struktur nennt man auch eine *polymorphe Typstruktur*. Sie ist ein sehr weitreichendes und flexibles Strukturierungsmittel bei Programmen, insbesondere wenn der Sprache wie in ML noch ein Type-Checker mitgegeben wird, der die typengerechte Anwendung von Funktionen überprüft. Diese Typüberprüfung ist statisch und geschieht zur Compile-Zeit und schließt dadurch Typfehler während der Laufzeit grundsätzlich aus.

Hier ist jedoch noch ein nicht ganz einfaches Problem verborgen. Zunächst fällt auf, daß ein Ausdruck durchaus mehrere Typen haben kann. So läßt etwa die Bezeichnung "eine Liste L ist vom Typ *List of integers*" korrekterweise auch zu, daß man sagt "L ist eine Liste von Elementen beliebigen Typs". Es sieht hier also so aus, als ob die Typzuordnung keineswegs eindeutig sei. Diese Mehrdeutigkeit wird dadurch aufgehoben, daß sich nachweisen läßt, daß jeder ML-Ausdruck einen im Sinne der Substitution von Typvariablen minimalen, d.h. also einen am wenigsten allgemeinen Typ hat. Dieser speziellste zulässige Typ wird dann als der Typ des gesamten Ausdrucks angesehen. Der Benutzer braucht sich deshalb bei zusammengesetzten Funktionen nicht die Mühe zu machen, die Typendeklarationen explizit hinzuschreiben, sie werden vom System berechnet. Die Aufgabe des "Type-Checkers" läßt sich dann auffassen als ein Versuch, mittels eines Beweissystems die typengerechte Anwendung der Funktion nachzuweisen; dies kann jedoch auch durch einen geeigneten Unifikationsalgorithmus geschehen.

(II) Die Konzeptsprachen und Subsumptionshierarchien.

Die Konzeptsprachen realisieren den objektorientierten Ansatz in anderer Weise als z.B. SMALLTALK. Eine wichtiger Vertreter dieser Sprachen ist KL-ONE. Ihre Bedeutung rührt nicht zuletzt von späteren Erweiterungen wie KL-TWO und KRYPTON her. KL-ONE ist eine Frame-basierte Repräsentationssprache mit der Intention, möglichst reichhaltige und umfassende Mechanismen für Beschreibungs- und Definitionsmöglichkeiten zur Verfügung zu stellen. Wir orientieren uns im folgenden an KL-ONE, ohne im einzelnen von Varianten und Erweiterungen zu unterscheiden. Als erstes stellen wir eine allgemeine Beschreibung der wichtigsten Elemente vor.

Grundelement ist das *Konzept*, das man alternativ als eine Sorte, einen Typ oder eine Formel mit einer freien Variablen auffassen kann. Mit den Typen von ML haben sie gemeinsam, daß sie eine eventuell komplexe Struktur haben; andererseits sind sie aber Ausdrücke der Sprache selbst und "begleiten" diese nicht nur.

Man unterscheidet zwischen primitiven und definierten Konzepten; die ersteren sind stets Atomformeln (vgl. §1), die letzteren können auch zusammengesetzt sein; sie heißen oft auch Konzeptbeschreibumgen. Enthalten die Konzepte als Argument eine Variable, dann nennt man sie *generische Konzepte*, ist das Argument eine Konstante, spricht man auch von einem *individuellen Konzept:*

-- Generische Konzepte repräsentieren Klassen von Individuen und beschreiben charakteristische Eigenschaften eines prototypischen Elementes dieser Klasse.

-- Individuelle Konzepte repräsentieren spezielle Instanzen, indem sie generische Konzepte individualisieren.

Die Einteilung dieser Konzepte erfolgt so, das generische Konzepte in der sog. T-Box (für T = terminologisch) zu finden sind, während die individuellen Konzepte in einer A-Box (mit A = assertional, aussagenlogisch) aufgesammelt werden.

Die Datenstruktur für Konzepte ist duch eine semantisches Netz gegeben. Es gibt mehrere Arten von Verbindungen zwischen Konzepten. Dazu gehören *Instantiierungs-Verbindungen* zwischen generischen und individuellen Konzepten sowie ist-Kanten (vgl. §8) zwischen generischen Konzepten untereinander. Es handelt sich dabei um eine baumartige Hierarchie, jedem Konzept ist also eine Liste seiner Superkonzepte zugeordnet. In Anlehnung an die Sprechweisen von §2 redet man hier auch von einer Subsumptionshierarchie. Auf die Problematik des Subsumptionstests hatten wir in §2 hingewiesen, diese Schwierigkeiten treten hier natürlich auch auf. Sind den Konzepten weitere Bedingungen zugeordnet, können sie in dieser Hierarchie vererbt werden.

Jedem Konzept ist zur näheren Beschreibung eine lokale interne Datenstruktur zugeordnet. Sie setzt sich aus *Rollen* und *Strukturbeschreibungen* zusammen.

Rollen entsprechen binären Prädikaten, sie setzen Elemente, die zwei Konzepte erfüllen, zueinander in Beziehung. Erfüllt etwa "Hans" das Konzept "Student" und "Chemie" das Konzept "Studienfach", so kann S(x,y) die Bedeutung "y ist Fach von x" haben, die evtl. von (Hans, Chemie) erfüllt wird. Man sagt dann auch, das "Chemie" die Rolle des Faches von "Hans" spielt. Wie jedes zusätzliche Prädikat schränken also auch Rollen die Interpretationsmöglichkeiten der Variablen ein.

Anders ausgedrückt, repräsentieren Rollen verschiedene Arten von Attributen, Komponenten oder Aspekten eines Elementes des Universums.

Auf die *strukturelle Beschreibungen,* die Informationen darüber enthalten, in welcher Relation die Füller der Rollen untereinander stehen und wie sie überhaupt in den gesamten Kontext passen, wollen wir nicht weiter eingehen.

Genau wie Prolog als Kern die Hornlogik, ein Fragment der Prädikatenlogik, hat, besitzt KL-ONE einen prädikatenlogischen Kern, den wir jetzt beschreiben wollen. Ein solches Fragment bezeichnet man auch als eine *terminologische Logik.*

Wir betrachten (vgl. §1) eine Prädikatenlogik mit Variablen x, y, ..., Konstanten a,b,... sowie ein- und zweistelligen Prädikaten. Wir können jetzt unsere terminologische Logik erklären.

1. Def.: (i) Für ein einstelliges Prädikat P und eine Variable x ist P(x) ein (generisches) Konzept. Für ein zweistelliges Prädikat R und Variable x, y ist R(x,y) eine Rolle.

(ii) Konzepte sind auch Konzeptbeschreibungen und wenn $\phi(x)$ und $\varphi(x)$ Konzeptbeschreibungen mit derselben freien Variablen sind, dann sind auch $\neg\,\phi(x)$, $\phi(x) \wedge \varphi(x)$ und $\phi(x) \vee \varphi(x)$ Konzeptbeschreibungen.

(iii) Wenn $\phi(x)$ eine Konzeptbeschreibung und R(x,y) eine Rolle ist, dann sind auch $\forall y(R(x,y) \rightarrow \phi(y))$ und $\exists y(R(x,y) \wedge \phi(y))$ Konzeptbeschreibungen.

Gewöhnlich nimmt man noch folgende Formeln auf:

(iv) Wenn $\phi(x)$ eine Konzeptbeschreibung, $n \geq 1$ eine natürliche Zahl und R(x,y) eine Rolle ist, dann sind auch $\exists^{\geq n}y(R(x,y))$ und $\exists^{\leq n}y(R(x,y))$ Konzeptbeschreibungen; die Semantik dieser Formeln ist die offensichtliche (es gibt mindestens bzw. höchsten n solcher y).

Man beachte, daß Konzeptbeschreibungen stets genau eine freie Variable haben, die man deshalb in auch häufig einfach wegläßt. Die üblichen Notationen in (iii) und (iv) sind dann $(\forall R.\phi)$, $(\exists R.\phi)$, $(\geq n\ R)$ und $(\leq n\ R)$.

Von Interesse sind nun Theorien in diesem Fragment, also axiomatische Beschreibungen von Modellen.

2.Def.: (i) Ein terminologisches Axiom ist von der Form $\phi(x) \rightarrow P(x)$ oder $P(x) \leftrightarrow \phi(x)$, wobei P(x) eine Konzept und $\phi(x)$ eine Konzeptbeschreibung ist. Eine T-Box ist eine endliche Menge von terminologischen Axiomen.
Schreibweise: $P \sqsubseteq \phi$ und $P \equiv \phi$, wobei P immer links stehen muß.
(ii) Eine Objektbeschreibung ist von der Form $\phi(a)$ und Relationenbeschreibungen haben die Gestalt R(a,b), wobei a und b Konstanten sind. Eine A-Box ist eine endliche Menge solcher Beschreibungen.
Schreibweise: $a: \phi$ und $(a,b): R$.

Die operationale Verwendung einer terminologischen Sprache geschieht nun wie in Prolog so, daß man Fragen an eine T-Box oder A-Box stellt, die mittels eines Inferenzmechanismus beantwortet werden. Verglichen mit Prolog gibt es hier aber viel mehr Möglichkeiten für solche Fragen. Wir zählen einige auf:

- Ist eine Konzeptbeschreibung allgemeiner als eine andere? (Subsumptionsfrage)

- Ist die T-Box konsistent?

- Gilt a: ϕ? (Instanzenproblem)

- Für welche a gilt a: ϕ? (Retrievalproblem).

Diese Fragen sind natürlich nicht unabhängig voneinander. Das wichtigste theoretische Hilfsmittel hierzu ist der Sequenzenkalkül aus §2, der allerdings geeignet modifiziert und erweitert werden muß. Es stellt sich aber heraus, daß die gerade erwähnten Fragen mit solchen Methoden entscheidbar sind. Das gilt für den vollen Prädikatenkalkül nicht und auch nicht für die meisten KL-ONE Systeme, die eben über den dargestellten Kern hinausgehen. Die Erweiterungen sind aber von dem Bestreben gekennzeichnet, trotz der größeren Ausdrucksstärke noch möglichst effiziente Algorithmen zur Beantwortung vieler dieser Fragen zu haben.

Übungen

Aufgabe 1

Es sei das oben angegebene System von polymorphen Typen zugrundegelegt.

(a)   Man definiere den Typ der binären Bäume.

(b)   Man definiere den Typ der endlich verzweigten Bäume.

(c)   Man definiere den Typ der endlich verzweigten Bäume, wo an den einzelnen Knoten Boole'sche Werte stehen.

(d)   Ist der Typ der Listen der Länge 3 definierbar?

Aufgabe2

Man gebe ein rein arithmetisches Beispiel an, wo die Call-By-Name Auswertung schneller zum Ziele führt als die Call-By-Value Auswertung.

Aufgabe3

Warum ist es wünschenswert, in einer Programmiersprache die Addition " + " für ganze Zahlen und Gleitkommazahlen typmäßig zu unterscheiden?

Aufgabe4

Man erweitere den Sequenzenkalkül geeignet zur Behandlung von $(\geq n\ R)$ und $(\leq n\ R)$

Hintergrundbemerkungen zu §23

Die Entwicklung von LISP hat mit am Anfang der Entwicklung der Künstlichen Intelligenz gestanden. Eine Einführung in LISP vom Standpunkt der Künstlichen Intelligenz mit weiteren Literaturangaben findet man in [Chr87]. Seitdem hat es auf dem Sektor der Programmiersprachen für unsere Zwecke eine Unzahl von Entwicklungen gegeben; eine Übersicht mit historischen Details enthält [Ri,E83]. Eine ausführliche Diskussion der Typenfragen, auch im Zusammenhang mit ML, enthält [Hu86]. Die Eindeutigkeit des speziellsten Typs für ein ML-Programm ist ein Theorem von R. Milner (s. [Hu86]). SASLOG, die Amalgamierung der funktionalen Sprache SASL und der logischen Sprache PROLOG wird in [Hi-Nö-Re88] beschrieben.

Umfassende Details über die Zusammenhänge zwischen logischer und funktionaler Programmierung liefert [Bo87]. Die logische Programmierung selbst haben wir ausführlich in §4 besprochen, sie erscheint auch an vielen anderen Stellen dieses Buches. Als Beispiel einer objektorientierten Sprache haben wir in §8b SMALLTALK80 kurz vorgestellt.

Regelorientierte kommerzielle Entwicklungssyteme in der Philosophie von MYCIN sind ESE, S1 und TWAICE.

Im Gegensatz zu Prolog ist KL-ONE nicht aus seinem logischen Fragment heraus entstanden. Es war im Gegenteil als eine Art Kontrapunkt zu den logischen Ansätzen gedacht. In [Br-Sch83] wird KL-ONE ausführlich besprochen. Zur terminologischen Logik und für die Entscheidbarkeitsfragen vergleiche man etwa [Ne90], [SSS88] und [Ho90].

Es gibt inzwischen eine ganze Reihe sehr leistungsfähiger, kommerziell vertriebener Repräsentationssprachen. Dazu gehören u.a. ART, Babylon, Epitool, Joshua, KEE, Knowledge Craft und LOOPS.

Von einem modernen Expertensystementwicklungswerkzeug erwartet man heute die Bereitstellung sowohl von Regelinterpretern wie auch komfortabel ausgestatteter Frame-Hierarchien. Probleme bereiten dabei immer noch die Fragen der Integration verschiedener Repräsentationsformalismen; dies hat nicht zuletzt mit ungelösten theoretischen Fragen bezüglich der Semantik zu tun.

24 Aspekte der Kognitionswissenschaften

Wir haben zwar schon häufiger von der "kognitiven Ebene" gesprochen; trotzdem fragt man sich nach dem Sinn eines Abschnittes über Kognitionswissenschaften in einem Informatikbuch. Diese Disziplin beschäftigt sich nicht zuletzt mit der Modellierung menschlicher Methoden bei der Verarbeitung von Information. Das ist in dieser Allgemeinheit aber auch ein Thema der Informatik. Die klassische Vorgehensweise bestand dabei in der Entwicklung geeigneter Algorithmen. Durch die Künstliche Intelligenz wurde die deklarative Vorgehensweise ins Spiel gebracht, über die auf der Repräsentations- und Implementationsebene bisher wenig Erfahrung vorhanden war. Dadurch wurden neue Anwendungsbereiche erschlossen, die auch auf der kognitiven Ebene nicht in der Art und der Genauigkeit rational durchdrungen waren, wie es für eine formale Darstellung nötig ist. Das fehlende Verständnis bezieht sich dabei meist weniger auf den reinen Sachverhalt eines Gebietes als mehr auf die Diskurswelt, also die Art und Weise, wie man es angeht: Der Fachmann weiß viel über Vorgehensweisen und ist dann in der Lage, das Wissen zu verwerten.

Es ergibt sich von daher die Frage, ob solches Wissen nicht soweit formalisierbar ist, daß es einer Computerimplementierung zugänglich wird und ob sich nicht Problemfelder isolieren lassen, wo man so etwas mit Nutzen verwenden kann. Dies war ja der Sinn unserer ganz zu Anfang erhobenen Forderung an eine Repräsentation nach "der Erhaltung von Strukturen". Um jedoch Wissen der kognitiven Ebene auf den unteren Ebenen zu repräsentieren, bedarf es natürlich ihres Verständnisses, und deshalb muß man sich auch mit ihr beschäftigen. Das Interesse an der kognitiven Ebene liegt (für uns hier) nicht bei ihrer generellen Erforschung, sondern es konzentriert sich auf diejenigen Aspekte und Methoden, die man nutzbringend einsetzen kann. Diese reichen von speziellen Fragen der Mensch - Maschine - Kommunikation bis hin zu sehr allgemeinen Fragen der menschlichen Begriffswelten.

Hauptsächlich interessiert man sich dabei speziell für zwei verschiedenartige Beiträge der kognitiven Wissenschaften:

(1)   Generelle Organisationsprinzipien, nach denen der Mensch seine Begriffswelt ordnet.

(2)   Spezielle Organisationsprinzipien, um mit eingeschränkten Problemen fertig zu werden, wo aber doch eine gewisse Portion "gesunder Menschenverstand" eine Rolle spielt.

Vorweg eine Bemerkung zu (2). Es ist illusorisch anzunehmen, daß man die "Common

Sense Logic" (die gar keine Logik ist) in der nächsten Zeit in den Griff bekommen kann. Es ist beispielsweise viel einfacher, das gesamte Produktspektrum eines Großkonzerns zu erfassen (es liegt meist schon, wenn auch nicht gesammelt, in Form von Daten vor), als ein beliebiges Wohnzimmer in seiner allgemeinen Form zu beschreiben. Eine Konsequenz ist, daß man eher versuchen kann, sukzessive einen "intelligenten Fachmann für bestimmte Fragen" zu beschreiben, dessen Hauptgewicht auf der Verarbeitung formaler Strukturen liegt, als etwa einen "intelligenten Familienvater". Bei letzterem spielt auch in trivialen Fällen stets "die ganze Welt" hinein und man wird vielleicht viele Probleme approximativ, aber keine richtig lösen können. Hinzu kommt, daß man wahrscheinlich die meisten lösbaren Fälle ohne Künstliche Intelligenz einfacher, schneller und angemessener behandeln kann.

Was nun einen intelligenten Fachspezialisten angeht, so benötigt auch er allerdings etwas Alltagswissen, um nicht bei einem schwierigen Problem z.B. im Maschinenbau daran zu scheitern, daß er nicht weiß, was links und rechts ist. Das ist wichtig zu wissen, und viele fachzpezifische Anweisungen setzen auch die Kenntnis davon implizit voraus, aber es steht eben nicht in den Lehrbüchern. Man hat aber trotzdem die Chance, den hier benötigten gesunden Menschenverstand geeignet zu "lokalisieren" und damit verfügbar zu machen. In diesem Abschnitt wollen wir einige Bemerkungen zum Problem (1) machen.

Grundlegend für jegliche Argumentationen und Überlegungen ist die Art, wie man überhaupt Begriffe bildet. In der Mathematik entsprechen Begriffe oder Eigenschaften Mengen; etwa korrespondieren bei zugrunde gelegtem Universum U die Eigenschaft $P(x)$ und die Menge $\{a \in U \mid P(a)\}$. Die weite Verbreitung mathematischer Methoden hat dazu geführt, solche definitiven Eigenschaften weitgehend als grundlegendes Bildungsprinzip von Begriffen zu akzeptieren. Die Mathematik hat dieses Prinzip wiederum auch nicht erfunden, es war schon vor und ist neben der Mathematik eine weitgehend undiskutierte Grundannahme gewesen. Man vergißt dabei leicht, daß die Sache bei den meisten umgangssprachlichen Begriffen ganz anders ist.

Als Beispiele nehmen wir etwa:

-- Was ist ein *Expertensystem* ?

-- Was ist ein *Spiel* ? (Fußballspiel, Zwei-Personen-Nullsummenspiel, Kriegsspiel, die-Katze "spielt mit-der Maus" oder "mit der Wolle" etc.)

-- Was ist ein *Verwandter* ? (Vater, Mutter, Bruder, Schwester, Kind, Enkel, Vetter, Schwager, Schwiegersohn, Neffe, Vetter eines Vetters,...)

-- Welche Substantive sind *männlich* (d.h. führen den Artikel "der")?

Für alle diese Begriffe gibt es keine sie definierende Eigenschaft, man wäre auch gar nicht an ihr interessiert. Es muß offenbar ein ganz anderes Organisationsprinzip als das einer Definition durch eine Eigenschaft dahinterstehen. Dieses Prinzip müßte eine auffällige Eigenheit erklären, die solche Gesamtheiten (traditionell auch *Kategorien* genannt) haben:

Es gibt *typischere* oder *zentralere* und *weniger typische* Mitglieder einer solchen Gesamtheit, wodurch ein charakteristisches Element der Asymmetrie ins Spiel gebracht wird.

Wenn eine Kategorie eine definierende Eigenschaft P hat, sind alle Elemente gleichberechtigt; ein Objekt ist durch nichts anderes als Mitglied der Kategorie qualifiziert als dadurch, daß P auf es zutrifft. Darüber hinaus kann man nicht ein besseres oder weniger besseres Element der Gesamtheit werden. Es gibt aber, um bei den obigen Beispielen zu bleiben, Spiele oder Expertensysteme, die man gerade noch solche nennt und andere, die man voll als mustergültige Exemplare akzeptiert.

Auf den ersten Blick scheinen hier die klassischen Wahrheitswerte $\{0,1\}$ verantwortlich für die mangelnde Ausdruckskraft von definierenden Eigenschaften zu sein. Abgestufte Wahrheitswerte, wie das gesamte reelle Intervall $[0,1]$ würden doch die Sache viel variabler machen. Daran ist schon etwas Wahres. Was jedoch auf diese Weise überhaupt nicht erklärt wird, ist, wie solche Wahrheitswerte überhaupt zustande kommen. Wenn man sich noch denken kann, daß verallgemeinerte Wahrheitswerte *nachträglich* die Zugehörigkeit zu Gesamtheiten angemessen reflektieren könnten, so kann man sie sich aber wohl kaum als deren grundlegendes Entstehungsprinzip vorstellen. Die mangelnde Kenntnis der eigentlichen Bedeutung unscharfer Ausdrucksweisen führte dann ja auch zu ziemlich unbefriedigenden und unreflektierten Zahlenzuordnungen zu Aussagen; darüber haben wir in §14 gesprochen.

Wir wollen jetzt einige Beobachtungen notieren, die bei der Betrachtung der obigen Beispiele auffallen:

(1)   Kategorien müssen keine definierende Eigenschaft besitzen.

(2)   Kategorien brauchen nicht klar abgegrenzt zu sein, für manche Objekte mag ihre Zugehörigkeit strittig sein.

(3)   Jede Kategorie hat aber ganz "zentrale" und unstrittige Mitglieder; diese können in Argumentationen oft die ganze Kategorie vertreten.

(4)   Die Zugehörigkeit zu einer Kategorie kann von Objekt zu Objekt graduell abnehmen (ohne daß dies numerisch faßbar sein muß).

(5)   "Schwächere" Mitglieder einer Kategorie treten nicht "isoliert" auf, sie sind mit zentraleren durch gemeinsame und wichtig erscheinende Eigenschaften verbunden.

Das geschieht aber nicht immer sehr systematisch; häufig ist die Verbindung auch historisch gewachsen und im nachhinein nicht mehr ersichtlich.

Die "zentralen" Mitglieder einer Kategorie heißen auch *Prototypen*. In der Verwendung sind sie dadurch hervorgehoben, daß man sie als Referenzpunkte benutzt.

Man kann sich nun eine Kategorie in Form eines Graphen organisiert denken:

-- Die Knoten repräsentieren die Elemente oder Mitglieder der Kategorie;

-- die Kanten sind mit der Art der verbindenden Eigenschaften beschriftet.

Zu beachten ist, daß die Verbindungskanten ganz unabhängig von der Kategorie selbst sind; deshalb ist auch nicht klar definiert, wo die Kategorie "aufhört".

Das Beispiel der Verwandtschaftsbeziehungen ist noch von sehr einfacher Natur. Man hat gewisse "direkte Verwandte", diese Beziehungen stehen an den verbindenden Kanten. Die Grade der Verwandtschaft lassen sich relativ einfach (und sogar numerisch) messen; nur ist keine klare Grenze für die erlaubte Länge der Ketten gegeben.

Im Verlaufe unserer Betrachtungen war vielfach von Abstraktionen die Rede, und Kategorien weisen für ihre Begriffswelten gewöhnlich eine hierarchische Organisationsstruktur vom allgemeinen zum speziellen auf. Bei einem konkreten Problem hat man gewöhnlich mehrere Abstraktionsebenen zur Auswahl und muß sich für eine Ebene entscheiden. Die hier getroffene Festlegung hat bedeutende Konsequenzen, auch wenn man sich die Freiheit vorbehält, die Abstraktionsebene noch zu wechseln. Das liegt sehr wesentlich daran, daß Wissen oft ganz bestimmten Ebenen zugeordnet ist, nur dort verfügbar ist, und manchmal nur dort ein adäquates Vokabular existiert.

Für starke Abstraktionen ist kennzeichnend, daß die sehr allgemeinen Begriffswelten sich oft überlappen, z.B. sind manche Computer sowohl Spielzeuge wie auch Arbeitsgeräte. Es ist meist sehr umständlich, ein spezielles Objekt auf einer hohen Abstraktionsebene zu beschreiben.

Auf der anderen Seite spezialisieren tiefe Ebenen oft auf unnötige Weise. Wenn man erkältet ist, so reicht eben diese Information gewöhnlich aus, und niemand ist an Detailinformationen über den Schnupfenvirus interessiert.

Auf diese Weise kommt einer bestimmten mittleren Abstraktionsebene plötzlich eine Bedeutung zu, nämlich derjenigen, auf welcher man sich am ökonomischsten ausdrücken kann. Diese Ebene ist natürlich vom Kontext und dem vorhandenen Vokabular abhängig:

Sie wird auch die *Basisebene* (engl. *basic level*) genannt und ist charakterisiert als die oberste Ebene, in der die Begriffe noch disjunkt sind.

Eine solche Ebene existiert natürlich nicht immer, und ihre charakteristische Eigenschaft ist häufig nur approximativ erfüllt. Im Bild stellt sie sich so dar:

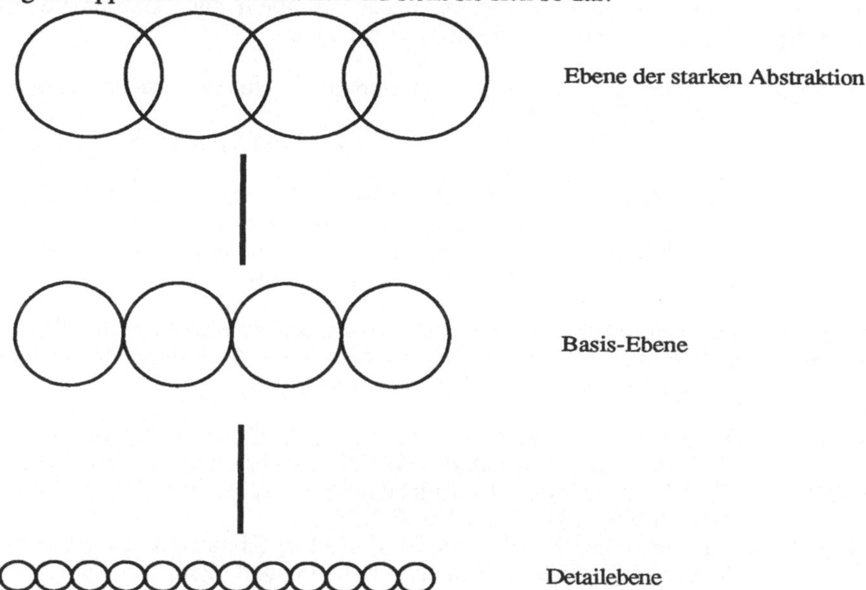

Von der Umgangssprache aus gesehen zeichnen sich die Basisebenen auch noch dadurch aus, daß man in ihnen kurze Wörter für Begriffe hat, also z.B. "Tisch" statt "Nierentisch" oder "Möbelstück".

In die Expertensystemtechnik hat sich bisher die Idee der Basisebenen explizit noch nicht niedergeschlagen. In einer taxonomischen Hierarchie würde sie bedeuten, daß man weder Top-Down noch Bottom-Up vorgeht, sondern irgendwo in der Mitte anfängt und dann je nach Sachlage nach oben oder unten geht.

Hintergrundbemerkungen zu §24 :

Die Prototypentheorie und die Basisebene werden ausführlich in [La87] abgehandelt. Sie sind ein Teil des allgemeineren Studiums der "idealisierten kognitiven Modelle", und dem Buch liegt die These zugrunde, daß das menschliche Wissen in solchen Modellen organisiert ist. Dort findet man auch weitere Literaturhinweise. Bei unseren Ausführungen traten Elemente der Kognitionstheorie implizit an den verschiedensten Stellen auf, so bei der Behandlung der Unsicherheit, bei den Erklärungen oder bei den Lernaspekten. Hierüber existiert eine umfangreiche Literatur, wir verweisen auf [Di85].

Literaturverzeichnis

(1) Allgemeine Hinweise

Es gibt im Bereiche der Künstlichen Intelligenz eine umfangreiche Lehrbuchliteratur, die jedoch überwiegend englischsprachlich ist. Einige dieser Bücher wollen wir aber vor allem deshalb erwähnen, weil sie eine breite Einführung in Gebiete geben, die in diesem Buche nicht explizit behandelt werden, wozu vor allem das Computersehen, die natürlichsprachlichen Systeme und die Robotik gehören.

[Cha-McD85] E. Charniak, D. V. McDermott: Introduction to Artificial Intelligence, Addison Wesley (1985)
[Fro86] R. A. Frost: Introduction to Knowledge Base Systems, W. Collins, Sons & CO, London (1986)
[Ni82] N.J. Nilsson: Principles of Artificial Intelligence, Springerverlag 1982
[Ri,E83] E. Rich: Artificial Intelligence. McGraw-Hill (1983)
[Wi87] P.H. Winston: Künstliche Intelligenz (eine Übersetzung aus dem Englischen), Addison-Wesley Publ. Co. 1987

Weiter werden die folgenden Bände der Frühjahrsschulen für Künstliche Intellegenz der Gesellschaft für Informatik (GI) empfohlen. Sie enthalten teils einführende und teils fortgeschrittene Aufsätze aus einem weitem Spektrum.

[Bi-Si82] W. Bibel, J.H. Siekmann (Herausg.) : Künstliche Intelligenz, Frühjahrsschule Teisendorf 1982, Informatikfachberichte 59 (1982)
[Ha85] C. Habel (Herausg.) : Künstliche Intelligenz, Frühjahrsschule Dassel 1984, Informatikfachberichte 93 (1985)
[Chr 88] Th. Christaller, H.-W. Hein, M.M. Richter (Herausg.) : Künstliche Intelligenz, Frühjahrsschulen Dassel 1985 und 1986, Informatikfachberichte 159 (1988)
[Chr89] Th. Christaller (Herausg.) : Künstlich Intelligenz. 5. Frühjahrsschule, KIFS-87, Günne, März/April 1987. Proceedings. VII
[vL89] K. v. Luck (Herausg.) : Künstliche Intelligenz. 7. Frühjahrsschule, KIFS-89, Günne, März 1989. Proceedings.VII

(2) Zitierte Literatur

[Ac66] R. Ackermann: Nondeductive Inference. Routledge & Kegan Paul Ltd. (1966)
[Al84] J. F. Allen: Towards a General Theory of Action and Time, Artificial Intelligence 23 (1984), S. 123-154
[Al88] K.-D. Althoff, S.Kockskämper, F.Maurer, M.Stadler, S.Weß: Ein System zur fall- und analogiebasierten Wissensverarbeitung in technischen Diagnosesystemen. Manuskript Kaiserslautern 1988
[An-Sm83] D. Angluin, C.H. Smith: A Survey of Inductive Inference: Theory and Methods. Comp. Surv. 15 (1983), S. 237-269
[Ba-Ma-Sa-Ul86] F. Bancilhon, D.Maier, Y.Sagiv, J.Ullman: Magic Sets and Other Strange Ways to Implement Logic Programs.Proc. 5th ACM SIGMOND-SIGACT Symp. on Principles of Database Systems, 1986
[Be91] H. Becker: Die stochastische Modellierung diagnostischer Unschärfe. Dissertation Dortmund 1991.
[Be-Ke-Ri87] B. Benninghofen, S. Kemmerich, M. M. Richter: Systems of Reductions. Lecture Notes in Computer Science 277 (1987), Springer Verlag

[Be-St76]   N.D. Belnap, T.B. Steel: The Logic of Questions and Answers. Yale
             University 1976
[Bl-Bü87]   K.H. Bläsius, H.-J.Bürckert (Hrg.): Deduktionssysteme, Automatisie-
             rung des logischen Denkens. Oldenbourg Verlag 1987
[Ble77]   W.W. Bledsoe: A New Method for Proving Certain Presburger
             Formulas. Advance Papers, 4th Int. Joint Conf. on Artificial Intelligence,
             Tbilisi, 1975, S. 15-21
[Ble77a]   W.W. Bledsoe: Non-resolution Theorem Proving. Artificial Intelligence 9
             (1977), S.1-35
[Ble-Ku-Sho85]   W.W. Bledsoe, K. Kunen. R.E. Shostak: Completeness Results for
             Inequality Provers. Artif. Intell. 27 (1985) S. 255-288
[Bo77]   H. Boley: Directed Recursive Labelnode Hypergraphs: A New
             Representation-Language. Artif. Intell. 9 (1977), S. 49-85
[Bo87]   H. Boley: FIT: Declarative Programming as Transformer and Adapter
             Fitting. Dissertation Hamburg 1987
[Bo-Mo79]   R.S. Boyer, J.S. Moore: A Computational Logic. Academic Press (1979)
[Br72]   B.C. Bruce: A Model for Temporal Reference and its Applicants in a
             Question Answering Program. Artif. Intell. 3 (1972), S. 1-26[Br-Sch85]
             R.J. Brachman, J.G. Schmolze: An Overview of the KL-ONE
             Knowledge Representation System. In: Cognitive Science 9 (1985), S.
             171-216
[Br-Wa87]   W. Brauer, W.Wahlster: Wissensbasierte Systeme, Proc. 2.
             Internationaler GI-Kongress München 1987, Informatik Fachberichte 155
             (1987)
[Bro85]   L. Brownston, R. Farrell, E. Kant, N. Martin: Programming Expert
             Systems in OPS5, Addison Wesley (1985)
[Bu-Sh84]   B.G. Buchanan, E.H. Shortliffe (Hg.): Rule-based Expert Systems -The
             MYCIN Experiments of the Stanford Heuristic Programming Project.
             Addison-Wesley. Publ. Co. (1984)
[Chr87]   Th. Christaller: Einführung in LISP. In: Künstliche Intelligenz (Ed. Th.
             Christaller, H.-W. Hein, M.M. Richter), Informatik Fachberichte 159
             (1987) S. 1-35
[Cl-Me84]   W.F. Clocksin, C.S.Mellish: Programming in Prolog, Springer Verlag
             (1984)
[Cu90]   R. Cunis, A.Günter, H.Strecker(Ed.): Das PLAKON - Buch.
             Springerverlag 1990.
[deK86]   J. de Kleer: An Assumption Based TMS, sowie: Extending the ATMS.
             Artif. Intell. 28 (1986), S. 127-162 sowie 163-196
[Di85]   G. Dirlich, C. Freska, U. Schwatlo, K. Wimmer: Kognitive Aspekte der
             Mensch-Computer-Interaktion. Informatik-Fachberichte 120 (1985)
[Di-Si-He87] N. Dincbas, H. Simonis, P. van Hentenryck: Extending Equation Solving
             and Constraint Handling in Logic Programming. In: Proc. Colloquium on
             the Resolution of Equations in Algebraic Structures, Austin, Texas (1987)
[Do79]   J. Doyle: A Truth Maintanance System. Artif. Intell. 12 (1979), S.
             231-272
[Fe87]   J.E. Fenstad, P.-K.Halvorsen, T.Langholm, J.vanBenthem: Situations,
             Language and Logic. Reidel Publ. Co. 1987.
[Fi-Ni71]   R. Fikes, N.J. Nilsson: STRIPS: A New Approach to Applications of
             Theorem Proving to Problem Solving. Artif. Intell. 2 (1971), S. 189-208
[Fr87]   H.W. Früchtenicht et al.: Technische Expertensysteme.
             Oldenbourg-Verlag (1987)
[Ga85]   D. Gabbay: Theoretical Foundations for Non-Monotonic Reasoning in
             Expert Systems. In: Logic and Models of Concurrent Systems (ed. K.
             Apt), Notes ASI-Series 13, Springer Verlag (1985), S. 439-457
[Ge35]   G. Gentzen: Untersuchungen über das logische Schließen, Math.
             Zeitschr. 39 (1935), S.176-210, 405-431

[Gö86]   K. Gödel: Collected Works, Vol. I, ed. S: Feferman et al., Oxford
           University Press (1986)
[Go-Ro83] A.Goldberg,D.Robson: SMALLTALK80 - The Language and its
           Implementation. Addison-Wesley Publ.Co. (1983)
[Go84]   A. Goldberg: SMALLTALK80: The Interactive Programming
           Environment. Addison-Wesley Publ.Co. (1984)
[Go81]   D. Goldfarb: The Undecidability of the Second-Order Unification
           Problem. J. of Theor. Comp. Science 13 (1981), S.225-230
[Ha71]   G. Hasenjäger: Introduction to Basic Concepts and Problems of Modern
           Logic. Reidel Publ. Co. (1971)
[Ha85]   R. Haux: Expert systems in statistics, in: Proc. GWAI-85 (ed.:
           H. Stoyan), Informatik Fachberichte 118 (1985), Springer Verlag
[Ha87]   R. Haux: Expertensysteme in der Medizin, Habilitationsschrift Aachen
           (1987)
[Ha-Ni-Ra68]P.E. Hart, N.J. Nilsson,B. Raphael: A formal basis for the heuristic
           determination of minimum cost paths, IEEE Trans. Systems Science and
           Cybernetics SSC-4: 100-7 (1968)
[Ha-Va90] P.Hajek, J.J.Valdes: Algebraic Foundations of Uncertainty Processing in
           Rule-Based Expert Systems. Computers and Artificial Intelligence 9
           (1990), S.325-344
[He86]   D. Heckerman: Probabilistic Interpretation for MYCIN's Certainty
           Factors. In: Uncertainty in Artificial Intelligence, ed.: L.N. Kanal, J.F.
           Lemmer, North Holland Publ. Co. (1986)
[He-Re-Ri-We85]   P. Heinen, H. Reusch, M. M. Richter, Th. Wetter: Formal
           Description of Objects, Processes, and Levels of Expert Reasoning, in:
           Proc. GWAI-85 (ed.: H. Stoyan), Informatik Fachberichte 118 (1985),
           Springer Verlag
[Hi86]   T. Higuchi et al.: A Semantic Network Machine. In: Proc. Euromicro
           Symp., ed. E. Waldschmidt, North Holland Publ. Co.(1985), S. 95-104
[Hi88]   L. Hines: Building in Axioms and Lemmas. Ph.D. Thesis, Austin, Texas
           1988
[Hi-Nö-Re88]K. Hinkelmann, K. Nökel, R. Rehbold: SASLOG: Lazy Evaluation
           Meets Backtracking. In: W. Hoeppner (Hrsg): Künstliche Intelligenz,
           Proc. GWAI-88
[Ho-Gi80] K.J. Holyak, M.L.Gick: Analogical Problem Solving. Cognitive
           Psychology 2 (1980), S.306-385
[Ho89]   S. Holtzman: Intelligent Decision Systems. Addison Wesley 1989
[Ho90]   B. Hollunder: Hybrid Inferences in KL-ONE based Knowledge
           Representation Systems. Proc. GWAI 1990, S. 38-47, Springer
           Fachberichte.
[Hu86]   G. Huet: Formal Structures for Computation and Deduction. Manuscript,
           Pittsburgh (1986)
[Hu-Cr68] G.E. Hughes, M.J. Cresswell: An Introduction to Modal Logic. Methuen
           & Co (1968)
[Jä86]   G. Jäger: Some Contributions to the Logical Analysis of Circumscription.
           In: Proc. of the CADE 86, LNCS 230, Springer Verlag (1986)
[Jä88]   G. Jäger: Non-monotonic Reasoning by Axiomatic Extensions. Erscheint
           in: Proc. 8th Int. Congress of Logic, Methodology and Philosophy of
           Science
[Ja-La87] J. Jaffar, J.-L.Lassez: Constraint Logic Programming. Proc. Conf. on
           Principles of Programming Languages, München 1987
[Ka-Li90] W. Karbach, M.Linster: Wissensakquisition für Expertensysteme.
           Hanserverlag 1990.
[Ka-Ku88] L. Kanal, V. Kumar (Eds.): Search in Artificial Intelligence. Springer
           Verlag (1988)
[Kl81]   G.D.Kleiter: Bayes Statstik - Grundlagen und Anwendung. De Gruyter

373

Verlag 1981

[KlB-Sch86] H. Kleine Büning, S. Schmitgen: PROLOG, Teubner Leitfäden der Angewandten Informatik (1986)

[Ko87] J. Kohlas: Conditional Belief Structures, Institut für Automation und Operations Research Fribourg/Schweiz, Working Paper 131 (1987)

[Ko79] R. Kowalski: Logic for Problem Solving, North Holland (1979)

[Kr86] S. Krajewski: Relatedness Logic. Reports on Math. Log.20(1986),S.7-14

[Kr91] N. Kratz: Architektur eines wissensbasierten Systems zur Unterstützung der Konzeptionphase in der Konstruktion. Dissertation Kaiserslautern 1991.

[Kr-Me87] R.Kruse, K.D.Meyer: Statistics with Vague Data. Reidel Publ Co. (1987)

[Kw78] H. Kwakernaak: Fuzzy Random Variables. Part I: Definition and Theorems. Inform. Sci. 15 (1978), S. 1-15
Part II: Algorithms and Examples for the Discrete Case. Inform. Sci. 17, S. 243-278

[La68] I. Lakatos (ed.): Inductive Logic. North-Holland Publ. Co. (1968)

[La87] G. Lackhoff: Woman, Fire and Dangerous Things. University of Chicago Press (1987)

[La-Ma-Ma86]J.-L. Lassez, M.J. Maher, K.G. Marriot: Unification Revisited. IBM T.J. Watson Research Center Yorktown Hights, RC12394, (1986)

[Le87] A.B. Lewis: Researchers Focus on Case-Based- Reasoning. Applied Artif. Intell. Reporter, Sept.1980, S.8-9

[Llo84l J. W. Lloyd: Foundations of Logic Programming, Springer Verlag (1984)

[Lu-Me86] M. Lundy, A. Mees: Convergence of an annealing algorithm. Mathematical Programming 4 (1986), S.111-124

[McC80] J. McCarthy: Circumscription - a form of non-monotonic reasoning. Artif. Intell.13 (1980), S.27-40

[McC-Ha83] L.T McCarty: Permissions and Obligations. Proc. IJCAI-83 (1983) S. 287-294

[McC-Ha69] J. McCarthy, P.J. Hayes: Some Philosophical Problems from the Standpoint of Artificial Intelligence. Machine Intelligence 4 (1969)

[McD82] J. McDermott: R1: A Rule - Based Configurer of Computer Systems. Artif. Intell. 19 (1982), S.39 - 88

[Mi74] M. Minsky: A Framework for Representing Knowledge. Artif. Intell. Memo 306, MIT AI-Lab (1974)

[Mo85] W. Moog: Ähnlichkeits und Analogielehre. VDI Verlag 1985

[Mu86] J. Mumpower, L.D.Phillips, O.Renn, V.R.R.Uppuluri: Expert Jugdement and Expert Systems. NATO ASI Series F, Vol.35. Springer Verlag 1986

[Mö-Ra84] R. Möhring, F.J.Radermacher: Substitution Decomposition of Discrete Structures and Connections with Combinatorial Optimization. Discrete Math. 19, S.257-356, 1984

[Na91] S.A. Naqvi, S.Tsur (Ed.): Deductive Data Bases. Annals of Math. and Artif. Intell. 3 (1991), No. 2-4.

[Ne87] B.Neumann: Natural Language Description of Time-Varying Scenes, Report no. 105, FB Informatik, Universität Hamburg.

[Ne88] G. Neumann: Metaprogrammierung und PROLOG. Addison-Wesley (1988)

[Ne90] B. Nebel: Reasoning and Revision in Hybrid Representation Systems. Lecture Notes in AI, Springerverlag 1990.

[Ni75] K. Nickel (ed.): Interval Mathematics. Proc. of the Internat. Symposium, Karlsruhe (1975); Berlin (1975)

[Nö90] K. Nökel: Temporally distributed Symptoms in Technical Diagnosis. Dissertation Kaiserslautern 1990

[Och87] M. Ochs: Syllogist - Ein System zur wissensbasierten Planung und Konfigurierung. Manuskript Karlsruhe (1987)

[Oh88]   H.J. Ohlbach: A Resolution Calculus for Modal Logic. Diss.
            Kaiserslautern 1988

[Oh90]   H.J. Ohlbach: New ways for developing proof theories for first order
            multi modal logics. Proc. 3rd Workshop on Computer Science Logic,
            SLNCS 440 (1990), S. 271.308

[Pa84]   Z. Pawlak: Rough Classification. Intern. J. of Man-Machine Studies 20
            (1984), S. 469-483

[Pe84]   J. Pearl: Heuristics. Intelligent Search Strategies for Computer Problem
            Solving, Addison- Wesley (1984)

[Pl70]   G.D. Plotkin: A Note on Inductive Generalization. Machine Intelligence 5
            (1970), S. 153-163

[Pu87]   F. Puppe: Diagnostisches Problemlösen mit Expertensystemen,
            Informatik Fachberichte 148 (1987)

[Pu88]   F. Puppe: Einführung in die Expertensysteme. Springerverlag (1988)

[Pu90]   F. Puppe: Problemlösungsmethoden in Expertensystemen. Studienreihe
            Informatik, Springerverlag 1990.

[Ra89]   A. Rapaport: Decision theory and decision behavior. Kluwer (1989)

[Rau78]   W. Rautenberg: Klassische und Nichtklassische Aussagenlogik, Vieweg
            Verlag (1978)

[Re64]   N. Rescher: Hypothetical Reasoning. North-Holland Publ. Co. (1964)

[Re91]   R. Rehbold: Integration modellbasierten Wtssens in technische
            Diagnostik-Expertensysteme. Dissertation Kaiserslautern 1991.

[Rei78]   R. Reiter: On closed world data bases. In: Logic and Databases, ed.
            H. Gallaire, J.Minker,Plenum Press (1978), S.55-76

[Rei89]   M. Reinfrank: Fundamentals and Logical Foundations of Truth
            Maintenance, Linköping Studies in Science and Technology 221 (1989)

[Reu87]   A. Reuter: Kopplung von Datenbank- und Expertensystemen. it
            (Informationstechnik) 29 (1987) S. 164-175

[Ri78]   M.M. Richter: Logikkalküle, Teubner Studienbücher Informatik (1978)

[Ri84]   M.M. Richter: Some Reordering Properties for Inequality Proof Trees. In:
            Logic and Machines: Decision Problems and Complexities, ed.: E. Börger
            et al. Springer Lecture Notes 171 (1984) S. 183-197

[Ri-We91]   M.M.Richter, St.Weß: Similarity, Uncertainty and Case-Based Reasoning
            in Patdex. In Festschrift für W.W.Bledsoe, ed. R.S. Boyer, 1991.

[Ri,E83]   E. Rich: Artificial Intelligence. McGraw-Hill (1983)

[Ro65]   J. A. Robinson: A Machine-Oriented Logic Based on the Resolution
            Principle, JACM 12 (1965), S. 23-45

[Sch87]   L. Schmid: Impedimends to a Qualitative Physics Based on Confluences.
            In: Technische Expertensysteme (ed. H.W. Früchtenicht et al.),
            Oldenbourg Verlag (1987)

[Sch-Ab77] R.C. Schank, R.P. Abelson: Scripts, Plans, Goals, and Understanding.
            Erlbaum, Hillsdale, NJ, (1977)

[Sha76]   G. Shafer: A Mathematical Theory of Evidence, Princeton University
            Press (1976)

[She87]   J.C. Sheperdson: Negation in Logic Programming. Report PM-01-87,
            School of Mathematics, University of Bristol (1987

[Sho77]   R.E.Shostak: On the SUP-INF-Method for Proving Presburger Formulas.
            J. ACM 24 (1977), S. 529-543

[Sp91]   P.Spieker: Natürlichsprachliche Erklärungen in technischen
            Expertensystemen. Dissertation Kaiserslautern 1991.

[SSS88]   M. Schmidt-Schauß, G. Smolka: Attributive Concept Descriptions with
            Complements. SEKI-Report SR-88-21, Kaiserslautern 1988. Auch in:
            Artif. Intell. 47 (1991).

[Str87]   P. Struss: Problems of Interval-based Qualitative Reasoning. In:
            Technische Expertensysteme (ed. H.W. Früchtenicht et al.),
            Oldenbourg-Verlag (1987)

[Sw83]   W.R. Swartout: XPLAIN: A System for Creating and Explaining Expert Consulting Programmes. Artif. Intelligence 21 (1983), S. 285-325

[Sw-Sm87]   W.R. Swartout, S.W. Smalier: On Making Expert Systems More Like Experts. Expert Systems 4 (1987), S. 196-207

[vB89]   P. van Beek: Approximation Algorithms for Temporal Reasoning. In: Proc. 11th IJCAI, Detroit 1989

[Vi-Ka]   M. Vilain, H. Kautz: Constraint Propagation Algorithms for Temporal Reasoning. In: Proc. AAAI 86 (1984), S. 377-382

[Vo86]   H. Voss: Representing and Analysing Causal, Temporal, and Hierarchical Relations of Devices, Diss. Kaiserslautern (1986)

[Vo-Vo87]   A.Voss, H.Voss: Formalizing local constraint propagation methods. GMD Working Paper 1987

[Wa85]   J. Walther: Logik der Fragen. DeGruyter-Verlag (1985)

[Wa87]   Chr. Walther: A Many-sorted Calculus. Research Notes in AI series, Morgan Kaufman Publ. (1987)

[Wi88]   B.C. Williams: MINIMA: A Symbolic Approach to Qualitative Algebraic Reasoning. Proc. AAAI88, S. 264-269

[Wo84]   L.Wos, R.Overbeek, E.Lusk, J.Boyle: Automated Reasoning. Prentice Hall (1984)

[Za85]   W. Zadrozny: Axiomatizations of Floating Point Arithmetic. Proc. 7th Symposium on Computer Arithmetic (ed.K. Hwang), IEEE Computer Soc. Press, S. 74-81

[Za87]   W. Zadrozny: Intended Models, Circumscription and Commonsense Reasoning. Proc. IJCAI87, S.909-916, 1987

Stichwortverzeichnis

Leitfäden und Monographien der Informatik

Bolch: **Leistungsbewertung von Rechensystemen mittels analytischer Warteschlangenmodelle**
320 Seiten. Kart. DM 44,–

Brauer: **Automatentheorie**
493 Seiten. Geb. DM 62,–

Brause: **Neuronale Netze**
291 Seiten. Kart. DM 39,80

Dal Cin: **Grundlagen der systemnahen Programmierung**
221 Seiten. Kart. DM 36,–

Doberkat/Fox: **Software Prototyping mit SETL**
227 Seiten. Kart. DM 38,–

Ehrich/Gogolla/Lipeck: **Algebraische Spezifikation abstrakter Datentypen**
246 Seiten. Kart. DM 38,–

Engeler/Läuchli: **Berechnungstheorie für Informatiker**
2. Aufl. 120 Seiten. Kart. DM 28,–

Erhard: **Parallelrechnerstrukturen**
X, 251 Seiten. Kart. DM 39,80

Eveking: **Verifikation digitaler Systeme**
XII, 308 Seiten. Kart. DM 46,–

Heinemann/Weihrauch: **Logik für Informatiker**
VIII, 239 Seiten. Kart. DM 36,–

Hentschke: **Grundzüge der Digitaltechnik**
247 Seiten. Kart. DM 36,–

Hotz: **Einführung in die Informatik**
548 Seiten. Kart. DM 52,–

Kiyek/Schwarz: **Mathematik für Informatiker 1**
2. Aufl. 307 Seiten. Kart. DM 39,80

Kiyek/Schwarz: **Mathematik für Informatiker 2**
X, 460 Seiten. Kart. DM 54,–

Klaeren: **Vom Problem zum Programm**
2. Aufl. 240 Seiten. Kart. DM 32,–

Kolla/Molitor/Osthof: **Einführung in den VLSI-Entwurf**
352 Seiten. Kart. DM 48,–

Loeckx/Mehlhorn/Wilhelm: **Grundlagen der Programmiersprachen**
448 Seiten. Kart. DM 48,–

Mathar/Pfeifer: **Stochastik für Informatiker**
VIII, 359 Seiten. Kart. DM 48,–

B. G. Teubner Stuttgart

Brause
Neuronale Netze

Eine Einführung in die Neuroinformatik

Die Beschäftigung mit den aus kleinen, einfachen Modellneuronen gebildeten Netzen zeigt auf faszinierende Weise, wie sich aus den geringen Fähigkeiten der einzelnen Neuronen durch Zusammenschalten neue Architekturen mit mächtigen Eigenschaften zur Lösung von schwierigen, komplexen Aufgaben ergeben. Dabei können diese Netze nicht nur als Modelle für »echte« Neuronennetze in der Neurobiologie und Experimentalpsychologie dienen, sondern auch als Vorlage für neuartige Rechnerarchitekturen der »künstlichen Intelligenz«, die sich effizient in VLSI-Chips implementieren lassen. Das Buch gibt eine systematische Einführung in die Grundlagen der Neuroinformatik, beschreibt in einheitlicher Notation die wichtigsten neuronalen Modelle und gibt beispielhaft Anwendungen dazu, wobei auch die praktischen Fragen der Stimulation dieser Modelle Beachtung finden.

Aus dem Inhalt:

Gehirnfunktionen – Schichtenmodelle – Neuronenfunktionen – Mustererkennung – optimale Informationsverarbeitung – Perzeptrons – Assoziative Speicher – Back-Propagation – topologie-erhaltende Abbildungen – konkurrentes Lernen – Netz-Stabilität und Energieminimum – Hopfield-Netze – Boltzmann-Maschinen – Chaos – Simulationssysteme – Parallelisierung der Algorithmen – Spracharchitekturen.

Von Dr. **Rüdiger Brause,**
Universität Frankfurt/Main

1991. 291 Seiten
mit zahlreichen Bildern.
16,2 x 22,9 cm.
Kart. DM 39,80.
ISBN 3-519-02247-8

(Leitfäden und Monographien der Informatik)

B. G. Teubner Stuttgart

Leitfäden und Monographien der Informatik

Mehlhorn: **Datenstrukturen und effiziente Algorithmen**
Band 1: Sortieren und Suchen
2. Aufl. 317 Seiten. Geb. DM 49,80

Messerschmidt: **Linguistische Datenverarbeitung mit Comskee**
207 Seiten. Kart. DM 36,–

Niemann/Bunke: **Künstliche Intelligenz in Bild- und Sprachanalyse**
256 Seiten. Kart. DM 38,–

Pflug: **Stochastische Modelle in der Informatik**
272 Seiten. Kart. DM 39,80

Post: **Entwurf und Technologie hochintegrierter Schaltungen**
247 Seiten. Kart. DM 38,–

Rammig: **Systematischer Entwurf digitaler Systeme**
353 Seiten. Kart. DM 46,–

Reischuck: **Einführung in die Komplexitätstheorie**
XVII, 413 Seiten. Kart. DM 52,–

Richter: **Betriebssysteme**
2. Aufl. 303 Seiten. Kart. DM 39,80

Richter: **Prinzipien der Künstlichen Intelligenz**
2. Aufl. 382 Seiten. Kart. DM 48,–

Starke: **Analyse von Petri-Netz-Modellen**
253 Seiten. Kart. DM 42,–

Weck: **Prinzipien und Realisierung von Betriebssystemen**
3. Aufl. 306 Seiten. Kart. DM 42,–

Wegener: **Effiziente Algorithmen für grundlegende Funktionen**
270 Seiten. Kart. DM 39,80

Wirth: **Algorithmen und Datenstrukturen**
Pascal-Version
3. Aufl. 320 Seiten. Kart. DM 42,–

Wirth: **Algorithmen und Datenstrukturen mit Modula-2**
4. Aufl. 299 Seiten. Kart. DM 42,–

Wojtkowiak: **Test und Testbarkeit digitaler Schaltungen**
226 Seiten. Kart. DM 36,–

Preisänderungen vorbehalten

B. G. Teubner Stuttgart